"十二五"职业教育国家规划教材
经全国职业教育教材审定委员会审定

高等职业教育"十四五"规划教材

农业应用化学

第3版

杨新玲　刘志景　主编

中国农业大学出版社
·北京·

内容简介

本教材为“十二五”职业教育国家规划教材。为了适应教学模式、教学内容的不断更新，编写团队以“满足需要、力争配套、突出特色、提高质量”为原则，以教育部最新发布的教学大纲为基础，以各专业的培养目标为依托，以满足高等职业院校教学需要为目标，组织修订了本教材。本教材共17章，内容基本涵盖了无机化学、分析化学、有机化学三方面的基本知识，适合作为高等职业院校相关专业课程教材。

教材通过二维码附加数字资源。每章均附有课程PPT，并对重点内容进行视频讲解，便于教师教学和学生自学。读者可扫描封底或书中二维码，登录中国农业大学出版社在线教学服务平台获取相关数字资源。

图书在版编目(CIP)数据

农业应用化学/杨新玲，刘志景主编．—3版．—北京：中国农业大学出版社，2021.7
(2023.5重印)

ISBN 978-7-5655-2598-8

Ⅰ．①农…　Ⅱ．①杨…②刘…　Ⅲ．①农业化学-高等职业教育-教材　Ⅳ．①S13

中国版本图书馆CIP数据核字(2021)第155745号

书　　名　农业应用化学　第3版

作　　者　杨新玲　刘志景　主编

策划编辑　郭建鑫　　　**责任编辑**　郭建鑫

封面设计　郑　川　李尘工作室

出版发行　中国农业大学出版社

社　　址　北京市海淀区圆明园西路2号　　　**邮政编码**　100193

电　　话　发行部 010-62733489，1190　　　读者服务部 010-62732336

编辑部 010-62732617，2618　　　出　版　部 010-62733440

网　　址　http://www.caupress.cn　　　**E-mail** cbsszs@cau.edu.cn

经　　销　新华书店

印　　刷　北京鑫丰华彩印有限公司

版　　次　2021年9月第3版　　2023年5月第2次印刷

规　　格　787×1 092　　16开本　　18.75印张　　470千字　　插页1

定　　价　49.00元

中国农业大学出版社
“十二五”职业教育国家规划教材
建设指导委员会专家名单
（按姓氏拼音排列）

第3版编审人员

主　编　杨新玲（河南牧业经济学院）

刘志景（河南牧业经济学院）

副主编　孙　佳（辽宁农业职业技术学院）

李亚静（南阳农业职业学院）

王川川（河南牧业经济学院）

刘俊桃（河南牧业经济学院）

主　审　童　岩（河南牧业经济学院）

第2版编写人员

主　编　童　岩（河南牧业经济学院）

王建玲（河南牧业经济学院）

副主编　丁德刚（河南牧业经济学院）

林会松（广西职业技术学院）

参　编　李庚宁（宣化科技职业学院）

邢晓玲（江苏农牧科技职业学院）

杨新玲（河南牧业经济学院）

罗　婧（信阳农林学院）

徐　军（河南牧业经济学院）

钱淑凤（唐山职业技术学院）

第3版前言

党的二十大报告指出，要加快建设农业强国，扎实推动乡村产业、人才、文化、生态、组织振兴；强化农业科技和装备支撑；到2035年，基本实现农业现代化。新时期农业的高质量发展离不开职业教育，高等职业院校学生学习农业新技术新知识则离不开对农业应用化学的基本认识。农业应用化学是农林牧渔、生物技术、动物科学、动物医学等二十多个专业的基础课，其教学质量对于奠定后续专业课程的学习基础、实现专业培养目标、提高学生整体素质、增强学生实践能力等起着关键性的作用。

本书为“十二五”职业教育国家规划教材，第2版于2014年11月由中国农业大学出版社出版。近几年来，本教材受到了广大师生的普遍关注和欢迎，取得了很好的教学效果。随着科学技术的不断发展，信息化时代的互联网技术已深入文化教育的各个领域，使学习和传播方式突破原有的界限并发生了深刻的变化，教学内容、教学模式不断更新，数字化教材应运而生。“新农科”教育迫切需要的是创新型、复合型、应用型人才。为适应这些要求，本次修订引入了数字化技术，针对“新农科”人才培养需求，在保持上一版特点的基础上，修订完成了本教材。

本书具有以下特点：

1. 通过增加“扩展学习”数字化资源，加强学生对基本理论基本知识的理解和掌握，突出专业应用，强化实际应用。教材内容更加全面，有利于学有余力的学生自学比较深入的理论知识，以更加适应职业教育与本科教育的衔接。

2. 通过增加“视频学习”数字化资源，帮助学生对重点、难点内容进一步加深理解和掌握。

3. 教学内容注重“少而精”的原则，尽量做到由浅入深，理论联系实际，力求叙述简洁，压缩篇幅，适应学时紧张的实际情况。

4. 注重在化学理论学习的同时，强调化学知识的应用，同时引入了化学发展的新思想、新成果。

5. 每章设有本章知识思维导图、学习目标、本章小结并通过“课程学习”二维码附有本章电子课件，便于学生自学以及巩固课堂学习成果。

6. 每章设有“科苑导读”，将思政教学内容与课程内容有机融合，使思政教学内容不生硬、不刻板，并具备趣味性和现实意义。

本书可作为高等职业教育农、林、牧、医、生物、食品等相关专业的基础课程教材，也可作为成人教育相关专业的教材。

本书修订分工如下：杨新玲负责第一章、第五章、第八章，并统编全书，刘俊桃负责第二章、第三章、第四章，刘志景负责第六章、第七章、第十章、第十六章，孙佳负责第九章、第十二章，李亚静负责第十四章、第十五章，王川川负责第十一章、第十三章、第十七章。

本书的出版得到了中国农业大学出版社的大力支持和帮助，并且得到了相关专业教师的大力协助，在此一并致谢。由于编写时间有限，书中难免有不妥之处，敬请读者批评指正，以便再版时修订完善。

编　者

2023年5月

第2版前言

本书是根据教育部“十二五”教育中长期发展规划纲要的精神，结合高职高专培养技术应用型人才的目标，本着“满足需要、力争配套、突出特色、提高质量”的原则，以农林专科教育的教学大纲和各专业培养目标为基础而编写的。本书在编写过程中以基本概念为基础，针对各专业的培养目标，突出生产和实践应用。为了专业的需要及学生终生教育的发展，使学生能较好地掌握无机及分析化学、有机化学的基本原理、基本技能，从而培养学生分析问题、解决问题的能力，教材有机整合了无机及分析化学、有机化学的内容，能满足高职高专基础教学学制短、学时少的教学需求，突出了高等职业教育人才培养定位及教学做一体的教学模式。

本书分 18 章——包括溶液，电解质溶液，沉淀溶解平衡，氧化还原反应，配位化合物；酸碱滴定，配位滴定，氧化还原滴定和沉淀滴定，吸光光度法；脂肪烃，芳香烃，醇、酚、醚，醛、酮，羧酸及其衍生物，含氮化合物，糖类化合物。教材内容循序渐进、重点突出，强化了与后续课程的衔接，体现了农林院校化学教材的特色。本书淡化理论推导，突出专业应用，强化实际应用。每章都提出了对应的知识目标和能力目标，使学生的学习有的放矢；合理地设有知识窗、练一练、想一想等小栏目，益于启发，富于趣味，利于引导。每章后附有小结，思考与练习，便于教学使用。本书可作为农、林、牧、医、生物、食品等高职高专院校相关专业的理论教材，也可作为成人教育相关专业的教材。

本书由童岩、王建玲任主编，丁德刚、林会松任副主编。分工如下：丁德刚（第十三章、第十四章、第十五章），王建玲（第二章、第四章），李庚宁（第十八章）、邢晓玲（第十七章）、杨新玲（第一章、第三章），林会松（第十章），罗婧（第六章），徐军（第九章、第十二章、第十六章），钱淑凤（第五章），童岩（第七章、第八章、第十一章）。全书由童岩统稿、校稿。

本书的出版得到了中国农业大学出版社的大力支持和帮助，并且得到了相关专业教师的大力协助，在此一并致谢。

恳切欢迎读者就书中存在的不妥之处提出批评和建议，编者对此表示诚挚的谢意。

编　者

2014 年 6 月

目　录

第一章

溶　　液

【本章引言】

在科学研究、工农业生产和日常生活中，研究溶液都具有重要意义。大多数化学反应是在溶液中进行的，人和动物的血液、淋巴液、各种腺体分泌液等都属于溶液范畴。

【科苑导读】

阿伏伽德罗1776年出生于意大利的一个书香门第，他的父亲、祖父和曾祖父都是著名的律师。阿伏伽德罗小的时候聪明过人，中学毕业后，他专攻法律，16岁时就获得法学学士学位，20岁已获得法学博士学位，在当了3年律师之后，他毅然放弃了律师这个职业，开始研究自然科学。1800年后，他主要研究数学、物理、化学和哲学。

阿伏伽德罗一生致力于科学研究，却没有获得过显赫的荣誉。阿伏伽德罗在1811年提出阿伏伽德罗假说，但被埋没了将近半个世纪。直到1860年，由于康尼查罗的工作，阿伏伽德罗假说才被科学界普遍接受。现在，人们知道了在标准状况(压强为101.325 kPa，温度为273 K)下，1 mol任何气体所占的体积都约是22.4 L，并据此换算出，1 mol任何物质中都约含有6.023×10^{23}个组成该物质的粒子。为了纪念阿伏伽德罗的贡献，人们把1 mol任何微粒的粒子数都叫作阿伏伽德罗常数。

【学习目标】

知识目标

- 掌握溶液浓度的常用表示方法及其换算。
- 掌握稀溶液的依数性及其应用。

能力目标

- 能熟练进行溶液浓度不同表示方法间的换算。
- 能熟练应用等物质的量规则进行有关计算。

［课程学习］

第一章课程 PPT

• 能运用稀溶液的依数性解决实际问题。

素质目标

• 具有将理论应用于实践的能力。

• 培养严谨、务实的科学态度。

【知识导图】

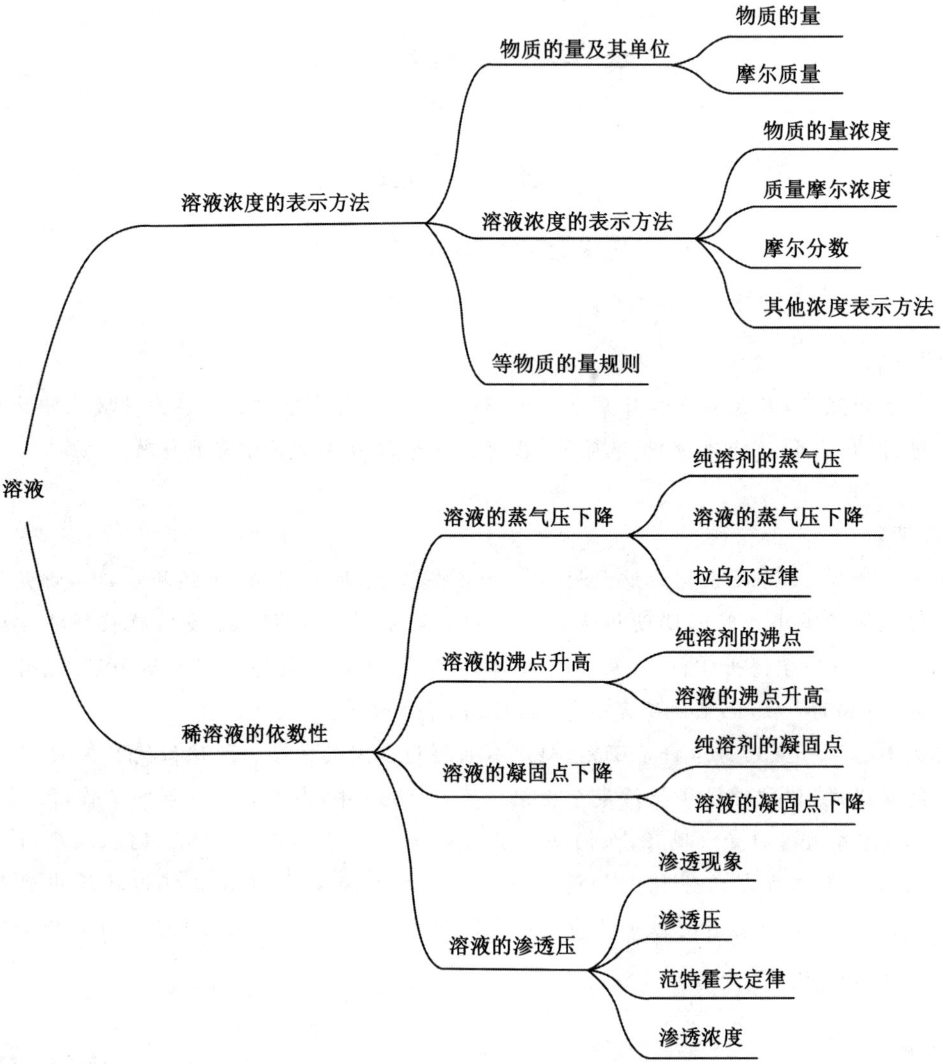

第一节 溶液浓度的表示方法

一种或一种以上的物质以分子或离子形式分散于另一种物质中形成的均一、稳定的混合物统称为溶液。其中被溶解的物质为溶质，能溶解其他物质的被称为溶剂；当两种液体互溶时，一般把量少的一种叫溶质，量多的一种叫溶剂。

溶液的浓度是指一定量溶液或溶剂中所含溶质的量，其表示方法可分为两大类，一类是用溶质和溶剂的相对量表示，另一类是用溶质和溶液的相对量表示。由于溶质、溶剂或溶液使用的单位不同，浓度的表示方法也不同。

一、物质的量及其单位

（一）物质的量

物质的量是以摩尔为计量单位来表示物质组成的物理量，用符号 n 表示。其单位名称为摩尔，用符号“mol”表示。摩尔是一物系的物质的量，该物系中所包含的基本单元数与 0.012 kg ^{12}C 的原子数目（6.023×10^{23} 个，阿伏伽德罗常数 N_A）相等。因此，某物质系统中所含的基本单元的数目为 N_A 时，则该物质的物质的量即为 1 mol。

基本单元可以是分子、原子、离子、电子及其他粒子，或是这些粒子的特定组合。基本单元要注明在量符号 n 后的括号内或 n 的右下角。基本单元要用元素符号或化学式表示，而不用中文名称。例如：

$n(H_2)=1$ mol，表示以 H_2 为基本单元的物质的量是 1 mol，它含有 N_A 个 H_2；$n(2H_2)=1$ mol，表示以 $2H_2$ 为基本单元的物质的量为 1 mol，它含有 N_A 个 $2H_2$；$n(N_2+3H_2)=1$ mol，表示以 (N_2+3H_2) 为基本单元的物质的量是 1 mol，它含有 N_A 个 (N_2+3H_2)。

当同一物质用不同的基本单元表示物质的量时，其物质的量间可以相互换算，如 $n(H_2SO_4)=1$ mol，则 $n\left(\frac{1}{2}H_2SO_4\right)=2n(H_2SO_4)=2$ mol。即

$$n_{\frac{1}{Z}B}=Zn_B \qquad 或 \qquad nZ_B=\frac{1}{Z}n_B$$

［扩展学习］
国际单位制简介

（二）摩尔质量

1 mol 物质所具有的质量称为该物质的摩尔质量，用符号 M_B 表示，即

$$M_B=\frac{m_B}{n_B}$$

式中：m_B 为物质 B 的质量；n_B 为物质 B 的物质的量；摩尔质量的 SI 单位为 $kg\cdot mol^{-1}$，常用单位为 $g\cdot mol^{-1}$。

例如，1 mol ^{12}C 的质量是 0.012 kg，则 ^{12}C 的摩尔质量 $M_C=12\ g\cdot mol^{-1}$。任何分子、原子或离子的摩尔质量，当单位为 $g\cdot mol^{-1}$ 时，数值上等于其相对原子质量、相对分子质量或相对离子质量。

使用摩尔质量时必须注明基本单元，如 $M(\mathrm{NaOH})=40.00\ \mathrm{g\cdot mol^{-1}}$。摩尔质量的基本单元应与物质的量的基本单元一致。

同一物质用不同基本单元表示的摩尔质量间可以相互换算。如 $M(\mathrm{NaOH})=40.00\ \mathrm{g\cdot mol^{-1}}$，则 $M(2\mathrm{NaOH})=2M(\mathrm{NaOH})=80.00\ \mathrm{g\cdot mol^{-1}}$。即

［视频学习］
物质的量及其单位

$$M_{Z\mathrm{B}}=ZM_{\mathrm{B}} \qquad 或 \qquad M_{\frac{1}{Z}\mathrm{B}}=\frac{1}{Z}M_{\mathrm{B}}$$

二、溶液浓度的表示方法

（一）物质的量浓度

物质的量浓度是指单位体积溶液中所含溶质的物质的量，用符号 c_{B} 表示：

$$c_{\mathrm{B}}=\frac{n_{\mathrm{B}}}{V}$$

式中：n_{B} 为溶质 B 的物质的量；V 为溶液的体积；物质的量浓度的 SI 单位为 $\mathrm{mol\cdot m^{-3}}$，常用单位为 $\mathrm{mol\cdot L^{-1}}$。

使用物质的量浓度时，应注明基本单元。同一物质用不同基本单元表示的物质的量浓度间可以相互换算。如 $c(\mathrm{H_2SO_4})=0.1\ \mathrm{mol\cdot L^{-1}}$，则 $c\left(\frac{1}{2}\mathrm{H_2SO_4}\right)=2c(\mathrm{H_2SO_4})=0.2\ \mathrm{mol\cdot L^{-1}}$。即

$$c_{\frac{1}{Z}\mathrm{B}}=Zc_{\mathrm{B}} \qquad 或 \qquad c_{Z_{\mathrm{B}}}=\frac{1}{Z}c_{\mathrm{B}}$$

【例 1-1】 用分析天平称取 1.234 6 g $\mathrm{K_2Cr_2O_7}$ 基准物质，溶解后转移至 100.00 mL 容量瓶中定容，试计算 $c(\mathrm{K_2Cr_2O_7})$ 和 $c\left(\frac{1}{6}\mathrm{K_2Cr_2O_7}\right)$。

解：已知　$m(\mathrm{K_2Cr_2O_7})=1.234\ 6\ \mathrm{g}$　　$M(\mathrm{K_2Cr_2O_7})=294.18\ \mathrm{g\cdot mol^{-1}}$

$$M\left(\frac{1}{6}\mathrm{K_2Cr_2O_7}\right)=\frac{1}{6}\times 294.18=49.03(\mathrm{g\cdot mol^{-1}})$$

$$c(\mathrm{K_2Cr_2O_7})=\frac{m(\mathrm{K_2Cr_2O_7})}{M(\mathrm{K_2Cr_2O_7})V(\mathrm{K_2Cr_2O_7})}=\frac{1.234\ 6}{294.18\times 100.00\times 10^{-3}}=0.042\ 0(\mathrm{mol\cdot L^{-1}})$$

$$c\left(\frac{1}{6}\mathrm{K_2Cr_2O_7}\right)=\frac{m(\mathrm{K_2Cr_2O_7})}{M\left(\frac{1}{6}\mathrm{K_2Cr_2O_7}\right)V(\mathrm{K_2Cr_2O_7})}=\frac{1.234\ 6}{49.03\times 100.00\times 10^{-3}}=0.251\ 8(\mathrm{mol\cdot L^{-1}})$$

练一练

（1）53 g $\mathrm{Na_2CO_3}$ 固体溶于水中，配成 250 mL 溶液，求 $c(\mathrm{Na_2CO_3})$ 和 $c\left(\frac{1}{2}\mathrm{Na_2CO_3}\right)$。

（2）配制 250 mL 2 $\mathrm{mol\cdot L^{-1}}$ HCl 溶液，需量取 12 $\mathrm{mol\cdot L^{-1}}$ HCl 溶液多少毫升？

（3）配制 500 mL 0.1 $\mathrm{mol\cdot L^{-1}}$ NaOH 溶液，需称取固体 NaOH 多少克？

(二)质量摩尔浓度

质量摩尔浓度是指单位质量溶剂中所含的溶质的物质的量,用符号 b_B 表示:

$$b_B = \frac{n_B}{m_A}$$

式中:n_B 为溶质 B 的物质的量;m_A 为溶剂 A 的质量;质量摩尔浓度的 SI 单位为 $mol \cdot kg^{-1}$。同样,使用质量摩尔浓度时,也应注明基本单元。

【例 1-2】 在 50.0 g 水中溶有 2.00 g 甲醇(CH_3OH),求该溶液的中甲醇质量摩尔浓度。

解:甲醇的摩尔质量 $M(CH_3OH) = 32.0\ g \cdot mol^{-1}$,则

$$b(CH_3OH) = \frac{n(CH_3OH)}{m(H_2O)} = \frac{2.00}{50.0 \times 32.0} = 0.001\ 25(mol \cdot g^{-1}) = 1.25(mol \cdot kg^{-1})$$

由于物质的质量不受温度的影响,所以溶液的质量摩尔浓度是一个与温度无关的物理量。因此,它通常被用于稀溶液依数性的研究和一些精密的测定中。

(三)摩尔分数

溶质 B 的物质的量与溶液总物质的量之比,称为溶质 B 的摩尔分数,用符号 x_B 表示:

$$x_B = \frac{n_B}{n}$$

式中:n_B 为溶质 B 的物质的量;n 为溶液各组分物质的量的总和;摩尔分数无量纲。

对于两组分的溶液体系,其溶质的摩尔分数 x_B 与溶剂的摩尔分数 x_A 分别为:

$$x_B = \frac{n_B}{n_A + n_B} \qquad x_A = \frac{n_A}{n_A + n_B}$$

可见,$x_A + x_B = 1$,若将这个关系推广到任何多组分体系中,则都存在 $\sum x_i = 1$。

(四)其他浓度表示方法

1. 质量浓度

质量浓度是指单位体积溶液中所含溶质 B 的质量,符号为 ρ_B。

$$\rho_B = \frac{m_B}{V}$$

式中:m_B 为溶质 B 的质量;V 为溶液的体积;质量浓度常用单位为 $kg \cdot L^{-1}$ 或$g \cdot L^{-1}$。

【例 1-3】 计算质量浓度为 90 $g \cdot L^{-1}$ 的稀盐酸的物质的量浓度。

解:已知 $\rho(HCl) = 90\ g \cdot L^{-1}$ $\quad M(HCl) = 36.5\ g \cdot mol^{-1}$

则 $$c(HCl) = \frac{n(HCl)}{V} = \frac{m(HCl)}{M(HCl)V} = \frac{90}{36.5 \times 1.0} = 2.47(mol \cdot L^{-1})$$

2. 质量分数

溶质 B 的质量分数是指单位质量溶液中所含溶质 B 的质量,符号为 w_B。

$$w_B = \frac{m_B}{m}$$

式中：m_B 为溶质B的质量；m 为溶液的质量；w_B 无量纲，可用小数或百分数表示。

例如，将10 g氯化钠溶于90 g水，则其质量分数：

$$w(NaCl)=\frac{10}{10+90}=0.1$$

也可表示为：$w(NaCl)=10\%$。

【例1-4】 已知浓硫酸的密度为1.84 g·mL^{-1}，质量分数为96.0%，试计算 $c(H_2SO_4)$ 以及 $c\left(\frac{1}{2}H_2SO_4\right)$。

解：设此硫酸溶液的体积为1 L，则

$$n(H_2SO_4)=\frac{\rho V w(H_2SO_4)}{M(H_2SO_4)}$$

$$c(H_2SO_4)=\frac{n(H_2SO_4)}{V}=\frac{1\ 000\times 1.84\times 0.96}{1.0\times 98.0}$$

$$=18.0(mol\cdot L^{-1})$$

$$c\left(\frac{1}{2}H_2SO_4\right)=2c(H_2SO_4)=36.0(mol\cdot L^{-1})$$

【例1-5】 求质量分数为10%的NaCl溶液中溶质和溶剂的摩尔分数。

解：依据题意，100 g此溶液中含有NaCl 10 g，水90 g，即

$$m(NaCl)=10\ g, \qquad m(H_2O)=90\ g$$

故

$$n(NaCl)=\frac{m(NaCl)}{M(NaCl)}=\frac{10}{58.5}=0.17(mol)$$

$$n(H_2O)=\frac{m(H_2O)}{M(H_2O)}=\frac{90}{18.0}=5.0(mol)$$

所以

$$x(NaCl)=\frac{n(NaCl)}{n(H_2O)+n(NaCl)}=\frac{0.17}{(5.0+0.17)}=0.03$$

$$x(H_2O)=\frac{n(H_2O)}{n(H_2O)+n(NaCl)}=\frac{5.0}{(5.0+0.17)}=0.97$$

练一练

60 g乙醇(B)溶于100 g四氯化碳(A)中形成溶液，其密度 ρ 为 1.28×10^3 g·mL^{-1}，试用物质的量浓度、质量分数、摩尔分数和质量摩尔浓度来表示该溶液的组成。

三、等物质的量规则

在化学反应中，各反应物都是按等物质的量进行反应，生成等物质的量的生成物。因此，对于任意反应：

$$aA+bB=dD+eE$$

各物质的基本单元分别为 aA、bB、dD、eE，则

$$n_{aA}=n_{bB}=n_{dD}=n_{eE}$$

即将化学（或离子）反应方程式中的每一项（包括计量系数在内的化学式或离子式）作为一个基本单元，则反应中各反应物和各生成物的物质的量相等，这个规律叫等物质的量规则。

化学反应中物质质量的计算，物质的纯度或产率的计算，分析化学中的有关计算等均可依据此规则进行。另外，配制和稀释溶液也遵循此规则。

【例 1-6】 含有未知浓度的硫酸 20.00 mL，与 $c(2NaOH)=0.1015\ mol\cdot L^{-1}$ 的 NaOH 溶液 21.47 mL 恰好中和。求 $c(H_2SO_4)$。

解：反应方程式为

$$H_2SO_4+2NaOH = Na_2SO_4+2H_2O$$

由等物质的量规则知 $$n(H_2SO_4)=n(2NaOH)$$

即 $$c(2NaOH)V(NaOH)=c(H_2SO_4)V(H_2SO_4)$$

故 $$c(H_2SO_4)=\frac{c(2NaOH)V(NaOH)}{V(H_2SO_4)}=\frac{0.1015\times21.47\times10^{-3}}{20.00\times10^{-3}}$$

$$=0.1090(mol\cdot L^{-1})$$

四、溶液的配制与稀释

（一）溶液的配制

将一定量的溶质与一定量的溶剂混合均匀，得到所需浓度的溶液的操作称为溶液的配制。溶液配制的基本类型有两种：

1. 溶液的体积一定

其方法是将一定量的溶质与适量的溶剂混合，使溶质完全溶解后，再加溶剂到所需体积。在配制时，为了准确量取溶液的体积，一般要使用容量瓶。若溶质是液体，由于溶质和溶剂混合后体积往往比溶质和溶剂混合前单独存在的体积之和增大或缩小，因此配制这些溶液时，要注意溶液的体积是指溶质和溶剂混合后所量得的溶液的总体积，而不是把混合前溶质和溶剂的体积简单地相加；若溶质是固体，如果是粗略配制，可用托盘天平称取溶质的质量。如果配制的溶液浓度需要很精确时，必须用分析天平称量溶质的质量。

【例 1-7】 配制 250 mL 生理盐水（$c_B=0.154\ mol\cdot L^{-1}$ NaCl 溶液），需要氯化钠固体多少克？

解：由式 $m_B=n_BM_B=c_BVM_B$ 得，所需氯化钠的质量为

$$m(NaCl)=0.154\ mol\cdot L^{-1}\times0.25\ L\times58.5\ g\cdot mol^{-1}=2.25\ g$$

2. 溶质和溶剂的质量一定

将一定质量的溶质和一定质量的溶剂混合均匀即得。

（二）溶液的稀释

在实际工作中使用的溶液浓度往往比较小，如直接配制，会使每次配制过程中称量的药品质量比较小，操作不便，还容易产生较大的误差。此外，有些溶液在浓度很小时很不稳定，不能

长时间保存。因此,实际操作中,常常配制较浓的溶液,在使用时再根据具体要求稀释成所需浓度的溶液。

在浓溶液中加入一定量的溶剂得到所需浓度的溶液(稀溶液)的操作称为溶液的稀释,其特点是稀释前后溶液中所含溶质的量不变。稀释的方法有两种:

1. 将一种浓溶液配成稀溶液

设稀释前溶液的浓度为 c_1,体积为 V_1,稀释后溶液的浓度为 c_2,体积为 V_2。

$$c_1V_1=c_2V_2$$

这个公式叫稀释公式,适用于一定体积的溶液中所含溶质的量表示溶液浓度的方法。如溶质的物质的量浓度、质量浓度和体积分数都可用这个稀释公式,但使用时要注意等式左右两边的浓度、体积的单位要保持一致。

如果是用质量分数表示浓度的溶液的稀释,则用另一个稀释公式:

$$w_1m_1=w_2m_2$$

【例 1-8】 实验室现需要 3 mol/L 的硫酸溶液 500 mL,但只有市售的浓硫酸($w_B=0.98$,$\rho=1.84$ kg/L),该如何配制成所需浓度的硫酸溶液?

解:由浓溶液配成稀溶液应该采用稀释公式。

稀释前硫酸的浓度为

$$c(H_2SO_4)=\rho w(H_2SO_4)/M(H_2SO_4)=(1\ 840\ \text{g/L}\times0.98)/98\ \text{g/mol}=18.4\ \text{mol/L}$$

稀释后硫酸溶液的浓度和体积分别为 $c_2=3$ mol/L,$V_2=500$ mL;

设稀释前硫酸溶液的体积为 V_1,根据稀释公式 $c_1V_1=c_2V_2$,得

$$V_1=\frac{c_2V_2}{c_1}=\frac{3\ \text{mol/L}\times500\ \text{mL}}{18.4\ \text{mol/L}}=81.5\ \text{mL}$$

配制方法:取一个烧杯,加入约 350 mL 蒸馏水,再用干燥的量筒取浓硫酸 81.5 mL,沿着烧杯壁慢慢加入烧杯中,边加边用玻璃棒搅拌溶液,冷却后再向烧杯中加水至 500 mL,搅拌均匀即可。

在使用浓硫酸时,要注意以下几点:

a. 稀释浓硫酸,应将浓硫酸缓慢注入水中,且不断搅拌,切不可将水注入浓硫酸中,以免出现局部沸腾,使浓硫酸溅出,引起人员烧伤。

b. 将浓硫酸加入到容器中,一定要选择干燥的容器。

c. 如果浓硫酸不小心溅到皮肤上,应立即擦去酸液,用大量水冲洗,再用饱和碳酸氢钠溶液或稀氨水冲洗。如果腐蚀严重,则应立即送到医院治疗。

2. 用一种溶质的几种不同浓度的溶液配成所需浓度的溶液

设混合前浓溶液的浓度为 c_1,体积为 V_1;稀溶液的浓度为 c_2,体积为 V_2;混合后溶液的浓度为 c,体积为 V。

如果忽略混合前后溶液体积的变化,则有

$$c_1V_1+c_2V_2=cV$$

【例 1-9】 现有 φ_B(体积分数)$=0.95$ 和 $\varphi_B=0.50$ 的酒精溶液,怎样配制 1 000 mL $\varphi_B=$

0.75 的酒精溶液？

解：设需要 $\varphi_B=0.95$ 的酒精溶液的体积为 V_1，则需要 $\varphi_B=0.50$ 的酒精溶液的体积 $V_2=(1\,000-V_1)$ mL

根据混合前后溶质的量不变，有

$$\varphi_1 V_1+\varphi_2 V_2=\varphi V$$

即

$$0.95\times V_1+0.5\times(1\,000-V_1)=0.75V$$

解得

$$V_1=555.6(\text{mL})$$

$$V_2=1\,000-V_1=1\,000-555.6=444.4(\text{mL})$$

配制方法：分别取 $\varphi_B=0.95$ 的酒精溶液 555.6 mL 和 $\varphi_B=0.50$ 的酒精溶液 444.4 mL，再将两溶液混合，搅拌均匀即可。

第二节　稀溶液的依数性

溶液的性质可分为两类：一类由溶质的本性决定，如溶液的颜色、密度、酸碱性、导电性等；另一类只与溶液中所含的溶质的粒子数目有关，与溶质的本性无关，如溶液的蒸气压下降、沸点升高、凝固点下降和渗透压。后者对于难挥发非电解质的稀溶液来说，表现出一定的共性和规律性，因此称为稀溶液的依数性，又称稀溶液的通性。

一、溶液的蒸气压下降

(一)纯溶剂的蒸气压

在一定温度下，将某一纯溶剂，如纯水，置于密闭容器中，水表面一部分动能较高的水分子从液面逸出，成为水蒸气，这种过程称为蒸发。同时，液面上方的一些水蒸气分子受到液面水分子吸引进入液相成为液态水，这种过程称为凝聚。当液体的蒸发速率与蒸气的凝聚速率相等时，液态水及其蒸气，即液相和气相处于平衡状态。此时的蒸气称为饱和蒸气，饱和蒸气产生的压力称为该温度下的饱和蒸气压，简称蒸气压。在一定的温度下，每种液体都有恒定的蒸气压。液体的蒸发是一个吸热过程，所以液体的蒸气压随温度的升高而增大。

(二)溶液的蒸气压下降

实验证明，在相同温度下，当把难挥发的非电解质(如蔗糖、甘油)溶入溶剂形成稀溶液后，稀溶液的蒸气压总是低于纯溶剂的蒸气压，这种现象称为溶液的蒸气压下降。

溶液蒸气压下降的原因是溶剂的部分表面被溶质所占据，致使单位表面积内溶剂分子数目减少，因此，单位体积内逸出液面的溶剂分子数要比纯溶剂少。达到平衡时，溶液的蒸气压必然低于纯溶剂的蒸气压。溶液浓度越大，其蒸气压下降越多。

(三)拉乌尔定律

1887 年，法国物理学家拉乌尔(F. M. Raoult) 根据实验结果总结出如下规律：在一定温

度下，难挥发非电解质稀溶液的蒸气压下降与溶质的质量摩尔浓度成正比，而与溶质的本性无关。此规律称为拉乌尔定律，即

$$\Delta p = p_A^* - p = Kb_B$$

式中：p 为溶液的蒸气压，kPa；p_A^* 为纯溶剂的蒸气压，kPa；Δp 为溶液的蒸气压下降值；b_B 为溶质的质量摩尔浓度，$mol \cdot kg^{-1}$；K 为蒸气压下降常数。

知识窗

现代科学研究表明，植物的抗旱性与溶液的蒸气压下降有关。当植物所处的环境出现干旱时，植物细胞中的有机成分就会产生大量的可溶性碳水化合物以增加细胞溶液的浓度，由于细胞液浓度的增加，使细胞液的蒸气压下降，减少了细胞水分的蒸发，从而表现出一定的抗旱能力。

二、溶液的沸点升高

(一)纯溶剂的沸点

当某一液体的蒸气压等于外界压力时，液体沸腾，此时液体的温度称为沸点。例如，在外界大气压为 101.325 kPa 时，纯水的沸点是 373.15 K(100℃)。液体的沸点与外界压力有关，外界压力降低，液体沸点下降。

(二)溶液的沸点升高

若在水中加入难挥发的非电解质，由于溶液的蒸气压低于纯溶剂的蒸气压，这时溶液在 373.15 K 并不沸腾，为了促进更多的溶剂分子蒸发，就必须升高溶液的温度，当溶液的蒸气压达到外界压力(101.325 kPa)时，溶液才能沸腾。可见，溶液的沸点总是高于纯溶剂的沸点，此现象称为溶液的沸点升高(图 1-1)。

根据拉乌尔定律可得：

$$\Delta T_b = T_b - T_b^* = K_b b_B$$

式中：ΔT_b 为溶液沸点升高值；T_b 为溶液的沸点，K；T_b^* 为纯溶剂的沸点，K；b_B 为溶质的质量摩尔浓度，$mol \cdot kg^{-1}$；K_b 为溶剂的沸点升高常数，取决于溶剂的性质，$K \cdot kg \cdot mol^{-1}$。

常用溶剂的 K_b 见表 1-1。

[扩展学习]
利用沸点变化计算
溶质的摩尔质量

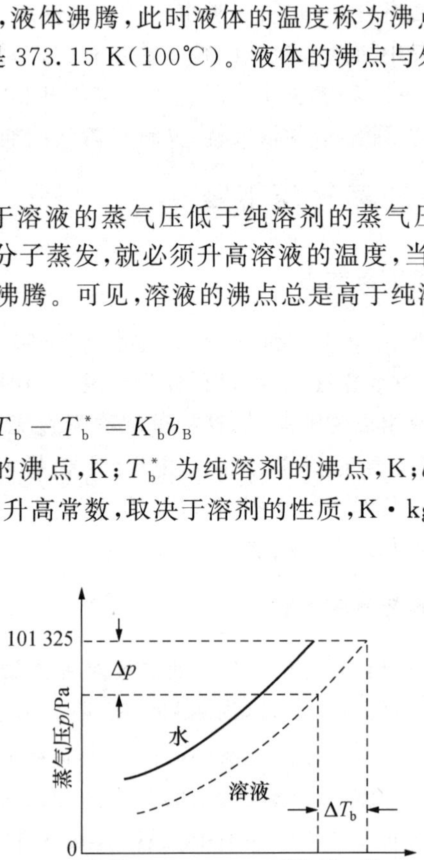

图 1-1　水溶液的沸点升高

表 1-1 常用溶剂的 K_b 和 K_f

溶剂	T_b^*/K	K_b/(K·kg·mol^{-1})	溶剂	T_f^*/K	K_f/(K·kg·mol^{-1})
水	373.15	0.52	水	273.15	1.86
乙醇	351.48	1.20	乙酸	298.15	3.9
丙酮	329.3	1.72	环己烷	279.65	20.2
三氯甲烷	334.35	3.85	三溴甲烷	280.95	14.4
四氯化碳	351.65	4.88	四氯化碳	250.35	29.8
苯	353.29	2.53	苯	278.65	5.12
乙醚	307.55	2.16	萘	353.15	6.9

知识窗

在外界压强一定时，纯溶剂的沸点是恒定的，但溶液的沸点随着沸腾的进行而不断变化。因为在沸腾过程中，随着溶剂不断蒸发，溶液的浓度逐渐增大，其蒸气压不断下降，沸点越来越高，直至达到饱和，此时溶液的沸点不再发生变化。

三、溶液的凝固点下降

(一)纯溶剂的凝固点

液体的凝固点是指一定外压下，物质的液相蒸气压与固相蒸气压相等，固、液两相平衡共存时的温度(T_f^*)。例如，常压下，水的凝固点为 273.15 K(0℃)，这时水和冰的蒸气压都等于 0.610 kPa。

(二)溶液的凝固点下降

实验表明，溶液的凝固点总是低于纯溶剂的凝固点，这一现象称为溶液的凝固点下降。

例如，在冰水共存体系(273.15 K)中加入难挥发非电解质后，由于溶质只溶解在水中，使得溶液的蒸气压下降，而对冰没有影响。此时溶液的蒸气压小于冰的蒸气压，溶液和冰就不能共存，冰将不断融化。要使冰和溶液共存，就必须降低温度，这时冰和溶液的蒸气压同时下降，由于冰的蒸气压下降速率比溶液的蒸气压下降速率快，当温度降到某点 T_f 时，冰和溶液的蒸气压相等(图 1-2)，重新处于平衡状态。所以溶液的凝固点总是低于纯溶剂的凝固点。

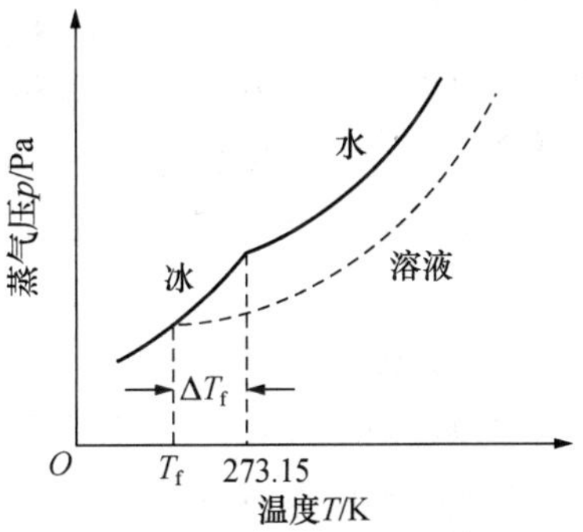

图 1-2 水溶液的凝固点下降

根据拉乌尔定律，难挥发非电解质稀溶液的凝固点下降与溶质的质量摩尔浓度成正比，而与溶质的本性无关，即

$$\Delta T_f = T_f^* - T_f = K_f b_B$$

式中：ΔT_f 为溶液的凝固点下降值；T_f 为溶液的凝固点，K；T_f^* 为纯溶剂的凝固点，K；b_B 为溶质的质量摩尔浓度，$mol \cdot kg^{-1}$；K_f 为溶剂的凝固点下降常数，只取决于溶剂的性质，$K \cdot kg \cdot mol^{-1}$。

常用溶剂的 K_f 见表 1-1。

根据溶液的沸点升高与凝固点下降可测定溶质的摩尔质量。由于 K_f 较对应的 K_b 大，故凝固点测定的相对误差较小；且达到凝固点时，溶液中有晶体析出，现象明显；另外凝固点的测定是在低温下进行的，所以被测试样的组成与结构不会被破坏。因此凝固点下降法测定物质的摩尔质量较为常用。

【例 1-10】 将 0.200 g 葡萄糖($C_6H_{12}O_6$)溶于 10.0 g 水中，实验测得溶液的凝固点为 272.943 K，求葡萄糖的摩尔质量。

解：查表 1-1，水的 $K_f = 1.86\ K \cdot kg \cdot mol^{-1}$，则

$$\Delta T_f = T_f^* - T_f = 273.15 - 272.943 = 0.207(K)$$

因为

$$\Delta T_f = K_f b_B \qquad b_B = \frac{n_B}{m_A} = \frac{m_B}{M_B m_A}$$

故

$$M_B = \frac{K_f m_B}{\Delta T_f m_A}$$

所以

$$M(C_6H_{12}O_6) = \frac{1.86 \times 0.200}{10.0 \times 10^{-3} \times 0.207} = 180(g \cdot mol^{-1})$$

即葡萄糖的摩尔质量为 180 $g \cdot mol^{-1}$。

溶液的凝固点下降有一定的实用意义。例如，盐和冰可做冷冻剂，广泛应用于水产品和食品的保存和运输。冬季建筑工人在砂浆中加入食盐或氯化钙，汽车驾驶员在散热器(水箱)中加入甘油、乙二醇等都是利用溶液的凝固点下降原理来防止水结冰。

[视频学习]
溶液的渗透压

四、溶液的渗透压

(一)渗透现象

在一个容器中间用一种半透膜(只允许溶剂分子通过而不允许溶质分子通过)将等体积的蔗糖溶液和纯水隔开(图 1-3a)。经过一段时间后，可以观察到蔗糖溶液的液面升高，而纯水的液面降低，说明纯水中一部分水分子通过半透膜进入了溶液(图 1-3b)。这种溶剂分子通过半透膜由纯溶剂向溶液扩散的现象称为渗透。

半透膜是一种只允许某些物质通过而不允许另一些物质通过的多孔性薄膜，如细胞膜、膀胱膜、肠膜、鸡蛋的壳膜、毛细管壁等生物膜以及人工制成的羊皮纸、玻璃纸等都是半透膜。

渗透现象产生的原因是溶液的蒸气压小于纯溶剂的蒸气压，所以纯水分子通过半透膜进入蔗糖溶液的速率大于蔗糖溶液中水分子通过半透膜进入纯水的速率，蔗糖溶液液面升高。如果用半透膜将两种浓度不同的溶液隔开，也会发生渗透现象。渗透方向总是由浓度小的溶液向浓度大的溶液渗透。渗透现象的产生必须具备两个条件：一是有半透膜存在；二是半透膜两侧溶液存在浓度差。

(二)渗透压

在上述渗透现象的实验装置中,随着渗透的不断发生,蔗糖溶液的液面逐渐升高,其静水压增大,静水压的增大阻碍了水分子进入蔗糖溶液的速率,同时又促进了蔗糖溶液的水分子向溶剂运动,当静水压增大到一定值,单位时间内从两个相反方向通过半透膜的水分子数目相等时,渗透达到平衡,两侧液面不再发生变化。这种施加于溶液液面上,阻止渗透现象发生的额外压力,称为溶液的渗透压(图 1-3c)。如果用半透膜将两种不同浓度的溶液隔开,此时的渗透压是两种溶液的渗透压之差。渗透压的符号为 Π,单位为 Pa 或 kPa。

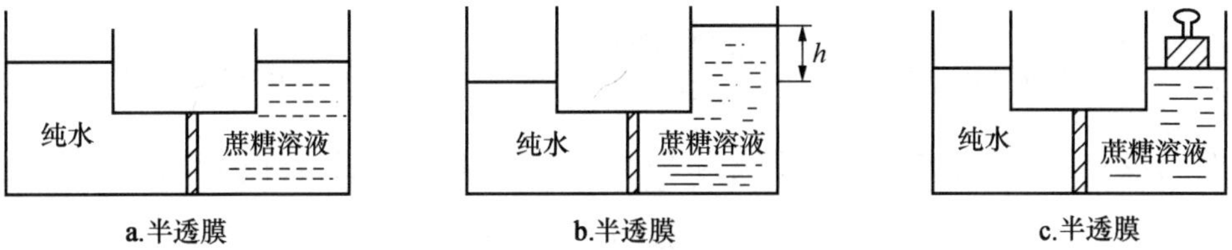

图 1-3 渗透和渗透压示意图

(h 为蔗糖溶液液面上升高度)

(三)渗透压与浓度、温度的关系——范特霍夫定律

1886 年,荷兰物理学家范特霍夫(Van't Hoff)指出:稀溶液的渗透压与溶液的物质的量浓度及热力学温度成正比。

$$\Pi = c_B RT$$

式中:Π 为溶液的渗透压;c_B 为溶质的物质的量浓度(电解质近似为各离子物质的量浓度的总和);T 为热力学温度;R 为气体常数,数值为 $8.314\ \text{J}\cdot\text{mol}^{-1}\cdot\text{K}^{-1}$。

范特霍夫定律说明:一定温度下,渗透压的大小与溶液的浓度成正比,而与溶质的本性无关。利用范特霍夫定律可测定大分子(如人工合成的高聚物或天然产物、蛋白质等)溶质的摩尔质量。

【例 1-11】 在 298 K 时,1.00 L 溶液中含有 5.00 g 蛋清蛋白,测得溶液的渗透压为 3.06×10^2 Pa,求蛋清蛋白的摩尔质量。

解:因为 $\Pi = c_B RT$,$c_B = \dfrac{n_B}{V} = \dfrac{m_B}{M_B V}$

故
$$M_B = \frac{m_B}{\Pi V} RT = \frac{5.00}{3.06\times10^2\times1.00\times10^{-3}}\times8.314\times298$$
$$= 40\ 483(\text{g}\cdot\text{mol}^{-1})$$

即所求蛋清蛋白的摩尔质量为 $40\ 483\ \text{g}\cdot\text{mol}^{-1}$。

(四)渗透浓度

溶液中能产生渗透现象的各种溶质质点(分子或离子)的总浓度,称为渗透浓度。渗透浓度越大,渗透压越大。渗透浓度用毫摩尔每升($\text{mmol}\cdot\text{L}^{-1}$)来表示。

【例 1-12】 计算质量浓度为 $50\ \text{g}\cdot\text{L}^{-1}$ 的葡萄糖溶液的渗透浓度。

解:依据题意,1 L 50 g·L^{-1} 葡萄糖溶液含葡萄糖 50 g,葡萄糖的摩尔质量为 180 g·mol^{-1},所以

$$c(C_6H_{12}O_6)=\frac{n(C_6H_{12}O_6)}{V}=\frac{m(C_6H_{12}O_6)}{M(C_6H_{12}O_6)V}=\frac{50}{180\times 1}$$
$$=0.278(mol\cdot L^{-1})=278(mmol\cdot L^{-1})$$

【例 1-13】 计算 37℃时质量浓度为 9 g·L^{-1} 的氯化钠溶液的渗透浓度和渗透压。

解:依据题意,1 L 9 g·L^{-1} 氯化钠溶液含氯化钠 9 g,氯化钠的摩尔质量为 58.5 g·mol^{-1},所以

$$c(NaCl)=\frac{n(NaCl)}{V}=\frac{m(NaCl)}{M(NaCl)V}=\frac{9}{58.5\times 1}=0.154(mol\cdot L^{-1})$$

又因为氯化钠在水溶液中全部电离为 Na^+ 和 Cl^-,因此,该氯化钠溶液的渗透浓度是:

$$0.154\times 2=0.308(mol\cdot L^{-1})=308(mmol\cdot L^{-1})$$

37℃该氯化钠溶液的渗透压为:

$$\Pi=c_BRT=0.308\times 8.314\times 310.15=793.8(kPa)$$

渗透压相等的两种溶液称为等渗溶液。渗透压不相等时,渗透压高的溶液称为高渗溶液,渗透压低的溶液称为低渗溶液。例如,将红细胞置于纯水中,可以发现它会逐渐胀成圆球,最后破裂。这是水透过细胞膜进入细胞,而细胞内的若干溶质如血红素、蛋白质等不能透出,以致细胞内的液体逐渐增多,胀破细胞壁的缘故。

渗透作为一种自然现象,广泛存在于动植物的生理活动之中。生物体中的细胞液和体液都是水溶液,它们具有一定的渗透压,而且生物体内的绝大部分膜都是半透膜,因此渗透压的大小与生物的生长发育有着密切的关系。例如,植物的细胞膜是一种很容易透水而不能让溶解于细胞液的物质通过的薄膜,植物细胞的渗透压很大,靠渗透作用,植物养分可送到各部位,甚至是高达几十米的树顶。当在农作物的根部施肥过多时,就会造成植株细胞脱水,而使农作物枯萎。

知识窗

(1)正常情况下,人体血浆的渗透压为 719.4～824.7 kPa(280～320 mmol·L^{-1}),人体血浆的渗透压和细胞的渗透压相近。当人体发烧时,由于体内水分大量蒸发,血浆浓度增加,渗透压加大,若不及时补充水分,细胞中的水分就会因为渗透压低而向血浆渗透,进而造成细胞脱水,带来生命危险。所以当人体发烧时,需要及时喝水或通过静脉注射与细胞液等渗的生理盐水或葡萄糖溶液,以补充水分。

(2)"反渗透技术"就是在渗透压较大的溶液液面上加上比其渗透压还要大的压力,迫使溶剂透过半透膜从高浓度溶液迁移至低浓度溶液,从而达到浓缩溶液的目的。一些不能或不适合在高温条件下浓缩的物质,可采用此方法进行浓缩,如速溶咖啡和速溶茶的制造。此外,"反渗透技术"还可用于海水的淡化和废水的处理。

总之,稀溶液的各项通性与一定量的溶剂中所含溶质的独立质点数成正比,而与溶质的本

性无关。对于浓溶液,溶质粒子间的相互影响大为增加,因此,浓溶液中情况比较复杂,这时简单的依数性的定量关系不再适用。

本 章 小 结

1. 溶液浓度的常用表示方法有:物质的量浓度、质量摩尔浓度、摩尔分数、质量浓度、质量分数。在涉及“物质的量”的表示时,必须注明基本单元。在配制溶液时,要根据具体工作要求进行配制。

2. 等物质的量规则:任何化学反应,若将化学(或离子)反应方程式中的每一项(包括计量系数在内的化学式或离子式)作为一个基本单元,则反应中各反应物和各生成物的物质的量相等,这个规律叫等物质的量规则。另外,配制和稀释溶液也遵循此规则。

3. 稀溶液的依数性有:溶液的蒸气压下降、沸点升高、凝固点下降和渗透压等。这些性质与溶质的本性无关,而只与溶液中所含的溶质的粒子数目有关。

$$\Delta p = Kb_B \qquad \Delta T_b = K_b b_B \qquad \Delta T_f = K_f b_B \qquad \Pi = c_B RT$$

用稀溶液的依数性可以说明一些日常现象,也可用来解决一些科学问题。

思考与练习

一、判断题

1. $c(H_2SO_4)=1.00\ mol \cdot L^{-1}$,则 $c\left(\frac{1}{2}H_2SO_4\right)=0.50\ mol \cdot L^{-1}$。

2. 难挥发非电解质稀溶液的依数性不仅与溶质种类有关,而且与溶液的浓度成正比。

3. 难挥发非电解质稀溶液的蒸气压实际上是溶液中溶剂的蒸气压。

4. 将浓溶液和稀溶液用半透膜隔开,欲阻止稀溶液的溶剂分子进入浓溶液,需要加到浓溶液液面上的最小压力,称为浓溶液的渗透压。

5. 稀溶液在达到凝固点时,溶液中的溶质和溶剂均以固态析出,形成冰。

6. 纯溶剂通过半透膜向溶液渗透的压力叫渗透压。

7. 体系中稀溶液随着温度不断降低,冰不断析出,因此溶液的浓度会不断上升。

8. 溶剂通过半透膜进入溶液的单方向扩散的现象称作渗透现象。

9. $0.3\ mol \cdot kg^{-1}$ 的蔗糖溶液和 $0.3\ mol \cdot kg^{-1}$ 的甘油溶液的渗透压相等。

10. 渗透压较高的溶液其物质的量浓度一定较大。

二、选择题

1. 浓度均为 $0.1\ mol \cdot kg^{-1}$ 的蔗糖、HAc、NaCl 和 Na_2SO_4 水溶液,其中蒸气压最大的是(　　)。

A. 蔗糖　　B. HAc　　C. NaCl　　D. Na_2SO_4

2. 下列水溶液中凝固点最低的是(　　)。

A. $0.2\ mol \cdot L^{-1}$ 的 $C_{12}H_{22}O_{11}$　　B. $0.2\ mol \cdot L^{-1}$ 的 HAc

C. $0.1\ mol \cdot L^{-1}$ 的 NaCl　　D. $0.1\ mol \cdot L^{-1}$ 的 $CaCl_2$

3. 常压下，难挥发物质的水溶液沸腾时，其沸点(　　)。

A. 等于 100℃　　B. 高于 100℃　　C. 低于 100℃　　D. 无法判断

4. 浓度均为 0.01 mol·L^{-1} 的下列物质中，沸点最高的是(　　)。

A. $MgSO_4$　　B. NaCl　　C. CH_3COOH　　D. K_2SO_4

5. 欲使两种电解质稀溶液之间不发生渗透现象，其条件是(　　)。

A. 两溶液中离子总浓度相等　　B. 两溶液的物质的量浓度相等

C. 两溶液的体积相等　　D. 两溶液的质量摩尔浓度相等

6. 4 种物质的量浓度相同的溶液，按其渗透压由大到小顺序排列的是(　　)。

A. HAc＞NaCl＞$C_6H_{12}O_6$＞$CaCl_2$　　B. $C_6H_{12}O_6$＞HAc＞NaCl＞$CaCl_2$

C. $CaCl_2$＞NaCl＞HAc＞$C_6H_{12}O_6$　　D. $CaCl_2$＞HAc＞$C_6H_{12}O_6$＞NaCl

7. 稀溶液依数性的核心性质是(　　)。

A. 溶液的沸点升高　　B. 溶液的凝固点下降

C. 溶液具有渗透压　　D. 溶液的蒸气压下降

三、填空题

1. “物质的量”的单位是________，符号是________，使用“物质的量”时应注明________。

2. 产生渗透现象的必备条件为________，________。溶剂分子的渗透方向为________。

3. 稀溶液的依数性有________、________、________、________。

四、简答题

1. 为什么稀溶液定律不适用于浓溶液和电解质溶液？

2. 难挥发物质的溶液不断沸腾时，它的沸点是否恒定？为什么？

3. 把一块温度为 273.15 K 的冰放入同温度的水中，把另一块温度为 273.15 K 的冰放入同温度的盐水中，会出现什么现象？为什么？

4. 为什么海水比河水难结冰？

5. 为什么蔬菜用盐腌时会“出汤”？

6. 施肥过多(或施肥后不浇水)为什么会引起作物凋萎？

五、计算题

1. 已知浓盐酸的质量分数为 37.0%，密度为 1.19 g·mL^{-1}，计算 c(HCl)和 b(HCl)。

2. 已知浓磷酸的质量分数为 85.0%，密度为 1.75 g·mL^{-1}，计算 $c(H_3PO_4)$和 $c\left(\frac{1}{3}H_3PO_4\right)$。

3. 已知浓硝酸的质量分数为 69.80%，密度为 1.42 g·mL^{-1}，计算 $c(HNO_3)$和 $x(HNO_3)$。

4. 配制 $c(Na_2CO_3)$＝0.100 0 mol·L^{-1} 的溶液 250.00 mL，需称取无水碳酸钠多少克？取这种溶液 25.00 mL，恰好与 20.00 mL 的盐酸溶液完全中和，求 c(HCl)。

5. 计算 5.0%蔗糖($C_{12}H_{22}O_{11}$)水溶液和 5.0%葡萄糖($C_6H_{12}O_6$)水溶液的沸点。

6. 医学上用的葡萄糖($C_6H_{12}O_6$)注射液是血液的等渗溶液，测得其凝固点下降 0.543℃。

(1)计算葡萄糖溶液的质量分数。

(2)如果血液的温度为 37℃，求血液的渗透压。

7. 在 20℃时，将 5 g 血红素溶于适量水中，然后稀释到 500 mL，测得溶液的渗透压为 366 Pa，试计算血红素的摩尔质量。

8. 在严寒的冬季里，为了防止仪器中的水结冰，欲使其凝固点降低到－3.00℃，试问在 500 g 水中应加甘油($C_3H_8O_3$)多少克？

第二章

电解质溶液

【本章引言】

无机化学反应大多是在水溶液中进行的，参与这些反应的物质主要是酸、碱和盐，它们都是电解质(在水中和熔融状态下能导电的化合物)。根据电解质溶液导电性的强弱，可将其分为强电解质和弱电解质。本章应用化学平衡的原理讨论弱电解质的电离平衡、盐类水解平衡和平衡移动的规律。

【科苑导读】

侯德榜，我国杰出化学家，侯氏制碱法的创始人，是中国重化学工业的开拓者，是近代化学工业的奠基人之一，世界制碱业的权威。

20 世纪初，我国所需纯碱全依赖进口，索尔维集团垄断了制碱法，外国企业为了攫取暴利，大肆囤积纯碱，以纯碱为原料的民族工业被死死地卡住命脉，严重影响国计民生。侯德榜听闻后，放弃了国外优秀的学术环境和已有建树的化学工业成果，返回衰贫的祖国，走上了一条艰难创业的中国制碱之路。在连温度计都买不到的落后环境里，侯德榜带领团队进行了 500 多次试验，分析了 2 000 多个样品，凭着一股中华儿女的骨气，硬是研究出了比索尔维制碱法更好的方法，盐的利用率提高到 96%，纯碱成本降低了 40%，污染环境的废物可以转变为化肥。

侯德榜始终牢记自己是一个中国人，面对鲜花和掌声，他平静地说："我的一切发明都属于祖国。"侯德榜为中国的化学工业事业奋斗终生，呕心沥血，直至生命的最后一息，这种爱国精神无疑是值得我们铭记和学习的。

[课程学习]
第二章课程 PPT

【学习目标】

知识目标

- 掌握化学平衡条件及影响平衡的因素。
- 熟练掌握一元弱酸、弱碱溶液中有关 H^+、OH^- 浓度的计算。

• 了解多元弱酸的分步电离。
• 掌握同离子效应对弱电解质电离平衡移动的影响。
• 了解缓冲溶液的组成、性质及其在生物体系中的重要作用。
• 掌握缓冲溶液的缓冲作用原理、pH 的计算。
• 了解一元弱酸盐和一元弱碱盐水解平衡及其溶液 pH 的计算。

能力目标

• 正确理解平衡常数的物理意义及表示方法。
• 能熟练进行有关化学平衡的计算。
• 能准确计算酸碱溶液的 pH。
• 会配制不同 pH 的缓冲溶液。

素质目标

• 理解物质的变化是有条件的，增强应用所学知识解决问题的能力。
• 建立解决复杂化学问题的逻辑思维框架。

【知识导图】

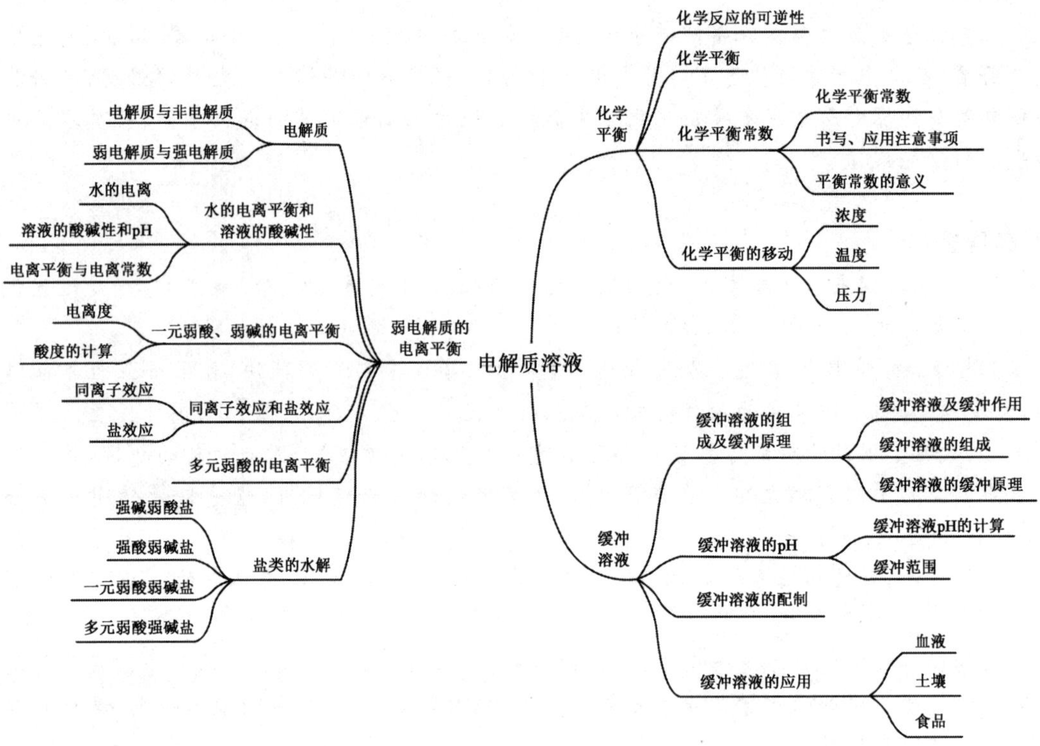

第一节　化学平衡

一、化学反应的可逆性

在同一条件下，既能按反应方程式从左向右进行（习惯上称为正反应），同时又能按反应方程式从右向左进行（习惯上称为逆反应）的反应称为可逆反应，在反应式中常用“$\rightleftharpoons$”表示。例如反应：

$$CO(g)+H_2O(g)\rightleftharpoons CO_2(g)+H_2(g)$$

CO 与 H_2O 反应生成 CO_2 与 H_2，同时 CO_2 与 H_2 反应生成 CO 与 H_2O。

实际上，几乎所有的化学反应都有可逆性，只是可逆程度不同，有些反应正向进行的程度比较大，逆向进行的程度比较小。例如：

$$Ag^++Cl^-\rightleftharpoons AgCl(s)\downarrow$$

还有极少数的反应，正反应进行过程中，逆反应基本上不可能在同样条件下发生。例如，$KClO_3$ 在 MnO_2 催化作用下受热分解生成 KCl(s)和 O_2(g)的反应：

$$2KClO_3(s)\xrightarrow{MnO_2}2KCl(s)+3O_2(g)\uparrow$$

反应物几乎完全转变为生成物。这类只能向一个方向进行的反应，称为不可逆反应。

二、化学平衡

可逆反应中，始终存在着正反应和逆反应这一对矛盾，在一定条件下两者可以同时进行。如果在一定反应条件下，把 CO 和 H_2O 置于一密闭容器中，反应开始后，每隔一定时间取样分析，会发现反应物 CO 和 H_2O 的分压逐渐减少，而生成物 CO_2 与 H_2 的分压逐渐增大。反应达到一定时间，混合气体中各组分的分压不再随时间而改变。这是因为开始时正反应速率较大，逆反应速率较小，随着反应物不断消耗，生成物不断增加，正反应速率不断减小，逆反应速率不断增大。当正反应速率等于逆反应速率时，反应物浓度和生成物的浓度不再发生变化，反应体系所处的这种状态称为化学平衡。

化学平衡具有以下特征：

(1)可逆反应的正、逆反应速率相等($v_{正}=v_{逆}$)。当外界条件不变时，反应体系中各物质的浓度不随时间的变化而改变。

(2)化学平衡是一个动态平衡，反应并未停止。只是正反应速率和逆反应速率相等，方向相反，两个反应的结果相互抵消而已。

(3)化学平衡可以从正、逆两个方向建立。在一定条件下，可逆反应无论从正反应开始，还是从逆反应开始，最后均能达到平衡。

(4)化学平衡是有条件的、相对的、暂时的。当外界条件改变时，原平衡被破坏，化学平衡发生移动，在新的条件下建立新的平衡。

三、化学平衡常数

(一)化学平衡常数

反应达平衡后，反应物和产物的浓度或分压不再发生改变。通过大量实验，人们归纳出以下规律：

对于任意可逆反应：

$$aA + bB \rightleftharpoons dD + eE$$

在一定温度下，达到平衡时，体系中各物质的浓度有如下关系：

$$K_c = \frac{[D]^d[E]^e}{[A]^a[B]^b}$$

式中：K_c 为浓度平衡常数，简称平衡常数；[A]、[B]、[D]、[E]为物质的平衡浓度，常用单位为 $mol \cdot L^{-1}$。

即任何可逆反应达到平衡时，不论反应始态如何，生成物浓度以化学计量数为幂的乘积与反应物浓度以化学计量数为幂的乘积之比为一常数。该常数称为化学平衡常数。

如果化学反应是气体反应，平衡常数还可用各气体的分压来表示：

$$K_p = \frac{p_D^d p_E^e}{p_A^a p_B^b}$$

式中：K_p 为以分压表示的平衡常数；平衡分压 p 的单位为 Pa 或 kPa。

(二)书写和应用平衡常数表达式的注意事项

(1)平衡常数表达式中，各物质的浓度或分压是指平衡时的浓度或分压。

(2)如果反应涉及纯固体或纯液体，其浓度视为常数，不写在平衡常数表达式中。例如：

$$CaCO_3(s) \rightleftharpoons CaO(s) + CO_2(g)$$

$$K_c = [CO_2] \quad 或 \quad K_p = p_{CO_2}$$

(3)在稀溶液中进行的反应，若有水参加，水的浓度视为常数，不写在平衡常数表达式中。例如：

$$Cr_2O_7^{2-} + H_2O \rightleftharpoons 2CrO_4^{2-} + 2H^+$$

$$K_c = \frac{[CrO_4^{2-}]^2[H^+]^2}{[Cr_2O_7^{2-}]}$$

但在气相中进行的反应，有水蒸气参加或有水蒸气生成，水的浓度应表示在平衡常数表达式中。例如：

$$CO(g) + H_2O(g) \rightleftharpoons CO_2(g) + H_2(g)$$

$$K_p = \frac{p(CO_2)p(H_2)}{p(CO)p(H_2O)}$$

对非水溶液中进行的反应，有水参加或生成，水的浓度应表示在平衡常数表达式中。例如：

$$C_2H_5OH+CH_3COOH \rightleftharpoons CH_3COOC_2H_5+H_2O$$

$$K_c=\frac{[CH_3COOC_2H_5][H_2O]}{[C_2H_5OH][CH_3COOH]}$$

(4)平衡常数的表达式应与化学方程式相对应。同一个化学反应用不同化学反应式表示时，对应的平衡常数的表达式不同，得到的数值也不同。例如合成氨的反应：

$$N_2(g)+3H_2(g) \rightleftharpoons 2NH_3(g) \qquad K_1=\frac{[NH_3]^2}{[N_2][H_2]^3}$$

若将方程式写为

$$\frac{1}{2}N_2(g)+\frac{3}{2}H_2(g) \rightleftharpoons NH_3(g)$$

则

$$K_2=\frac{[NH_3]}{[N_2]^{\frac{1}{2}}[H_2]^{\frac{3}{2}}}$$

这里 $K_1 \neq K_2$，而是 $K_1=K_2^2$。

(5)当几个反应相加得到总反应式时，总反应的平衡常数等于各相应反应的平衡常数之积。例如：

$$2NO(g)+O_2(g) \rightleftharpoons 2NO_2(g) \qquad K_1=\frac{[NO_2]^2}{[NO]^2[O_2]} \qquad ①$$

$$2NO_2(g) \rightleftharpoons N_2O_4(g) \qquad K_2=\frac{[N_2O_4]}{[NO_2]^2} \qquad ②$$

$$2NO(g)+O_2(g) \rightleftharpoons N_2O_4(g) \qquad K_3=\frac{[N_2O_4]}{[NO]^2[O_2]} \qquad ③$$

从反应式可以看出，①+②=③，而 $K_1K_2=K_3$。

练一练

(1)反应 $I_2(g)+H_2(g) \rightleftharpoons 2HI(g)$ 和反应 $\frac{1}{2}I_2(g)+\frac{1}{2}H_2(g) \rightleftharpoons HI(g)$ 的 K_c 如何表示？

(2)$CaCO_3(s) \rightleftharpoons CaO(s)+CO_2(g)$ 的 K_c 如何表示？

(三)平衡常数的意义

(1)平衡常数是可逆反应的特征常数，只与温度有关，不随物质的初始浓度(或分压)而改变，与反应的方向无关。

(2)平衡状态是反应进行的最大限度，所以平衡常数可以衡量化学反应进行的程度，即 K_c 或 K_p 值越大，表示反应进行得越完全。

(3)利用平衡常数可以判断反应进行的方向。

四、化学平衡的移动

化学平衡是在一定条件下建立的动态平衡,外界条件改变时,原有的平衡状态被破坏,新的条件下会建立新的平衡,这个过程称为化学平衡的移动。影响化学平衡的主要因素有浓度、压力和温度。

(一)浓度对化学平衡的影响

对于可逆反应:

$$aA+bB \rightleftharpoons dD+eE$$

在任意状态下,A、B、D、E 的浓度 c_A、c_B、c_D、c_E,则有

$$Q_c=\frac{c_D^d c_E^e}{c_A^a c_B^b}$$

Q_c 称为浓度商,比较 Q_c 和 K_c 的大小,即可判断平衡移动的方向。

$Q_c=K_c$,反应处于平衡状态;

$Q_c<K_c$,平衡向正反应方向移动,直至建立新平衡;

$Q_c>K_c$,平衡向逆反应方向移动,直至建立新平衡。

平衡体系中,在其他条件不变的情况下,增大反应物的浓度或减小生成物的浓度,化学平衡向正反应方向移动;反之,减小反应物浓度或增大生成物浓度,化学平衡向逆反应方向移动。

(二)压力对化学平衡的影响

压力对固体、液体的体积影响较小,改变压力对这类物质化学反应的平衡几乎没有影响。但对有气态物质参加或生成的可逆反应,在一定温度下,改变体系的总压力,常常会引起化学平衡的移动。以合成氨为例:

$$N_2(g)+3H_2(g) \rightleftharpoons 2NH_3(g)$$

在一定温度下,当反应达平衡时,各组分气体的平衡分压为 $p(N_2)$、$p(H_2)$、$p(NH_3)$,其平衡常数为

$$K_p=\frac{p^2(NH_3)}{p(N_2)p^3(H_2)}$$

如果使平衡体系总压力增到原来的 2 倍,这时各组分气体的分压分别为 $2p(N_2)$、$2p(H_2)$、$2p(NH_3)$,这时的分压商为

$$Q_p=\frac{[2p(NH_3)]^2}{2p(N_2)[2p(H_2)]^3}=\frac{4p^2(NH_3)}{16p(N_2)p^3(H_2)}=\frac{1}{4}K_p$$

因为 $Q_p<K_p$,此时体系不再处于平衡状态,反应朝着生成氨的方向进行,平衡发生移动,直到 $Q_p=K_p$,达到新的平衡状态。

如果减小平衡体系的压力,其结果是 $Q_p>K_p$,反应则朝着氨分解的方向移动。

对于反应前后气体分子总数没有改变的反应,例如:

$$CO(g)+H_2O(g)\rightleftharpoons CO_2(g)+H_2(g)$$

在一定温度下，反应达平衡时：$K_p=\dfrac{p(CO_2)p(H_2)}{p(CO)p(H_2O)}$，若将平衡系统的压力增到原来的2倍，则

$$Q_p=\frac{2p(CO_2)2p(H_2)}{2p(CO)2p(H_2O)}=K_p$$

由此可以看出，对这类反应，增加或减小体系的压力，并不影响反应的平衡状态。

因此：

(1)压力变化只对那些反应前后气体分子数目有变化的反应有影响；

(2)在恒温下增大总压力，平衡向气体分子数减少的方向移动；减小总压力，平衡向气体分子数增多的方向移动。

(三)温度对化学平衡的影响

温度对化学平衡的影响与前两种情况有着本质的区别。改变浓度或压力只能使平衡发生移动，平衡常数并未发生改变，而温度的变化，却导致了平衡常数 K_c(或 K_p)的改变，从而导致化学平衡的移动。

温度对化学平衡的影响与化学反应的热效应有关。对于吸热反应，平衡常数随温度升高而增大，升高温度平衡向正反应方向移动；对于放热反应，平衡常数随温度升高而减小，升高温度，平衡向逆反应方向移动。即升高温度，平衡向吸热方向移动；降低温度，平衡向放热方向移动。

法国科学家吕·查德理(le Chatelier)归纳总结出一条关于平衡移动的普遍规律：如果改变平衡体系的任一条件(如浓度、压力、温度)，平衡总是向着削弱这个改变的方向移动。这条规律称为吕·查德理原理，它只适用于平衡体系。

应当指出的是，催化剂只能同等程度地加快正、逆反应的速率，缩短反应达到平衡的时间。催化剂不能使平衡移动，也不能改变平衡常数 K 的数值。

第二节　弱电解质的电离平衡

一、电解质

(一)电解质与非电解质

实验发现，物质在水溶液中的导电性有很大的差别，例如，NaOH、HCl、NaCl 等物质的水溶液导电能力较强，CH_3COOH、NH_3 水溶液的导电能力较弱，而 $C_6H_{12}O_6$、$C_{12}H_{22}O_{11}$ 水溶液则不能导电。根据物质的水溶液导电性的差别，将物质分为电解质和非电解质两类。凡是在水中和熔融状态下能导电的物质称为电解质，反之称为非电解质。无机物中的酸、碱和盐都是

电解质，而葡萄糖、蔗糖以及大部分有机物均属于非电解质。

(二)强电解质与弱电解质

根据电解质溶液导电性的强弱，可将其分为强电解质和弱电解质。在水溶液中能完全电离的电解质称为强电解质，在水溶液中部分电离的电解质称为弱电解质。强酸、强碱及大部分盐类($PbAc_2$、$HgCl_2$ 等少数盐除外)均为强电解质；弱酸、弱碱则是弱电解质。

二、水的电离和溶液的酸碱性

(一)水的电离

水是最重要的溶剂，许多化学反应都是在水溶液中进行的。纯水的导电能力非常弱，是一种极弱的电解质，能电离出极少量的 H^+ 和 OH^-：

$$H_2O + H_2O \rightleftharpoons H_3O^+ + OH^-$$

通常简写为

$$H_2O \rightleftharpoons H^+ + OH^-$$

其平衡常数表达式为：

$$K_w = [H^+][OH^-]$$

K_w 称为水的离子积常数，简称水的离子积。实验测得，298.15 K 时纯水中：

$$[H^+] = [OH^-] = 1.0 \times 10^{-7}\ mol \cdot L^{-1}$$

所以 $K_w = [H^+][OH^-] = 1.0 \times 10^{-7} \times 1.0 \times 10^{-7} = 1.0 \times 10^{-14}$

水的电离是吸热反应，温度升高，水的电离程度增大，水的离子积也增大。但 K_w 随温度变化不大，通常取 1.0×10^{-14}。

[扩展学习]
酸碱理论

(二)溶液的酸碱性和 pH

溶液的酸碱性取决于溶液中 H^+ 和 OH^- 浓度的相对大小。室温下：

中性溶液(或纯水)	$[H^+] = 10^{-7}\ mol \cdot L^{-1}$，$[H^+] = [OH^-]$
酸性溶液	$[H^+] > 10^{-7}\ mol \cdot L^{-1}$，$[H^+] > [OH^-]$
碱性溶液	$[H^+] < 10^{-7}\ mol \cdot L^{-1}$，$[H^+] < [OH^-]$

当溶液中 H^+ 和 OH^- 浓度较小(一般指小于 $1\ mol \cdot L^{-1}$)时，常用 pH(pOH)来表示溶液的酸碱度。

$$pH = -\lg[H^+] \qquad pOH = -\lg[OH^-]$$

符号“p”表示以 10 为底的负对数。也可应用到其他方面，如：

$$pK_w = pH + pOH = 14$$

室温下溶液的酸碱性和 pH 的关系是：

酸性溶液	$pH < 7$
中性溶液	$pH = 7$
碱性溶液	$pH > 7$

pH 的范围一般在 0～14，即 H^+ 浓度为 $1 \sim 1\times10^{-14}$ mol·L^{-1}。溶液的 pH 越小，酸性越强，碱性越弱；pH 越大，碱性越强，酸性越弱。对于浓度大于 1 mol·L^{-1} 的强酸或强碱直接用[H^+]或[OH^-]表示溶液的酸碱性更为方便。表 2-1 列出了日常生活中常见溶液的 pH。

表 2-1　日常生活中常见溶液的 pH

溶液名称	pH	溶液名称	pH
啤酒	4.0～5.0	柠檬汁	2.4
醋	3.0	胃液	2.0～3.0
牛奶	6.0～7.0	人体血液	7.35～7.45

精确测定溶液的 pH，可用 pH 计（又称酸度计）；若仅需知道大致的 pH 或 pH 范围，则可用 pH 试纸或酸碱指示剂。

三、一元弱酸、弱碱的电离平衡

（一）电离平衡与电离常数

对于一元弱酸（HA）、一元弱碱（BOH），其在水溶液中的电离如下：

$$HA \rightleftharpoons H^+ + A^- \qquad BOH \rightleftharpoons B^+ + OH^-$$

根据化学平衡原理，在一定温度下，达到电离平衡时，电离所生成的各种离子浓度的乘积与溶液中未电离分子的浓度之比是一个常数，称为电离平衡常数，简称为电离常数（K_i）。弱酸的电离常数用 K_a 表示，弱碱的电离常数用 K_b 表示：

$$K_a = \frac{[H^+][A^-]}{[HA]} \qquad K_b = \frac{[B^+][OH^-]}{[BOH]}$$

例如，醋酸的电离平衡

$$HAc \rightleftharpoons H^+ + Ac^-$$

其平衡常数表达式为
$$K_a = \frac{[H^+][Ac^-]}{[HAc]}$$

又如，$NH_3 \cdot H_2O$ 的电离平衡

$$NH_3 \cdot H_2O \rightleftharpoons NH_4^+ + OH^-$$

其平衡常数表达式为

$$K_b = \frac{[OH^-][NH_4^+]}{[NH_3 \cdot H_2O]}$$

电离常数 K_i 的大小反映了弱电解质电离程度的大小。K_i 越大，表明弱电解质的电离程度越大。因此，可以由电离常数的大小，判断同类型弱电解质的相对强弱，例如：

$$K(HF) = 3.53\times10^{-4} \qquad K(HAc) = 1.76\times10^{-5}$$

因 $K(\mathrm{HF}) > K(\mathrm{HAc})$，说明 HAc 是比 HF 更弱的酸。

与其他平衡常数一样，电离常数与温度有关，不因浓度的改变而改变。但由于弱电解质电离时热效应不大，故温度的改变对 K_i 影响较小，因此在常温范围内，可忽略温度对 K_i 的影响。常见弱酸、弱碱在水中的电离常数见附表 3。

(二)电离度

弱电解质在水溶液中电离程度的大小，也可用电离度(α)表示。电离度是弱电解质在水溶液中达到电离平衡时的电离百分率，可用下式表示：

$$\alpha = \frac{\text{已电离的分子数}}{\text{电离前分子总数}} \times 100\% \qquad \text{或} \qquad \alpha = \frac{c_{\text{电离}}}{c} \times 100\%$$

式中：$c_{\text{电离}}$ 为平衡时已电离的弱电解质的浓度；c 为溶液的起始浓度。

电离常数 K_i 和电离度 α 都表示弱电解质电离能力的大小。电离度不仅与弱电解质的本质有关，而且与溶液的浓度、温度等也有关。电离度随着溶液的稀释而增大。因此应用电离度时，必须指出该溶液的浓度。以 HAc 为例讨论 K_a 和 α 的关系如下：

$$\mathrm{HAc} \rightleftharpoons \mathrm{H^+} + \mathrm{Ac^-}$$

	HAc	H^+	Ac^-
起始浓度/($mol \cdot L^{-1}$)	c	0	0
平衡浓度/($mol \cdot L^{-1}$)	$c - c\alpha$	$c\alpha$	$c\alpha$

$$K_a = \frac{[\mathrm{H^+}][\mathrm{Ac^-}]}{[\mathrm{HAc}]} = \frac{(c\alpha)^2}{c(1-\alpha)} = \frac{c\alpha^2}{1-\alpha}$$

若 K_a 很小，或 $\alpha \leqslant 5\%$ 时，$1-\alpha \approx 1$，则上式简化为

$$K_a = c\alpha^2 \qquad \text{或} \qquad \alpha = \sqrt{\frac{K_a}{c}}$$

该式称为稀释定律，表示在一定温度下，弱电解质的电离度随溶液浓度的降低而增大。K_b 与 α 的关系也遵循此定律。

[视频学习]
一元弱酸 pH 的计算

(三)一元弱酸、弱碱水溶液中酸度的计算

设某一元弱酸 HA 的起始浓度为 c，忽略水电离出的 H^+，电离平衡时溶液中 H^+ 浓度为 x $mol \cdot L^{-1}$：

$$\mathrm{HA} \rightleftharpoons \mathrm{H^+} + \mathrm{A^-}$$

	HA	H^+	A^-
起始浓度/($mol \cdot L^{-1}$)	c	0	0
平衡浓度/($mol \cdot L^{-1}$)	$c - x$	x	x

则

$$K_a = \frac{[\mathrm{H^+}][\mathrm{A^-}]}{[\mathrm{HA}]} = \frac{x^2}{c - x}$$

展开后得一元二次方程：

$$x^2 + K_a x - K_a c = 0$$

$$x = [H^+] = \frac{-K_a + \sqrt{K_a^2 + 4K_a c}}{2}$$

实践证明，当弱酸很弱，浓度又不很小，即 $\alpha \leqslant 5\%$ 或 $c/K_a \geqslant 500$ 时，可以近似认为：

$$c - x \approx c$$

$$K_a = \frac{x^2}{c - x} \approx \frac{x^2}{c}$$

$$x = [H^+] = \sqrt{K_a c}$$

该式是计算一元弱酸溶液中$[H^+]$的最简公式。

同理可得一元弱碱 BOH 溶液中$[OH^-]$计算公式：

$$[OH^-] = \frac{-K_b + \sqrt{K_b^2 + 4K_b c}}{2}$$

当 $c/K_b \geqslant 500$，可用最简公式计算，即

$$[OH^-] = \sqrt{K_b c}$$

【例 2-1】 计算 0.10 $mol \cdot L^{-1}$ HAc 溶液的$[H^+]$和 α。$[K(HAc) = 1.76 \times 10^{-5}]$

解：因为 $\frac{c}{K(HAc)} = \frac{0.10}{1.76 \times 10^{-5}} = 5.7 \times 10^3 > 500$，故采用最简公式计算。

$$[H^+] = \sqrt{1.76 \times 10^{-5} \times 0.10} = 1.33 \times 10^{-3} (mol \cdot L^{-1})$$

$$\alpha = \frac{1.33 \times 10^{-3}}{0.1} \times 100\% = 1.33\%$$

四、同离子效应和盐效应

(一)同离子效应

在 HAc 溶液中加入 NaAc，由于 NaAc 是强电解质，在水溶液中全部电离成 Na^+ 和 Ac^-，使溶液中的 Ac^- 浓度增大，导致 HAc 的电离平衡向左移动，从而降低了 HAc 的电离度。

$$HAc \rightleftharpoons H^+ + Ac^-$$

$$\xleftarrow{\text{平衡移动方向}}$$

$$NaAc \rightleftharpoons Na^+ + Ac^-$$

同理，若在 $NH_3 \cdot H_2O$ 溶液中加入铵盐(如 NH_4Cl)，也会使 $NH_3 \cdot H_2O$ 的电离度降低。这种在弱电解质溶液中，加入与弱电解质含有相同离子的强电解质，使弱电解质电离度降低的现象称为同离子效应。

【例 2-2】 在 1 L 0.10 $mol \cdot L^{-1}$ HAc 溶液中加入 0.10 mol NaAc 固体(不考虑体积的变化)，求溶液中$[H^+]$和 HAc 的电离度。

解：加入 NaAc 固体后，由 NaAc 电离产生的 Ac^- 浓度为 $c(Ac^-) = 0.10\ mol \cdot L^{-1}$。设平

衡时$[H^+]=x\ mol \cdot L^{-1}$，则

	$HAc \rightleftharpoons$	$H^+ +$	Ac^-
起始浓度/($mol \cdot L^{-1}$)	0.10		0.10
平衡浓度/($mol \cdot L^{-1}$)	$0.10-x$	x	$0.10+x$

因为$K(HAc)$很小，且加入NaAc后产生同离子效应，使HAc的电离度更低，所以

$$[HAc]=0.10\ mol \cdot L^{-1}-x \approx 0.10\ mol \cdot L^{-1}$$
$$[Ac^-]=0.10\ mol \cdot L^{-1}+x \approx 0.10\ mol \cdot L^{-1}$$

则

$$K(HAc)=\frac{[H^+][Ac^-]}{[HAc]}=\frac{0.10x}{0.10}=1.76\times 10^{-5}$$
$$x=1.76\times 10^{-5}$$
$$[H^+]=1.76\times 10^{-5}(mol \cdot L^{-1})$$
$$\alpha=\frac{1.76\times 10^{-5}}{0.10}\times 100\%=0.0176\%$$

比较例**【例 2-1】**和例**【例 2-2】**可以看出，由于同离子效应，H^+浓度和HAc的电离度都大大降低了。

(二)盐效应

如果在HAc溶液中加入不含相同离子的强电解质NaCl时，溶液中离子浓度增大，离子间相互吸引和牵制作用增加，使Ac^-与H^+相互结合成HAc的机会减少，导致HAc电离平衡向右移动，电离度略有增大。这种在弱电解质溶液中加入不含相同离子的强电解质，弱电解质的电离度略有增大的现象称为盐效应。例如，在1 L 0.1 $mol \cdot L^{-1}$ HAc溶液中加入0.1 $mol \cdot L^{-1}$ NaCl溶液，HAc的电离度将从1.33%升高到1.68%。

需要注意的是，当同离子效应发生时，也同样存在盐效应，但盐效应的影响远小于同离子效应，所以一般只考虑同离子效应。

五、多元弱酸的电离平衡

水溶液中能电离出两个或两个以上H^+的弱酸称为多元弱酸。如H_2S、H_2CO_3、H_2SO_3、$H_2C_2O_4$为二元弱酸，而H_3PO_4为三元弱酸。

多元弱酸在水溶液中是分级电离的。每一级电离都有对应的电离常数。例如，二元弱酸H_2CO_3在水溶液中有两级电离：

一级电离为

$$H_2CO_3 \rightleftharpoons H^+ + HCO_3^- \qquad K_{a1}=\frac{[H^+][HCO_3^-]}{[H_2CO_3]}=4.2\times 10^{-7}$$

二级电离为

$$HCO_3^- \rightleftharpoons H^+ + CO_3^{2-} \qquad K_{a2}=\frac{[H^+][CO_3^{2-}]}{[HCO_3^-]}=5.6\times 10^{-11}$$

K_{a1}、K_{a2} 分别表示 H_2CO_3 的一级电离常数和二级电离常数。显然，$K_{a1} \gg K_{a2}$，说明二级电离比一级电离困难得多。其原因有两个：①带两个负电荷的 CO_3^{2-} 对 H^+ 的吸引比带一个负电荷的 HCO_3^- 对 H^+ 的吸引要强得多；②第一步电离出的 H^+ 对第二步电离产生同离子效应，抑制了第二步电离的进行。

【例 2-3】 计算 298.15 K 时 0.10 mol·L^{-1} H_2S 溶液中 H^+、OH^-、HS^-、S^{2-} 的浓度。

解：(1)求[H^+]、[HS^-]。因为 H_2S 的 $K_{a1} \gg K_{a2}$，故计算[H^+]、[HS^-]时可忽略二级电离。又因为 $\frac{c}{K_{a1}} = \frac{0.1}{5.7 \times 10^{-8}} > 500$，故可以按最简公式计算：

$$[H^+] = [HS^-] = \sqrt{K_{a1}c} = \sqrt{5.7 \times 10^{-8} \times 0.10} = 7.5 \times 10^{-5} (\text{mol} \cdot L^{-1})$$

(2)求[S^{2-}]。[S^{2-}]由二级电离平衡计算，因为

$$[H^+] \approx [HS^-]$$

$$K_{a2} = \frac{[H^+][S^{2-}]}{[HS^-]} = 1.0 \times 10^{-14}$$

所以

$$[S^{2-}] = K_{a2} = 1.0 \times 10^{-14} (\text{mol} \cdot L^{-1})$$

通过上例计算可归纳出以下几点结论：

(1)二元弱酸溶液中[H^+]主要由一级离解决定，当多元弱酸的 $K_{a1} \gg K_{a2}$，且 $c/K_{a1} > 500$，溶液中[H^+]可按一级电离计算，即[H^+]$=\sqrt{K_{a1}c}$，因此比较多元弱酸的酸性强弱时，只需比较它们的一级电离常数值即可。

(2)负一价酸根离子浓度近似等于溶液中[H^+]。

(3)负二价酸根离子浓度近似等于 K_{a2}，与酸的起始浓度无关。

在实际工作中，如果需要较高浓度的多元弱酸根离子时，不能用多元弱酸来配制，应该使用其对应的可溶性盐类。

三元弱酸电离的情况和二元弱酸相似，例如 H_3PO_4 的[H^+]也可近似认为是由第一步电离决定的；负一价酸根离子近似等于溶液中的[H^+]；负二价酸根离子浓度近似等于 K_{a2}；但负三价酸根离子浓度不等于 K_{a3}，必须根据相应的电离平衡和电离常数来计算。

六、盐类的水解

酸的水溶液呈酸性，碱的水溶液呈碱性，酸碱反应生成的盐溶液却不一定是中性的。除了由强酸和强碱生成的盐溶液呈中性之外，大多数盐溶液都是非中性的。这是因为盐溶于水后，盐电离产生的离子与水电离产生的 H^+ 或 OH^- 作用，生成了弱酸或弱碱，使水的电离平衡发生了移动，改变了溶液中的 H^+ 或 OH^- 的相对浓度，使溶液不再保持中性。这种由于盐类的离子与水作用生成弱酸或弱碱的反应称为盐类的水解。例如，NaAc(强碱弱酸盐)溶液呈碱性，NH_4Cl(强酸弱碱盐)溶液呈酸性。而强酸强碱盐不水解，故 NaCl 呈中性。盐的水解反应是中和反应的逆反应。

(一)强碱弱酸盐的水解

以 NaAc 为例。NaAc 在水溶液中完全电离，所电离出的 Ac^- 与水电离出的 H^+ 结合生成

弱电解质 HAc,破坏了水的电离平衡,使溶液中的$[OH^-]>[H^+]$,平衡时,溶液呈碱性。

$$\begin{array}{lcl} NaAc \longrightarrow Na^+ + & Ac^- & \\ & + & \\ H_2O \rightleftharpoons OH^- + & H^+ & \\ & \Updownarrow & \\ & HAc & \end{array}$$

水解反应式为

$$Ac^- + H_2O \rightleftharpoons HAc + OH^-$$

$$K_h = \frac{[HAc][OH^-]}{[Ac^-]}$$

K_h 为水解常数。若将上式分子分母同乘以 $[H^+]$,即得

$$K_h = \frac{K_w}{K_a}$$

$$[OH^-] = \sqrt{K_h c} = \sqrt{\frac{K_w}{K_a} c}$$

显然,组成盐的酸越弱(K_a 越小),水解常数 K_h 就越大,盐的水解程度越大,水溶液的碱性也就越强。

(二)强酸弱碱盐的水解

强酸弱碱盐如 NH_4Cl,这类盐的溶液呈酸性。其水解过程可表示如下:

$$\begin{array}{lcl} NH_4Cl \longrightarrow & NH_4^+ & + Cl^- \\ & + & \\ H_2O \rightleftharpoons & OH^- & + H^+ \\ & \Updownarrow & \\ & NH_3 \cdot H_2O & \end{array}$$

水解反应式为

$$NH_4^+ + H_2O \rightleftharpoons NH_3 \cdot H_2O + H^+$$

水解常数:

$$K_h = \frac{[NH_3 \cdot H_2O][H^+]}{[NH_4^+]}$$

$$K_h = \frac{K_w}{K_b}$$

$$[H^+] = \sqrt{K_h c} = \sqrt{\frac{K_w}{K_b} c}$$

在一定温度下，生成的弱碱越弱，K_b 越小，水解常数 K_h 就越大，溶液的酸性也越强。

练一练

试判断下列溶液的酸碱性：KAc、NH_4NO_3、NaCN、$(NH_4)_2SO_4$。

(三)一元弱酸弱碱盐的水解

以 NH_4Ac 为例，其阴、阳两种离子同时发生水解，水解反应式为

$$NH_4^+ + Ac^- + H_2O \rightleftharpoons NH_3 \cdot H_2O + HAc$$

同理可以推得：

$$K_h = \frac{K_w}{K_a K_b}$$

$$[H^+] = \sqrt{\frac{K_a}{K_b} K_w}$$

可见，在一定温度下，弱酸弱碱盐的水解常数与生成的弱酸的 K_a 和弱碱的 K_b 的乘积成反比。生成的弱酸和弱碱越弱，水解的趋势就越大。盐溶液的 pH 与盐的浓度无直接关系，仅决定于弱酸和弱碱电离常数的相对大小。如果 $K_a > K_b$，溶液就显酸性；如果 $K_a < K_b$，溶液就显碱性。

(四)多元弱酸强碱盐的水解

多元弱酸强碱盐是分步水解的。例如，Na_2CO_3 的水解分两步进行：

(1) $CO_3^{2-} + H_2O \rightleftharpoons HCO_3^- + OH^- \quad K_{h1} = \frac{K_w}{K_{a2}}$

(2) $HCO_3^- + H_2O \rightleftharpoons H_2CO_3 + OH^- \quad K_{h2} = \frac{K_w}{K_{a1}}$

因为 H_2CO_3 的 $K_{a2} \ll K_{a1}$，所以 CO_3^{2-} 的 $K_{h1} \gg K_{h2}$。可见多元弱酸强碱盐的水解以第一步水解为主，溶液的酸碱度主要取决于一级水解。

第三节 缓冲溶液

许多化学反应，尤其是生化反应，需要在一定的 pH 范围内进行。然而某些反应过程中有 H^+ 或 OH^- 生成，溶液的 pH 会随之发生改变，以致影响反应的正常进行。在这种情况下，就要借助于缓冲溶液来控制反应体系的 pH。

一、缓冲溶液的组成及缓冲原理

(一)缓冲溶液及缓冲作用

在室温条件下，往体积为 1 L 的纯水，体积为 1 L、起始浓度均为 0.1 $mol \cdot L^{-1}$ 的 NaCl

溶液、HAc 溶液、$NH_3 \cdot H_2O$ 溶液、HAc-NaAc 混合液、$NH_3 \cdot H_2O$-NH_4Cl 混合液中，分别加入 0.01 mol HCl、0.01 mol NaOH 和加水稀释 10 倍，测定其 pH 变化（表 2-2）。

从表 2-2 可以看出，纯水和 NaCl 中加入酸、碱后，溶液的 pH 都发生了明显变化，稀释后没有变化；HAc 溶液中加入酸后 pH 变化较大，加入碱后 pH 变化不大，稀释后有较大的变化；而 $NH_3 \cdot H_2O$ 溶液中加入酸后 pH 变化不大，加入碱后 pH 变化较大，稀释后有较大的变化；但在 HAc-NaAc 混合液、$NH_3 \cdot H_2O$-NH_4Cl 混合液中加入酸、碱后，溶液的 pH 改变不足 0.1 个单位，没有发生明显变化，稀释后没有变化。这种能够抵抗外来少量强酸、强碱或稍加稀释而保持体系 pH 基本不变的作用，称为缓冲作用。具有缓冲作用的溶液称为缓冲溶液，又称为缓冲对或缓冲体系。

表 2-2　不同溶液中加酸、加碱、稀释后的 pH

溶液种类	pH			
	原始	加入 0.01 mol HCl	加入 0.01 mol NaOH	稀释 10 倍
H_2O	7.00	2.00	12.00	7.00
NaCl	7.00	2.00	12.00	7.00
HAc	2.87	2.00	2.90	3.38
$NH_3 \cdot H_2O$	11.12	11.10	12.00	10.62
HAc-NaAc	4.75	4.66	4.84	4.75
$NH_3 \cdot H_2O$-NH_4Cl	9.25	9.16	9.33	9.25

（二）缓冲溶液的组成

缓冲溶液主要有以下 3 种类型：

（1）弱酸及其盐，如 HAc-NaAc 混合液。

（2）弱碱及其盐，如 $NH_3 \cdot H_2O$-NH_4Cl 混合液。

（3）多元弱酸的酸式盐及次级盐，如 $NaHCO_3$-Na_2CO_3 混合液、NaH_2PO_4-Na_2HPO_4 混合液。

想一想

单纯的两性物质如 HCO_3^-、H_2NCH_2COOH（甘氨酸）的水溶液是否具有缓冲作用？

（三）缓冲溶液的缓冲原理

缓冲溶液中通常含有两种成分，即抗酸成分和抗碱成分。现以 HAc-NaAc 缓冲溶液为例，说明缓冲溶液的缓冲原理。

$$HAc \rightleftharpoons H^+ + Ac^-$$

$$NaAc \longrightarrow Na^+ + Ac^-$$

NaAc 完全电离，由于同离子效应，Ac^- 抑制了 HAc 的电离，使溶液中还存在着大量的 HAc 和 Ac^-，即溶液中有较高浓度的 HAc 和 Ac^-。

［视频学习］缓冲溶液的缓冲原理

当向此溶液中加入少量强酸(如 HCl)时，H^+ 与溶液中 Ac^- 结合生成 HAc，使 HAc 的电离平衡向左移动，达到新的平衡时，溶液中的 H^+ 浓度并无明显升高，即 Ac^- 起到了抗酸作用。

当加入少量强碱(如 NaOH)时，溶液中的 H^+ 与 OH^- 结合生成 H_2O，这时 HAc 的电离平衡向右移动，补充被 OH^- 消耗的 H^+，达到新的平衡时，溶液的 H^+ 浓度几乎没有降低，因而 HAc 起到了抗碱作用。

将缓冲溶液稍加稀释时，一方面降低了溶液的 H^+ 浓度，但另一方面由于 Ac^- 浓度同时降低，同离子效应减弱，HAc 的电离度增大，使平衡向右移动，溶液的 H^+ 浓度升高。因而溶液的 pH 基本不变。

缓冲溶液的缓冲能力是有限的，缓冲能力将随抗酸或抗碱成分被消耗而减小，直到消失。

二、缓冲溶液的 pH

(一)缓冲溶液 pH 的计算

缓冲溶液本身具有的 pH 称为缓冲 pH，不同的缓冲溶液具有不同的 pH。例如，HAc-NaAc 缓冲溶液，设溶液中$[H^+]=x\ mol\cdot L^{-1}$：

	$HAc \rightleftharpoons$	$H^+ +$	Ac^-
起始浓度/($mol\cdot L^{-1}$)	$c_酸$	0	$c_盐$
平衡浓度/($mol\cdot L^{-1}$)	$c_酸-x$	x	$c_盐+x$

$$K_a=\frac{[H^+][Ac^-]}{[HAc]}$$

$$[H^+]=K_a\frac{[HAc]}{[Ac^-]}=K_a\frac{c_酸-x}{c_盐+x}$$

由于 HAc 的电离度很小，Ac^- 的同离子效应使其电离度变得更小，所以 $c_酸-x\approx c_酸$，$c_盐+x\approx c_盐$，上式又可表示为

$$[H^+]=K_a\frac{[HAc]}{[Ac^-]}=K_a\frac{c_酸}{c_盐}$$

$$pH=pK_a-\lg\frac{c_酸}{c_盐}$$

即为弱酸及其盐组成的缓冲溶液 pH 的计算公式。

同理，可得弱碱及其盐组成的缓冲溶液的计算公式：

$$[OH^-]=K_b\frac{c_碱}{c_盐}$$

$$pOH=pK_b-\lg\frac{c_碱}{c_盐}$$

$$pH=14-pK_b+\lg\frac{c_{碱}}{c_{盐}}$$

从上述缓冲溶液 pH 计算公式可以看出：

(1)缓冲溶液的 pH 主要取决于弱酸(弱碱)的电离常数 $K_a(K_b)$。

(2)缓冲溶液的 pH 同时与$\frac{c_{酸}}{c_{盐}}$或$\frac{c_{碱}}{c_{盐}}$的比值有关。当 $c_{酸}=c_{盐}$(或 $c_{碱}=c_{盐}$)时，$pH=pK_a$(或 $pOH=pK_b$)。

(3)稀释溶液时，两组分的浓度以同倍数缩小，故缓冲溶液的 pH 基本不变。

【例 2-4】 将 $0.10\ mol\cdot L^{-1}$ HAc 溶液和 $0.10\ mol\cdot L^{-1}$ NaAc 溶液等体积混合后，溶液的 pH 为多少？[$pK(HAc)=4.75$]

解：两溶液等体积混合后浓度减半：

$$c(HAc)=c(NaAc)=\frac{0.10}{2}=0.05(mol\cdot L^{-1})$$

$$pH=pK(HAc)-\lg\frac{c(HAc)}{c(NaAc)}=4.75$$

【例 2-5】 已知 HAc 和 NaAc 混合液体积为 1 L，HAc 和 NaAc 的浓度均为 $0.10\ mol\cdot L^{-1}$。

(1)计算该溶液的 pH。

(2)向溶液中加入 10 mL 浓度为 $1\ mol\cdot L^{-1}$ 的 HCl 溶液，溶液的 pH 是多少？

(3)向溶液中加入 10 mL 浓度为 $1\ mol\cdot L^{-1}$ 的 NaOH 溶液，溶液的 pH 是多少？[$pK(HAc)=4.75$]

解：(1)由于两溶液的浓度相等，$c(HAc)=c(NaAc)=0.10\ mol\cdot L^{-1}$，故

$$pH=pK(HAc)-\lg\frac{c(HAc)}{c(NaAc)}=4.75$$

(2)加入 10 mL 浓度为 $1\ mol\cdot L^{-1}$ 的 HCl 溶液，加入 H^+ 的浓度为

$$c(H^+)=\frac{1.0\times10\times10^{-3}}{1+10\times10^{-3}}\approx0.01(mol\cdot L^{-1})$$

$$HAc \rightleftharpoons H^+ + Ac^-$$

平衡浓度/$(mol\cdot L^{-1})$ $\quad \frac{0.1+0.01}{1.01} \qquad \frac{0.1-0.01}{1.01}$

$$pH=pK(HAc)-\lg\frac{c(HAc)}{c(NaAc)}=4.75-\lg\frac{\frac{0.1+0.01}{1.01}}{\frac{0.1-0.01}{1.01}}=4.67$$

(3)加入 10 mL 浓度为 $1\ mol\cdot L^{-1}$ 的 NaOH 溶液，NaOH 与 HAc 反应生成 $0.01\ mol\cdot L^{-1}$ 的 Ac^-：

$$HAc \rightleftharpoons H^+ + Ac^-$$

平衡浓度/$(mol\cdot L^{-1})$ $\quad \frac{0.1-0.01}{1.01} \qquad \frac{0.1+0.01}{1.01}$

$$pH = pK(HAc) - \lg\frac{c(HAc)}{c(NaAc)} = 4.75 - \lg\frac{\frac{0.1-0.01}{1.01}}{\frac{0.1+0.01}{1.01}} = 4.85$$

由此可见，加入少量的强酸或强碱，缓冲溶液 pH 的变化不大。

因为 $c_{酸} V_{总} = n_{酸}$，$c_{盐} V_{总} = n_{盐}$，故

弱酸及其盐缓冲溶液　　$pH = pK_a - \lg\frac{n_{酸}}{n_{盐}}$

弱碱及其盐缓冲溶液　　$pH = pK_w - pK_b + \lg\frac{n_{碱}}{n_{盐}}$

（二）缓冲范围

缓冲溶液的缓冲能力取决于缓冲对的浓度及缓冲组分浓度的比值。

（1）当$\frac{c_{酸}}{c_{盐}}$固定时，则缓冲能力与酸（或碱）和盐的浓度有关，浓度越大，缓冲能力也越大。

（2）浓度一定时，$\frac{c_{酸}}{c_{盐}} = 1$ 时缓冲能力最大。

实验证明，浓度比在（10∶1）～（1∶10），缓冲溶液具有较强的缓冲能力，超出这个区间，缓冲能力很小。

当$\frac{c_{酸}}{c_{盐}} = \frac{1}{10}$时，$pH = pK_a + 1$；当$\frac{c_{酸}}{c_{盐}} = \frac{10}{1}$时，$pH = pK_a - 1$，故 $pH = pK_a \pm 1$。

由此可知，$pH = pK_a \pm 1$、$pOH = pK_b \pm 1$ 为缓冲作用的有效 pH 范围，称为缓冲范围。如 HAc-NaAc 的 $pK_a = 4.75$，其有效缓冲范围的 pH 是 3.75～5.75。

三、缓冲溶液的配制

配制一定 pH 的缓冲溶液的原则和步骤如下：

（1）选择合适的缓冲对。选择弱酸的 pK_a（或弱碱的 $14 - pK_b$）尽量接近所配缓冲溶液的 pH。

例如，欲配制 pH＝5 的缓冲溶液，应选用 HAc-NaAc 缓冲对[$pK(HAc) = 4.75$]；欲配制 pH＝9 的缓冲溶液，可选用 $NH_3 \cdot H_2O$-NH_4Cl 缓冲对[$pK(NH_3 \cdot H_2O) = 9.25$]；欲配制 pH＝7 的缓冲溶液应选择 NaH_2PO_4-Na_2HPO_4 缓冲对（H_3PO_4 的 $pK_{a2} = 7.21$）。

（2）然后根据 $pH = pK_a - \lg\frac{c_{酸}}{c_{盐}}$$\left(或\ pH = 14 - pK_b + \lg\frac{c_{碱}}{c_{盐}}\right)$计算出所需酸（或碱）和盐的浓度，以配得所需的缓冲溶液。

（3）要有适当的浓度。缓冲溶液的浓度越大，缓冲能力越大。但浓度也不宜过大，一般控制在 0.05～0.2 $mol \cdot L^{-1}$。

缓冲溶液的配制方法一般有以下几种：

（1）采用相同浓度的弱酸（弱碱）及其盐的溶液，按所需体积混合。缓冲溶液计算公式中的

浓度比可用体积比代替。

【例 2-6】 欲配制 100 mL pH＝4.50 的缓冲溶液，需用 0.50 $mol \cdot L^{-1}$ HAc 和 0.50 $mol \cdot L^{-1}$ NaAc 溶液各多少毫升？

解：由于所用缓冲对的原始浓度相同，所以缓冲对的体积比就等于其浓度比。现设所需 0.50 $mol \cdot L^{-1}$ HAc 的体积为 V mL，需用 0.50 $mol \cdot L^{-1}$ NaAc 为$(100-V)$mL，则

$$4.50 = 4.75 - \lg \frac{V}{100-V}$$

则 $$\frac{V}{100-V} = 1.8 \qquad V = 64(\text{mL})$$

即需用 0.50 $mol \cdot L^{-1}$ HAc 64 mL，0.50 $mol \cdot L^{-1}$ NaAc 36 mL。将 64 mL 0.50 $mol \cdot L^{-1}$ HAc 溶液和 36 mL 0.50 $mol \cdot L^{-1}$ NaAc 溶液混合后，即得到 pH＝4.50 的缓冲溶液 100 mL。

(2)采用弱酸(弱碱)溶液及其固体盐配制。

【例 2-7】 欲配制 1 L pH＝5.00，所含 HAc 浓度为 0.20 $mol \cdot L^{-1}$ 的缓冲溶液，求所需 $NaAc \cdot 3H_2O$ 固体的质量和浓度为 1.00 $mol \cdot L^{-1}$ HAc 溶液的体积。如何配制？
[$M(NaAc \cdot 3H_2O) = 136.1\ g \cdot mol^{-1}$]

解：根据已知条件：

$$5.00 = 4.75 - \lg \frac{0.2}{c(\text{NaAc})}$$

则 $$c(\text{NaAc}) = 0.36\ (\text{mol} \cdot \text{L}^{-1})$$

所需 $NaAc \cdot 3H_2O$ 的质量：

$$m(\text{NaAc} \cdot 3\text{H}_2\text{O}) = 136.1 \times 0.36 \times 1 = 49.00(\text{g})$$

根据 $c_1V_1 = c_2V_2$，求配制缓冲液所需的 HAc 溶液的体积。

$$V(\text{HAc}) = \frac{0.2 \times 1}{1.00} \times 10^3 = 200(\text{mL})$$

配制方法如下：先将 49.00 g $NaAc \cdot 3H_2O$ 固体放入蒸馏水中使其溶解，再加入 200 mL 1.00 $mol \cdot L^{-1}$ 的 HAc 溶液，然后加水稀释至 1 L，摇匀，即得 pH＝5.00 的缓冲溶液。

(3)采用过量弱酸(弱碱)溶液和强碱(强酸)混合，通过中和反应，生成的盐与剩余的弱酸(弱碱)组成缓冲溶液。

【例 2-8】 将 50 mL 0.10 $mol \cdot L^{-1}$ HCl 溶液加到 200 mL 0.10 $mol \cdot L^{-1}$ $NH_3 \cdot H_2O$ 中，求混合液的 pH。[$K(NH_3 \cdot H_2O) = 1.76 \times 10^{-5}$]

解：加入的 HCl 与 $NH_3 \cdot H_2O$ 发生中和反应，生成 NH_4Cl：

$$\text{HCl} + \text{NH}_3 \cdot \text{H}_2\text{O} = \text{NH}_4\text{Cl} + \text{H}_2\text{O}$$

根据等物质的量规则，生成物 NH_4Cl 的物质的量与 HCl 的物质的量相等。过量的 $NH_3 \cdot H_2O$ 与生成物 NH_4Cl 组成 $NH_3 \cdot H_2O$-NH_4Cl 缓冲对，溶液的总体积为 250 mL。溶液中有关物质的物质的量为

$$n(NH_3 \cdot H_2O) = (0.10 \times 200 \times 10^{-3}) - (0.10 \times 50 \times 10^{-3})$$
$$= 1.50 \times 10^{-2}(mol)$$
$$n(NH_4Cl) = 0.10 \times 50 \times 10^{-3} = 5.00 \times 10^{-3}(mol)$$
$$pH = 14 - 4.75 + \lg \frac{1.5 \times 10^{-2}}{5.0 \times 10^{-3}} = 9.25 + 0.48 = 9.73$$

以上是理论计算值，实际所配的缓冲溶液的准确 pH 还需要用 pH 计来测定。

四、缓冲溶液的应用

(一)血液的缓冲作用

动物、植物都有最适宜生存、生长的 pH 环境，例如人体血液 pH＝7.35～7.45，最适宜细胞代谢和机体生存，其中有许多缓冲对：H_2CO_3-$NaHCO_3$、NaH_2PO_4-Na_2HPO_4、血红蛋白-血红蛋白盐、血浆蛋白-血浆蛋白盐，以 H_2CO_3-$NaHCO_3$ 含量最多、最重要。当食用的酸性食物进入人体血液时：

$$HCO_3^- + H^+ \rightleftharpoons H_2CO_3$$

H_2CO_3 经碳酸酐酶的作用分解为 CO_2 和 H_2O，CO_2 分压升高，可刺激呼吸中枢，使肺的呼吸作用增强，呼出更多的 CO_2。当食用的碱性食物进入人体血液时，HCO_3^- 增多，由肾脏排出体外。

每人每天耗 O_2 约 600 L，产生 H_2CO_3 的酸量相当于 2 L 浓 HCl，除由肺呼出 CO_2 及肾排酸的渠道排出体外以外，均应归功于血液的缓冲作用。

(二)土壤的缓冲性能

土壤具有保持其酸碱度的能力，控制机制有几种，其中之一便是土壤具有缓冲作用。土壤中氨基酸等两性物质的存在使土壤具有缓冲作用。另外，土壤溶液中的 H_2CO_3-$NaHCO_3$ 和 NaH_2PO_4-Na_2HPO_4、腐植酸、其他有机酸及其盐类、弱酸及其盐类的存在也使土壤具有缓冲作用，构成一个良好的缓冲体系。

土壤的缓冲作用可以稳定土壤溶液的反应，使 pH 变化保持在一定范围内。如果土壤没有这种能力，那么微生物和根系的呼吸、肥料的加入、有机质的分解都将引起土壤反应的激烈变化，影响土壤养分的有效性。有机质含量高的肥沃土壤缓冲能力、自调能力都很强，能为高产作物协调土壤环境条件，抵制不利因素的发展。

(三)食品中的缓冲液

食品中的许多物质都能构成缓冲体系，参与 pH 的控制。如蛋白质、氨基酸、有机酸及磷酸等无机酸。植物体中的缓冲体系一般有柠檬酸(柠檬、番茄和大黄)、苹果酸(苹果、番茄和生菜)、草酸(菠菜、葡萄)等，它们常与磷酸盐共同作用来维持 pH。牛奶是一个很复杂的缓冲系统，它含有 CO_2、蛋白质、磷酸盐、柠檬酸等成分。

另外，蛋白质、酶、氨基酸的测定，种子生活力测定，蛋白质和某些离子的分离等，常通过使用缓冲溶液来控制 pH，以满足实验条件。

本 章 小 结

1. 对任一简单的可逆反应：

$$aA + bB \rightleftharpoons dD + eE$$

其平衡常数为

$$K_c = \frac{[D]^d[E]^e}{[A]^a[B]^b}$$

平衡常数是反应的特征常数，只与反应的本性和温度有关，与起始浓度无关，与反应是从正向开始还是从逆向开始无关。平衡状态是反应进行的最大限度。

比较浓度商 Q_c 和 K_c 的大小，可以判断反应进行的方向：

$Q_c < K_c$，反应向正反应进行；

$Q_c > K_c$，反应向逆反应进行；

$Q_c = K_c$，反应处于平衡状态。

任何已达平衡的体系，若改变平衡条件（浓度、温度、压力）之一，平衡就向削弱这个改变的方向移动。

2. 水是一种极弱的电解质，其离子积常数 K_w 反映了溶液中$[H^+]$和$[OH^-]$之间的相互依存关系，故可用$[H^+]$或 pH 表示溶液的酸碱性。

3. 电解质分为强电解质和弱电解质两类。弱电解质溶液中存在电离平衡，其电离程度的大小可用电离度和电离常数来表示。对一元弱酸和弱碱，其酸度近似计算式为

$$[H^+] = \sqrt{K_a c}$$

$$[OH^-] = \sqrt{K_b c}$$

多元弱酸的电离是分级进行的，每一级电离都有相应的电离常数，且 $K_{a1} > K_{a2} > K_{a3} > \cdots > K_{an}$。

当向弱电解质溶液中加入强电解质时，会产生两种作用：同离子效应和盐效应。

4. 缓冲溶液是抵抗外加少量强酸、强碱或稀释，而保持体系 pH 基本不变的溶液。缓冲体系 pH 计算公式为

$$pH = pK_a - \lg \frac{c_{酸}}{c_{盐}}$$

$$pOH = pK_b - \lg \frac{c_{碱}}{c_{盐}}$$

5. 盐的水解是组成盐的阳离子或阴离子与 H_2O 作用的结果，其水解程度可用水解常数（K_h）表示。

思考与练习

一、判断题

1. 任何可逆反应在一定温度下，如果参加反应的物质浓度不同，反应达到平衡时，各物质

的平衡浓度相同。

2. 可逆反应达到平衡后，增加反应物浓度会引起 K_c 改变。

3. 一个反应体系达到平衡时的特征是正逆反应速率相等。

4. 催化剂只能缩短反应达到平衡的时间而不能改变平衡状态。

5. 酸性水溶液中不含 OH^-，碱性水溶液中不含 H^+。

6. 在一定温度下，改变溶液的 pH，水的离子积不变。

7. 将 $NH_3 \cdot H_2O$ 和 NaOH 溶液的浓度均稀释为原来的 1/2，则两种溶液中 OH^- 浓度均减少为原来的 1/2。

8. 弱电解质的浓度增大，电离度也增大，溶液中离子浓度也增大。

9. 电离度和电离常数都能表示电离程度的强弱。

10. 盐的水溶液 pH=7 时盐一定没水解。

二、选择题

1. 在一定温度下，可逆反应 $A(g)+3B(g) \rightleftharpoons 2C(g)$ 达到平衡的标志是(　　)。

A. A 的分解速率与 B 的分解速率相等

B. 单位时间内生成 n mol A，同时生成 $3n$ mol B

C. A、B、C 的浓度不再变化

D. A、B、C 的浓度之比为 1∶3∶2

2. 下列因素中对电离常数有影响的是(　　)。

A. 温度　　B. 浓度

C. 是否有同离子存在　　D. 酸度

3. 强酸弱碱盐水溶液呈(　　)。

A. 酸性　　B. 碱性　　C. 中性　　D. 视具体情况而定

4. 下列 4 种溶液中酸性最强的是(　　)。

A. pH=5　　B. pH=6

C. $[H^+]=10^{-4}\ mol \cdot L^{-1}$　　D. $[OH^-]=10^{-11}\ mol \cdot L^{-1}$

5. 在 HAc 中加入 NaAc，可使 HAc 的(　　)。

A. 电离度减小　　B. 电离度增大

C. 电离常数增加　　D. 电离常数减小

6. 常温下，$0.01\ mol \cdot L^{-1}$ 的一元碱溶液的 pH 为(　　)。

A. ≥12　　B. 12

C. ≤12　　D. 无法确定

7. 若 pH=3 的酸溶液和 pH=11 的碱溶液等体积混合后溶液呈酸性，其原因可能是(　　)。

A. 生成了一种强酸弱碱盐　　B. 弱酸溶液与强碱溶液反应

C. 强酸溶液与强碱溶液反应　　D. 一元强酸溶液和一元强碱溶液反应

8. 欲配制 pH=3 的缓冲溶液，最合适的是(　　)。

A. HCOOH，$K_a=1.8\times10^{-4}$　　B. HAc，$K_a=1.76\times10^{-5}$

C. $NH_3 \cdot H_2O$，$K_b=1.76\times10^{-5}$　　D. HClO，$K_a=3.0\times10^{-8}$

三、填空题

1. 化学平衡常数是可逆反应的特征常数，其大小只与________有关，而与________无关。

2. 一定温度下，同一弱电解质溶液的电离度与浓度有关，浓度越大，电离度________。

3. 由弱酸及其盐组成的缓冲溶液的缓冲范围为________，影响缓冲能力的因素有________和________。

4. 在 HAc 溶液中加入 NaAc，溶液的酸度降低，这是________效应影响的结果；若加入 NaCl，则酸度增大，这是________效应影响的结果。

5. $NH_3 \cdot H_2O$ 与 0.1 $mol \cdot L^{-1}$ NH_4Cl 水溶液按体积比________配制时，缓冲溶液的缓冲能力最强。

6. 配制 $SnCl_2$ 和 $FeCl_3$ 溶液时，需加入________，是为了________。同样的道理，在配制 Na_2S 溶液时应在________溶液中进行。

四、简答题

1. 在 $NH_3 \cdot H_2O$ 中加入下列物质时，$NH_3 \cdot H_2O$ 的电离度和溶液的 pH 将如何变化？为什么？

项目	加 NH_4Cl	加 NaOH	加 HCl	加水稀释
电离度				
pH				

2. pH 相同的盐酸和醋酸溶液的浓度是否相同？若用一定浓度的 NaOH 中和等体积的上述两种溶液，所消耗的 NaOH 溶液的体积是否相等？为什么？

3. 为何多元弱酸的电离常数逐级减小？

4. 为何 NH_4Ac 和 NaCl 溶液的 pH 都等于 7？

5. 为什么 Al_2S_3 在水溶液中不能存在？

6. 下列各组物质中，哪些可用来制备缓冲溶液？

(1)HAc 和 NaOH　　(2)NaH_2PO_4 和 Na_2HPO_4

(3)HCl 和 $NH_3 \cdot H_2O$　　(4)KCl 和 HCl

7. 盐类水解的实质是什么？下面各类型的盐溶液呈酸性、中性还是碱性？

(1)NH_4NO_3　　(2)KCN

(3)NH_4Ac　　(4)$FeCl_3$

8. 酸度和酸的浓度有何区别？浓度均为 0.1 $mol \cdot L^{-1}$ 的 HCl 和 HAc，二者的酸度一样吗？

9. 什么叫同离子效应？通过 HAc-NaAc 缓冲体系解释缓冲溶液的缓冲原理。

10. 写出下列离子的水解方程式：

(1)CN^-　　(2)HCO_3^-　　(3)NH_4^+　　(4)HS^-

五、计算题

1. 计算下列溶液的$[H^+]$、$[OH^-]$及 pH。

(1)0.1 $mol \cdot L^{-1}$ HAc

(2)0.01 $mol \cdot L^{-1}$ NaOH

(3)0.1 mol·L^{-1} $NH_3 \cdot H_2O$

2. 计算下列混合溶液的 pH。

(1)pH=1.0 和 pH=2.0 的 HCl 溶液等体积混合。

(2)pH=5.0 的 HCl 溶液和 pH=9.0 的 NaOH 溶液等体积混合。

(3)2.0 mL pH=3.0 强酸溶液与 3.0 mL pH=10.0 强碱溶液混合。

(4)0.10 mol·L^{-1} HAc 与 0.10 mol·L^{-1} NaOH 按体积比 2∶1 混合。

(5)0.10 mol·L^{-1} HAc 与 0.10 mol·L^{-1} NaOH 按体积比 1∶2 混合。

3. 已知 298 K 时某一元弱酸的浓度为 0.01 mol·L^{-1},测得其 pH=4.00,求 K_a 和 α 及稀释体积变成 2 倍后的 K_a、α 和 pH。

4. 0.10 mol·L^{-1}HAc 溶液 50 mL 与 0.10 mol·L^{-1}NaOH 溶液 25 mL 混合,求该溶液的 pH。

5. 100 mL 0.10 mol·L^{-1} $NH_3 \cdot H_2O$ 溶液与 50 mL 0.10 mol·L^{-1}HCl 溶液混合,求该溶液的 pH。

6. 20 mL 0.10 mol·L^{-1} $NH_3 \cdot H_2O$ 溶液与 20 mL 0.10 mol·L^{-1}HCl 溶液混合,求该溶液的 pH。

7. 10 mL 0.25 mol·L^{-1} HCl 与 10 mL 0.50 mol·L^{-1} NaAc 混合后,溶液的 pH 是多少?

8. 欲配制 250 mL pH=5.00 的缓冲溶液,问在 125 mL 1.0 mol·L^{-1} NaAc 溶液中应加入多少毫升 6.0 mol·L^{-1} HAc 溶液?

第三章

沉淀溶解平衡

【本章引言】

在实际生产和科学研究中，常常利用沉淀反应进行产品的制备、物质的分离和提纯、鉴定和测定等。本章以化学平衡为依据，讨论难溶电解质沉淀溶解平衡的基本原理及其应用。

【科苑导读】

置身地下大峡谷，我们会看到奇形怪状的钟乳石，有的如巨型猛兽作势要向我们扑过来，有的像是流淌的瀑布被瞬间凝固。在感叹大自然鬼斧神工的同时，你有没有想过它们是如何形成的呢？

山石的主要成分是碳酸钙，含有二氧化碳的水渗入石灰岩缝隙中，能与山石反应，溶解其中的碳酸钙，形成 $Ca(HCO_3)_2$ 水溶液并顺岩石而下，直到抵达边缘。如果岩石在洞穴顶部，水将滴下。当溶液和空气接触，产生逆向的化学反应，碳酸钙会重新被沉淀出来。如此经过多年积累，才能形成许多奇形怪状钟乳石，大自然正是利用化学反应，为我们带来了视觉盛宴。这些钟乳石具有较高的科学价值和观赏价值，是一种不可再生资源，是自然界赐予人类的宝贵“礼物”。

【学习目标】

知识目标

- 理解沉淀溶解平衡及其移动。
- 掌握溶度积的概念、意义以及溶度积和溶解度之间的关系。
- 掌握溶度积规则以及沉淀生成和溶解的条件。

［课程学习］
第三章课程 PPT

能力目标

- 能够进行溶度积与溶解度之间的换算。
- 能够利用溶度积规则解释沉淀的生成、溶解、转化和分离。

素质目标

- 认识环境保护和资源合理开发的重要性，提升环保意识。
- 能综合分析化学过程可能对自然带来的各种影响，培养综合分析的思维习惯。

【知识导图】

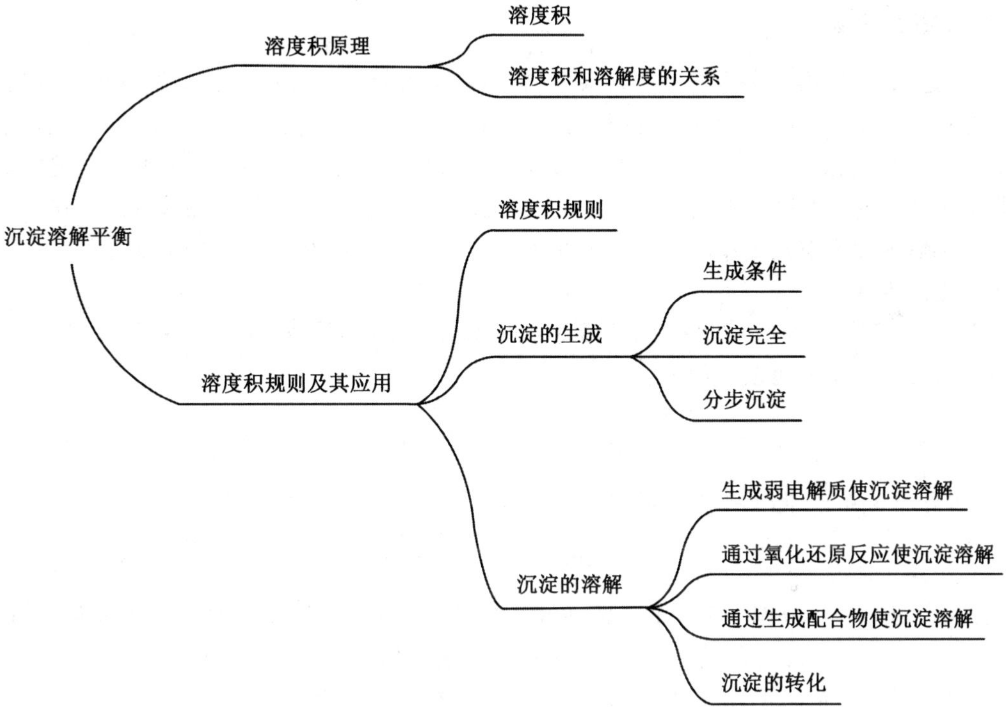

第一节 溶度积原理

不同的物质在水中的溶解度不同。严格地讲,绝对不溶解的物质是不存在的,只是溶解的程度不同而已。通常把在水中溶解度小于 0.1 g·kg^{-1} 的电解质称为难溶电解质。难溶电解质可以是强电解质,如 $BaSO_4$、$CaCO_3$、AgCl 等,也可以是弱电解质,如 $Mg(OH)_2$、$Fe(OH)_3$ 等。

一、溶度积

在一定温度下,将难溶电解质放入水中,就会发生溶解和沉淀两个相反的过程。例如,把 AgCl 晶体放入水中,在极性水分子的作用下,AgCl 晶体表面部分的 Ag^+ 和 Cl^- 脱离晶体表面进入水中,这个过程称为溶解;与此同时,溶解在水中的 Ag^+ 和 Cl^- 不断运动,相互碰撞重新结合成 AgCl 晶体,或碰到 AgCl 固体,重新沉积到固体表面,此过程称为结晶或沉淀。在一定温度下,当溶解速率和沉淀速率相等时,AgCl 体系达到沉淀溶解平衡,此时的溶液即是该温度下的 AgCl 饱和溶液。

沉淀溶解平衡是建立在固体和溶液中相应离子之间的平衡,所以该平衡是多相平衡。AgCl 的沉淀溶解平衡可表示如下:

$$AgCl(s) \underset{\text{沉淀}}{\overset{\text{溶解}}{\rightleftharpoons}} Ag^+ + Cl^-$$

根据化学平衡定律,其平衡常数表达式为

$$K_{sp}(AgCl) = [Ag^+][Cl^-]$$

式中:$[Ag^+]$和$[Cl^-]$分别为平衡时 Ag^+ 和 Cl^- 的物质的量浓度。K_{sp} 称为溶度积常数,简称溶度积,它反映了物质的溶解能力。和其他平衡常数一样,K_{sp} 随温度变化而变化,与溶液的浓度无关。但一般情况下,随温度的变化不是太大,例如 $BaSO_4$ 的溶度积,在 298.15 K 时为 1.0×10^{-10},在 323 K 时为 1.98×10^{-10}。故实际工作中,常使用 298.15 K 的常数。一些常见难溶电解质的溶度积常数见附表 4。K_{sp} 仅适用于难溶电解质的饱和溶液,对中等或易溶的电解质不适用。

对任一难溶电解质 A_mB_n,在一定温度下,其饱和溶液中的沉淀溶解平衡为

$$A_mB_n(s) \underset{\text{沉淀}}{\overset{\text{溶解}}{\rightleftharpoons}} mA^{n+} + nB^{m-}$$

$$K_{sp}(A_mB_n) = [A^{n+}]^m[B^{m-}]^n$$

例如:

$$PbCl_2(s) \underset{\text{沉淀}}{\overset{\text{溶解}}{\rightleftharpoons}} Pb^{2+} + 2Cl^-$$

$$K_{sp}(PbCl_2) = [Pb^{2+}][Cl^-]^2$$

$$Fe(OH)_3(s) \underset{\text{沉淀}}{\overset{\text{溶解}}{\rightleftharpoons}} Fe^{3+} + 3OH^-$$

$$K_{sp}[Fe(OH)_3] = [Fe^{3+}][OH^-]^3$$

练一练

写出 $BaSO_4$、Ag_2CrO_4 和 $Mg(OH)_2$ 的沉淀溶解平衡方程式和溶度积常数表达式。

二、溶度积和溶解度的关系

[视频学习]
什么是溶度积

溶度积和溶解度都可以衡量难溶电解质的溶解能力，可以相互换算。换算时要注意二者的单位，多采用 $mol \cdot L^{-1}$。由于难溶电解质的溶解度都很小，溶液很稀，因此，可近似认为它们饱和溶液的密度等于纯水的密度。

【例 3-1】 已知 298.15 K 时，$BaSO_4$ 的溶度积为 1.1×10^{-10}，试求该温度下 $BaSO_4$ 的溶解度。

解：设该温度下 $BaSO_4$ 的溶解度为 s $mol \cdot L^{-1}$，平衡时：

$$BaSO_4(s) \rightleftharpoons \underset{s}{Ba^{2+}} + \underset{s}{SO_4^{2-}}$$

$$[Ba^{2+}]=[SO_4^{2-}]=s$$

则

$$K_{sp}(BaSO_4)=[Ba^{2+}][SO_4^{2-}]=s^2=1.1\times10^{-10}$$
$$s=1.05\times10^{-5}(mol \cdot L^{-1})$$

【例 3-2】 已知 298.15 K 时，AgCl 的溶解度为 1.92×10^{-3} $g \cdot L^{-1}$，试求该温度下 AgCl 的溶度积。

解：设 AgCl 的溶解度为 s $mol \cdot L^{-1}$

$$s=\frac{1.92\times10^{-3}}{143.32}=1.34\times10^{-5}(mol \cdot L^{-1})$$

平衡时

$$AgCl(s) \rightleftharpoons \underset{s}{Ag^{+}} + \underset{s}{Cl^{-}}$$

则

$$K_{sp}(AgCl)=[Ag^{+}][Cl^{-}]=s^2$$
$$=(1.34\times10^{-5})^2=1.8\times10^{-10}$$

故该温度下 AgCl 的溶度积为 1.8×10^{-10}。

【例 3-3】 Ag_2CrO_4 在 298.15 K 时的溶解度为 2.2×1.0^{-2} $g \cdot L^{-1}$，计算该温度下 Ag_2CrO_4 的溶度积。

解：设 Ag_2CrO_4 的溶解度为 s $mol \cdot L^{-1}$

$$s=\frac{2.2\times10^{-2}}{332}=6.6\times10^{-5}(mol \cdot L^{-1})$$

平衡时

$$Ag_2CrO_4(s) \rightleftharpoons \underset{2s}{2Ag^{+}} + \underset{s}{CrO_4^{2-}}$$

因此

$$[Ag^+]=2\times 6.6\times 10^{-5}\ mol\cdot L^{-1}$$
$$[CrO_4^{2-}]=6.6\times 10^{-5}\ mol\cdot L^{-1}$$

则

$$K_{sp}(Ag_2CrO_4)=[Ag^+]^2[CrO_4^{2-}]=(2s)^2s=4s^3$$
$$=4\times(6.6\times 10^{-5})^3$$
$$=1.1\times 10^{-12}$$

通过以上计算可见，对于相同类型的难溶电解质来说，如 AgCl、$BaSO_4$ 等，在相同温度下，K_{sp} 越大，溶解度越大，反之，K_{sp} 越小，溶解度越小。但对不同类型的电解质，不能用 K_{sp} 来直接比较其溶解度大小，必须通过计算说明。如 AgCl 和 Ag_2CrO_4，前者为 AB 型，后者为 A_2B 型，虽然 $K_{sp}(AgCl)>K_{sp}(Ag_2CrO_4)$，但 $s(AgCl)<s(Ag_2CrO_4)$。几种难溶电解质的溶度积和溶解度的比较见表 3-1。

表 3-1　几种难溶电解质的溶度积和溶解度(298.15 K)

项目	AB		AB_2		A_2B	
	AgCl	$BaSO_4$	$PbCl_2$	$Mg(OH)_2$	Ag_2SO_4	Ag_2CrO_4
溶度积	1.8×10^{-10}	1.1×10^{-10}	1.6×10^{-5}	1.8×10^{-11}	1.4×10^{-5}	1.1×10^{-12}
溶解度/$(mol\cdot L^{-1})$	1.3×10^{-5}	1.05×10^{-5}	3.6×10^{-2}	1.6×10^{-4}	2.6×10^{-2}	6.6×10^{-5}

从上述例子可总结出以下几种类型沉淀的 K_{sp} 和溶解度 s 之间的换算关系：

(1)AB 型　如 AgCl、$BaSO_4$、$CaCO_3$ 等，$K_{sp}=s^2$。

(2)A_2B 型或 AB_2 型　如 PbI_2、Ag_2S、Ag_2CrO_4 等，$K_{sp}=4s^3$。

(3)AB_3 型或 A_3B 型　如 Ag_3PO_4，$K_{sp}=27s^4$。

但是有些物质溶度积与溶解度之间不能直接换算，例如有些难溶硫化物、碳酸盐、磷酸盐等，因为其酸根易水解。例如 CdS，其所溶解的 S^{2-} 在水中可生成 HS^-，使溶液中的 S^{2-} 降低，因而使 CdS 的实际溶解度比换算值大。有些弱碱在水中分步电离，溶解于水的部分没有完全离解，因此，其溶度积和溶解度也无法换算，如 $Fe(OH)_3$、$Al(OH)_3$ 等。

第二节　溶度积规则及其应用

[视频学习]
溶度积规则

一、溶度积规则

沉淀溶解平衡是一个动态平衡，当溶液中的离子浓度变化时，平衡就会发生移动。任意条件下离子浓度幂的乘积称为离子积，用 Q_i 表示。

$$A_mB_n(s)\underset{沉淀}{\overset{溶解}{\rightleftharpoons}} mA^{n+}+nB^{m-}\qquad Q_i=(c_A^{n+})^m(c_B^{m-})^n$$

如 $BaSO_4$ 溶液 $Q(BaSO_4)=c(Ba^{2+})c(SO_4^{2-})$，$Ag_2CrO_4$ 溶液 $Q(Ag_2CrO_4)=c^2(Ag^+)c(CrO_4^{2-})$。离子积 Q_i 和溶度积 K_{sp} 的表达式相同，但其中浓度的意义不同，在一定温度下，K_{sp} 是一定值，而 Q_i 数值可变，K_{sp} 是 Q_i 的一个特例。

对任何给定的溶液，有三种可能的情况：

(1)当 $Q_i=K_{sp}$ 时，饱和溶液，沉淀和溶解达到动态平衡，既无沉淀生成又无沉淀溶解。

(2)当 $Q_i>K_{sp}$ 时，过饱和溶液，平衡向析出沉淀的方向移动，有沉淀析出，直至饱和。

(3)当 $Q_i<K_{sp}$ 时，不饱和溶液，无沉淀析出；若体系中原来有沉淀，则沉淀溶解，直至达到平衡，形成饱和溶液。

以上 Q_i 和 K_{sp} 的关系及结论称为溶度积规则，根据溶度积规则可以判断体系中沉淀的生成、溶解或转化，也可以通过控制有关离子的浓度，使沉淀生成、溶解或转化。

二、沉淀的生成

(一)沉淀生成的条件

根据溶度积规则，在难溶电解质的溶液中，如果 $Q_i>K_{sp}$，就会有沉淀生成。

【例 3-4】 将 0.01 $mol \cdot L^{-1}$ $MgCl_2$ 溶液和 0.10 $mol \cdot L^{-1}$ NaOH 溶液等体积混合，是否有 $Mg(OH)_2$ 沉淀析出？已知 $K_{sp}[Mg(OH_2)]=1.8\times10^{-11}$。

解：两溶液等体积混合后，体积增加一倍，浓度各减小一半，即

$$c(Mg^{2+})=0.005\ mol \cdot L^{-1}\quad c(OH^-)=0.05\ mol \cdot L^{-1}$$

已知

$$Mg(OH)_2(s) \rightleftharpoons Mg^{2+}+2OH^-$$

$$Q[Mg(OH)_2]=c(Mg^{2+})c^2(OH^-)=0.005\times0.05^2=1.25\times10^{-5}$$

因为 $Q[Mg(OH)_2]>K_{sp}[Mg(OH)_2]$，故有 $Mg(OH)_2$ 沉淀析出。

在实际应用中，要生成沉淀或使沉淀完全，就必须创造条件促使沉淀溶解平衡向生成沉淀的方向移动。一般常用加入沉淀剂的方法促使沉淀的生成。如【例 3-4】中，在 $MgCl_2$ 溶液中加入 NaOH 溶液作为沉淀剂，使 Mg^{2+} 生成 $Mg(OH)_2$ 沉淀。

(二)沉淀完全

对于难溶电解质溶液，总是存在沉淀溶解平衡，所以，没有一种沉淀反应是绝对完全的，溶液中也没有一种离子的浓度完全等于零。一般溶液中残留离子的浓度小于 10^{-5} $mol \cdot L^{-1}$，即认为这种离子沉淀“完全”了。

要使溶液中某种离子沉淀完全，一般应采取以下几种措施：

(1)选择适当的沉淀剂，使沉淀的溶解度尽可能小。例如，Ca^{2+} 可以沉淀为 $CaCO_3$ $[K_{sp}(CaCO_3)=9.1\times10^{-6}]$和 CaC_2O_4 $[K_{sp}(CaC_2O_4)=4.0\times10^{-9}]$，它们属于同类型的难溶电解质，因此常选用 $Na_2C_2O_4$ 作为 Ca^{2+} 的沉淀剂，从而使 Ca^{2+} 沉淀更加完全。

(2)加入适当过量的沉淀剂。根据同离子效应，欲使沉淀完全，可加入过量沉淀剂。但过量的沉淀剂会使盐效应增大，反而使沉淀溶解度增大，故沉淀剂不可过量太多，一般以过量20%～50%为宜。

【例 3-5】 欲沉淀溶液中 Ba^{2+}，加入 SO_4^{2-} 作沉淀剂，问下列两种情况下 Ba^{2+} 是否沉淀完全？

(1)将 10 mL 0.02 $mol \cdot L^{-1}$ $BaCl_2$ 和 10 mL 0.02 $mol \cdot L^{-1}$ Na_2SO_4 混合

(2)将 10 mL 0.02 $mol \cdot L^{-1}$ $BaCl_2$ 和 10 mL 0.04 $mol \cdot L^{-1}$ Na_2SO_4 混合

$[K_{sp}(BaSO_4)=1.1\times10^{-10}]$

解：(1)由于 $BaCl_2$ 和 Na_2SO_4 是等体积等浓度混合，故沉淀溶解达平衡时，溶液中残留的 Ba^{2+} 和 SO_4^{2-} 全部由 $BaSO_4$ 溶解而来，且两者的浓度相等。

$$BaSO_4(s) \rightleftharpoons Ba^{2+} + SO_4^{2-}$$

$$[Ba^{2+}]=[SO_4^{2-}]=\sqrt{K_{sp}(BaSO_4)}=\sqrt{1.1\times10^{-10}}$$
$$=1.05\times10^{-5}(mol \cdot L^{-1})>1.0\times10^{-5}(mol \cdot L^{-1})$$

沉淀不完全。

(2)由于 SO_4^{2-} 过量，剩余的 $[SO_4^{2-}]=\dfrac{0.04\times0.01-0.02\times0.01}{0.02}=0.01(mol \cdot L^{-1})$，设平衡时 Ba^{2+} 浓度为 x，则

$$BaSO_4(s) \rightleftharpoons Ba^{2+} + SO_4^{2-}$$

平衡时 $\quad x \quad 0.01+x$

$$[Ba^{2+}]=x=\frac{K_{sp}(BaSO_4)}{[SO_4^{2-}]}=\frac{1.1\times10^{-10}}{0.01+x}\approx\frac{1.1\times10^{-10}}{0.01}$$
$$=1.1\times10^{-8}(mol \cdot L^{-1})<1.0\times10^{-5}(mol \cdot L^{-1})$$

沉淀完全。

(3)利用酸效应(控制溶液的 pH)。对于某些难溶弱酸盐和难溶氢氧化物，必须通过控制溶液的 pH，才能使沉淀完全。

(三)分步沉淀

如果溶液中含有多种离子，它们都能与同一沉淀剂生成不同的沉淀，根据溶度积规则，需要沉淀剂浓度小的离子先沉淀，需要沉淀剂浓度大的离子后沉淀。这种现象称为分步沉淀。利用分步沉淀可使混合离子分离。

【例 3-6】 向含 Cl^- 和 I^- 均为 0.1 $mol \cdot L^{-1}$ 的溶液中，逐滴加入 $AgNO_3$ 溶液，哪一种离子先沉淀？第二种离子开始沉淀时，溶液中第一种离子的浓度是多少？两者有无分离的可能？$[K_{sp}(AgI)=9.3\times10^{-17}, K_{sp}(AgCl)=1.8\times10^{-10}]$

解：(1)假设不考虑因加入试剂引起的体积变化。根据溶度积可计算出 AgI 和 AgCl 开始沉淀所需 $[Ag^+]$。

已知

$$AgCl(s) \rightleftharpoons Ag^+ + Cl^-$$
$$AgI(s) \rightleftharpoons Ag^+ + I^-$$

I^- 开始沉淀需要 $[Ag^+]$ 为

$$[Ag^+]=\frac{K_{sp}(AgI)}{[I^-]}=\frac{9.3\times10^{-17}}{0.1}=9.3\times10^{-16}(mol\cdot L^{-1})$$

Cl^-开始沉淀需要$[Ag^+]$为

$$[Ag^+]=\frac{K_{sp}(AgCl)}{[Cl^-]}=\frac{1.8\times10^{-10}}{0.1}=1.8\times10^{-9}(mol\cdot L^{-1})$$

可见沉淀 I^- 所需 Ag^+ 比沉淀 Cl^- 所需 Ag^+ 浓度要小得多。刚开始时只生成浅黄色的 AgI 沉淀，当 Ag^+ 浓度大于 1.8×10^{-9} $mol\cdot L^{-1}$ 时，才能出现白色的 AgCl 沉淀。

(2)当 AgCl 开始沉淀时，在同一溶液中，$[Ag^+]$同时满足两个沉淀溶解平衡：

$$[Ag^+]=\frac{K_{sp}(AgCl)}{[Cl^-]}=\frac{K_{sp}(AgI)}{[I^-]}$$

这时，溶液中残留的 $[I^-]$为

$$[I^-]=\frac{K_{sp}(AgI)}{[Ag^+]}=\frac{9.3\times10^{-17}}{1.8\times10^{-9}}=5.17\times10^{-8}(mol\cdot L^{-1})$$

(3)当 AgCl 开始沉淀时，I^-已被沉淀完全$[c(I^-)<1.0\times10^{-5}\,mol\cdot L^{-1}]$。若控制 $9.3\times10^{-16}\,mol\cdot L^{-1}<c(Ag^+)<1.8\times10^{-9}\,mol\cdot L^{-1}$，就可以使 I^- 沉淀完全，而 Cl^- 尚未沉淀，实现两种离子的分离。

总之，溶液中同时存在几种离子时，溶解度小的先沉淀，即需要沉淀剂少的先沉淀。如果是同类型难溶电解质，则其溶度积相差越大，分离越完全。此外，分步沉淀的顺序还与离子浓度有关。例如，海水中$[c(Cl^-):c(I^-)]>1.9\times10^6$(近似比例)，则析出 AgCl 沉淀所需 Ag^+ 浓度比析出 AgI 沉淀所需 Ag^+ 浓度小，当加入 $AgNO_3$ 溶液时，首先析出 AgCl 沉淀，而不是析出 AgI 沉淀。

三、沉淀的溶解

根据溶度积规则，当 $Q_i<K_{sp}$ 时，沉淀溶解。因此，只要降低难溶电解质饱和溶液中离子的浓度，就可使沉淀溶解。减小离子浓度的方法有以下几种。

[扩展学习]
沉淀溶解平衡的应用

(一)通过生成弱电解质使沉淀溶解

1. 生成水

某些难溶氢氧化物和酸作用生成水使之溶解。例如，$Mg(OH)_2$ 溶于盐酸中：

$$Mg(OH)_2(s)\rightleftharpoons Mg^{2+}+2OH^-$$
$$+$$
$$2HCl\longrightarrow 2Cl^-+2H^+$$
$$\Updownarrow$$
$$2H_2O$$

2. 生成弱酸

难溶的弱酸盐可与强酸作用生成弱酸而使沉淀溶解。例如：

$$
\begin{array}{ccc}
CaCO_3(s) \rightleftharpoons Ca^{2+} + & CO_3^{2-} & \\
& + & \\
2HCl \longrightarrow 2Cl^- + & 2H^+ & \\
& \Updownarrow & \\
& H_2CO_3 & \rightleftharpoons H_2O + CO_2\uparrow
\end{array}
$$

由于生成了弱电解质 H_2CO_3，使 $c(CO_3^{2-})$降低，所以 $CaCO_3$ 沉淀溶解。

3. 生成弱碱

某些氢氧化物还可溶于铵盐生成弱碱，而使沉淀溶解。如：

$$
\begin{array}{cc}
Mn(OH)_2(s) \rightleftharpoons Mn^{2+} + & 2OH^- \\
& + \\
2NH_4Cl \longrightarrow 2Cl^- + & 2NH_4^+ \\
& \Updownarrow \\
& 2NH_3 \cdot H_2O
\end{array}
$$

由于 $NH_3 \cdot H_2O$ 的生成，溶液中的 OH^- 浓度降低，所以沉淀溶解。

(二)通过氧化还原反应使沉淀溶解

许多金属硫化物(如 ZnS、FeS)能溶于盐酸，这是因为生成了弱电解质 H_2S，减少了 S^{2-} 的浓度。但溶度积特别小的某些金属硫化物，如 CuS、PbS 等，饱和溶液中的 S^{2-} 浓度很低，即使强酸也不能和微量的 S^{2-} 作用生成 H_2S 而使沉淀溶解，但可以加入氧化剂氧化 S^{2-} 使之溶解。例如，加入氧化性较强的硝酸，因为硝酸可将 S^{2-} 氧化生成单质 S，从而降低溶液中的 S^{2-} 浓度，导致 $Q_i < K_{sp}$，使沉淀溶解。

$$3CuS(s) + 8HNO_3 = 3Cu(NO_3)_2 + 3S\downarrow + 2NO\uparrow + 4H_2O$$

同理，Ag_2S 也能溶于硝酸。

(三)通过生成配位化合物使沉淀溶解

如 AgCl 沉淀可溶于氨水中：

$$
\begin{array}{cc}
AgCl(s) \rightleftharpoons & Ag^+ + Cl^- \\
& + \\
& 2NH_3 \\
& \Updownarrow \\
& [Ag(NH_3)_2]^+
\end{array}
$$

因为 NH_3 和 Ag^+ 生成稳定的配离子 $[Ag(NH_3)_2]^+$，从而降低了 Ag^+ 浓度，使 $Q_i<K_{sp}$，AgCl 沉淀溶解。

(四)沉淀的转化

向盛有白色 $BaCO_3$ 沉淀的试管中加入 K_2CrO_4 溶液并搅拌，可以观察到沉淀变成淡黄色，即白色的 $BaCO_3$ 沉淀转化为淡黄色的 $BaCrO_4$ 沉淀。

$$
\begin{array}{ccc}
BaCO_3(s) & \rightleftharpoons & Ba^{2+} + CO_3^{2-} \\
 & & + \\
K_2CrO_4 & \longrightarrow & CrO_4^{2-} + 2K^+ \\
 & & \Updownarrow \\
 & & BaCrO_4(s)
\end{array}
$$

由于生成了更难溶的 $BaCrO_4(s)$ 沉淀，降低了溶液中 Ba^{2+} 浓度，破坏了 $BaCO_3$ 的沉淀溶解平衡，使 $BaCO_3$ 溶解。这种由一种沉淀转化为另一种更难溶沉淀的过程称为沉淀的转化。

想一想

锅炉的锅垢中含有致密且附着力很强的 $CaSO_4$，它难以被酸溶解，不利于锅垢的清洗，而 $CaCO_3$ 疏松且溶于酸，比较 $CaSO_4$ 和 $CaCO_3$ 溶度积常数的大小，说明将锅垢中的 $CaSO_4$ 转化为 $CaCO_3$ 的可能性。

本 章 小 结

1. 难溶电解质的沉淀溶解平衡是一种多相离子平衡。在一定温度下，难溶电解质饱和溶液中离子浓度(以计量数为指数)的乘积为一常数，称为溶度积常数，简称溶度积，用 K_{sp} 表示。

2. 难溶电解质的任意离子浓度的乘积为离子积，用 Q_i 表示。

根据溶度积规则，可以判断和控制沉淀的生成和溶解：

(1)当 $Q_i<K_{sp}$ 时，溶液为不饱和溶液，无沉淀析出；若体系中有沉淀，则沉淀将溶解。

(2)当 $Q_i=K_{sp}$ 时，溶液为饱和溶液，沉淀和溶解处于动态平衡。

(3)当 $Q_i>K_{sp}$ 时，溶液为过饱和溶液，将有沉淀析出，直至溶液饱和。

3. 沉淀生成的条件是 $Q_i>K_{sp}$，某离子 i 沉淀完全的标准是 $c_i<1.0\times10^{-5}\,mol\cdot L^{-1}$。要使溶液中某种离子沉淀完全，可采取加入适当过量的沉淀剂、控制溶液的 pH 等措施。如果溶液中含有多种能与同一沉淀剂生成沉淀的离子，加入沉淀剂时，会发生分步沉淀。

4. 可以通过生成弱电解质、生成配离子、发生氧化还原反应等方法使沉淀溶解。另外，溶解度大的沉淀可转化为溶解度小的沉淀。

思考与练习

一、判断题

1. AgCl 在水中溶解度很小，所以它的离子浓度也很小，说明 AgCl 是弱电解质。

2. 溶度积的大小决定于物质的本性和温度，与浓度无关。

3. 难溶电解质的 K_{sp} 越小，其溶解度也越小。

4. 控制一定的条件，沉淀反应可以达到绝对完全。

5. $CaCO_3$ 和 PbI_2 的溶度积非常接近，皆约为 10^{-8}，故两者的饱和溶液中，Ca^{2+} 及 Pb^{2+} 的浓度近似相等。

6. 难溶电解质的溶度积和溶解度都是表示其溶解能力的大小。

7. 向 $BaCO_3$ 饱和溶液中加入 Na_2CO_3 固体，会使 $BaCO_3$ 溶解度降低，溶度积减小。

8. 根据同离子效应，欲使沉淀完全，必须加入过量的沉淀剂，且过量越多，沉淀越完全。

9. AgCl 在 1 mol·L^{-1} NaCl 溶液中，由于盐效应的影响，其溶解度比在水中的溶解度大。

10. 同类型的难溶电解质，K_{sp} 较大者可以转化为 K_{sp} 较小者，二者 K_{sp} 差别越大，转化反应就越完全。

二、选择题

1. 下列叙述中正确的是(　　)。

A. 混合离子的溶液中，能形成溶度积小的沉淀者一定先沉淀

B. 某离子沉淀完全，是指其完全变成了沉淀

C. 凡溶度积大的沉淀一定能转化成溶度积小的沉淀

D. 当溶液中有关物质的离子积小于其溶度积时，该物质就会溶解

2. 下列叙述正确的是(　　)。

A. 由于 AgCl 水溶液导电性很弱，所以它是弱电解质

B. 难溶电解质离子浓度的乘积就是该物质的溶度积常数

C. 溶度积常数大的化合物溶解度肯定大

D. 在含 AgCl 固体的溶液中加适量的水，当 AgCl 溶解又达平衡时，AgCl 的溶度积不变，其溶解度也不变

3. 对于 A、B 两种难溶盐，若 A 的溶解度大于 B 的溶解度，则必有(　　)。

A. $K_{sp}(A) > K_{sp}(B)$　　B. $K_{sp}(A) < K_{sp}(B)$　　C. $K_{sp}(A) \approx K_{sp}(B)$　　D. 不一定

4. 在下列溶液中能使 $Mg(OH)_2$ 溶解度增大的是(　　)。

A. $MgCl_2$　　B. NaOH　　C. $MgSO_4$　　D. NH_4Cl

5. 为了除去溶液中以离子形态存在的铁杂质，最好生成(　　)。

A. $Fe(OH)_2$　　B. FeS　　C. $Fe(OH)_3$　　D. $FeCO_3$

6. 欲使 FeS 固体溶解，可加入(　　)。

A. 盐酸　　B. NaOH 溶液　　C. $FeSO_4$ 溶液　　D. H_2S 溶液

7. 在配制 $FeCl_3$ 溶液时，为防止溶液产生沉淀，应采取的措施是(　　)。

A. 加碱　　B. 加酸　　C. 多加水　　D. 加热

8. AgCl 固体在下列哪种溶液中的溶解度最大(　　)。

A. 1 $mol \cdot L^{-1}$ 氨水溶液　　B. 1 $mol \cdot L^{-1}$ 氯化钠溶液

C. 纯水　　D. 1 $mol \cdot L^{-1}$ 硝酸银溶液

9. 欲使 $CaCO_3$ 在水溶液中溶解度增大,可以采用的方法是(　　)。

A. 加入 1.0 $mol \cdot L^{-1}$ Na_2CO_3　　B. 加入 2.0 $mol \cdot L^{-1}$ NaOH

C. 加入 0.10 $mol \cdot L^{-1}$ EDTA　　D. 降低溶液的 pH

10. 为了防止热带鱼池中水藻的生长,需使水中保持 0.75 $mg \cdot L^{-1}$ 的 Cu^{2+},为避免在每次换池水时溶液浓度的改变,可把一块适当的铜盐放在池底,它的饱和溶液提供了适当的 Cu^{2+} 浓度。假如使用的是蒸馏水,能提供其饱和溶液最接近所要求的 Cu^{2+} 浓度的盐是(　　)。($K_{sp}(CuS)=6.0\times10^{-36}$, $K_{sp}[Cu(OH)_2]=2.2\times10^{-20}$,$K_{sp}(CuCO_3)=1.4\times10^{-10}$)

A. $CuSO_4$　　B. CuS　　C. $Cu(OH)_2$　　D. $CuCO_3$

11. 在沉淀反应中,加入易溶电解质会使沉淀的溶解度增加,该现象称为(　　)。

A. 同离子效应　　B. 盐效应　　C. 酸效应　　D. 配位效应

12. 在含有同浓度的 Cl^- 和 CrO_4^{2-} 的混合溶液中,逐滴加入 $AgNO_3$ 溶液,会发生的现象是(　　)。

A. AgCl 先沉淀　　B. Ag_2CrO_4 先沉淀

C. AgCl 和 Ag_2CrO_4 同时沉淀　　D. 以上选项都不对

三、填空题

1. $Ba_3(PO_4)_2$ 的溶度积表达式是________,$Mg(NH_4)PO_4$ 的溶度积表达式是________。

2. Ag_2SO_4 在水中的溶解度为 2.5×10^{-2} $mol \cdot L^{-1}$,其溶度积 K_{sp} 为________。

3. Q_i 称为________,K_{sp} 称为________,二者的不同点是________。

4. Ag_2S 的溶度积常数表达式为________;根据溶度积规则:当 $Q_i>K_{sp}$ 时,溶液为________,这时沉淀________。

5. 沉淀生成的条件为________,所谓沉淀完全,是指溶液中残留离子的浓度小于________。

6. 要将 $Mg(OH)_2$ 与 $Fe(OH)_3$ 沉淀分离,可加入________试剂。

7. 在含有相同浓度 Cl^- 和 I^- 的溶液中,逐滴加入 $AgNO_3$ 溶液时,________沉淀首先析出。[$K_{sp}(AgI)=9.3\times10^{-17}$,$K_{sp}(AgCl)=1.8\times10^{-10}$]

8. 在海水中,Cl^- 的浓度是 I^- 浓度的 2.2×10^6 倍,滴加 $AgNO_3$ 溶液于 100 mL 海水中,先沉淀析出的是________。[$K_{sp}(AgI)=9.3\times10^{-17}$,$K_{sp}(AgCl)=1.8\times10^{-10}$]

9. 为使沉淀完全,一般加入过量的沉淀剂,但不可过量太多,以防由于________而使沉淀溶解度增加。

10. 由一种沉淀转化为另一种沉淀的过程称为________,若难溶解电解质类型相同,则 K_{sp} ________的沉淀易于转化为 K_{sp} ________的沉淀。

四、简答题

1. 溶度积小的难溶电解质,它的溶解度是否也小?试举例说明。

2. 难溶电解质的溶度积和离子积有何区别?

3. 如何应用溶度积规则来判断沉淀的生成和溶解?

4. 什么是分步沉淀?如何判断沉淀的生成次序?

5. 使沉淀溶解的方法有哪些?试举例说明。

6. 同离子效应、盐效应和溶液的 pH 对沉淀的生成有何影响?

五、计算题

1. 已知 AgCl 在 25℃时的溶解度为 1.8×10^{-4} g·(100 g H_2O)$^{-1}$,求其溶度积。

2. 已知 $Zn(OH)_2$ 在 25℃时的溶度积为 1.2×10^{-17},求其溶解度。

3. 已知 Ag_2CrO_4 在纯水中的溶解度为 6.6×10^{-5} mol·L^{-1}。求:

(1)Ag_2CrO_4 在 0.001 mol·L^{-1} $AgNO_3$ 溶液中的溶解度;

(2)Ag_2CrO_4 在 1.0 mol·L^{-1} K_2CrO_4 溶液中的溶解度。

4. 已知 $BaSO_4$ 的 $K_{sp}(BaSO_4)=1.1\times10^{-10}$,求:

(1)$BaSO_4$ 在纯水中的溶解度;

(2)$BaSO_4$ 在 0.10 mol·L^{-1} Na_2SO_4 溶液中的溶解度。

5. 将 10 mL 0.1 mol·L^{-1} $MgCl_2$ 和 10 mL 0.01 mol·L^{-1} 氨水混合,是否有 $Mg(OH)_2$ 沉淀生成?

6. 某溶液含有 Fe^{3+} 和 Fe^{2+},它们的浓度均为 0.05 mol·L^{-1},如果要求只有 $Fe(OH)_3$ 沉淀,计算需要的溶液 pH 范围。已知 $K_{sp}[Fe(OH)_3]=4.0\times10^{-38}$,$K_{sp}[Fe(OH)_2]=8.0\times10^{-16}$。

第四章

氧化还原反应

【本章引言】

化学反应可以分为两大类：一类是酸碱反应、沉淀反应和绝大多数配位反应，反应物之间没有发生电子的得失或偏移，统称为非氧化还原反应；另一类是反应物之间发生电子得失或偏移的反应，称为氧化还原反应。氧化还原反应是普遍存在的一类化学反应，据不完全统计，化工生产中约50%以上的反应，以及生物体内的代谢过程都涉及氧化还原反应，如煤的燃烧、葡萄糖的代谢等。本章在明确氧化还原反应基本概念的基础上，以电极电势为核心，介绍氧化还原反应的本质及反应的规律。

【科苑导读】

微生物燃料电池(microbial fuel cell, MFC)，是以微生物作为生物催化剂从而将化学能直接转化为电能的装置，其原理是利用微生物的作用进行能量转换(如碳水化合物的代谢或光合作用等)，把呼吸作用产生的电子传递到电极上。其具有能量转化效率高、净化环境、操作条件温和、生物相容性好等优势。

MFC的研究可以追溯到1910年，英国植物学家Potter以铂作电极，放入细菌培养液中，发现其产生了电流。此后，国内外大量的研究集中在改进电池结构、电极材料、电子产生传输机理以及微生物群落方面，目前已经取得了丰硕的成果。例如以葡萄糖为燃料，催化剂为酵母菌，规格为0.07 cm^2 的微型MFC。将此MFC驱动的血糖浓度检测仪植入血管管壁，MFC利用血液中的葡萄糖发电，仅提取少量血糖就能进行血糖分析，通过电磁信号向外界传递血糖浓度的信息，从而实现长时间监测血糖，为患者提供有效帮助，在临床上有巨大的发展空间。可见，人类生活与科学发展是密不可分的。

[课程学习]
第四章课程 PPT

【学习目标】

知识目标

- 掌握氧化数和氧化还原反应的基本概念。

• 掌握原电池的概念、组成、原理、电极反应和电池符号。

• 理解电极电势的概念。

• 掌握电极电势的应用。

能力目标

• 能用能斯特方程计算非标准态时的电极电势。

• 能用电极电势判断原电池的正负极、比较氧化剂和还原剂的相对强弱、选择合适的氧化剂和还原剂及判断氧化还原反应进行的次序。

• 能熟练测定溶液的 pH。

素质目标

• 通过理解氧化和还原的对立统一关系，培养辩正思维习惯。

• 能够用联系发展和动态平衡的观点分析实际应用问题。

【知识导图】

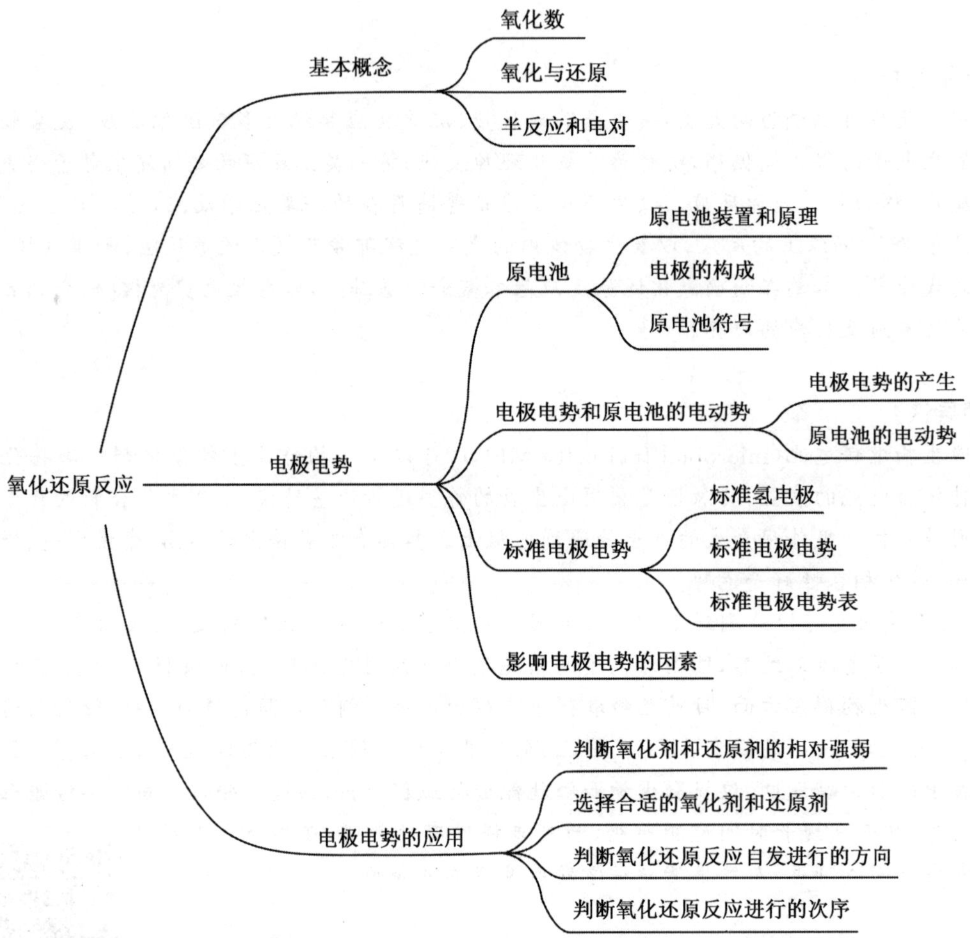

第一节　氧化还原反应的基本概念

一、氧化数

[扩展学习]

氧化数与化合价

氧化还原反应中有电子得失或共用电子对偏移。例如金属与非金属反应生成离子化合物时，元素的原子间发生了电子转移，例如：

$$2e^-$$
$$2Na+Cl_2 = 2Na^+ + 2Cl^-$$

又如非金属元素间反应生成共价化合物，元素原子间发生电子对偏移，如氢气与氯气反应生成氯化氢：

$$H_2+Cl_2=2HCl$$

HCl 分子是通过共用电子对形成的，电子对偏向吸引电子能力较强的氯原子。

由于电子转移或偏移使得某些原子的价电子结构发生改变，从而使这些元素的原子带电状态发生改变。为了描述各元素在化合物中的带电状态，引入了氧化数的概念。

1970 年，国际纯粹与应用化学联合会(IUPAC)给氧化数做出如下定义：元素的氧化数是指该元素一个原子的表观电荷数，这个电荷数的确定，是假设把每一个化学键中的电子指定给电负性较大的原子而求得。

例如，在 NaCl 中，氯元素的电负性比钠元素的电负性大，所以氯元素的原子获得一个电子而氧化数为－1，钠元素的氧化数为＋1。

确定氧化数的一般规则为：

(1)单质中，元素的氧化数为零。

(2)中性分子中，各元素的正负氧化数的代数和为零。在多原子离子中，各元素氧化数的代数和等于离子所带的电荷数。

(3)氧在化合物中的氧化数一般为－2，但在过氧化物(如 H_2O_2、Na_2O_2 等)中氧的氧化数为－1；在超氧化物(如 KO_2)中氧的氧化数为 $-\frac{1}{2}$。

(4)氢在化合物中的氧化数一般为＋1，仅在活泼金属氢化物(如 NaH、CaH_2 等)中氢的氧化数为－1。

(5)碱金属的氧化数为＋1；碱土金属的氧化数为＋2；氟的氧化数为－1，其他卤素除在含氧化合物和同电负性更大的卤素形成卤素互化物外，一般都为－1。

【例 4-1】 计算 Fe_3O_4 和 Fe_2O_3 中 Fe 的氧化数。

解：设 Fe_3O_4 和 Fe_2O_3 中 Fe 的氧化数为 x。已知氧的氧化数为－2，根据化合物氧化数的代数和为零，则

Fe_3O_4 中 Fe 的氧化数为　$3x+4\times(-2)=0 \quad x=+\frac{8}{3}$

Fe_2O_3 中 Fe 的氧化数为　$2x+3\times(-2)=0 \quad x=+3$

【例 4-2】 计算 $S_4O_6^{2-}$ 中 S 的氧化数。

解:设 $S_4O_6^{2-}$ 中 S 的氧化数为 x,则

$$4x+6\times(-2)=-2 \quad x=+\frac{5}{2}$$

由此可知,氧化数可以为正值、负值和零,也可以为分数。

练一练

确定下列化合物中 S 元素的氧化数:(1)S　(2)H_2S　(3)$S_2O_3^{2-}$　(4)H_2SO_4

[扩展学习]
氧化还原
方程式的配平

二、氧化与还原

根据氧化数的概念,反应前后元素的氧化数发生变化的一类反应称为氧化还原反应。在氧化还原反应中,元素氧化数升高的过程称为氧化,氧化数降低的过程称为还原。氧化数升高的物质是还原剂,氧化数降低的物质是氧化剂。例如:

$$\overset{0}{Fe}+\overset{+2}{Cu}SO_4=\overset{0}{Cu}+\overset{+2}{Fe}SO_4$$

上述反应中 Fe 的氧化数从 0 升高为 +2,是还原剂,发生氧化反应;$CuSO_4$ 中 Cu 的氧化数从 +2 降低到 0,$CuSO_4$ 是氧化剂,发生还原反应。

又如:

$$Na\overset{+1}{Cl}O+2\overset{+2}{Fe}SO_4+H_2SO_4=Na\overset{-1}{Cl}+\overset{+3}{Fe_2}(SO_4)_3+H_2O$$

上述反应中 NaClO 是氧化剂,氯元素的氧化数从 +1 降低到 −1,发生还原反应;$FeSO_4$ 是还原剂,铁元素的氧化数从 +2 升高为 +3,发生氧化反应;H_2SO_4 虽然也参加了反应,但氧化数没有改变,通常称 H_2SO_4 溶液为介质。

在氧化还原反应中,如果氧化剂与还原剂是同一物质,称为自身氧化还原反应,例如:

$$2K\overset{+5}{Cl}\overset{-2}{O_3}\xlongequal[\triangle]{MnO_2}2K\overset{-1}{Cl}+3\overset{0}{O_2}$$

上述反应中 $KClO_3$ 既是氧化剂又是还原剂。如果在自身氧化还原反应中,氧化剂与还原剂是同一物质中的同一种元素,即氧化数升高和降低的是同一种元素,这类氧化还原反应称为歧化反应。例如:

$$\overset{0}{Cl_2}+H_2O=H\overset{-1}{Cl}+H\overset{+1}{Cl}O$$

H_2O_2 的分解也是歧化反应:

$$2H_2\overset{-1}{O_2}=2H_2\overset{-2}{O}+\overset{0}{O_2}$$

歧化反应是自身氧化还原反应的一种特殊类型。

想一想

在氧化还原反应 $Br_2+2Fe^{2+}=2Br^-+2Fe^{3+}$ 中,哪种物质被氧化?哪种物质被还原?哪种物质是氧化剂?哪种物质是还原剂?

三、氧化还原半反应和氧化还原电对

在氧化还原反应中，氧化过程与还原过程同时进行，所以氧化还原反应由氧化反应和还原反应组成，例如反应：

$$Zn + Cu^{2+} \rightleftharpoons Zn^{2+} + Cu$$

可分解为：

$$Zn \rightleftharpoons Zn^{2+} + 2e^- \quad (氧化反应)$$

$$Cu^{2+} + 2e^- \rightleftharpoons Cu \quad (还原反应)$$

上述两个反应统称为氧化还原半反应。氧化还原半反应可用如下形式表示：

$$氧化态 + ne^- \rightleftharpoons 还原态$$

在氧化还原半反应中，同一种元素氧化数高的物质称为氧化态(如 Zn^{2+}、Cu^{2+})，氧化数低的物质称为还原态(如 Zn、Cu)，它们被称为氧化还原电对，常用“氧化态/还原态”表示。如：

Cu^{2+} / Cu　　　　Zn^{2+} / Zn

(氧化态)(还原态)　　(氧化态)(还原态)

第二节　电极电势

一、原电池

(一)原电池装置和原理

[视频学习]
原电池装置
及其原理

在一个盛有 $ZnSO_4$ 溶液的烧杯中插入 Zn 片，另一个盛有 $CuSO_4$ 溶液的烧杯中插入 Cu 片，将两个烧杯用盐桥连通。用检流计将铜片和锌片连接起来，如图 4-1 所示。可以观察到：

(1)检流计的指针发生偏转，说明有电流产生。根据检流计指针偏转的方向可知，电子从 Zn 片流向 Cu 片，故 Zn 片为负极，Cu 片为正极。

(2)Zn 片不断溶解，Cu 片上不断有铜沉积。

(3)取出盐桥，检流计指针回至零点；放入盐桥，指针又发生偏移。说明盐桥起到了沟通电路的作用。

这种利用氧化还原反应产生电流，将化学能转变成电能的装置叫作原电池。

原电池由两个半电池组成，每个半电池对应一个氧化还原电对，又称为电极。如在铜锌原电池中，Zn 与 $ZnSO_4$ 组成锌半电池又称为锌电极，Cu 和 $CuSO_4$ 组成铜半电池又称为铜电极。半电池所发生的反应称为半电池反应或电极反应。在原电池中负极发生氧化反应，正极发生还原反应。铜锌原电池中的电极反应分别为

Zn 负极：　$Zn \rightleftharpoons Zn^{2+} + 2e^-$　　(氧化反应)

Cu 正极：　$Cu^{2+} + 2e^- \rightleftharpoons Cu$　　(还原反应)

电池反应：　$Zn + Cu^{2+} \rightleftharpoons Zn^{2+} + Cu$

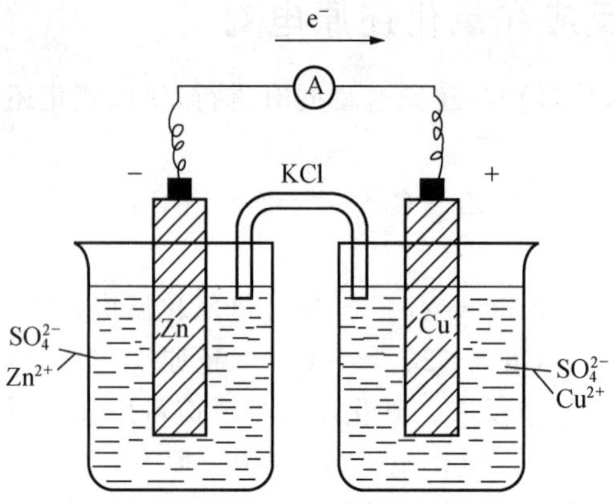

图 4-1　铜锌原电池

盐桥一般是用 U 形管中盛有含饱和 KCl 等电解质的琼脂制成的。在发生上述反应时，$ZnSO_4$ 溶液（负极）由于 Zn^{2+} 增多带正电荷，而 $CuSO_4$ 溶液（正极）由于 Cu^{2+} 的不断沉积，SO_4^{2-} 过剩而带负电荷，这样就会阻止电子继续从 Zn 片流向 Cu 片而使电流中断。盐桥的作用就是使盐桥中的阴离子（Cl^-）进入 $ZnSO_4$ 溶液，阳离子（K^+）进入 $CuSO_4$ 溶液，从而使两个半电池保持电中性，以保证原电池正常工作。盐桥在原电池中起着构成回路和维持溶液电荷平衡的作用。

（二）电极的构成

［扩展学习］
电极的种类

原电池的电极由氧化还原电对和导体构成。对金属电对，如 Zn^{2+}/Zn 和 Cu^{2+}/Cu 等，由于金属单质既发生电极反应，本身又是导体，故金属电对可以直接构成电极，此类电极称为金属电极。对非金属电对，如 H^+/H_2 和 Cl_2/Cl^- 等，由于这类电对本身缺乏构成电极的导体，必须用惰性金属（常用 Pt）作为导体，由惰性金属和电对共同组成电极。在这类电极中，惰性金属只作为导体，不参加电极反应。

（三）原电池符号

［视频学习］
原电池符号的书写

原电池装置可以用电池符号表示，铜锌原电池的电池符号为：

$$(-)Zn|ZnSO_4(c_1)\|CuSO_4(c_2)|Cu(+)$$

用电池符号表示原电池时，通常规定：

（1）负极写在左边，正极写在右边。

（2）单竖线“|”表示两个相之间的界面。

（3）双竖线“‖”表示盐桥，两边各为原电池的一个电极。

（4）写出电极的化学组成、物态及浓度。c 是溶液的物质的量浓度，如果是气体物质则以气体的分压（p）表示。

（5）气体或液体必须以惰性金属导体作为载体，并注明材料。

理论上讲，任何一个自发的氧化还原反应都可设计成原电池。如反应：

$$Cu^{2+}+H_2 \rightleftharpoons 2H^+ + Cu$$

其原电池符号为

$$(-)Pt|H_2(p)|H^+(c_1)\|Cu^{2+}(c_2)|Cu(+)$$

【例 4-3】 $FeCl_3$ 溶液和 $SnCl_2$ 溶液可发生如下氧化还原反应：

$$2FeCl_3+SnCl_2 \rightleftharpoons 2FeCl_2+SnCl_4$$

将该反应设计成一个原电池，并分别用电极反应、电池反应和原电池符号表示之。

解：(1)将上述氧化还原反应分解为两个半电池反应：

正极　　$Fe^{3+}+e^- \rightleftharpoons Fe^{2+}$　　（还原反应）

负极　　$Sn^{2+} \rightleftharpoons Sn^{4+}+2e^-$　　（氧化反应）

(2)合并两个半电池反应为电池反应：

$$2Fe^{3+}+Sn^{2+} \rightleftharpoons 2Fe^{2+}+Sn^{4+}$$

(3)写出原电池符号：

$$(-)Pt|Sn^{2+}(c_1), Sn^{4+}(c_2)\|Fe^{3+}(c_3), Fe^{2+}(c_4)|Pt(+)$$

【例 4-4】 写出原电池

$$(-)C(s)\ |\ Cl_2(p)|Cl^-(c_1)\|H^+(c_2), Mn^{2+}(c_3)|MnO_4^-(c_4)|C(s)(+)$$

所对应的氧化还原半反应和氧化还原反应离子方程式。

解：(1)根据原电池符号将上述氧化还原反应分解为两个半电池反应：

正极　　$MnO_4^-+8H^++5e^- \rightleftharpoons Mn^{2+}+4H_2O$

负极　　$2Cl^- \rightleftharpoons Cl_2+2e^-$

(2)合并两个半电池反应为电池反应：

$$10Cl^-+2MnO_4^-+16H^+ \rightleftharpoons 5Cl_2+2Mn^{2+}+8H_2O$$

练一练

写出由电对 Mn^{2+}/Mn 和 Ag^+/Ag 所构成原电池的电池符号和电池反应。

二、电极电势和原电池的电动势

连接原电池两极的导线有电流通过，说明两电极的电势不同，存在着电势差。

(一)电极电势的产生

金属晶体中有金属原子、金属离子和自由电子，当把金属(M)浸入其盐溶液时，金属及其盐溶液就构成了金属电极。此时，在金属和溶液的接触面上就会产生两个相反的倾向：一方面，由于自身的热运动和极性水分子的吸引，金属表面的金属离子(M^{n+})进入溶液中；另一方面，溶液中的金属离子受金属表面自由电子的吸引，得到电子沉积并在金属表面上。当这两种反应的速率相等时，就建立了动态平衡：

$$M^{n+}+ne^- \rightleftharpoons M$$

金属越活泼，盐溶液越稀，金属溶解的速率大于金属离子沉积的速率，即金属失去电子的速率大于获得电子的速率，达到平衡时，就形成了金属带负电、金属附近的溶液带正电的双电层结构，如图 4-2(a)所示；相反，金属越不活泼，盐溶液越浓，金属离子沉积的速率大于金属溶解的速率，即金属获得电子的速率大于失去电子的速率，达到平衡时，则形成金属带正电、金属附近的溶液带负电的双电层结构，这样，在金属和其盐溶液间就产生了电势差，如图 4-2(b)所示。

这种由于双电层的存在，金属与其盐溶液间产生的电势差，称为金属的电极电势，用符号 E(氧化态/还原态)表示。电极电势的大小与金属的活泼性、溶液中金属离子的浓度、溶液的 pH 和温度等因素有关。

(二)原电池的电动势

在外电路没有电流通过的状态下，原电池的电动势为两个组成电极的电势差，即正极的电势减去负极的电势，用 ε 表示。

$$\varepsilon = E_{(+)} - E_{(-)}$$

原电池的电动势 ε 永远大于零。

三、标准电极电势

电极电势的大小反映了电极的电对得失电子的难易，但迄今为止，任何一个电极的电极电势的绝对值仍无法测量，只能选用某一特定电极作为参照标准，其他电极的电极电势与它比较来确定。通常以标准氢电极作为参照电极。

(一)标准氢电极

标准氢电极是将镀有铂黑的铂片，浸入 H^+ 浓度为 1 mol·L^{-1} 的硫酸溶液中，在 298.15 K 下不断地通入压力为 101.325 kPa 的纯氢气，使铂黑吸附氢气达到饱和(图 4-3)。

标准氢电极的电极反应：

$$2H^+ + 2e^- \rightleftharpoons H_2$$

规定标准氢电极的电极电势为零：

$$E^{\ominus}(H^+/H_2) = 0.00\ V$$

氢电极的电极符号：Pt|H_2(101.325 kPa)|H^+(1 mol·L^{-1})

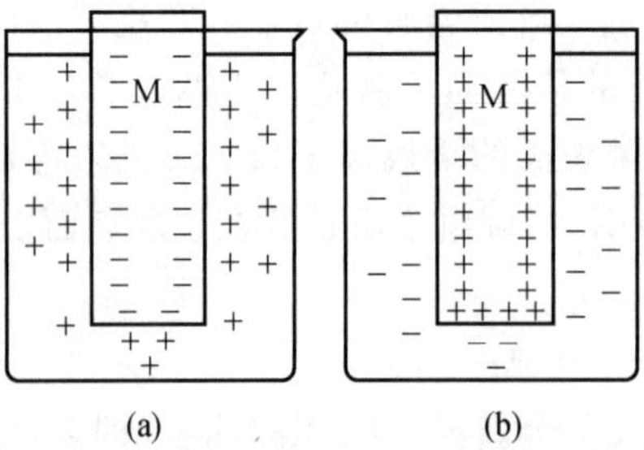

图 4-2　双电层结构示意图

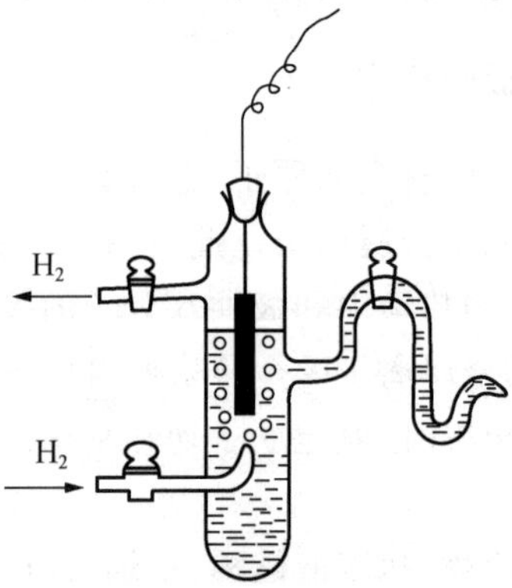

图 4-3　标准氢电极

(二)标准电极电势

标准状态是指测定温度为 298.15 K,组成电极的有关物质的浓度均为 1 mol·L^{-1},气体的分压为 101.325 kPa,液态或固态物质为纯净状态。标准状态下的电极电势称为标准电极电势,用 $E^{\ominus}$(氧化态/还原态)表示。

在标准状态下,将标准氢电极与其他电极组成原电池,用电位计测定原电池的标准电动势($\varepsilon^{\ominus}$),即可求得电极的标准电极电势 $E^{\ominus}$(氧化态/还原态)。

$$\varepsilon^{\ominus}=E^{\ominus}_{(+)}-E^{\ominus}_{(-)}$$

例如,欲测定锌电极的标准电极电势。将标准状态下的锌电极与标准氢电极组成原电池,测定时,根据电流的方向,可确定氢电极为正极,锌电极为负极。

$$(-)\mathrm{Zn}|\mathrm{ZnSO_4}(1\ \mathrm{mol\cdot L^{-1}})\|\mathrm{H^+}(1\ \mathrm{mol\cdot L^{-1}})|\mathrm{H_2}(101.325\ \mathrm{kPa})|\mathrm{Pt}\ (+)$$

测得该原电池的电动势为 0.763 V,则

$$\varepsilon^{\ominus}=E^{\ominus}(\mathrm{H^+/H_2})-E^{\ominus}(\mathrm{Zn^{2+}/Zn})$$

$$0.763\ \mathrm{V}=0.00\ \mathrm{V}-E^{\ominus}(\mathrm{Zn^{2+}/Zn})$$

$$E^{\ominus}(\mathrm{Zn^{2+}/Zn})=-0.763\ \mathrm{V}$$

用同样的方法可测得 Cu^{2+}/Cu 电对的电极电势。把标准铜电极与标准氢电极组成原电池,测得铜氢原电池的标准电动势为 0.337 V,测定时,根据电流的方向,确定铜电极为正极,氢电极为负极。

$$(-)\mathrm{Pt}|\ \mathrm{H_2}(101.325\ \mathrm{kPa})|\mathrm{H^+}(1\ \mathrm{mol\cdot L^{-1}})\|\mathrm{Cu^{2+}}(1\ \mathrm{mol\cdot L^{-1}})|\mathrm{Cu}(+)$$

$$\varepsilon^{\ominus}=E^{\ominus}(\mathrm{Cu^{2+}/Cu})-E^{\ominus}(\mathrm{H^+/H_2})$$

$$0.337\ \mathrm{V}=E^{\ominus}(\mathrm{Cu^{2+}/Cu})-0.00\ \mathrm{V}$$

$$E^{\ominus}(\mathrm{Cu^{2+}/Cu})=+0.337\ \mathrm{V}$$

在实际测定电极电势时,由于标准氢电极是气体电极,使用不方便,因此,常用饱和甘汞电极或银-氯化银电极作为参比电极,替代标准氢电极。这两种电极是除氢电极外稳定性和再现性最好的电极,应用广泛,常在 pH 玻璃电极和其他离子选择性电极中用作内参比电极。

对于与水剧烈反应而不能直接测定的电极,如 Na^+/Na、F_2/F^- 等,其电极电势可通过热力学数据间接计算得到。

(三)标准电极电势表

按照标准电极电势由低到高的顺序排列成表,称为标准电极电势表(附表 5)。表 4-1 列出了一些常见电极的标准电极电势。

使用标准电极电势表时应注意以下几点:

(1)表中的电极反应,统一书写为:

$$氧化型+ne^{-}\rightleftharpoons 还原型$$

表 4-1　常见电极的标准电极电势(298.15 K,酸性溶液中)

	电极反应		标准电极电势 $E^\ominus$/V
最弱的氧化剂	$K^+ + e^- \rightleftharpoons K$	最强的还原剂	
↓	$Ca^{2+} + 2e^- \rightleftharpoons Ca$	↑	−2.924
	$Na^+ + e^- \rightleftharpoons Na$		−2.87
	$Zn^{2+} + 2e^- \rightleftharpoons Zn$		−2.714
	$Fe^{2+} + 2e^- \rightleftharpoons Fe$		−0.763
	$Sn^{2+} + 2e^- \rightleftharpoons Sn$		−0.44
氧化能力依次增强	$2H^+ + 2e^- \rightleftharpoons H_2$	还原能力依次增强	−0.136
	$Cu^{2+} + 2e^- \rightleftharpoons Cu$		0.00
	$I_2 + 2e^- \rightleftharpoons 2I^-$		0.337
	$Fe^{3+} + e^- \rightleftharpoons Fe^{2+}$		0.534 5
	$Ag^+ + e^- \rightleftharpoons Ag$		0.771
	$Br_2(l) + 2e^- \rightleftharpoons 2Br^-$		0.799
	$Br_2(g) + 2e^- \rightleftharpoons 2Br^-$		1.065
	$Cl_2(g) + 2e^- \rightleftharpoons 2Cl^-$		1.087
↓	$MnO_4^- + 8H^+ + 5e^- \rightleftharpoons Mn^{2+} + 4H_2O$	↑	1.36
最强的氧化剂		最弱的还原剂	1.51
	$F_2 + 2e^- \rightleftharpoons 2F^-$		2.87

$E^\ominus$(氧化态/还原态)与电极反应进行的方向无关。如铜电极无论是按 $Cu^{2+} + 2e^- \rightleftharpoons Cu$ 的方向进行,还是按 $Cu - 2e^- \rightleftharpoons Cu^{2+}$ 的方向进行,其 $E^\ominus$(氧化态/还原态)均为+0.337 V。

(2)$E^\ominus$(氧化态/还原态)的大小表示了物质在标准状态下得失电子的倾向。$E^\ominus$(氧化态/还原态)越小,氧化还原电对中还原态物质越易失去电子,还原性越强,对应的氧化态物质越难得到电子,氧化性越弱。$E^\ominus$(氧化态/还原态)越大,氧化态物质得到电子的能力越强,即氧化性越强,其还原态的还原性越弱。如在铜锌原电池中,因为 $E^\ominus(Cu^{2+}/Cu) > E^\ominus(Zn^{2+}/Zn)$,所以电子从 Zn 转移到 Cu^{2+}。

(3)电极电势没有加和性,即 $E^\ominus$(氧化态/还原态)与半电池反应式的计量系数无关,例如:

$$Cl_2(g) + 2e^- \rightleftharpoons 2Cl^- \qquad E^\ominus(Cl_2/Cl^-) = +1.36\ \text{V}$$

$$\frac{1}{2}Cl_2(g) + e^- \rightleftharpoons Cl^- \qquad E^\ominus(Cl_2/Cl^-) = +1.36\ \text{V(而不是}\frac{1}{2}\times 1.36\ \text{V)}$$

(4)溶液的酸碱度对许多电极的 $E^\ominus$(氧化态/还原态)有影响,在不同的介质中,$E^\ominus$(氧化态/还原态)不同,甚至电极反应亦不同,因此标准电极电势表分“酸表”和“碱表”。若电极反应在酸性或中性溶液中进行,则在“酸表”中查阅;若电极反应在碱性溶液中进行,则在“碱表”中查阅。

(5)$E^\ominus$(氧化态/还原态)只适于水溶液体系,而不适用于非水溶液。

(6)$E^\ominus$(氧化态/还原态)的大小与反应速度无关。

四、影响电极电势的因素

电极电势的大小不但与物质的本性有关,还与电极反应中氧化型与还原型物质的浓度及测定时的温度有关。电极电势与浓度及温度的关系可用能斯特(Nernst)方程表示。

电极反应：　a 氧化型$+ne^- \rightleftharpoons b$ 还原型

能斯特方程：$E(\text{氧化态/还原态}) = E^{\ominus}(\text{氧化态/还原态}) + \dfrac{2.303RT}{nF}\lg\dfrac{[\text{氧化型}]^a}{[\text{还原型}]^b}$

式中：$E^{\ominus}$(氧化态/还原态)为标准电极电势；E(氧化态/还原态)为非标准态时的电极电势；R 为气体常数，8.314 $J \cdot mol^{-1} \cdot K^{-1}$；$T$ 为热力学温度，K；n 为电极反应中的得失电子数；F 为法拉第常数，96 485 $C \cdot mol^{-1}$。

当测定的温度为 298.15 K 时，能斯特方程可以写为

$$E(\text{氧化态/还原态}) = E^{\ominus}(\text{氧化态/还原态}) + \frac{0.0592}{n}\lg\frac{[\text{氧化型}]^a}{[\text{还原型}]^b}$$

使用能斯特方程时，应注意以下几点：

(1)[氧化型]和[还原型]是包括参加电极反应的所有物质的浓度。

(2)纯固体或液体及水的浓度均不列入能斯特方程中，如果是气体则用相对分压$\dfrac{p}{p^{\ominus}}$表示，$p^{\ominus} = 101.325$ kPa。

【例 4-5】 在 MnO_4^-/Mn^{2+} 电对中，若$[MnO_4^-] = [Mn^{2+}] = 1.00\ mol \cdot L^{-1}$，计算氢离子浓度分别为 $1.00 \times 10^{-3}\ mol \cdot L^{-1}$、$1.00\ mol \cdot L^{-1}$、$10.0\ mol \cdot L^{-1}$ 时电对的电极电势。

解：电极反应：　$MnO_4^- + 8H^+ + 5e^- \rightleftharpoons Mn^{2+} + 4H_2O$

$$E(MnO_4^-/Mn^{2+}) = E^{\ominus}(MnO_4^-/Mn^{2+}) + \frac{0.0592}{5}\lg\frac{[MnO_4^-][H^+]^8}{[Mn^{2+}]}$$

$$E(MnO_4^-/Mn^{2+}) = 1.51 + \frac{0.0592}{5}\lg\frac{[MnO_4^-][H^+]^8}{[Mn^{2+}]}$$

当$[H^+] = 1.00 \times 10^{-3}\ mol \cdot L^{-1}$ 时

$$E = 1.51 + \frac{0.0592}{5}\lg(1.00 \times 10^{-3})^8 = 1.23(V)$$

当$[H^+] = 1.00\ mol \cdot L^{-1}$ 时

$$E = 1.51 + \frac{0.0592}{5}\lg(1.00)^8 = 1.51(V)$$

当$[H^+] = 10.0\ mol \cdot L^{-1}$ 时

$$E = 1.51 + \frac{0.0592}{5}\lg(10.0)^8 = 1.60(V)$$

通过计算可知，MnO_4^- 氧化性的强弱不仅与氧化还原电对中的离子浓度有关，还与参与电极反应的 H^+ 浓度有关，MnO_4^- 的氧化性随 H^+ 浓度的增大而增强。因此，高锰酸钾通常在强酸性溶液中使用。

凡是有 H^+ 或 OH^- 参加的电极反应，除了氧化态和还原态的浓度变化对电极电势有影响外，酸度也会影响电极电势的大小，而且往往影响更大。

第三节　电极电势的应用

一、判断氧化剂和还原剂的相对强弱

电极电势的大小反映了氧化还原电对中氧化态得电子或还原态失电子能力的强弱，根据电极电势的大小可以判断物质氧化还原性的强弱。

【例 4-6】 根据标准电极电势的大小，将下列氧化型物质和还原型物质按氧化性和还原性由强到弱排序，并指出最强的氧化剂和最强的还原剂。

$$MnO_4^-/Mn^{2+},\quad F_2/F^-,\quad Cu^{2+}/Cu,\quad Ca^{2+}/Ca$$

解：查附表 5 得各电对的标准电极电势分别为

$$E^{\ominus}(Ca^{2+}/Ca)=-2.87\ V\quad E^{\ominus}(Cu^{2+}/Cu)=0.337\ V$$

$$E^{\ominus}(MnO_4^-/Mn^{2+})=1.51\ V\quad E^{\ominus}(F_2/F^-)=2.87\ V$$

由于 $E^{\ominus}(Ca^{2+}/Ca)<E^{\ominus}(Cu^{2+}/Cu)<E^{\ominus}(MnO_4^-/Mn^{2+})<E^{\ominus}(F_2/F^-)$，所以，氧化剂氧化性由强到弱的顺序为：$F_2>MnO_4^->Cu^{2+}>Ca^{2+}$；还原剂还原性由强到弱的顺序为：$Ca>Cu>Mn^{2+}>F^-$。

电对 F_2/F^- 的 $E^{\ominus}$ 最大，所以在标准状态下，F_2 是最强的氧化剂；电对 Ca^{2+}/Ca 的 $E^{\ominus}$ 最小，所以 Ca 是最强的还原剂。

练一练

根据标准电极电势的大小，解释金属活泼性顺序表。

二、选择合适的氧化剂和还原剂

在混合体系中，如果要对其中的某一物质进行选择性氧化或还原，而其他物质不被氧化或还原，只有选择适当的氧化剂或还原剂才能达到目的。电极电势的大小是选择氧化剂或还原剂的依据。

【例 4-7】 在含有 Cl^-、Br^-、I^- 3 种离子的溶液中，只将 I^- 氧化为 I_2，而 Cl^-、Br^- 不被氧化，选择 $Fe_2(SO_4)_3$ 和 $KMnO_4$ 中的哪一种作为氧化剂？

解：查附表 5 得上述氧化还原电对的标准电极电势如下：

$$I_2+2e^-\rightleftharpoons 2I^-\qquad E^{\ominus}(I_2/I^-)=0.535\ V$$

$$Fe^{3+}+e^-\longrightarrow Fe^{2+}\qquad E^{\ominus}(Fe^{3+}/Fe^{2+})=0.771\ V$$

$$Br_2+2e^-\rightleftharpoons 2Br^-\qquad E^{\ominus}(Br_2/Br^-)=1.065\ V$$

$$Cl_2+2e^-\rightleftharpoons 2Cl^-\qquad E^{\ominus}(Cl_2/Cl^-)=1.36\ V$$

$$MnO_4^-+8H^++5e^-\rightleftharpoons Mn^{2+}+4H_2O\qquad E^{\ominus}(MnO_4^-/Mn^{2+})=1.51\ V$$

从标准电极电势可知，$E^{\ominus}(Fe^{3+}/Fe^{2+})>E^{\ominus}(I_2/I^-)$，$Fe^{3+}$ 可以氧化 I^- 为 I_2。而

$E^{\ominus}(Fe^{3+}/Fe^{2+}) < E^{\ominus}(Br_2/Br^-) < E^{\ominus}(Cl_2/Cl^-)$，所以 Fe^{3+} 不能氧化 Br^- 和 Cl^-。高锰酸钾氧化还原电对的标准电极电势最大，它能氧化溶液中的 Cl^-、Br^-、I^-，所以应选择 $Fe_2(SO_4)_3$ 作为氧化剂。

练一练

已知 $E^{\ominus}(Fe^{3+}/Fe^{2+}) = 0.771$ V，$E^{\ominus}(Cu^{2+}/Cu) = 0.337$ V，$E^{\ominus}(Sn^{4+}/Sn^{2+}) = 0.154$ V，$E^{\ominus}(Fe^{2+}/Fe) = -0.44$ V，现需将 Cu 氧化成 Cu^{2+}，可选用何种氧化剂？

三、判断氧化还原反应自发进行的方向

大量事实证明，氧化还原反应自发进行的方向总是

$$强氧化剂 + 强还原剂 \rightleftharpoons 弱还原剂 + 弱氧化剂$$

即 $E^{\ominus}$(氧化态/还原态)值大的电对中的氧化态物质能氧化 $E^{\ominus}$(氧化态/还原态)值小的电对中的还原态物质。判断氧化还原反应进行的方向的常见方法有两种。

(一)电极电势法

根据电极电势的大小，比较氧化剂和还原剂的相对强弱，即可判断氧化还原反应进行的方向。

【例 4-8】 判断反应 $2Fe^{3+} + Cu \rightleftharpoons 2Fe^{2+} + Cu^{2+}$ 在标准状态下进行的方向。

解：查附表 5 得 $E^{\ominus}(Fe^{3+}/Fe^{2+}) = 0.771$ V，$E^{\ominus}(Cu^{2+}/Cu) = 0.337$ V，由于 $E^{\ominus}(Fe^{3+}/Fe^{2+}) > E^{\ominus}(Cu^{2+}/Cu)$，得知 Fe^{3+} 是比 Cu^{2+} 更强的氧化剂，Cu 是比 Fe^{2+} 更强的还原剂，因此氧化还原反应自左向右进行。

(二)原电池电动势法

通常原电池电动势大于零的反应，都可自发进行。因此，可以将氧化还原反应看成是原电池反应，氧化剂电对做原电池的正极，还原剂电对做原电池的负极，若 $\varepsilon > 0$，氧化还原反应能正向进行，反之逆向进行。

【例 4-9】 反应：$Sn + Pb^{2+} \rightleftharpoons Sn^{2+} + Pb$，$E^{\ominus}(Sn^{2+}/Sn) = -0.136$ V，$E^{\ominus}(Pb^{2+}/Pb) = -0.126$ V，计算：(1)在标准状态时，反应进行的方向如何？(2)当 $[Pb^{2+}] = 0.10\ mol \cdot L^{-1}$，$[Sn^{2+}] = 1.0\ mol \cdot L^{-1}$ 时，反应的方向又如何？

解：(1)在标准状态下：

正极　　$Pb^{2+} + 2e^- \rightleftharpoons Pb$

负极　　$Sn^{2+} + 2e^- \rightleftharpoons Sn$

$$\varepsilon^{\ominus} = E^{\ominus}(Pb^{2+}/Pb) - E^{\ominus}(Sn^{2+}/Sn) = -0.126 - (-0.136) = +0.01(V) > 0$$

所以在标准状态下反应自发向右进行。

(2)当 $[Pb^{2+}] = 0.10\ mol \cdot L^{-1}$，$[Sn^{2+}] = 1.0\ mol \cdot L^{-1}$ 时，则

$$E(Pb^{2+}/Pb) = E^{\ominus}(Pb^{2+}/Pb) + \frac{0.059\ 2}{2}\lg[Pb^{2+}] = -0.126 + \frac{0.059\ 2}{2}\lg 0.1 = -0.156(V)$$

$$\varepsilon = E(Pb^{2+}/Pb) - E(Sn^{2+}/Sn) = -0.156 - (-0.136) = -0.02(V) < 0$$

因此，反应逆向进行。

对于非标准状态下进行的反应，也可根据电极电势判断氧化还原反应进行的方向。

(1)$\Delta E^{\ominus}$(氧化态/还原态)>0.2 V时，一般可以用标准电极电势直接判断氧化还原反应进行的方向。

(2)当电极反应中有 H^+ 或 OH^- 时，介质的酸碱性对电极电势的影响很大，此时只有当$\Delta E^{\ominus}$(氧化态/还原态)>0.5 V时，才可以直接用标准电极电势判断氧化还原反应进行的方向。

四、判断氧化还原反应进行的次序

在含有多个氧化还原电对的氧化还原体系中，最强的氧化剂首先氧化最强的还原剂，然后按还原性的大小依次氧化其他还原剂；反之，最强的还原剂首先还原最强的氧化剂，然后按氧化性的大小依次还原其他氧化剂。在【例 4-7】中，如果选用 $KMnO_4$ 作氧化剂，能将 Cl^-、Br^-、I^- 3种离子氧化，但它们不是被同时氧化，而是先氧化还原性最强的 I^-，然后依次氧化 Br^- 和 Cl^-。

对有些氧化还原反应，虽然电动势较大，但进行的速度较慢，所以在实验中观察到的氧化还原反应进行的次序与根据电极电势判断的次序有时不符，这时还要考虑氧化还原反应进行的速度。

本 章 小 结

1. 氧化还原反应的本质是有电子得失或偏移，其特征是反应前后元素的氧化数发生变化。反应中元素氧化数升高的物质是还原剂，发生氧化反应，自身被氧化；氧化数降低的物质是氧化剂，发生还原反应，自身被还原。

2. 原电池是将化学能转变成电能的装置，原电池的正极发生还原反应，负极发生氧化反应，每一个电极就是一个电对，电对用氧化态/还原态表示。任一氧化还原反应理论上都可以设计成原电池。

3. 电极电势代表氧化还原电对中氧化型和还原型物质的相对强弱。电极电势越高，电对中的氧化型物质的氧化性越强，而还原型物质的还原性越弱。

4. 电极电势的绝对值目前无法测量。一般以标准氢电极作为标准，将标准氢电极的电极电势规定为0，测定其他电极相对于标准氢电极的电极电势。

非标准状态电极反应的电极电势可用能斯特方程求得：

电极反应：$$a\,\text{氧化型}+ne^- \rightleftharpoons b\,\text{还原型}$$

$$E=E^{\ominus}+\frac{0.059\,2}{n}\lg\frac{[\text{氧化型}]^a}{[\text{还原型}]^b}$$

5. 利用电极电势可以判断物质氧化还原性的强弱、选择合适的氧化剂和还原剂、判断氧化还原反应进行的方向等。

思考与练习

一、判断题

1. 氧化数在数值上就是元素的化合价。

2. NH_4^+ 中，氮原子的氧化数为－3；ClO^- 中，氯原子的氧化数为＋7。

3. 两根银丝分别插入盛有 0.1 $mol \cdot L^{-1}$ 和 1 $mol \cdot L^{-1}$ $AgNO_3$ 溶液的烧杯中，且用盐桥和导线将两只烧杯中的溶液连接起来，便可组成一个原电池。

4. 在设计原电池时，$E^\ominus$ 值大的电对应是正极，而 $E^\ominus$ 值小的电对应为负极。

5. 原电池中盐桥的作用是盐桥中的电解质中和两个半电池中过剩的电荷。

6. 标准电极电势表中的 $E^\ominus$ 值是以标准氢电极作参比电极而测得的标准电极电势值。

7. 电极电势大的氧化态物质氧化能力强，其还原态物质还原能力弱。

8. 在一定温度下，电动势 $\varepsilon^\ominus$ 只取决于原电池的两个电极，而与电池中各物质的浓度无关。

9. 在自发进行的氧化还原反应中，总是发生标准电极电势高的氧化态物质被还原的反应。

10. 对于一个反应物与生成物都确定的氧化还原反应，由于写法不同，反应转移的电子数就不同，则按能斯特方程计算而得的电极电势值也不同。

11. 电对 MnO_4^-/Mn^{2+} 和 $Cr_2O_7^{2-}/Cr^{3+}$ 的电极电势随着溶液 pH 减小而增大。

二、选择题

1. 下列离子中 S 的氧化数最高的是(　　)。

A. S^{2-}　　B. $S_4O_6^{2-}$　　C. $S_2O_3^{2-}$　　D. HSO_4^-

2. 根据标准电极电势判断，下述电对中氧化态氧化能力最强的是(　　)。

A. Fe^{3+}/Fe^{2+}　　B. Cu^{2+}/Cu　　C. MnO_4^-/Mn^{2+}　　D. Fe^{2+}/Fe

3. 实验室中配制 $FeSO_4$ 溶液，为防止 Fe^{2+} 被空气氧化，较好的方法是加入(　　)。

A. Fe 屑　　B. Sn 粒　　C. Ag 片　　D. 不能处理

4. 将 I^- 加入含有 Fe^{3+} 的酸性溶液中，则生成(　　)。

A. Fe^{2+} 和 I_2　　B. $Fe(OH)_3$　　C. FeI_3　　D. Fe 和 I_2

5. 已知：$E^\ominus(Fe^{3+}/Fe^{2+})=+0.771$ V，$E^\ominus(Sn^{2+}/Sn)=-0.136$ V，$E^\ominus(Sn^{4+}/Sn^{2+})=+0.154$ V，$E^\ominus(Fe^{2+}/Fe)=-0.44$ V。在标准状态下，下列各组物质中能共存的是(　　)。

A. Fe^{3+}、Sn^{2+}　　B. Fe、Sn^{2+}　　C. Fe^{2+}、Sn^{2+}　　D. Fe^{3+}、Sn

6. 其他条件不变，$Cr_2O_7^{2-}$ 在下列条件下氧化能力最强的是(　　)。

A. pH＝0　　B. pH＝1　　C. pH＝3　　D. pH＝7

7. 含有 Br^-、I^- 的混合液（$[Br^-]=[I^-]=1\ mol \cdot L^{-1}$），欲使 I^- 被氧化为 I_2，而 Br^- 不被氧化，应选择的氧化剂是(　　)。

A. Cl_2　　B. Fe^{3+}　　C. Cl^-　　D. Fe^{2+}

8. 已知 $E^\ominus(Cu^{2+}/Cu)=+0.337$ V，$E^\ominus(Fe^{2+}/Fe)=-0.44$ V，$E^\ominus(Fe^{3+}/Fe^{2+})=0.771$ V，当铁片投入 $CuSO_4$ 溶液中所发生的现象是(　　)。

A. 铁片不溶解　　B. 形成 Fe^{2+} 而溶解

C. 形成 Fe^{3+} 而溶解　　D. 同时形成 Fe^{2+} 和 Fe^{3+} 而溶解

三、填空题

1. 在 NH_3、$NaNO_2$ 和 NaCN 中，N 的氧化数分别为________、________和________。

2. 原电池是____________________的装置，由两个________、________和导线组成。

3. 原电池中，电极电势高的电极是________极，电极电势低的电极是________极，每个电极都由同种元素不同氧化态的两种物质构成，其中氧化数高的物质叫________态，氧化数低的物质叫________态。

4. 铜锌原电池中，________为正极，发生的是________反应；________为负极，发生的是________反应；原电池的符号为____________________。

5. 氧化还原反应中，氧化剂是电极电势值________的电对中的________物质；还原剂是电极电势值________的电对中的________物质。

6. 能斯特方程式为____________________，它描述了电极电势与温度和电对中有关物质浓度的关系。

7. 随着金属离子浓度的增加，金属电极的电极电势________，金属的还原能力________；随着非金属离子浓度的减小，其电极电势________，非金属的氧化能力________。

8. 反应 $2I^- + 2Fe^{3+} \rightleftharpoons 2Fe^{2+} + I_2$，$Br_2 + 2Fe^{2+} \rightleftharpoons 2Fe^{3+} + 2Br^-$ 均按正反应方向进行，由此可判断反应中有关的氧化还原电对的电极电势由大到小的排列顺序是________________________。

9. 电对 H^+/H_2 的电极电势随溶液 pH 的增大而________，电对 O_2/OH^- 的电极电势随溶液的 pH 增大而________。

10. 原电池中常装有盐桥，其作用是____________________。

四、简答题

1. 解释氧化数、氧化还原反应、原电池、标准电极电势的概念。

2. 指出下列物质中画线元素的氧化数。

$\underline{As}_2O_3$； $K_2\underline{O}_2$； $\underline{S}_4O_6^{2-}$； $\underline{Cl}O_4^-$； $\underline{Cl}_2O$； $\underline{Cl}O_2^-$

3. 标准状态下，把下列氧化还原反应装配成原电池，写出电极反应式和原电池符号。

(1) $Zn + 2Ag^+ \rightleftharpoons 2Ag + Zn^{2+}$

(2) $Zn + FeSO_4 \rightleftharpoons ZnSO_4 + Fe$

(3) $Fe^{2+} + Ag^+ \rightleftharpoons Fe^{3+} + Ag$

4. 根据电对的标准电极电势，下列各组电对中，哪一种物质是最强的氧化剂？哪一种是最强的还原剂？写出二者之间的反应方程式。

(1) MnO_4^-/Mn^{2+}，Fe^{3+}/Fe^{2+}，Cl_2/Cl^-

(2) Br_2/Br^-，Fe^{3+}/Fe^{2+}；I_2/I^-

5. 根据标准电极电势，判断下列反应自发进行的方向。

(1) $2FeSO_4 + Br_2 + H_2SO_4 \rightleftharpoons Fe_2(SO_4)_3 + 2HBr$

(2) $2FeSO_4 + I_2 + H_2SO_4 \rightleftharpoons Fe_2(SO_4)_3 + 2HI$

(3) $2FeCl_3 + Pb \rightleftharpoons 2FeCl_2 + PbCl_2$

6. 根据标准电极电势表：

(1)选择一种合适的氧化剂使 Sn^{2+} 氧化变成 Sn^{4+}，Fe^{2+} 氧化变成 Fe^{3+}，而不能使 Cl^- 氧化变成 Cl_2；

(2)选择一种合适的还原剂使 Cu^{2+} 还原变成 Cu，Ag^+ 还原变成 Ag，而不能使 Fe^{2+} 还原变成 Fe。

五、计算题

1. 求电极反应 $MnO_4^- + 8H^+ + 5e^- = Mn^{2+} + 4H_2O$ 在 pH=5 的溶液中的电极电势(其

他条件同标准状态)。

2. 25℃时,将铜片插入 0.10 mol·L^{-1} $CuSO_4$ 溶液中,把银片插入 0.01 mol·L^{-1} $AgNO_3$ 溶液中组成原电池。

(1)计算原电池的电动势;

(2)写出电极反应式和电池总反应式;

(3)写出原电池的符号。

3. 设计一套装置,说明如何用铁将铜从硫酸铜溶液中置换出来,又不把铁溶解在硫酸铜溶液中。画出该装置示意图,写出电极反应式。

4. 金属钴浸入 1.0 mol·$L^{-1}$$Co^{2+}$ 的溶液中组成电极,铂片浸入 1.0 mol·L^{-1} Cl^- 的溶液中,并不断向溶液中通入 Cl_2,使 Cl_2 的分压为 101.325 kPa,组成电极。实验测得两个电极组成的原电池的电动势为 1.63 V,钴电极为负极。已知 $E^{\ominus}(Cl_2/Cl^-)=1.36$ V。

(1)写出电池反应及电池符号;

(2)计算钴电极的标准电极电势;

(3)其他组分浓度、分压不变,当 Co^{2+} 的浓度变为 0.010 mol·L^{-1} 时,计算原电池的电动势。

第五章
配位化合物

【本章引言】

配位化合物简称配合物,是组成较为复杂的一类化合物,广泛存在于自然界中。配合物在工农业生产、食品加工、环保及医学等领域都有广泛的应用。配合物在动植物体的生理生化过程中起着重要作用,如生物体内的酶、叶绿素、血红蛋白等。

【科苑导读】

玻尔是丹麦著名的物理学家,曾获得诺贝尔奖。第二次世界大战中,玻尔被迫离开将要被德国占领的祖国。为了表示他一定要返回祖国的决心,他将诺贝尔金质奖章溶解在一种溶液里,装于玻璃瓶中,然后将它放在柜子上。后来,纳粹分子窜进玻尔的住宅,那瓶溶有奖章的溶液就在眼皮底下,他们却一无所知。战争结束后,玻尔又从溶液中还原提取出金,并重新铸成奖章。新铸成的奖章显得更加灿烂夺目,因为它凝聚着玻尔对祖国无限的热爱和无穷的智慧。

那么,玻尔是用什么溶液使金质奖章溶解的呢?他用的溶液叫王水。王水是浓硝酸和浓盐酸按1∶3的体积比配制成的混和溶液。王水中含有硝酸、氯气和氯化亚硝酰等一系列强氧化剂,同时还有高浓度的氯离子。因此,王水的氧化能力比硝酸强,不溶于硝酸的金,却可以溶解在王水中。这是因为高浓度的氯离子与金离子形成稳定的配离子$[AuCl_4]^-$,从而使金的标准电极电位减少,有利于反应向金溶解的方向进行。

【学习目标】

知识目标

• 掌握配位化合物的定义、组成和命名。

• 理解配位化合物稳定常数的意义,理解酸度等因素对配位平衡的影响。

• 掌握螯合物的结构特征及其应用。

[课程学习]
第五章课程 PPT

能力目标

- 能够熟练书写配位化合物的化学式和名称。
- 能够熟练找出配位化合物的中心离子、配位体、配位原子和配位数。
- 能够运用配位平衡的知识计算配合物溶液中各种离子的浓度。

素质目标

- 能够将化学知识应用于社会热点问题。
- 激发学生对传统文化的学习热情，增强学生的民族自豪感。

【知识导图】

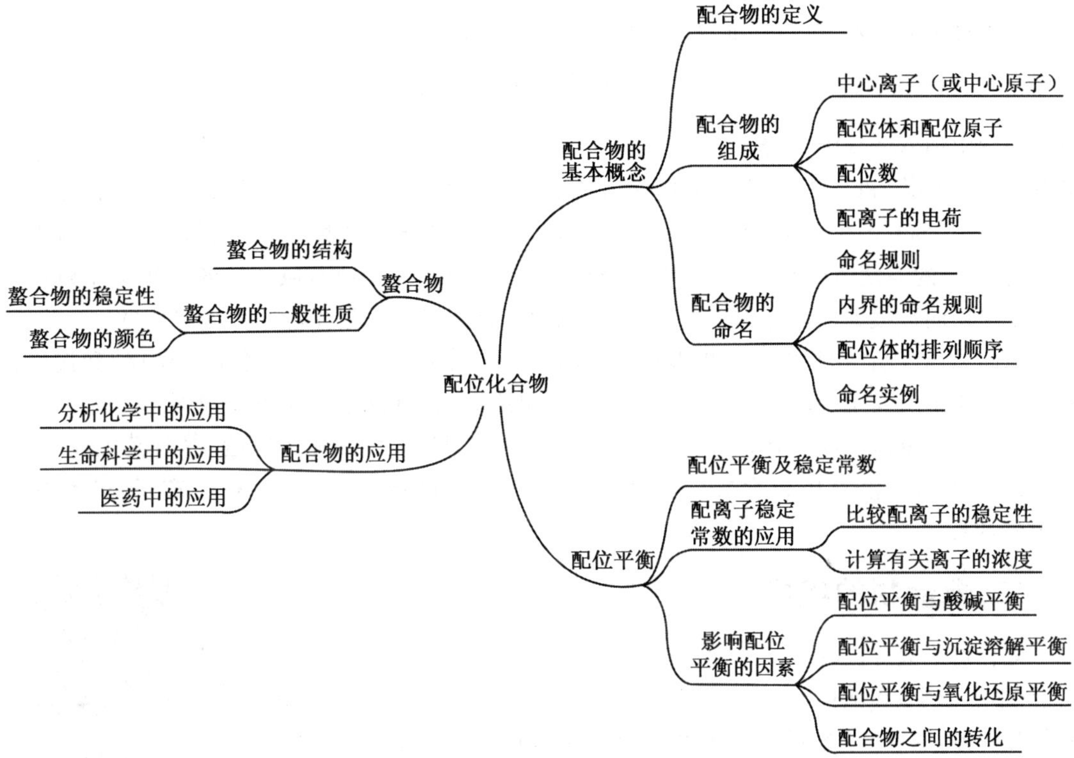

第一节　配合物的基本概念

一、配合物的定义

向 $CuSO_4$ 溶液中慢慢加入浓氨水，先有浅蓝色的碱式硫酸铜沉淀生成：

$$2Cu^{2+} + SO_4^{2-} + 2NH_3 + 2H_2O = Cu_2(OH)_2SO_4 \downarrow + 2NH_4^+$$

继续加入过量的氨水，沉淀逐渐溶解，得到深蓝色的溶液：

$$Cu_2(OH)_2SO_4 + 6NH_3 + 2NH_4^+ = 2[Cu(NH_3)_4]^{2+} + SO_4^{2-} + 2H_2O$$

向此溶液中加入 NaOH 溶液，没有蓝色 $Cu(OH)_2$ 沉淀出现。说明 $[Cu(NH_3)_4]^{2+}$ 中没有足量游离态的 Cu^{2+} 和 NH_3 存在。而向深蓝色溶液加入乙醇，得到深蓝色晶体。经分析，晶体为 $[Cu(NH_3)_4]SO_4$。在 $[Cu(NH_3)_4]^{2+}$ 结构中，每个 NH_3 分子的 N 原子各提供一对孤对电子填充到 Cu^{2+} 的空轨道中并与 Cu^{2+} 共用，两者牢固结合。像这种两原子间的共用电子对由一个原子提供而形成的化学键称为配位键，形成的化合物叫配位化合物（简称配合物）。

由此可知，配合物是由可给出孤对电子的一定数目的离子或分子（称为配位体）和接受孤对电子的原子或离子（统称中心原子）按一定的组成和空间构型所形成的化合物。

配合物和复盐不同，如明矾 $[KAl(SO_4)_2 \cdot 12H_2O]$ 是一种常见的复盐，尽管其组成复杂，但它的晶体和水溶液中仅存在 K^+、Al^{3+} 和 SO_4^{2-} 等简单离子，而没有配离子，其性质与 K_2SO_4 相似。

二、配合物的组成

［视频学习］
配合物的组成

配合物一般分内界和外界两部分。内界为配合物的特征部分，由中心离子（中心原子）和配位体（简称配体）构成，一般用方括号括起来。其他部分称为外界，内、外界之间以离子键结合。如 $[Cu(NH_3)_4]SO_4$ 中，中心离子 Cu^{2+} 和配位体 NH_3 以配位键结合组成内界，SO_4^{2-} 为配合物的外界。$K_4[Fe(CN)_6]$ 中，中心离子 Fe^{2+} 和配位体 CN^- 组成内界，K^+ 为配合物的外界。

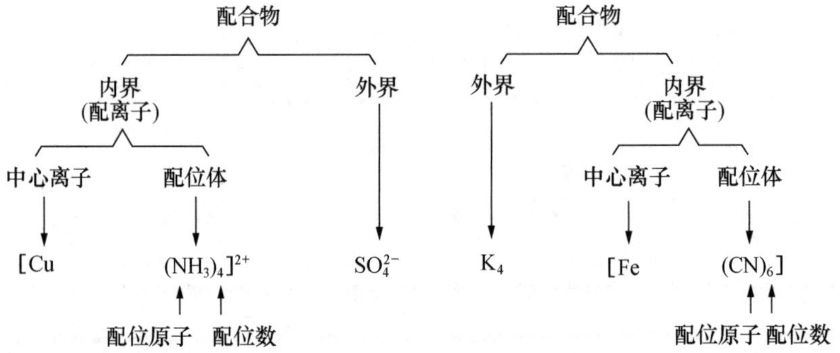

但中性分子配合物如[$CoCl_3(NH_3)_3$]、[$Ni(CO)_4$]等没有外界。

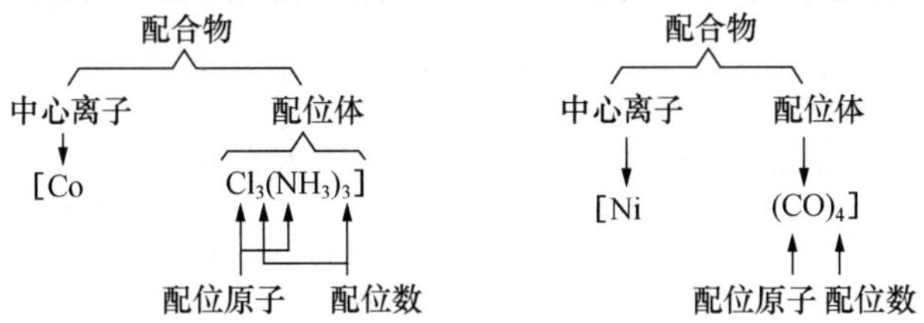

(一)中心离子(或中心原子)

中心离子(或中心原子)是配合物的核心,位于配合物的中心,一般为金属阳离子或某些金属原子。常见的中心离子(或中心原子)为过渡金属元素的离子或原子,如 Fe^{2+}、Fe^{3+}、Cu^{2+}、Co^{2+}、Ni^{2+}、Zn^{2+}、Ni 等;少数为阴离子或高氧化数的非金属元素,如[SiF_6]$^{2-}$中的 Si(Ⅳ),I_3^-中的 I^-。

(二)配位体和配位原子

配合物中与中心离子(或中心原子)结合的中性分子或阴离子称为配位体。配位体位于中心离子的周围,按一定的空间构型与中心离子(或中心原子)结合。配位体可以是阴离子,如 X^-(卤素离子)、OH^-、SCN^-、CN^-、$RCOO^-$、$C_2O_4^{2-}$、PO_4^{3-} 等;也可以是中性分子,如 NH_3、H_2O 等。

在配位体中可提供孤对电子与中心离子(或中心原子)以配位键结合的原子称为配位原子。配位原子的价电子层中有未成键的孤对电子。配位原子通常是电负性较大的非金属元素的原子,如 O、S、N、P、C 和卤素原子等。在[$Cu(NH_3)_4$]$^{2+}$中的 NH_3 是配位体,而 NH_3 分子中的 N 原子为配位原子。

只含有一个配位原子的配位体称为单基配位体,如 X^-(卤素离子)、NH_3、H_2O、CN^- 等。含有两个或两个以上配位原子的配位体称为多基配位体,如乙二胺 $NH_2—CH_2—CH_2—NH_2$(缩写为 en)为二基配位体,乙二胺四乙酸(简写为 EDTA)为六基配位体。常见的配位体见表 5-1 和表 5-2。

表 5-1　常见的单基配位体

中性分子配位体及其名称		阴离子配位体及其名称			
H_2O	水	F^-	氟	NH_2^-	氨基
NH_3	氨	Cl^-	氯	NO_2^-	硝基
CO	羰基	Br^-	溴	ONO^-	亚硝酸根
NO	亚硝酰基	OH^-	羟基	SCN^-	硫氰酸根
CH_3NH_2	甲胺	CN^-	氰	NCS	异硫氰酸根
C_5H_5N	吡啶(缩写 Py)	O^{2-}	氧	$S_2O_3^{2-}$	硫代硫酸根

表 5-2　常见的多基配位体

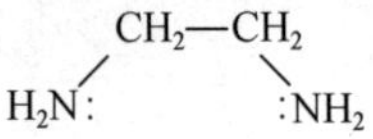 乙二胺(en) 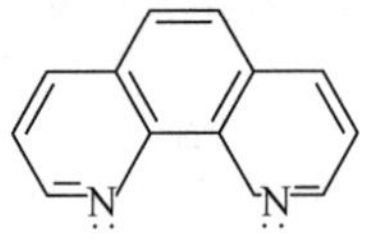 1,10-邻二氮菲	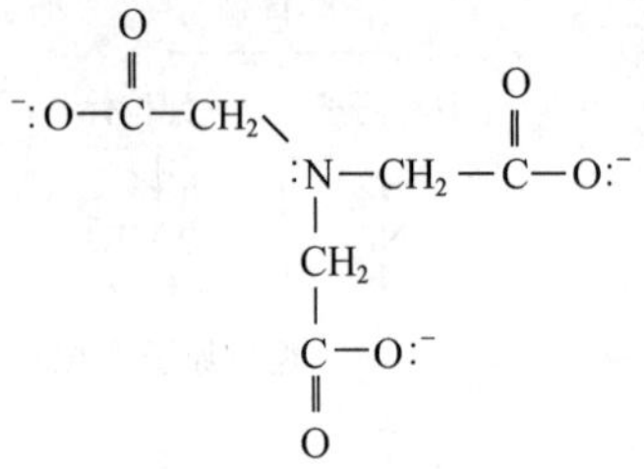 氨基三乙酸(NTA)	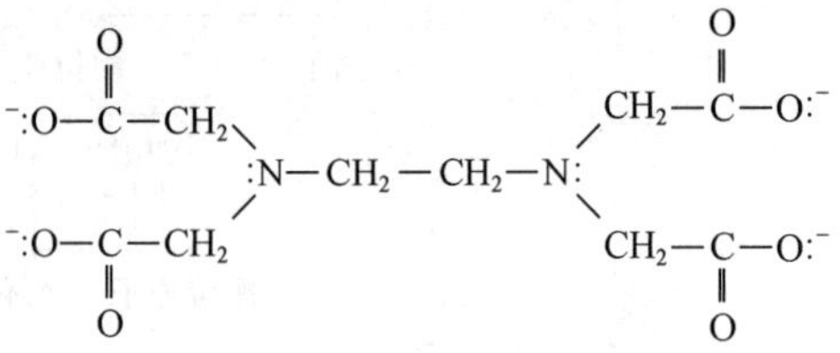 乙二胺四乙酸(EDTA,Y^{4-})

(三)配位数

与中心离子(或中心原子)以配位键结合的配位原子的总数称为中心离子(或中心原子)的配位数。

当中心离子(或中心原子)与单基配位体结合时,配位数等于配位体个数。例如$[Cu(NH_3)_4]^{2+}$中Cu^{2+}的配位数等于4。

当中心离子(或中心原子)与多基配位体结合时,配位数=配位体个数×配位体基数。例如$[Co(en)_3]^{3+}$中Co^{3+}的配位数等于3×2=6,而不是3。

配位数的多少一般取决于中心离子(或中心原子)的半径、电荷、结构等因素性质。一些常见金属离子的配位数见表5-3。

表 5-3　常见金属离子的配位数

一价金属离子		二价金属离子		三价金属离子	
Cu^+	2,4	Ca^{2+}	6	Al^{3+}	4,6
Ag^+	2	Fe^{2+}	6	Sc^{3+}	6
Au^+	2,4	Co^{2+}	4,6	Cr^{3+}	6
		Ni^{2+}	4,6	Fe^{3+}	6
		Cu^{2+}	4,6	Co^{3+}	6
		Zn^{2+}	4,6	Au^{3+}	4

想一想

配位数与配位体的个数是同一个概念吗?请指出下列配合物中配位体的个数及中心离子的配位数:

(1)$[Cu(NH_3)_4]^{2+}$　(2)$[Cu(en)_2]^{2+}$

(3)$[CaY]^{2-}$　(4)$[CoCl(SCN)(en)_2]NO_2$

(四)配离子的电荷

配离子的电荷等于中心离子与配位体电荷的代数和。如$K_4[Fe(CN)_6]$,其配离子的电荷为(+2)+(−6)=−4。又如$[Fe(CO)_5]$,配位体羰基的电荷是0,铁是中性原子。

三、配合物的命名

［视频学习］
配合物的命名

(一)配合物的命名规则

配合物的系统命名与无机盐命名规则相同,即阴离子名称在前,阳离子名称在后。如果酸根为简单阴离子时称“某化某”;如果酸根为复杂阴离子时称“某酸某”。

(二)内界的命名规则

内界命名的顺序是:配位体数(以数字一、二、三、四等表示,“一”常省略)→配位体名称(有不同配位体时,相互间用小圆点“·”隔开)→合→中心离子名称→中心离子氧化数(加圆括号,用罗马数字Ⅰ、Ⅱ、Ⅲ等表示)。如$[Cu(NH_3)_4]^{2+}$命名为四氨合铜(Ⅱ)配离子。

(三)配位体的排列顺序

如果内界含有两种或两种以上配位体,配位体名称的排列顺序遵循以下原则:

(1)无机配位体排列在前,有机配位体排列在后。

(2)阴离子配位体排列在前,中性分子配位体排列在后。

(3)同类配位体的名称按配位原子的元素符号的英文字母顺序排列。例如,NH_3与H_2O同为配位体时,氨排列在前,水排列在后。又如Br^-、Cl^-同为配位体时,溴排列在前,氯排列在后。

(四)配合物的命名实例

1. 配离子为阴离子的配合物

命名顺序为:配位体→中心离子→外界阳离子。例如:

$K_3[Fe(CN)_6]$	六氰合铁(Ⅲ)酸钾
$K_4[Fe(CN)_6]$	六氰合铁(Ⅱ)酸钾
$H_2[PtCl_6]$	六氯合铂(Ⅳ)酸
$K[PtCl_5(NH_3)]$	五氯·一氨合铂(Ⅳ)酸钾

2. 配离子为阳离子的配合物

命名顺序为:外界阴离子→配位体→中心离子。例如:

$[Cu(NH_3)_4]SO_4$	硫酸四氨合铜(Ⅱ)
$[CoCl(SCN)(en)_2]NO_2$	亚硝酸一氯·一硫氰酸根·二(乙二胺)合钴(Ⅲ)
$[Co(NH_3)_5(H_2O)]Cl_3$	氯化五氨·一水合钴(Ⅲ)
$[Pt(Py)_4][PtCl_4]$	四氯合铂(Ⅱ)酸四吡啶合铂(Ⅱ)

3. 中性配合物

$[Ni(CO)_4]$	四羰基合镍(0)
$[PtCl_4(NH_3)_2]$	四氯·二氨合铂(Ⅳ)
$[Co(NO_2)_3(NH_3)_3]$	三硝基·三氨合钴(Ⅲ)

练一练

命名下列配合物。

(1)$[Ag(NH_3)_2]Cl$　　(2)$[Cu(en)_2]SO_4$　　(3)$K_2[SiF_6]$

(4)$[Fe(CO)_5]$　　(5)$[Cr(H_2O)_4Br_2]Br \cdot 2H_2O$　　(6)$(NH_4)_3[CoCl_6]$

除系统命名外，有些配合物可采用习惯名称，如 $K_3[Fe(CN)_6]$称为铁氰化钾(俗称赤血盐)，$K_4[Fe(CN)_6]$称为亚铁氰化钾(俗称黄血盐)，$[Cu(NH_3)_4]^{2+}$称为铜氨配离子。

第二节　配位平衡

一、配位平衡及稳定常数

在$[Cu(NH_3)_4]SO_4$ 溶液中加入 Na_2S 溶液时，有黑色的 CuS 沉淀生成。这说明$[Cu(NH_3)_4]^{2+}$溶液中有少量的 Cu^{2+} 存在，Cu^{2+} 与 S^{2-} 反应，生成了溶解度很小的 CuS 沉淀。因此，在$[Cu(NH_3)_4]SO_4$ 溶液中存在着如下平衡：

$$Cu^{2+} + 4NH_3 \underset{\text{离解}}{\overset{\text{配位}}{\rightleftharpoons}} [Cu(NH_3)_4]^{2+}$$

当配位反应速率与离解反应速率相等时，体系达到平衡状态，称为配位离解平衡，简称配位平衡。平衡时，则有

$$K_{稳} = \frac{[Cu(NH_3)_4]^{2+}}{[Cu^{2+}][NH_3]^4}$$

式中：$K_{稳}$为配离子(或配合物)的稳定常数。稳定常数的大小反映了配离子稳定性的大小。附表 6 中列出了一些常见配离子的稳定常数。

二、配离子稳定常数的应用

(一)比较配离子的稳定性

稳定常数的大小反映了配离子稳定性的大小，同类型配离子相比较，$K_{稳}$越大，配离子越稳定。如 $K_{稳}\{[Ag(CN)_2]^-\} = 1.26 \times 10^{21} > K_{稳}\{[Ag(NH_3)_2]^+\} = 1.62 \times 10^7$，配离子$[Ag(CN)_2]^-$的稳定性大于配离子$[Ag(NH_3)_2]^+$的稳定性。不同类型的配离子不能直接用$K_{稳}$来比较其稳定性的大小，而应通过计算说明。

(二)计算平衡体系中有关离子的浓度

【例 5-1】 计算 $0.1\ mol \cdot L^{-1}$ $[Cu(NH_3)_4]SO_4$ 溶液中 Cu^{2+}、NH_3 和 SO_4^{2-} 的浓度。已知 $K_{稳}\{[Cu(NH_3)_4]^{2+}\} = 2.1 \times 10^{13}$。

解:$[Cu(NH_3)_4]SO_4$ 在水溶液中完全电离：

$$[Cu(NH_3)_4]SO_4 = [Cu(NH_3)_4]^{2+} + SO_4^{2-}$$

故$[Cu(NH_3)_4]^{2+} = [SO_4^{2-}] = 0.1(mol \cdot L^{-1})$

$[Cu(NH_3)_4]^{2+}$部分电离，设平衡时$[Cu^{2+}] = x\ mol \cdot L^{-1}$，则

$$Cu^{2+} + 4NH_3 \rightleftharpoons [Cu(NH_3)_4]^{2+}$$

平衡浓度/$(mol \cdot L^{-1})$　　x　　$4x$　　$0.1-x$

$$K_{稳}\{[Cu(NH_3)_4]^{2+}\} = \frac{[Cu(NH_3)_4]^{2+}}{[Cu^{2+}][NH_3]^4} = \frac{0.1-x}{x(4x)^4} = 2.1\times 10^{13}$$

由于$K_{稳}\{[Cu(NH_3)_4]^{2+}\}$较大，配离子很稳定，离解程度很小，$x$很小，所以$0.1-x\approx 0.1$，解得

$$x = 4.5\times 10^{-4}(mol \cdot L^{-1})$$

$$[Cu^{2+}] = x = 4.5\times 10^{-4}(mol \cdot L^{-1})$$

$$[NH_3] = 4x = 4\times 4.5\times 10^{-4} = 1.8\times 10^{-3}(mol \cdot L^{-1})$$

【例 5-2】 在 1 mL 0.04 $mol \cdot L^{-1}$ 硝酸银溶液中加入 1 mL 2 $mol \cdot L^{-1}$ 的氨水，计算平衡时 Ag^+ 的浓度。已知 $K_{稳}\{[Ag(NH_3)_2]^+\} = 1.62\times 10^7$。

解:两溶液等体积混合后浓度均减半，即 $c(Ag^+) = 0.02\ mol \cdot L^{-1}$，$c(NH_3) = 1\ mol \cdot L^{-1}$，因为氨水过量，可认为 Ag^+ 几乎全部与 NH_3 反应生成了$[Ag(NH_3)_2]^+$，消耗 NH_3：

$$2\times 0.02 = 0.04(mol \cdot L^{-1})$$

反应后剩余 NH_3：　　$1-0.04 = 0.96(mol \cdot L^{-1})$

假设平衡时$[Ag^+]$为 $x\ mol \cdot L^{-1}$，则

$$Ag^+ + 2NH_3 \rightleftharpoons [Ag(NH_3)_2]^+$$

起始浓度/$(mol \cdot L^{-1})$　　0　　0.96　　0.02

平衡浓度/$(mol \cdot L^{-1})$　　x　　$0.96+2x$　　$0.02-x$

由
$$\frac{[Ag(NH_3)_2]^+}{[Ag^+][NH_3]^2} = K_{稳}\{[Ag(NH_3)_2]^+\}$$

得
$$\frac{0.02-x}{x(0.96+2x)^2} = 1.62\times 10^7$$

因 $K_{稳}\{[Ag(NH_3)_2]^+\}$很大，x 很小，所以 $0.02-x\approx 0.02$，$0.96+2x\approx 0.96$，即有

$$\frac{0.02}{x\times 0.96^2} = 1.62\times 10^7$$

$$x = 1.25\times 10^{-9}(mol \cdot L^{-1})$$

平衡时 Ag^+ 浓度为 $1.25\times 10^{-9}\ mol \cdot L^{-1}$。

三、影响配位平衡的因素

配位平衡像其他化学平衡一样，若改变平衡体系的条件，平衡将发生移动。

(一)配位平衡与酸碱平衡

1. 配位体的酸效应

配合物的配位体多为弱酸根或弱碱，如 F^-、CN^-、SCN^-、NH_3 等。当溶液酸度增大时，它们可与 H^+ 结合生成对应的弱酸，引起配位体浓度下降，使配位平衡向配离子离解的方向移动，导致配离子的稳定性降低，这种现象称为配位体的酸效应。例如：

$$Fe^{3+}+6F^- \rightleftharpoons [FeF_6]^{3-}$$

达到平衡后，若增大酸度，由于 H^+ 与 F^- 结合生成弱电解质 HF，使溶液中 F^- 浓度降低，配位平衡将向 $[FeF_6]^{3-}$ 离解的方向移动：

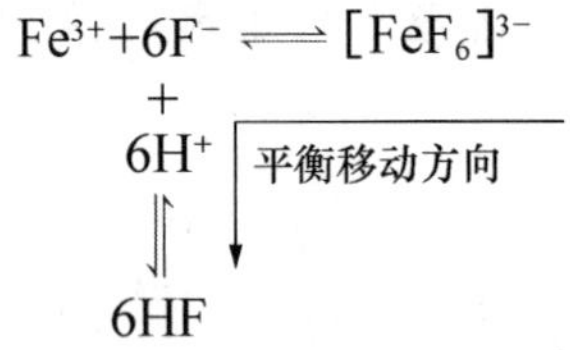

2. 金属离子的水解效应

许多金属离子（中心离子）在水中有不同程度的水解，若溶液的酸度降低，则可能发生水解反应生成氢氧化物沉淀，从而使配离子的离解程度增大，稳定性降低。这种现象称为金属离子（中心离子）的水解效应。

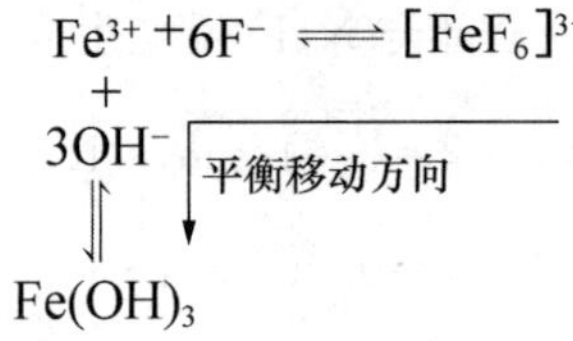

可见，酸度对配位平衡的影响是多方面的，既要考虑配位体的酸效应，同时又要考虑中心离子的水解效应。每种配离子都有其最适宜的酸度范围，在实际工作中，可通过调节溶液的 pH 使配合物生成或破坏。

(二)配位平衡与沉淀溶解平衡

配位平衡和沉淀溶解平衡的关系，可看成是沉淀剂和配位剂共同争夺金属离子的过程。

例如，在 AgCl 沉淀中加入 $NH_3 \cdot H_2O$ 后，AgCl 沉淀消失，向该溶液加入 KBr 溶液，则有淡黄色 AgBr 沉淀生成，再加入 $Na_2S_2O_3$ 溶液，淡黄色沉淀消失，接着加入 KI 溶液，则有黄色沉淀生成，加入 KCN 溶液，黄色沉淀消失，最后，加入 Na_2S 溶液，又有黑色沉淀生成。

$$\underset{K_{sp}=1.8\times10^{-10}}{AgCl\downarrow(白色)} \xrightarrow{NH_3\cdot H_2O} \underset{K_{稳}=1.62\times10^{7}}{[Ag(NH_3)_2]^+} \xrightarrow{KBr} \underset{K_{sp}=5.0\times10^{-13}}{AgBr\downarrow(淡黄色)} \xrightarrow{Na_2S_2O_3}$$

$$\underset{K_{稳}=2.9\times10^{13}}{[Ag(S_2O_3)_2]^{3-}} \xrightarrow{KI} \underset{K_{sp}=9.3\times10^{-17}}{AgI\downarrow(黄色)} \xrightarrow{KCN} \underset{K_{稳}=1.26\times10^{21}}{[Ag(CN)_2]^-} \xrightarrow{Na_2S} \underset{K_{sp}=2.0\times10^{-49}}{Ag_2S\downarrow(黑色)}$$

根据上述反应可知，平衡是朝着沉淀的 K_{sp} 减小、配合物的稳定性增大的方向移动。因此，一些难溶盐的沉淀可因形成配离子而溶解，也有一些配离子却因加入沉淀剂生成沉淀而被破坏。

(三)配位平衡与氧化还原平衡

在配位平衡体系中加入可与中心离子或配位体发生氧化还原反应的氧化剂或还原剂，则会改变其浓度，配位平衡发生移动。

例如，在$[Fe(SCN)_3]$溶液中加入 $SnCl_2$ 溶液，溶液的血红色会消失，这是因为发生了下列反应：

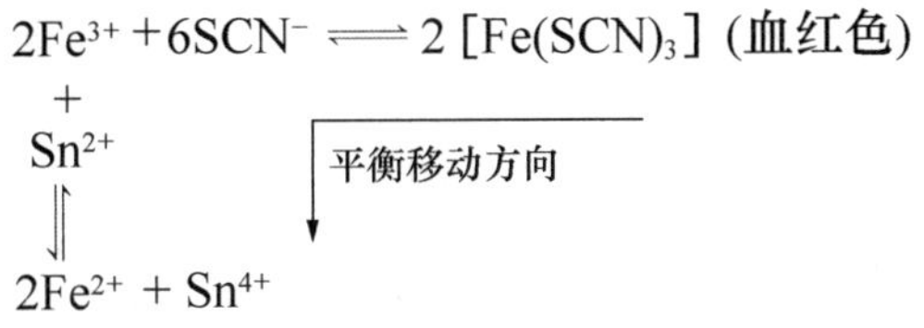

又如，金不溶于盐酸也不溶于硝酸，金只能溶于王水，这是因为 Au^{3+} 和 Cl^- 生成了配离子$[AuCl_4]^-$，$[AuCl_4]^-$使浓硝酸的氧化能力增强。

(四)配合物之间的转化

配离子之间的转化是向着生成更稳定配离子的方向进行。两种配离子的稳定常数相差越大，转化就越完全。例如，在含有$[Fe(SCN)_6]^{3-}$的溶液中加入过量的 NaF 时，由于$K_{稳}\{[Fe(SCN)_6]^{3-}\}=1.3\times10^9<K_{稳}\{[FeF_6]^{3-}\}=2.0\times10^{15}$，故 F^- 能夺走$[Fe(SCN)_6]^{3-}$中的 Fe^{3+} 形成更稳定的$[FeF_6]^{3-}$，溶液由血红色转变为无色，转化反应为

$$[Fe(SCN)_6]^{3-}+6F^-=[FeF_6]^{3-}+6SCN^-$$

想一想

配位化合物在食品、饲料、药物、生物化学或分析化学等领域有哪些应用？

第三节　螯　合　物

一、螯合物的结构

螯合物是由中心离子与多基配位体形成的具有环状结构的配合物，也称内配合物。螯合物结构中的环叫螯环，能形成螯环的配位体称为螯合剂，一般常见的螯合剂是有机化合物。

螯合剂必须同时具备两个条件：

(1)同一配位体中必须含有两个或两个以上配位原子，主要是 N、O、S、P、X 等配位原子。

(2)同一配位体中的两个配位原子间应间隔两个或三个其他原子，以形成稳定的五元环或六元环。

例如，2 个乙二胺(en)与 Cu^{2+} 能形成含 2 个(—Cu—N—C—C—N—) 五元环的螯合物

(图 5-1)。

又如,乙二胺四乙酸(EDTA)与 Ca^{2+} 形成 1∶1 的立体结构螯合物(图 5-2),结构中有五个五元环。

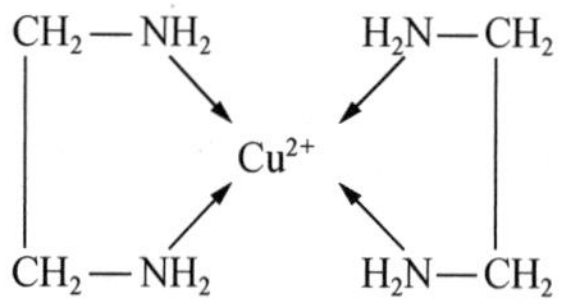

图 5-1　乙二胺与 Cu^{2+} 形成的螯合物

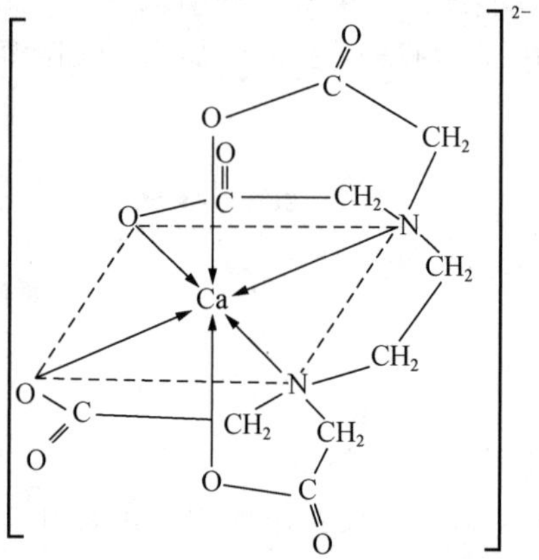

图 5-2　EDTA 与 Ca^{2+} 形成的螯合物

乙二胺、EDTA、氨基三乙酸(NTA)、1,10-邻二氮菲、氨基乙酸等是常见的螯合剂。而肼(H_2NNH_2)虽有两个配位原子 N,但中间没有间隔其他原子,与金属配合形成三元环,这是一个不稳定结构,故不能形成螯合物。

二、螯合物的一般性质

(一)螯合物的稳定性

螯合物具有很高的稳定性,极少有逐级离解现象。螯合物的稳定性是由环状结构产生的,具有五元环、六元环的螯合物稳定性最高。另外,螯合物所含环的数目越多,螯合物越稳定。如叶绿素、血红蛋白等卟啉类配合物非常稳定。

(二)螯合物的颜色

不少螯合物还具有特殊的颜色。如丁二肟在弱碱性条件下能与 Ni^{2+} 形成鲜红色的螯合物,此螯合物难溶于水而溶于乙醚等有机溶剂,是鉴定 Ni^{2+} 的灵敏反应:

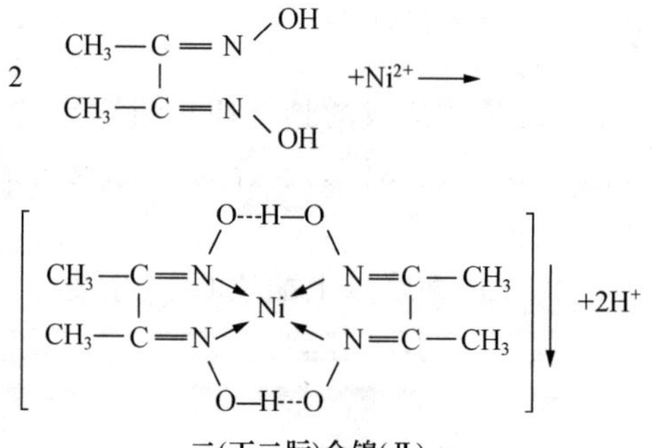

二(丁二肟)合镍(Ⅱ)

又如，1，10-邻二氮菲与 Fe^{2+} 形成的螯合物呈橘红色，可用于鉴定 Fe^{2+}。

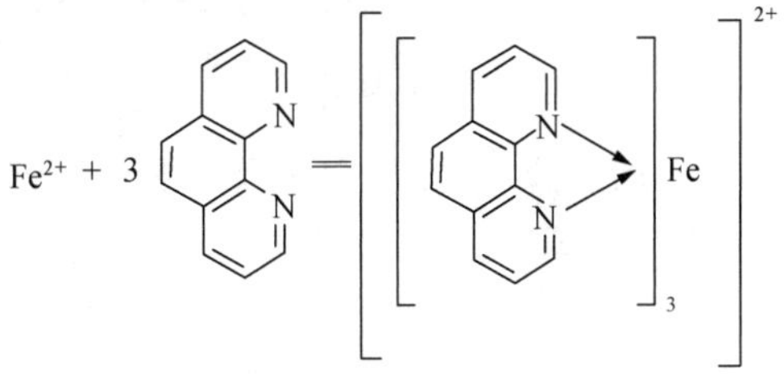

第四节　配合物的应用

一、分析化学中的应用

许多配位剂与金属离子的反应具有很高的灵敏性和专属性，且生成的配合物具有特征颜色，因而常用作鉴定某种离子的特征试剂。例如，邻二氮菲与 Fe^{2+} 生成可溶性的橘红色螯合物，该反应是检出 Fe^{2+} 的灵敏反应，最低可检出 0.25 $\mu g \cdot mL^{-1}$ Fe^{2+} 的存在。又如，常用双硫腙与铅生成红色螯合物来检验尿中铅含量。再如，Fe^{3+} 可与硫氰酸盐生成血红色配合物，即使是少量的 Fe^{3+} 也能检出。

二、生命科学中的应用

在生命科学中，配位化学起着非常重要的作用，许多生命现象均与配合物有关。已知的 1 000 多种生物酶中，有许多是 Fe^{2+}、Zn^{2+}、Mg^{2+}、Co^{2+}、Fe^{3+}、Mo^{2+}、Mn^{2+}、Cu^{2+}、Ca^{2+} 等金属离子的复杂配合物，这些金属所在部位往往是酶的活性中心。酶作为生物催化剂，其催化效能远远高于一般的非生物催化剂。例如，运载氧的肌红蛋白和血红蛋白都含有血红素，而血红素是 Fe^{2+} 卟啉配合物；维生素 B_{12} 是钴的配合物，它参与蛋白质和核酸的合成，是造血过程的生物催化剂，缺乏时会引起恶性贫血症。进行光合作用的叶绿素是 Mg^{2+} 的配合物，能将太阳能转化为化学能。煤气中毒，是由于一氧化碳与血红素中的铁生成更稳定的羰基配合物，从而使红细胞失去了输送氧气的功能，使人体缺氧。固氮酶是铁、钼的复杂螯合物，固氮酶能将游离态的氮转变为氨，进而被植物吸收利用。

三、医药中的应用

配合物在医药上应用相当广泛，例如，EDTA 是排除人体内铀、钍、钚等放射性元素的高效解毒剂；柠檬酸铁配合物临床上用于治疗缺铁性贫血；酒石酸锑钾可以治疗糖尿病。20 世纪 70 年代以来，配合物作为抗癌药物的研究也受到了很大重视，铂、铑、铱的配位化合物能使肿瘤萎缩。

知识窗

CO 中毒

人体中的血红蛋白(Hb)是以 Fe^{2+} 为中心离子的复杂螯合物。此螯合物既能与 O_2 配位生成 O_2Hb,也能和 H_2O 配位生成 H_2OHb。在人体中,血红蛋白在肺部结合 O_2 后,随血液循环到达体内的需氧部位。由于配位在 Fe^{2+} 上的 O_2 和 H_2O 是可互换的,在需氧部位,O_2 就被 H_2O 取代而释放出来。所以,血红蛋白在人体内起着输送 O_2 的作用。

一些基团,如 CO 和 CN^- 等,也可取代血红蛋白中的 O_2,且与 Fe^{2+} 的配位能力远远强于 O_2。如 CO 的配位能力是 O_2 的 230～270 倍。当有这些基团存在时,血红蛋白的 O_2 很快被其置换,而失去输送 O_2 的能力。实验证明,当 CO 浓度达到 O_2 浓度的 0.5%时,血红蛋白中的 O_2 就可能被 CO 取代,生物体会因得不到 O_2 而窒息,即出现 CO 中毒。

在医院中,CO 中毒的急救措施之一是将患者送入高压氧舱,目的就是增加 O_2 的浓度,以利于 O_2 取代 CO 而与血红蛋白结合。

本章小结

1. 配位化合物由内界和外界组成,内、外界之间以离子键键合。配离子是配合物的核心部分,由中心离子(或中心原子)和配位体组成,中心离子(或中心原子)和配位体之间以配位键结合。

2. 配离子在溶液中存在配位离解平衡,符合化学平衡的一般规律。配位平衡常数用 $K_{稳}$ 表示。利用 $K_{稳}$ 的大小可以比较同类型配合物的稳定性,$K_{稳}$ 越大,配合物越稳定。利用 $K_{稳}$ 也可以计算配离子溶液中有关离子的浓度、判断配位反应进行的方向。溶液酸度的变化及沉淀反应和氧化还原反应的发生可使配位离解平衡发生移动。

3. 螯合物是由多基配位体与中心离子形成的具有环状结构的配合物。其中具有五元环、六元环结构的螯合物最稳定。螯合物具有稳定性高、有特征颜色等特性。

思考与练习

一、判断题

1. 配合物在水溶液中全部电离成外界离子和配离子,配离子在水溶液中也能全部离解为中心离子和配位体。

2. 中心离子的配位数等于配合物中配位体的数目。

3. 复盐就是配合物。

4. 配合物转化为沉淀时,难溶电解质的溶解度越小,则越易转化。

5. 配离子在任何情况下都能转化为另一种配离子。

6. 酸度对配合物稳定性无影响。

7. 任何氧化还原反应都能改变配位平衡移动的方向。

8. 配合物转化为沉淀时,配合物的稳定常数越大越易转化。

二、选择题

1. AgCl 在下列溶液中(浓度均为 1 $mol \cdot L^{-1}$)溶解度最大的是(　　)。

A. $NH_3 \cdot H_2O$　　B. $Na_2S_2O_3$　　C. $NaNO_2$　　D. NaSCN

2. 配合物内、外界间的化学键是(　　)。

A. 共价键　　B. 配位键　　C. 离子键　　D. 金属键

3. 配合物的中心离子与配位体之间的化学键是(　　)。

A. 共价键　　B. 配位键　　C. 离子键　　D. 金属键

4. 下列关于螯合物的叙述中,不正确的是(　　)。

A. 有两个以上配位原子的配位体均可形成螯合物

B. 螯合物通常比具有相同配位原子的非螯合配合物稳定得多

C. 形成螯环的数目越多,螯合物的稳定性不一定越高

D. 起螯合作用的配位体一般为多基配位体,称螯合剂

5. 在 $FeCl_3$ 溶液中滴加 KCNS 试剂,溶液变红的原因是(　　)。

A. $FeCl_3$ 溶液被稀释　　B. 生成了$[Fe(CNS)_6]^{3-}$

C. Fe^{3+} 被还原　　D. 生成了 $Fe(CNS)_3$ 沉淀

6. 下列说法中错误的是(　　)。

A. 配合物的中心原子通常是过渡金属元素　B. 配位键是稳定的化学键

C. 配位体的配位原子必须具有孤对电子　　D. 配位键的强度可以与氢键相比较

7. 下列命名正确的是(　　)。

A. $[Co(ONO)(NH_3)_5Cl]Cl_2$　亚硝酸根二氯·五氨合钴(Ⅲ)

B. $[Co(NO_2)_3(NH_3)_3]$　三亚硝基·三氨合钴(Ⅲ)

C. $[CoCl_2(NH_3)_3]Cl$　氯化二氯·三氨合钴(Ⅲ)

D. $[CoCl_2(NH_3)_4]Cl$　氯化四氨·氯气合钴(Ⅲ)

8. 下列叙述正确的是(　　)。

A. Ca^{2+} 在 $(NH_4)_2C_2O_4$ 酸性溶液中不沉淀是由于配位效应

B. I_2 溶于 KI 溶液中是由于配位效应

C. CuS 溶解于 HNO_3 溶液中是由于 HNO_3 的酸效应

D. $SnCl_2$ 在水溶液中不溶解是由于 $SnCl_2$ 的溶解度小

三、填空题

1. 中心离子是配合物的________,它位于配离子的________。常见的中心离子是________离子。

2. 配位体中具有________、直接与中心离子以________键相连的原子叫配位原子。如 NH_3 分子中的 N 原子。在配离子中直接与中心离子结合的________数目叫________的配位数。

3. 配离子在水溶液中________电离,存在着________平衡。在$[Ag(NH_3)_2]^+$水溶液中的解离平衡式为________。

4. 配位比相同的配离子，$K_{稳}$越________，该配离子越稳定。

5. 在 $AgNO_3$ 溶液中加入 NaCl，产生________沉淀，反应的离子方程式为________；静置片刻，弃去上层清液，在沉淀中加入过量氨水，沉淀溶解生成了________，反应的离子方程式为________。

6. 当配离子中的配位体能与 H^+ 结合成弱酸时，溶液的酸度越大，配离子的稳定性越________，这种现象叫________。

7. 当一种配离子转化为另一种配离子时，反应物中配离子的 $K_{稳}$越________，生成物中配离子的 $K_{稳}$越________，这种转化越完全。

8. 配合物 $[Cr(NH_3)(en)_2Cl]SO_4$ 的中心离子是________，配位体是________，中心离子的配位数是________，配合物的名称是________。

四、简答题

1. 解释配合物、中心离子、配位体、配位原子和配位数的概念。

2. 将 SCN^- 加入到铁铵矾 $[FeNH_4(SO_4)_2 \cdot 12H_2O]$ 溶液中出现红色，但加入到赤血盐 $K_3[Fe(CN)_6]$ 溶液中并不出现红色，为什么？

3. 解释现象并写出反应方程式。

(1)检查无水酒精中是否含水，可往酒精中投入白色硫酸铜(固体)，如果变蓝色，说明酒精中含水；

(2)溶液中同时含有 Al^{3+} 与 Zn^{2+} 时，加入氨水可将两者分离。

4. 什么是螯合物？形成螯合物的条件是什么？

5. 指出下列配离子的中心离子的氧化数和配位数。

(1) $[Cr(NH_3)_6]^{3+}$　(2) $[Co(H_2O)_6]^{2+}$　(3) $[PtCl_5(NH_3)]^-$

(4) $[Mn(CN)_6]^{4-}$　(5) $[Cr(en)_2]^{3+}$　(6) $[Pt(CN)_4(NO_2)I]^{2-}$

6. 指出下列配合物的中心离子、配位体及配合物名称。

(1) $K_4[Fe(CN)_6]$　(2) $Na_3[AlF_6]$　(3) $[CoCl_2(NH_3)_3(H_2O)]Cl$

(4) $[Zn(NH_3)_4](OH)_2$　(5) $[PtCl_4(NH_3)_2]$　(6) $K[Au(CN)_2]$

(7) $(NH_4)_2[FeCl_5(H_2O)]$　(8) $Na_3[Ag(S_2O_3)_2]$　(9) $[Co(en)_3]Cl_3$

(10) $[Co(NO_2)_3(NH_3)_3]$

7. 写出下列配合物的化学式。

(1)一氯化二氯・三氨・一水合钴(Ⅲ)

(2)四硫氰酸根・二氨合铬(Ⅲ)酸铵

(3)硫酸一氯・一氨・二(乙二胺)合铬(Ⅲ)

(4)四氯合铂(Ⅱ)酸四氨合铜(Ⅱ)

(5)三氯・一氨合铂(Ⅱ)酸钾

(6)五氰・一羰基合铁(Ⅱ)酸钠

8. 有两个化合物 A 和 B 具有同一实验式：$Co(NH_3)_3(H_2O)_2ClBr_2$，在干燥器干燥后，1 mol A 很快失去 1 mol H_2O，但在同样条件下，B 不失 H_2O；当 $AgNO_3$ 加入 A 中时，1 mol A 沉淀出 1 mol AgBr，而 1 mol B 沉淀出 2 mol AgBr。写出 A 和 B 的化学式并命名。

五、计算题

1. 已知 CuY^{2-} 与 $[Cu(en)_2]^{2+}$ 的稳定常数分别为 6.33×10^{18} 与 1.0×10^{20}，假定这两种配

离子的浓度都为 0.1 mol·L^{-1}。通过计算比较 CuY^{2-} 与$[Cu(en)_2]^{2+}$的稳定性大小。

2. 在 1 L$[Cu(NH_3)_4]^{2+}$ 的溶液中，$[Cu^{2+}]=4.8\times10^{-17}$ mol·L，加入 0.001 mol NaOH，有无 $Cu(OH)_2$ 沉淀生成？若加入 0.001 mol Na_2S，有无 CuS 沉淀生成？（假设溶液体积不变）

3. 10 mL 0.05 mol·$L^{-1}$$[Ag(NH_3)_2]^+$溶液与 10 mL 0.1 mol·$L^{-1}$ NaCl 溶液混合，此混合溶液含有 NH_3 浓度多大时，才能防止 AgCl 沉淀发生？

第六章

定量分析概论

【本章引言】

分析化学是鉴定物质的化学组成和测定有关组分的含量及结构、研究测定方法及其有关理论的一门学科。根据分析的原理，定量分析一般可分为化学分析法和仪器分析法两大类。

【科苑导读】

早在 1785 年，英国著名科学家卡文迪许(1731—1810)在研究空气组成时发现了一个奇怪的现象。当时，人们已经知道空气中含有氮、氧、二氧化碳等成分，卡文迪许把空气中的这些成分除尽后，发现还残留少量气体，这个现象在当时并没有引起化学家们的重视。

19 世纪末，英国物理学家瑞利在精确测量各种气体的密度时，发现由空气中取得的氮的密度是 1.257 2 kg/m^3，而从氨中取得的氮的密度是 1.250 5 kg/m^3。经过多次重复测量，这个令人奇怪的差异仍然存在。瑞利不放过这一细微差异而执着地研究下去。他与化学家莱姆赛合作，把空气中的氮气和氧气除去，用光谱分析鉴定剩余气体，终于在 1894 年发现了氩。氩的发现是从千分之一的微小差别开始的，想获得伟大的成就，就离不开细心与耐心。

[课程学习]
第六章课程 PPT

【学习目标】

知识目标

- 明确学习定量分析的目的，了解定量分析方法的分类。
- 熟悉定量分析误差的来源、分类和减免措施。
- 熟悉准确度和精密度、误差和偏差的含义及表示方法。
- 理解有效数字的含义和运算规则及正确取舍可疑值的原则。
- 了解滴定分析方法，熟悉滴定分析对滴定反应的要求及基准物质应具备的条件。

能力目标

- 熟练掌握绝对误差、相对误差、绝对偏差、相对偏差、平均偏差、相对平均偏差的计算。
- 掌握减少系统误差和随机误差的方法。

- 掌握标准溶液的配制和计算方法。
- 熟练掌握滴定分析的有关计算方法。

素质目标

- 具有热爱科学、实事求是的科学态度，以及严谨的工作作风。
- 具有创新意识和创新精神。

【知识导图】

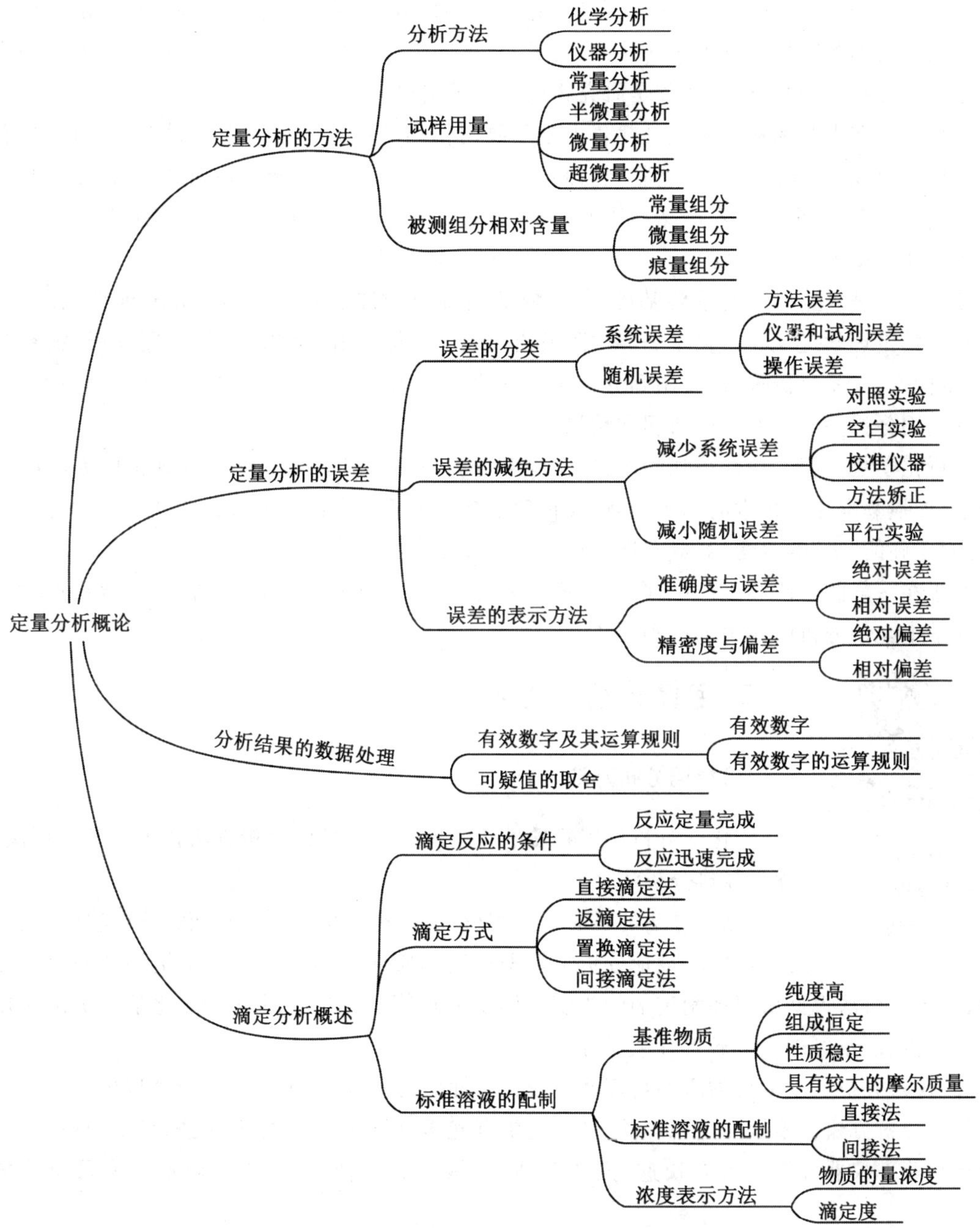

第一节　概　　述

一、分析化学的任务和作用

分析化学是化学学科的一个重要分支，它包括定性分析、定量分析、结构分析。定性分析的任务是检出和鉴定物质是由哪些元素、离子、官能团或化合物组成；定量分析的任务是测定有关组分的含量；结构分析的任务是研究物质的分子结构或晶体结构。

分析化学在生产和科学研究中起着十分重要的作用。如工业生产中原材料、中间产品和产品的检验；在农牧业生产中土壤肥力的测定，灌溉用水的化验，农药残留量的分析，污染状况的监测，肥料、农药、饲料和农产品品质的测定，畜禽的科学饲养和临床分析、药物理化检验；商品的检验和检疫等，都需广泛地应用分析化学的理论和技术。

分析化学是农业科学的重要基础之一，农业类院校的许多专业基础课和专业课，如土壤学、肥料学、生理学、生物学、化学、药物学、微生物学、农化分析、植物保护、病理分析、饲料分析、卫生检验、食品分析等，都要用到分析化学的原理和实验方法、操作技术。在科学研究中，要经常运用分析手段获取分析数据和结果。

分析化学是一门实践性很强的学科，实验部分占有很大的比重。必须在理论联系实际的基础上，加强基本操作技术的训练，熟练且正确地掌握分析化学的基本操作方法。在学习过程中，建立正确的“量”的概念，养成严谨的科学态度和良好的工作习惯。

鉴于在一般的科研和生产中，分析试样的来源、主要组成往往是已知的，故本章重点讨论分析化学中定量分析的相关理论和方法。

[扩展学习]
定量分析的一般过程

二、定量分析的方法

(一)根据分析方法

(1)化学分析　以物质的化学反应为基础的分析方法称为化学分析法，又称为经典分析法。

按操作方法的不同，化学分析主要有重量分析法和滴定分析法(又叫容量分析法)。重量分析法根据被测物质在化学反应前后重量差来测定组分含量；滴定分析法根据所消耗滴定剂的浓度和体积来求算待测组分的含量。化学分析法多用于常量分析，但也可进行半微量和微量分析。

(2)仪器分析　以待测物质的物理性质或化学性质为基础，借助于特定仪器以确定待测物质含量的分析方法。根据测定原理的不同，主要有光学分析法、电化学分析法、色谱分析法、质谱分析法等。仪器分析法具有快速、操作简便、灵敏度高的特点，适用于微量和痕量组分的测定。

(二)根据试样用量

根据分析时所需试样的用量不同可分为:常量分析、半微量分析、微量分析和超微量分析等,如表 6-1 所示。

表 6-1　各种分析方法的试样用量

方法	试样质量/ g	试样体积/mL
常量分析	>0.1	>10
半微量分析	0.01～0.1	1～10
微量分析	0.000 1～0.01	0.01～1
超微量分析	<0.000 1	<0.01

(三)根据被测组分的相对含量

根据被测组分的质量分数,可分为常量组分(>1%)、微量组分(0.01%～1%)和痕量组分(<0.01%)的分析。

第二节　定量分析的误差

定量分析的目的是通过一系列分析步骤来获取被测组分的准确含量,只有准确、可靠的分析结果才能在生产和科研中起到作用。不准确的分析结果可能导致经济损失,资源浪费,甚至得出错误结论。

在定量分析中,由于受分析方法、测量仪器、所用试剂和分析工作者主观条件等多种因素的限制,使得分析结果与真实值不完全一致,即误差是客观存在、不可避免的。因此,必须了解分析过程中误差产生的原因,以便采取相应的措施减小误差,使测定结果尽量接近客观真实值。

一、误差的分类

[视频学习]
误差的分类

(一)系统误差

系统误差是指在分析过程中某些经常性的、重复出现的原因所造成的误差。系统误差按其产生的原因,可分为以下几种:

(1)方法误差　由于分析方法本身不够完善造成的误差。例如,在滴定过程中反应进行得不完全,滴定终点与化学计量点不完全符合,如滴定碘时,由于碘的挥发造成的误差属于方法误差。

(2)仪器和试剂误差　由于仪器本身不够准确或试剂不纯所引起的误差。例如,天平的砝码、滴定管的刻度等测量仪器精度不够,或试剂、蒸馏水不纯等造成的误差。

(3)操作误差　指在正常操作的情况下,因操作人员主观因素所造成的误差。例如,个体分辨颜色的敏锐程度不同、读数偏高或偏低所引起的误差。

但应注意,操作过程中由于操作人员粗心大意或不遵守操作规程造成的差错不属于误差,例如,器皿不干净、丢失试液、加错试剂、看错砝码、记录及计算错误等,都属于操作错误。

系统误差的特点:

(1)单向性　由测定过程中某些确定的原因所造成的误差。它常使测定结果偏高或偏低。

(2)重现性　同一条件下重复测定时会重复出现。

(3)可测性　误差的大小、正负是可测的,因此系统误差又称可测误差。

(二)随机误差

随机误差是指分析过程中由于某些偶然或意外因素造成的误差,也叫偶然误差或不定误差。例如,测量时环境温度、湿度及气压的微小变动等原因引起测量数据波动。它的特点是大小、正负不固定,具可变性。

随机误差虽不固定,但对一个试样进行多次重复测定,将所得结果进行数据统计发现,随机误差的出现符合正态分布规律,即小误差出现的次数多,大误差出现的次数少;正误差与负误差出现的概率相等。

二、误差的减免方法

(一)减少系统误差的方法

(1)对照试验　在相同条件下,用标准试样(或纯净物)与被测试样同时进行测定,通过对标准试样的分析结果与其标准值的比较,可以判断分析方法是否存在误差。也可用不同的方法或由不同的分析人员进行测定以相互对照。

(2)空白试验　由试剂或蒸馏水、器皿带有杂质所造成的系统误差,一般可用空白试验检验和校正。空白试验就是不加待测试样,按照与试样分析相同的操作步骤和条件进行试验。试验所得结果称为“空白值”。从试样测定结果中减去空白值,就可得到较可靠的测定结果。若空白值较高,则应更换或提纯所用试剂。

(3)校准仪器　仪器不准确引起的系统误差,可通过校准仪器来减小。例如,在精确的分析过程中,要对滴定管、移液管、容量瓶、砝码等进行校准。

(4)方法校正　某些分析方法的系统误差可用其他方法直接校正,选用公认的标准方法与所采用的方法进行比较,从而找出校正数据,消除方法误差。

(二)减小随机误差的方法

根据随机误差的特点,在消除系统误差的前提下,平行测定次数越多,平均值越接近真实值,随机误差越小。

在一般化学分析中,对同一试样,通常要求平行测定 3～4 次,以获得较准确的分析结果。

三、误差的表示方法

在实际工作中,常用准确度和精密度评价分析结果的优劣。

(一)准确度与误差

准确度是指测定值与真实值的接近程度,用误差表示。误差越小,分析结果准确度越高。误差的大小可用绝对误差(E)和相对误差(E_r)来表示。

绝对误差(E)表示测定值(x_i)与真实值(T)之差:

$$E = x_i - T$$

相对误差(E_r)是绝对误差在真实值中所占的百分率:

$$E_r = \frac{E}{T} \times 100\%$$

绝对误差和相对误差都有正值和负值,分别表示分析结果偏高或偏低。

【例 6-1】 某学生用分析天平称取两个试样,测定值分别为(甲)0.175 4 g,(乙)1.754 2 g,已知两试样的真实值分别为(甲)0.175 5 g,(乙)1.754 3 g。试分别求其绝对误差和相对误差,并比较准确度的高低。

解:两个试样称量的绝对误差为

$$E_{甲} = 0.1754 - 0.1755 = -0.0001(\text{g})$$
$$E_{乙} = 1.7542 - 1.7543 = -0.0001(\text{g})$$

两个试样称量的相对误差为

$$E_{r,甲} = \frac{E_{甲}}{T_{甲}} \times 100\% = -\frac{0.0001}{0.1755} \times 100\% = -0.057\%$$

$$E_{r,乙} = \frac{E_{乙}}{T_{乙}} \times 100\% = -\frac{0.0001}{1.7543} \times 100\% = -0.0057\%$$

两者的绝对误差相同,但相对误差却不同。显然,$E_{r,乙}$仅相当于$E_{r,甲}$的1/10,说明乙的准确度比甲高。

因此,用相对误差来衡量分析结果的准确度更为确切。

(二)精密度与偏差

精密度是指同一试样多次平行测定结果相互接近的程度,它反映了测定值的再现性。在实际工作中真实值常常是未知的,因此精密度就成为人们衡量测定结果的重要因素。

精密度的高低取决于随机误差的大小,通常用偏差来量度。如果数据彼此接近,表示测定结果的精密度高,反之精密度低。偏差的表示方法如下:

1. 绝对偏差(d_i)和相对偏差(d_r)

绝对偏差(d_i)是各单次测定值(x_i)与平均值($\overline{x}$)之差:

$$d_i = x_i - \overline{x}$$

相对偏差(d_r)是绝对偏差占平均值的百分率:

$$d_r = \frac{d}{\overline{x}} \times 100\%$$

【例 6-2】 测量某试样中铁的含量，5 次平行测定结果为：57.64%，57.58%，57.54%，57.60%，57.55%。计算绝对偏差和相对偏差。

解：算术平均值 $\bar{x}$ 为

$$\bar{x}=\frac{57.64+57.58+57.54+57.60+57.55}{5}\times 100\%=57.58\%$$

所以 d 分别为 +0.06%，0，−0.04%，+0.02%，−0.03%，d_r 分别为 +0.1%，0，−0.07%，+0.04%，−0.05%。

2. 平均偏差和相对平均偏差

由于在平行测定中各次测定的偏差有正有负，有时还可能为零，为了衡量一组数据的精密度，通常用平均偏差和相对平均偏差来表示。

平均偏差 $\bar{d}$ 是指各次偏差绝对值的平均值：

$$\bar{d}=\frac{\sum_{i=1}^{n}|d_i|}{n}=\frac{|d_1|+|d_2|+\cdots+|d_n|}{n}$$

式中：n 为测定次数。

平均偏差占平均值的百分率称为相对平均偏差（$\bar{d}_r$）：

$$\bar{d}_r=\frac{\bar{d}}{\bar{x}}\times 100\%$$

3. 标准偏差和相对标准偏差

用统计学方法处理分析数据时，常用标准偏差 σ 衡量数据精密度。标准偏差简称标准差，又叫均方差。

$$\sigma=\sqrt{\frac{\sum(x-\mu)^2}{n}}$$

当测定次数 $n\leqslant 20$ 时，可用样本标准偏差 s（standard deviation）来衡量该组数据的精密度。

$$s=\sqrt{\frac{\sum_{i=1}^{n}(x_i-\bar{x})^2}{n-1}}=\sqrt{\frac{\sum_{i=1}^{n}d_i^2}{n-1}}$$

式中，$n-1$ 称为自由度（degree of freedom），用 f 表示，指独立变化的偏差个数。由于各偏差之和等于零，所以 n 个偏差中（$n-1$）个偏差是独立的，剩下的一个偏差将受到制约，不再独立。引入 $n-1$ 的目的，主要是为了校正用 $\bar{x}$ 代替 μ 所引起的误差。很明显，当测量次数无限多时，测量次数 n 与自由度（$n-1$）的区别就很小，此时 $\bar{x}\to\mu$，$s\to\sigma$。

采用标准偏差表示精密度比用平均偏差更合理。这是因为计算标准偏差时，把单次测量偏差平方后，避免了偏差相加时正负抵消，同时使大偏差能更明显地反映出来，故能更好地反映测定数据的离散程度。s 越小，各数据的符合程度越好，精密度越高。

相对标准偏差（relative standard deviation，RSD），也称变异系数（coefficient of variation，

CV)，是标准偏差占平均值的百分率。

$$RSD=s_r=\frac{s}{\bar{x}}\times 100\%$$

【例 6-3】 分析某锰矿石中锰的含量(%)，其结果为：37.45、37.20、37.50、37.30、37.25。计算测定结果的平均值、相对平均偏差、标准偏差及相对标准偏差。

解：

$$\bar{x}=\frac{37.45+37.20+37.50+37.30+37.35}{5}=37.34(\%)$$

$$d_1=+0.11\%;d_2=-0.14\%;d_3=+0.16\%;d_4=-0.04\%;d_5=-0.09\%$$

$$\bar{d}=\frac{1}{n}\sum_{i=1}^{n}|d_i|=\frac{0.11+0.14+0.16+0.04+0.09}{5}=0.11(\%)$$

$$\bar{d}_r=\frac{\bar{d}}{\bar{x}}\times 100\%=\frac{0.11}{37.34}\times 100\%=0.3\%$$

$$s=\sqrt{\frac{\sum_{i=1}^{n}d_i^2}{n-1}}=\sqrt{\frac{0.11^2+0.14^2+0.16^2+0.04^2+0.04^2}{5-1}}=0.13(\%)$$

$$s_r=\frac{s}{\bar{x}}\times 100\%=\frac{0.13}{37.34}\times 100\%=0.35\%$$

四、准确度与精密度的关系

在分析工作中评价一项分析结果的优劣，应考虑分析结果的准确度和精密度两个因素。例如，某样品由 4 位实验者测定，结果如图 6-1 所示。

[视频学习]

准确度与精密度的关系

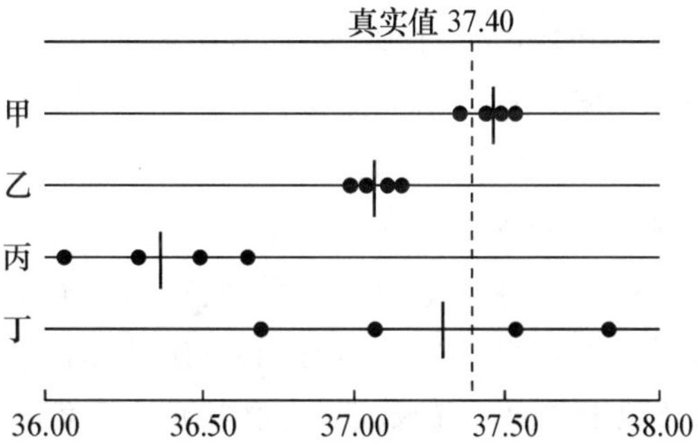

图 6-1　定量分析结果的准确度和精密度的关系

由图 6-1 可见，甲所测结果精密度和准确度都好，结果可靠；乙所测结果精密度高但准确度低，说明在测定过程中存在系统误差；丙所测结果精密度和准确度均不高，结果不可靠；丁所测结果精密度非常低，尽管由于正、负误差相互抵消而使结果的平均值接近真实值，但结果并不可靠。

因此，精密度是保证准确度的先决条件，但精密度高的一组数据，只能说明测定的随机误差小，并不说明数据与真实值接近，因为结果可能存在着系统误差。准确度高必须以精密度高为前提，精密度好，准确度才高。

第三节 分析结果的数据处理

为了得到准确的分析结果，不仅要准确地测定各种数据，还要正确地记录和计算。分析数据所表达的不仅仅是被测成分的含量，而且还反映测定的准确程度。在实验数据的记录和计算中，保留几位数字不是任意的，要根据测量仪器、分析方法的准确度来决定。

一、有效数字及其运算规则

(一)有效数字

有效数字是指实际能测量到的数字。在有效数字中，包括所有准确数字和最后一位不准确的数字(可疑数字)。有效数字不仅表示数值的大小，而且反映测量仪器的精密程度以及数据的可靠程度。

例如，用万分之一分析天平称得试样重为 0.372 1 g，为 4 位有效数字，万分之一天平的绝对误差为±0.000 1 g，因此 0.372 是准确数值，最后一位“1”是不确定的数值，可能有一定的误差。该样品的质量为 0.372 0～0.372 2 g。

又如，滴定管读数 28.58 mL，滴定管最小的刻度为 0.1 mL，28.5 是准确的，而第四位数字“8”是估读出来的，是可疑数字。如果记为 28 mL，则这一数字没有反映出滴定管的准确程度。如用量筒量取，可记录为 28 mL。因此，有效数字保留的位数是与所用仪器的精度有关的，也是分析化学记录、处理数据必须要求的。

确定有效数字位数时应注意：

(1)非零数字都是有效数字。

(2)数字“0”有两种意义。它作为普通数字用，就是有效数字；作为定位用，就不是有效数字。例如，10.10 mg 中两个“0”都是测量所得数字，都是有效数字；0.001 0，可写为 1.0×10^{-3}，前面的 3 个“0”起定位作用，不是有效数字，后面的 1 个“0”是有效数字。

(3)整数末位为“0”的数字，应根据测量精度写成指数形式来确定有效数字，如 5 600，根据测量精度可分别记录为 5.600×10^3(4 位)，5.60×10^3(3 位)，5.6×10^3(2 位)。

(4)在对数运算中，所取有效数字的位数取决于小数部分的位数，因为整数只代表该数的幂。例如，pH=5.30(2 位有效数字)，$[H^+]=5.0\times10^{-6}\ mol\cdot L^{-1}$。

(5)有效数字不因单位的改变而变化。如 10.0 g，若以 mg 为单位时则应表示为 1.00×10^4 mg。若表示为 10 000 mg，就会被误解为有 5 位有效数字。

(6)大多数情况，误差或偏差的有效数字只有 1～2 位，故在计算相对误差或相对偏差时，只取 1 位，最多取 2 位有效数字。

(7)定量分析的结果，高含量组分(>10%)一般保留 4 位有效数字；常量组分(1%～10%)一般保留 3 位有效数字；微量组分 (<1%)一般保留 2 位有效数字。

(二)有效数字的运算规则

在处理测量数据时,应按照下列有效数字的运算规则,合理地取舍各数据的有效数字的位数。

1. 有效数字的修约规则

(1)有效数字位数确定后,按“四舍六入五留双”规则舍弃多余的尾数进行数字的修约。该规则规定:当多余尾数的首位≤4 时,舍去;当多余尾数的首位≥6 时,进位;等于 5 时,有效数字末位为奇数时,将 5 进位,若有效数字的末位数为偶数时,将 5 舍去。总之,5 取舍后最后一位数字应保留“偶数”。且只能对原测量值一次修约至所需位数,不得分次修约。下列数据取 4 位有效数字为

$$3.142\,4 \longrightarrow 3.142 \quad 3.142\,6 \longrightarrow 3.143 \quad 5.623\,5 \longrightarrow 5.624 \quad 5.624\,56 \longrightarrow 5.624$$

(2)计算有效数字时,若第一位有效数字≥8,则其有效数字可多算 1 位。如 9.56 虽只有 3 位,但它已接近于 10,故可看作 4 位有效数字。

(3)在大量数据的运算过程中,运算前各数据的有效数字位数可多保留 1 位,称安全数字,计算完成后再舍去多余的数字。

2. 有效数字的运算规则

(1)加减运算　几个数字相加或相减时,它们的和或差的有效数字的保留,应以小数点后位数最少(即绝对误差最大)的数为准,将多余的数字按取舍规则取舍后,再进行加减运算。

例如:0.012 1,25.64,1.057 82 三数相加。

不正确的计算	正确的计算
0.012 1	0.01
25.64	25.64
+ 1.057 82	+ 1.06
26.709 92	26.71

(2)乘除运算　几个数相乘或相除时,它们的积或商的有效数字的保留,应以有效数字位数最少(即相对误差最大)的数为准,将多余的数字取舍后再进行乘除。

例如,0.012 1,25.64,1.057 82 三数相乘。三个数中,0.012 1 有效数字位数最少(3 位),相对误差最大,故应以此数为准,将其他各数处理成 3 位有效数字,然后相乘得:

$$0.012\,1 \times 25.6 \times 1.06 = 0.328$$

二、可疑值的取舍

可疑值也称离群值,是指在一组平行测定中,常有个别测定值比其他同组测定值明显偏大或偏小。这些可疑值不能随意保留和剔除,必须通过统计检验决定其取舍。如果是实验技术上的过失或计算错误造成的,则应该舍去。

检验可疑值的方法很多,比较严格而又简单的处理方法是 Q 检验法(舍弃商法)。Q 检验法按下列步骤进行:

(1)将测定数据从小到大排列;

(2)求出最大值与最小值之差(极差)即 $x_{max}-x_{min}$;

(3)求出可疑值(x_i)与其最邻近值(x_{i-1})之差 x_i-x_{i-1};

(4)求出 Q(舍弃商)值:

$$Q=\frac{x_i-x_{i-1}}{x_{max}-x_{min}}$$

(5)根据测定次数和要求的置信度,查表 6-2,得出 $Q_{0.90}$(分析化学通常用 $Q_{0.90}$);

(6)比较 Q 与 $Q_{0.90}$,若 $Q \geqslant Q_{0.90}$,则应舍弃,否则应予保留。即 Q 值越大,说明可疑值偏离其他值越远。

表 6-2　不同置信度下的 Q 值

Q	测定次数(n)							
	3	4	5	6	7	8	9	10
$Q_{0.90}$	0.94	0.76	0.64	0.56	0.51	0.47	0.44	0.41
$Q_{0.95}$	0.98	0.85	0.73	0.64	0.59	0.54	0.51	0.48
$Q_{0.99}$	0.99	0.93	0.82	0.74	0.68	0.63	0.60	0.57

【例 6-4】 某样品测定的 5 次结果为 55.95%,56.00%,56.04%,56.08%,56.23%,用 Q 检验法确定数据 56.23%是否应舍去。

解:

$$Q=\frac{56.23\%-56.08\%}{56.23\%-55.95\%}=0.54$$

查表 6-2,$n=5$ 时,$Q_{0.90}=0.64$。因 $0.54<0.64$,故 56.23%应予以保留。

第四节　滴定分析概述

滴定分析法是化学分析法中的重要分析方法之一,又称容量分析法。滴定分析法是将一种已知准确浓度的试剂溶液(标准溶液),滴加到待测溶液中,直到所加试剂与被测物质按化学计量式定量反应完全,根据所加标准溶液的浓度和体积,计算出被测物质含量的方法。

在滴定分析中,已知准确浓度的溶液为标准溶液,也称为滴定剂。将标准溶液从滴定管逐渐滴加到被测物质的溶液中的过程称为滴定。当滴加的标准溶液的物质的量与被测物的物质的量按化学计量式完全反应时,称反应达到化学计量点。

在实际滴定中,由于许多滴定反应没有明显的外观特征,化学计量点一般借助指示剂的颜色变化来确定,由指示剂变色而终止滴定称为滴定终点,简称终点。实际分析操作中,指示剂并不一定恰好在化学计量点时变色,由此而造成的分析误差,称终点误差。

滴定分析法适用于常量(质量分数在 1%以上)组分的测定。该法具有操作简便、测定迅速、准确度较高、设备简单、应用广泛等优点。

根据滴定反应类型的不同，滴定分析方法可分为四类：酸碱滴定法（又称中和滴定法）、氧化还原滴定法、沉淀滴定法、配位滴定法。

一、滴定反应的条件和滴定方式

（一）滴定反应的条件

（1）反应必须定量完成，即反应按一定的化学反应式进行，没有副反应，而且进行完全（≥99.9%）。这是定量计算的基础。

（2）反应必须迅速完成。滴定反应要求在瞬间完成，对速度慢的反应，通常可用加热或加入催化剂等方法来加快反应速度。

（3）有简便合适、可靠的确定终点的方法，有适当的指示剂可供选择。

（二）滴定方式

1. 直接滴定法

凡符合上述条件的反应都可用于直接滴定法，即用标准溶液直接滴定被测物质。例如，用 HCl 标准溶液滴定 NaOH 溶液。直接滴定法是滴定分析中最常用和最基本的滴定方法。

2. 返滴定法

当反应速度较慢或被测物是固体时，可先准确加入过量的一种标准溶液，待其反应完全后，再用另一种标准溶液滴定剩余的前一种标准溶液，这种滴定方式称为返滴定法，又叫回滴法。例如，用 HCl 测定 $CaCO_3$，可先加入过量且定量的 HCl 标准溶液，待 HCl 和 $CaCO_3$ 反应后，再用 NaOH 标准溶液滴定过剩的 HCl。

3. 置换滴定法

若被测物和标准溶液之间没有定量关系或伴有副反应，可先用适当试剂与被测物质反应，使其置换出另一种能被定量滴定的物质，再用标准溶液滴定此生成物，这种滴定方式称为置换滴定法。例如，$Na_2S_2O_3$ 不能直接滴定 $K_2Cr_2O_7$ 及其他强氧化剂，因为在酸性溶液中强氧化剂将 $S_2O_3^{2-}$ 氧化为 $S_4O_6^{2-}$ 和 SO_4^{2-}，反应没有一定的计量关系。但在 $K_2Cr_2O_7$ 酸性溶液中加入过量 KI，I^- 被氧化产生定量的 I_2，然后用 $Na_2S_2O_3$ 标准溶液滴定 I_2，从而间接求出 $K_2Cr_2O_7$ 的量。

4. 间接滴定法

有些物质不能直接与标准溶液反应，可通过另一化学反应使其转化为可被滴定的物质，再用标准溶液进行滴定，达到间接测定的目的。例如，$KMnO_4$ 不能和 Ca^{2+} 直接反应，可加入 $(NH_4)_2C_2O_4$ 将其沉淀为 CaC_2O_4，过滤、洗涤后以 HCl 溶解，再用 $KMnO_4$ 标准溶液滴定 $C_2O_4^{2-}$，从而间接测定 Ca^{2+} 的含量。

返滴定法、置换滴定法、间接滴定法等的应用，使滴定分析的应用范围更加广泛了。

二、标准溶液的配制和浓度表示方法

（一）基准物质

能用于直接配制或标定标准溶液的物质称为基准物质。基准物质应符合下列条件：

(1)纯度高。一般要求纯度在99.9%以上,杂质含量少到可以忽略不计。

(2)组成恒定。试剂的组成与化学式完全相符。若含结晶水,其结晶水的含量应固定并符合化学式。

(3)性质稳定。在配制和贮存中不会发生化学变化。例如,烘干时不分解,称量时不吸湿,不吸收空气中的CO_2,在空气中不被氧化等。

(4)具有较大的摩尔质量。摩尔质量越大,称取的质量就越大,称量的相对误差就越小。

在滴定分析法中常用的基准物质见表6-3。

(二)标准溶液的配制

标准溶液的配制通常采用直接配制和间接配制两种方法。

表6-3 常用基准物质的干燥条件及其应用

名称	分子式	干燥后的组成	干燥条件或温度/℃	标定对象
无水碳酸钠	Na_2CO_3	Na_2CO_3	270～300	酸
硼砂	$Na_2B_4O_7 \cdot 10H_2O$	$Na_2B_4O_7 \cdot 10H_2O$	放在装有NaCl和蔗糖饱和溶液的密闭器皿中(相对湿度70%)	酸
二水合草酸	$H_2C_2O_4 \cdot 2H_2O$	$H_2C_2O_4 \cdot 2H_2O$	室温,空气干燥	碱或$KMnO_4$
邻苯二甲酸氢钾	$KHC_8H_4O_4$	$KHC_8H_4O_4$	110～120	碱
重铬酸钾	$K_2Cr_2O_7$	$K_2Cr_2O_7$	140～150	还原剂
溴酸钾	$KBrO_3$	$KBrO_3$	130	还原剂
碘酸钾	KIO_3	KIO_3	130	还原剂
铜	Cu	Cu	室温,干燥器中保存	还原剂
三氧化二砷	As_2O_3	As_2O_3	室温,干燥器中保存	氧化剂
草酸钠	$Na_2C_2O_4$	$Na_2C_2O_4$	130	氧化剂
碳酸钙	$CaCO_3$	$CaCO_3$	110	EDTA
锌	Zn	Zn	室温,干燥器中保存	EDTA
氧化锌	ZnO	ZnO	900～1 000	EDTA
氯化钠	NaCl	NaCl	500～600	$AgNO_3$
氯化钾	KCl	KCl	500～600	$AgNO_3$
硝酸银	$AgNO_3$	$AgNO_3$	220～250	氯化物

1. 直接法

准确称取一定量的基准物质,用适量的溶剂溶解后,定量地转移至容量瓶中,稀释至刻度。根据称取的物质质量和定容的体积计算出标准溶液的准确浓度。例如,若要配制1 L 0.100 0 $mol \cdot L^{-1}$ $K_2Cr_2O_7$标准溶液,用分析天平称取29.418 0 g $K_2Cr_2O_7$,将其溶解后定容到1.00 L即可。

2. 间接法

不符合基准物质要求的试剂，如 NaOH 纯度不高且易吸收空气中的 CO_2 和水分，又如 $KMnO_4$ 或 $Na_2S_2O_3$ 试剂不纯且易分解，对于这类试剂不能直接配制标准溶液，应采用间接法配制。即先配成接近所需浓度的溶液，再用基准物质或另一种标准溶液来测定它的准确浓度。这种确定标准溶液浓度的过程称为标定。因此，间接配制法也称标定法。例如，若要配制 1 L 0.1 mol·L^{-1} HCl 标准溶液，可先将浓 HCl 稀释配制成浓度约为 0.1 mol·L^{-1} HCl 溶液，然后准确称取一定量的基准物质 $Na_2B_4O_7\cdot10H_2O$ 进行标定，根据 $Na_2B_4O_7\cdot10H_2O$ 的质量和消耗 HCl 的体积计算出 HCl 的准确浓度。

想一想

下列物质中哪些可以用直接法配制标准溶液，哪些只能用间接法配制？

(1)H_2SO_4　(2)HCl　(3)NaOH　(4)$KMnO_4$

(5)$K_2Cr_2O_7$　(6)$Na_2S_2O_3$　(7)Na_2CO_3　(8)EDTA

(三)标准溶液浓度的表示方法

在滴定分析中，标准溶液的浓度通常采用物质的量浓度或滴定度。

1. 物质的量浓度(c_B)

$$c_B=\frac{n_B}{V}=\frac{m_B}{M_BV}$$

式中：n_B 为溶质的物质的量，mol；V 为溶液的体积，mL；c_B 为物质的量浓度，mol·L^{-1}；m_B 为溶质的质量，g；M_B 为溶质的摩尔质量。

2. 滴定度(T)

在实际工作中，常用滴定度来表示标准溶液的浓度。滴定度是指每毫升标准溶液相当于被测物质的质量，用 T(被测物/滴定剂)来表示。例如，$T(Fe/K_2Cr_2O_7)=0.005\ 585$ g·mL^{-1}，表示 1.00 mL $K_2Cr_2O_7$ 标准溶液相当于 0.005 585 g Fe。在生产实践中对特定试样的分析，为方便计算，常采用滴定度。

三、提高滴定分析结果准确度的方法

在滴定分析中，由于仪器性能的限制，称量和滴定过程中都会引入误差。例如，万分之一分析天平的称量有±0.000 1 g 的误差，以差减法称量，可能引起绝对误差的最大值为 0.000 2 g，为了使测量的相对误差小于 0.1%，则有：

$$试样质量=\frac{绝对误差}{相对误差}=\frac{0.000\ 2}{0.1\%}=0.2(g)$$

可见试样称取的质量必须在 0.2 g 以上。

又如，滴定管读数有±0.01 mL 的绝对误差，在一次滴定中，需读数两次，可造成的最大绝对误差为±0.02 mL，为使测量体积的相对误差小于 0.1%，则消耗滴定剂的体积为

$$滴定剂体积=\frac{绝对误差}{相对误差}=\frac{0.02}{0.1\%}=20(\text{mL})$$

在实际操作中，消耗滴定剂的体积可控制在20～30 mL，这样既减小了测量的误差，又节省了试剂和时间。

四、滴定分析的计算

【例6-5】 中和20.00 mL 0.189 0 mol·L^{-1}NaOH用去硫酸18.90 mL，试计算：

(1)硫酸溶液的$c\left(\frac{1}{2}H_2SO_4\right)$。

(2)25.00 mL硫酸中含H_2SO_4的质量。

解：(1)反应式为

$$NaOH+\frac{1}{2}H_2SO_4=\frac{1}{2}Na_2SO_4+H_2O$$

根据等物质的量规则，有

$$c(NaOH)V(NaOH)=c\left(\frac{1}{2}H_2SO_4\right)V(H_2SO_4)$$

$$c\left(\frac{1}{2}H_2SO_4\right)=\frac{c(NaOH)V(NaOH)}{V(H_2SO_4)}=\frac{0.189\,0\times 20.00}{18.90}$$

$$=0.200\,0(\text{mol}\cdot\text{L}^{-1})$$

$$c(H_2SO_4)=\frac{1}{2}c\left(\frac{1}{2}H_2SO_4\right)=0.100\,0(\text{mol}\cdot\text{L}^{-1})$$

(2)设25.00 mL硫酸中含H_2SO_4质量为m，根据等物质的量规则，有

$$c\left(\frac{1}{2}H_2SO_4\right)V(H_2SO_4)=\frac{m}{M\left(\frac{1}{2}H_2SO_4\right)}$$

$$m=c\left(\frac{1}{2}H_2SO_4\right)V(H_2SO_4)M\left(\frac{1}{2}H_2SO_4\right)$$

$$=0.200\,0\times 25.00\times 10^{-3}\times\frac{1}{2}\times 98.08$$

$$=0.254\,2(\text{g})$$

【例6-6】 用无水碳酸钠标定盐酸溶液的浓度。称取0.132 5 g无水碳酸钠，滴定所消耗的盐酸溶液体积为25.00 mL，求c_{HCl}。

解：反应方程式为

$$Na_2CO_3+2HCl=H_2CO_3+2NaCl$$

由等物质的量规则可知

$$n(Na_2CO_3)=n(2HCl)=\frac{1}{2}n(HCl)$$

即

$$\frac{m(Na_2CO_3)}{M(Na_2CO_3)}=\frac{1}{2}c(HCl)V(HCl)$$

故

$$c(HCl)=\frac{2m(Na_2CO_3)}{M(Na_2CO_3)V(HCl)}=\frac{2\times 0.132\ 5}{105.99\times 25.00\times 10^{-3}}=0.100\ 0(mol\cdot L^{-1})$$

【例 6-7】 用邻苯二甲酸氢钾($KHC_8H_4O_4$)标定浓度约为 0.1 $mol\cdot L^{-1}$ NaOH 溶液,如果滴定消耗 NaOH 溶液 20~30 mL,问应称取邻苯二甲酸氢钾多少克?

解:反应方程式为

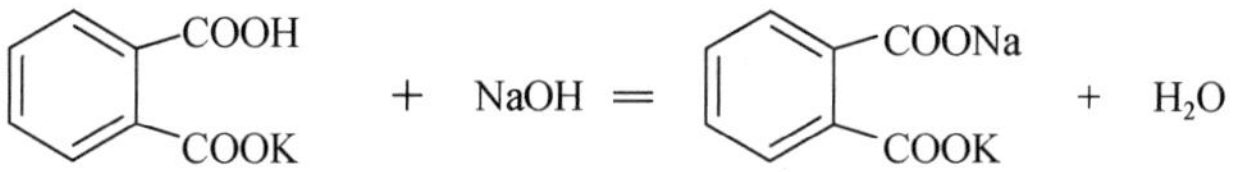

化学计量点时有

$$n(NaOH)=n(KHC_8H_4O_4)$$

即

$$c(NaOH)V(NaOH)=\frac{m(KHC_8H_4O_4)}{M(KHC_8H_4O_4)}$$

当消耗 NaOH 溶液 20 mL 时

$$m(KHC_8H_4)O_4 = c(NaOH)V(NaOH)M(KHC_8H_4O_4) = 0.1\times 20\times 10^{-3}\times 204 = 0.408(g)$$

当消耗 NaOH 溶液 30 mL 时

$$m(KHC_8H_4O_4) = c(NaOH)V(NaOH)M(KHC_8H_4O_4) = 0.1\times 30\times 10^{-3}\times 204 = 0.612(g)$$

【例 6-8】 不纯的碳酸钾试样 0.500 0 g 完全中和时耗去 0.106 4 $mol\cdot L^{-1}$ HCl 27.31 mL,计算试样中 K_2CO_3 的质量分数。

解:反应方程式为

$$2HCl+K_2CO_3=2KCl+CO_2+H_2O$$

化学计量点时

$$n(2HCl)=n(K_2CO_3) \qquad \frac{1}{2}n(HCl)=n(K_2CO_3)$$

$$m(K_2CO_3)=n(K_2CO_3)M(K_2CO_3)=\frac{1}{2}c(HCl)V(HCl)M(K_2CO_3)$$

$$w(K_2CO_3)=\frac{\frac{1}{2}c(HCl)V(HCl)M(K_2CO_3)}{m(s)}\times 100\%$$

$$=\frac{\frac{1}{2}\times 0.106\ 4\times 27.31\times 10^{-3}\times 138.21}{0.500\ 0}\times 100\%=40.16\%$$

【例 6-9】 已知某一浓度为 0.017 80 $mol\cdot L^{-1}$ 的 $K_2Cr_2O_7$ 标准溶液,计算以 $T(Fe/K_2Cr_2O_7)$ 和 $T(Fe_2O_3/K_2Cr_2O_7)$ 表示的滴定度。

解:反应方程式为

$$6Fe^{2+} + Cr_2O_7^{2-} + 14H^+ = 6Fe^{3+} + 2Cr^{3+} + 7H_2O$$

则 $6n(K_2Cr_2O_7) = n(Fe)$　　$6n(K_2Cr_2O_7) = 3n(Fe_2O_3)$

$$T(Fe/K_2Cr_2O_7) = \frac{6c(K_2Cr_2O_7)}{V(K_2Cr_2O_7)}M(Fe) = \frac{6 \times 0.017\,80 \times 10^{-3}}{1.00} \times 55.85$$

$$= 5.965 \times 10^{-3}(g \cdot mL^{-1})$$

$$T(Fe_2O_3/K_2Cr_2O_7) = \frac{3c(K_2Cr_2O_7)}{V(K_2Cr_2O_7)}M(Fe_2O_3) = \frac{3 \times 0.017\,80 \times 10^{-3}}{1.00} \times 159.69$$

$$= 8.528 \times 10^{-3}(g \cdot mL^{-1})$$

本章小结

1. 定量分析的误差来源有两个方面——系统误差和随机误差。对一个分析方法来说,应该设法消除或校正存在的系统误差。随机误差可以通过多次平行测定来减少。

2. 准确度是指测定值与真值相符合的程度。测定值与真值之差称为误差。精密度是指在相同条件下,平行测定结果的相互符合程度,用偏差和相对偏差表示。准确度和精密度既有区别又有联系。精密度好,不一定准确度高,但准确度高,精密度一定也好。

3. 测定所得的数据要正确记录和计算,同时遵守有效数字的修约规则和运算规则。

4. 滴定分析用标准溶液滴定被测物质,根据指示剂颜色变化来判断滴定终点。根据等物质的量规则,可从标准溶液的用量和浓度计算待测物质的含量。标准溶液的配制有直接法和间接法两种。直接法是用基准物质直接配制;间接法是配成近似浓度,然后标定出准确浓度。

5. 对滴定反应,根据等物质的量规则计算被测物的浓度和含量。

思考与练习

一、判断题

1. 可以通过增加平行试验的次数减小测定过程中的偶然误差。

2. NaOH 标准溶液可用直接配制法配制。

3. 偶然误差是由一些偶然因素的变动引起的,无法减小。

4. 某测定的精密度越好,则该测定的准确度越好。

5. 对于某项测定结果来说,随机误差的大小是可以测量的。

6. 在分析数据中,所有的"0"均为有效数字。

7. 系统误差在同一条件下重复测定中,正负误差出现的机会相等。

8. 用 Q 检验法进行数据处理时,若 $Q_{计} \leqslant Q_{0.90}$ 时,该可疑值应舍去。

9. 试剂误差可通过空白试验减免。

10. 滴定时，操作者不慎从锥形瓶中溅失少许试液，这属于系统误差。

二、选择题

1. 0.030 40 的有效数字的位数是(　　)。

A. 5　　B. 4　　C. 2　　D. 3

2. 下列物质能用直接法配制标准溶液的是(　　)。

A. $K_2Cr_2O_7$　　B. $KMnO_4$　　C. NaOH　　D. HCl

3. 减小随机误差常用的方法是(　　)。

A. 空白试验　　B. 对照试验　　C. 标准试验　　D. 多次平行测定

4. 滴定分析中，通常控制消耗标准溶液的体积为(　　)。

A. 15～20 mL　　B. 10～20 mL　　C. 20～30 mL　　D. 30 mL 以上

5. 下列叙述错误的是(　　)。

A. 误差是以真值为标准的，偏差是以平均值为标准的。实际工作中所谓的误差，实质上仍然是偏差

B. 对于某项测定工作来说，它的系统误差大小是可以测量的

C. 对于偶然误差来说，大小相近的正误差和负误差出现的机会是均等的

D. 某个测定工作的精密度越好，则该测定工作的准确度越好

6. 用 25 mL 移液管移出的溶液体积应该标注为(　　)。

A. 25 mL　　B. 25.0 mL　　C. 25.00 mL　　D. 25.000 mL

7. 关于准确度、精密度、系统误差、偶然误差之间的关系，下列说法中正确的是(　　)。

A. 准确度高，精密度一定高　　B. 精密度高，不一定能保证准确度高

C. 系统误差小，准确度一般偏高　　D. 偶然误差小，准确度一定高

8. 下列分析纯试剂中，属于非基准物质的是(　　)。

A. $CaCO_3$　　B. 邻苯二甲酸氢钾

C. $FeSO_4 \cdot 7H_2O$　　D. 硼砂

三、填空题

1. 准确度是指________与________的接近程度，用________表示。精密度是指________与________之间的符合程度，用________表示。

2. 基准物应具备的条件为________、________、________、________。

3. 系统误差的来源主要有________、________、________。

4. 随机误差可通过________的方法减少。

5. 化学反应必须符合________、________、________，才可用于直接滴定法进行滴定分析。

6. 标准溶液的配制方法有________、________两种。

7. 滴定分析的误差主要为________、________、________。

8. 标准溶液是指________，标准溶液和待测组分完全定量反应时，称反应达到________，指示剂变色点称为________。

四、简答题

1. 下列情况分别引起什么误差？如果是系统误差，应如何消除？

(1)砝码被腐蚀

(2)天平的两臂不等长

(3)滴定管未校准

(4)容量瓶和移液管不配套

(5)在称样时试样吸收了少量水分

(6)试剂里含有微量的被测组分

(7)天平零点突然有变动

(8)读取滴定管读数时，最后一位数字估计不准

(9)重量法测定 SiO_2 时，试液中硅酸沉淀不完全

(10)以含量约为 98%的 Na_2CO_3 为基准试剂来标定盐酸溶液

2. 什么叫标准溶液？标准溶液如何配制？

3. 对某一试样的分析，甲、乙两人的分析结果分别为

甲：40.15%　40.14%　40.15%　40.16%

乙：40.25%　40.01%　40.10%　40.24%

试问哪个结果比较可靠？说明理由。

五、计算题

1. 用氧化还原滴定法测得 $FeSO_4 \cdot 7H_2O$ 中的铁的质量分数为 20.01%、20.03%、20.04%、20.05%，试计算其平均值、平均偏差、相对平均偏差。

2. 某分析天平的称量误差为±0.3 mg，如果称取试样重 0.05 g，相对误差是多少？若称取试样重 1 g，相对误差又是多少？这些数值说明什么问题？

3. 下列数据各为几位有效数字？

0.060 7，10.00 1，0.100 0，0.002 0，2.64×10^{-7}，50.02%

4. 两位分析者分析某试样中硫的含量，所得报告如下：

分析者甲	分析者乙
硫：0.042%	硫：0.041 99%
0.041%	0.041 001%

每人用 3.5 g 试样，称准至十分之一克，哪一个报告合理？为什么？

5. 根据有效数字运算规则，计算：

(1) $1.060+0.059\ 74+0.001\ 3$

(2) $25.64\times0.012\ 1\div1.057\ 8$

(3) $15.78\times3.00\times10^{4}\times1.000\times10^{-2}$

(4) $2.136\div23.05+185.71\times2.283\times10^{-4}-0.000\ 81$

(5) $\dfrac{40.0\times5.05\times10^{4}}{2.483\times0.002\ 120}$

6. 要加多少毫升水到 1.000 L 0.200 0 $mol \cdot L^{-1}$ HCl 溶液里，才能使稀释后的 HCl 溶液对 CaO 的滴定度 $T(HCl/CaO)=0.005\ 000\ g \cdot mL^{-1}$？

7. 某试样中铁的质量分数四次平行测定结果为 25.61%，25.53%，25.54%和 25.82%，用 Q 检验法判断是否有可疑值应舍弃(置信度 90%)。

8. 标定 0.10 $mol \cdot L^{-1}$ 左右的 NaOH 溶液，消耗 NaOH 溶液的体积为 22 mL，应称取基准物质邻苯二甲酸氢钾 $KHC_8H_4O_4$ 多少克？

第七章

酸碱滴定法

【本章引言】

酸碱滴定法是以酸碱反应为基础的滴定分析方法，又称为中和滴定法。一般的酸、碱以及能与酸、碱直接或间接起反应的物质，几乎都可以用酸碱滴定法来测定。酸碱滴定法在生物、医药、食品、环境、农业等领域应用非常广泛，是一种最基本的滴定分析方法。

【科苑导读】

血浆中的 HCO_3^- 浓度在一定程度上代表血浆对酸的缓冲能力，临床上也称二氧化碳结合力（CO_2—CP）或碱储，是判断机体酸碱平衡的重要参数之一。血浆中 HCO_3^- 浓度的测定方法有多种，酸碱滴定法是目前国内大多数实验室最常用的方法，即在血浆或血清中加入定量过量的 HCl 标准溶液（体积和浓度已知），使之与血浆标本中的 HCO_3^- 反应，释放出 CO_2；再以 NaOH 标准溶液（浓度已知）滴定其中剩余的 HCl；以酚红（变色范围 pH = 6.7～8.4）为指示剂来确定滴定终点。根据消耗的 NaOH 标准溶液的体积，计算出血浆中的 HCO_3^- 含量。

血浆中 HCO_3^- 浓度的正常参考范围为 22～31 $mmol \cdot L^{-1}$（50～70 $mL \cdot dL^{-1}$）。HCO_3^- 浓度升高见于代谢性碱中毒（如幽门梗阻、剧烈呕吐、低血钾或服用过多的碱性药物等）和呼吸性酸中毒（如呼吸中枢抑制、呼吸肌麻痹、肺气肿、支气管扩张或气胸等）；HCO_3^- 浓度降低见于代谢性酸中毒（如严重腹泻、肾功能衰竭、糖尿病、肠瘘或服用过多的酸性药物等）和呼吸性碱中毒（如换气过度）。

【学习目标】

知识目标

- 理解酸碱指示剂的变色原理和理论变色点、变色范围等概念。
- 了解不同类型酸碱滴定过程中 pH 的变化情况和影响滴定突跃范围大小的因素。
- 掌握如何利用 pH 突跃范围选择合适的指示剂。

［课程学习］
第七章课程 PPT

能力目标

- 掌握酸碱标准溶液的配制和标定。
- 学会用酸碱滴定法测定物质的含量。

素质目标

- 熟悉一般化学品的危险性(易燃、易爆、剧毒、腐蚀等),增强安全意识。
- 具有综合利用所学知识分析、解决实际问题的能力。

【知识导图】

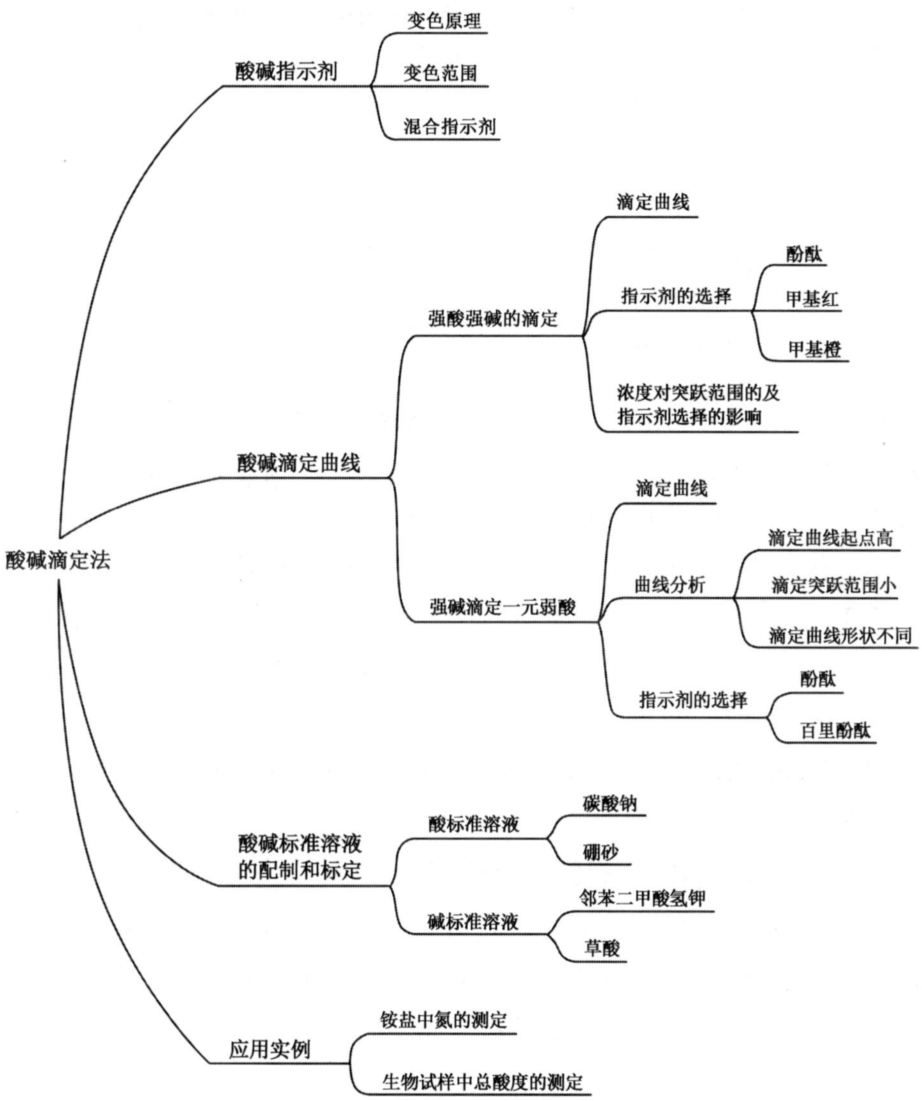

第一节 酸碱指示剂

酸碱反应通常不发生任何外观的变化，常需借助指示剂的颜色变化来确定滴定终点。能够通过颜色变化来指示溶液 pH 变化的一类试剂，称为酸碱指示剂。

一、酸碱指示剂的变色原理

酸碱指示剂通常是结构复杂的有机弱酸或有机弱碱，在水溶液中存在电离平衡，电离前后不同型体具有不同的颜色。当溶液的 pH 改变时，两种型体相互转变，从而引起溶液的颜色发生变化。

例如，酚酞是有机弱酸，在水溶液中发生如下电离平衡和颜色变化：

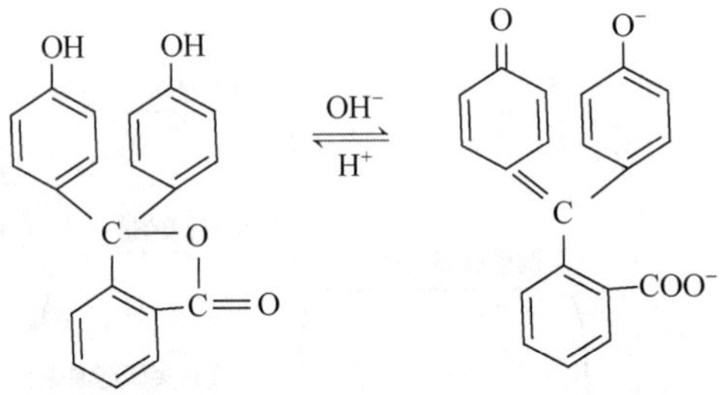

无色(内酯式)　　　　红色(醌式)

由电离平衡可以看出，当溶液由酸性变成碱性时，平衡向右移动，溶液由无色变成红色；在酸性溶液中，平衡向左移动，酚酞主要以内酯式结构存在，溶液无色。

又如，甲基橙是一双色指示剂，它在溶液中发生如下电离平衡和颜色变化：

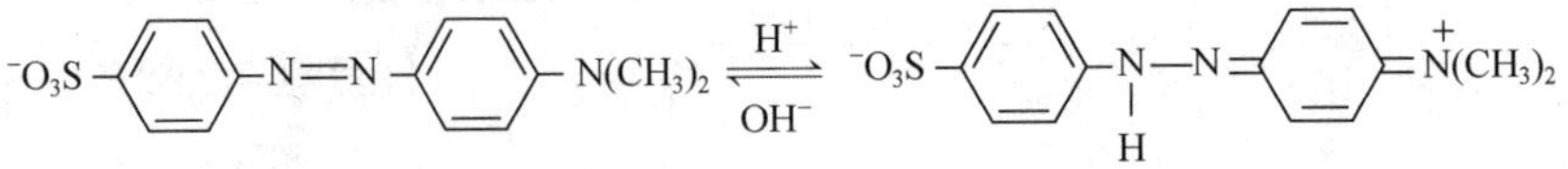

黄色(偶氮式)　　　　红色(醌式)

由平衡关系式可以看出，增加溶液的酸度，平衡向右移动，溶液呈红色；降低溶液的酸度，平衡向左移动，溶液呈黄色。

[扩展学习]
影响指示剂变色
范围的因素

二、酸碱指示剂的变色范围

通常用 HIn 表示弱酸指示剂，用 InOH 表示弱碱指示剂。现以弱酸型指示剂为例，说明指示剂颜色的变化与溶液 pH 的关系。

HIn 在溶液中的电离平衡为

$$\underset{(\text{酸式色})}{\mathrm{HIn}} \rightleftharpoons \mathrm{H^+} + \underset{(\text{碱式色})}{\mathrm{In^-}}$$

$$K(\mathrm{HIn})=\frac{[\mathrm{H^+}][\mathrm{In^-}]}{[\mathrm{HIn}]} \quad \text{或} \quad [\mathrm{H^+}]=K(\mathrm{HIn})\frac{[\mathrm{HIn}]}{[\mathrm{In^-}]}$$

式中：$K(\mathrm{HIn})$为指示剂的电离平衡常数；$[\mathrm{HIn}]$和$[\mathrm{In^-}]$分别为指示剂酸式和碱式的平衡浓度。

由上式可得：

$$pH = pK(HIn) - \lg\frac{[HIn]}{[In^-]}$$

一定温度下 $pK(HIn)$ 为常数，所以，指示剂酸式色与碱式色浓度之比 $\frac{[HIn]}{[In^-]}$ 的改变，决定于溶液中 pH 的变化。即在不同的 pH 介质中，溶液呈现不同的颜色。

当 $[HIn]=[In^-]$ 时，$pH=pK(HIn)$，溶液呈等浓度 HIn 和 In^- 的混合色，对应的 pH 称为指示剂的理论变色点。

当溶液的 pH 发生变化，$[HIn]$ 与 $[In^-]$ 不再相等，溶液就应显示较高浓度形式的颜色。由于人眼对颜色辨别能力有限，实验观察证明，当一种颜色物质的浓度是另一种颜色物质的浓度 10 倍以上时，人眼才能观察到浓度大的物质的颜色。即：

$$\frac{[HIn]}{[In^-]} \geqslant 10 \qquad pH \leqslant pK(HIn)-1 \qquad \text{溶液呈酸式色}$$

$$\frac{[HIn]}{[In^-]} \geqslant \frac{1}{10} \qquad pH \geqslant pK(HIn)+1 \qquad \text{溶液呈碱式色}$$

当溶液的 pH 由 $pK(HIn)-1$ 变化到 $pK(HIn)+1$ 时，能明显地观察到指示剂颜色的变化。所以 $pH=pK(HIn)\pm1$ 称为指示剂的理论 pH 变色范围（两个 pH 单位）。由于不同的指示剂的 $pK(HIn)$ 不同，它们的理论变色点不同，理论变色范围也各不相同。常用的酸碱指示剂列于表 7-1 中。

表 7-1　常用的酸碱指示剂

指示剂	变色范围(pH)	颜色变化		pK(HIn)	浓度	用量/(滴/10 mL 试液)
		酸色	碱色			
百里酚蓝（第一变色点）	1.2～2.8	红	黄	1.7	0.1%的 20%乙醇溶液	1～2
百里酚蓝（第二变色点）	8.0～9.6	黄	蓝	8.9	0.1%的 20%乙醇溶液	1～4
甲基黄	2.9～4.0	红	黄	3.3	0.1%的 90%乙醇溶液	1
甲基橙	3.1～4.4	红	黄	3.4	0.05%的水溶液	1
溴酚蓝	3.0～4.6	黄	紫	4.1	0.1%的 20%乙醇溶液（或其钠盐的水溶液）	1
甲基红	4.4～6.2	红	黄	5.0	0.1%的 60%乙醇溶液（或其钠盐的水溶液）	1
溴百里酚蓝	6.2～7.6	黄	蓝	7.3	0.1%的 20%乙醇溶液（或其钠盐的水溶液）	1
中性红	6.8～8.0	红	橙黄	7.4	0.1%的 60%乙醇溶液	1
酚红	6.7～8.4	黄	红	8.0	0.1%的 60%乙醇溶液	2
酚酞	8.0～10.0	无	红	9.1	0.1%的 90%乙醇溶液	1～3
溴甲酚绿	4.0～5.6	黄	蓝	5.0	0.1%的 20%乙醇溶液（或其钠盐的水溶液）	1～3

想一想

使酚酞显无色的溶液一定是酸吗？使甲基橙显黄色的溶液一定是碱吗？

三、混合指示剂

酸碱指示剂的变色范围越窄越好，因为 pH 稍有改变，指示剂就可立即由一种颜色变成另一种颜色，即指示剂变色敏锐，有利于保证测定结果的准确度。但单一指示剂的变色范围比较宽，变色不够敏锐，且变色过程中有过渡色，不易辨别颜色的变化。混合指示剂克服了单一指示剂的缺点。混合指示剂利用颜色的互补作用来提高颜色变化的敏锐性或使指示剂的变色范围变窄。

常见的混合指示剂有两类：

一类是在指示剂中加入一种不随 pH 变化而改变颜色的惰性染料混合而成。例如，甲基橙和靛蓝（染料）组成的混合指示剂，由于颜色互补，变色更加敏锐，但变色范围不变（表 7-2）。

表 7-2　甲基橙＋靛蓝混合指示剂

溶液酸度	甲基橙颜色	靛蓝颜色	甲基橙＋靛蓝颜色
pH≤3.1	红	蓝	紫
pH＝4.0	橙	蓝	近无色
pH≥4.4	黄	蓝	绿

可见，单一的甲基橙指示剂由红（或黄）变到黄（或红），中间有一过渡的橙色，不易辨别，而混合指示剂由紫（或绿）变成绿（或紫），变色非常敏锐，容易辨别。

另一类是由两种不同的指示剂混合而成。例如，甲酚红和百里酚蓝组成的混合指示剂其变色范围缩小为 0.2 个 pH 单位，由于颜色互补，使变色敏锐且变色范围变窄（表 7-3）。

表 7-3　甲酚红＋百里酚蓝混合指示剂

指示剂	变色范围（pH）	颜色变化
甲酚红	7.2～8.8	黄色至紫色
百里酚蓝	8.0～9.6	黄色至蓝色
甲酚红＋百里酚蓝	8.2～8.4	玫瑰色至紫色

常用的混合指示剂及其配制方法见表 7-4。

表 7-4　常用酸碱混合指示剂

溶液的组成	变色点(pH)	颜色		备注
		酸色	碱色	
1 份 0.1%甲基橙水溶液 1 份 0.25%靛蓝二磺酸钠水溶液	4.1	紫	黄绿	pH 4.1 灰色
1 份 0.1%溴甲酚绿钠水溶液 1 份 0.02%甲基橙水溶液	4.3	橙	蓝绿	pH 3.5 黄 pH 4.05 绿 pH 4.3 浅绿
3 份 0.1%溴甲酚绿乙醇溶液 1 份 0.2%甲基红乙醇溶液	5.1	酒红	绿	
1 份 0.1%溴甲酚绿钠水溶液 1 份 0.1%氯酚红钠水溶液	6.1	黄绿	蓝紫	pH 5.4 黄绿 pH 5.8 蓝色 pH 6.0 蓝带紫 pH 6.2 蓝紫
1 份 0.1%中性红乙醇溶液 1 份 0.1%亚甲基蓝乙醇溶液	7.0	蓝紫	绿	pH 7.0 蓝紫
1 份 0.1%甲酚红钠水溶液 3 份 0.1%百里酚蓝钠水溶液	8.3	黄	紫	pH 8.2 玫瑰红 pH 8.4 紫色
1 份 0.1%百里酚蓝 50%乙醇溶液 3 份 0.1%酚酞 50%乙醇溶液	9.0	黄	紫	
1 份 0.1%酚酞乙醇溶液 1 份 0.1%百里酚酞乙醇溶液	9.9	无	紫	pH 9.6 玫瑰红 pH 10.0 紫色

知识窗

指示剂的用量不能太多或太少，一般只需 2 滴或 3 滴。用量太少时，颜色太浅，不易观察颜色的变化；用量太多时，由于指示剂本身是弱酸或弱碱，会消耗滴定剂，引入滴定误差。另外，对单色指示剂来说，理论和实验都证明，增加指示剂用量会改变指示剂的变色范围。例如，在 50～100 mL 溶液中加 2～3 滴 0.1%酚酞，则 pH≈9 时出现红色，在同样条件下加入 10～15 滴 0.1%酚酞，则 pH≈8 时就出现红色。双色指示剂用量太大时，酸式色和碱式色会相互掩盖反而不利于终点判断。

第二节　酸碱滴定曲线及指示剂的选择

酸碱滴定过程中，随着标准溶液的加入，被测溶液的 pH 不断发生变化。通常以标准溶液的加入量为横坐标，被测溶液的 pH 为纵坐标，描述溶液 pH 随标准溶液的加入量而变化的曲线，称为酸碱滴定曲线。根据滴定曲线可以了解各类酸碱滴定中溶液 pH 的变化规律，尤其是化学计量点及其前后被测溶液 pH 的变化情况，从而正确选择合适的指示剂。

[视频学习]
一元强酸强碱的滴定

一、强酸强碱的滴定

以 $0.100\,0\ \mathrm{mol\cdot L^{-1}}$ NaOH 溶液滴定 20.00 mL $0.100\,0\ \mathrm{mol\cdot L^{-1}}$ HCl 溶液为例，讨论强酸强碱滴定过程中溶液 pH 的变化情况、滴定曲线形状及指示剂的选择。

(一)滴定曲线

整个滴定过程可分为四个阶段：

(1)滴定前　由于 HCl 是强酸，全部离解，溶液的$[H^+]$等于 HCl 溶液的初始浓度：

$$[H^+]=c(HCl)=0.100\,0(\mathrm{mol\cdot L^{-1}})$$
$$pH=1.00$$

(2)滴定开始至化学计量点前　溶液的 pH 取决于酸碱中和后剩余的 HCl 的浓度：

$$[H^+]=\frac{\text{HCl 的原始浓度}\times\text{剩余的 HCl 体积}}{\text{溶液的总体积}}$$

例如，当加入 18.00 mL NaOH 溶液时：

$$[H^+]=\frac{20.00-18.00}{20.00+18.00}\times0.100\,0=5.26\times10^{-3}(\mathrm{mol\cdot L^{-1}})$$
$$pH=2.28$$

同理，当滴入的 NaOH 体积为 19.98 mL 时(即相对误差为－0.1%)：

$$pH=4.30$$

(3)化学计量点时　当加入 20.00 mL NaOH 溶液时，HCl 全部被中和，溶液呈中性。即：

$$[H^+]=[OH^-]=1.00\times10^{-7}\ \mathrm{mol\cdot L^{-1}}$$
$$pH=7.00$$

(4)化学计量点后　继续加入 NaOH 溶液，溶液的 pH 取决于过量 NaOH 的浓度。

$$[OH^-]=\frac{\text{NaOH 的原始浓度}\times\text{过量的 NaOH 的体积}}{\text{溶液总体积}}$$

例如，当加入 20.02 mL NaOH 溶液时，(即相对误差为+0.1%)得

$$[OH^-]=\frac{20.02-20.00}{20.00+20.02}\times 0.1000=5.00\times 10^{-5}(mol \cdot L^{-1})$$

$$pOH=4.30 \qquad pH=9.70$$

其余各点的 pH 可按同样方法计算，结果见表 7-5。

表 7-5 0.100 0 mol·L⁻¹ NaOH 滴定 20.00 mL 0.100 0 mol·L⁻¹ HCl 时溶液的 pH

加入 NaOH 溶液的体积/mL	滴定百分数/%	$[H^+]/(mol \cdot L^{-1})$	pH	
0.00	0.00	1.00×10^{-1}	1.00	
18.00	90.00	5.26×10^{-3}	2.28	
19.80	99.00	5.03×10^{-4}	3.30	
19.96	99.80	1.00×10^{-4}	4.00	
19.98	99.90	5.00×10^{-5}	4.30	突跃范围
20.00	100.0	1.00×10^{-7}	7.00	突跃范围
20.02	100.1	2.00×10^{-10}	9.70	突跃范围
20.04	100.2	1.00×10^{-10}	10.00	
20.20	101.0	2.00×10^{-11}	10.70	
22.00	110.0	2.10×10^{-12}	11.70	
40.00	200.0	3.00×10^{-13}	12.50	

以 NaOH 溶液的加入量为横坐标、溶液的 pH 为纵坐标作图，就可得到强碱滴定强酸的滴定曲线，如图 7-1 所示。

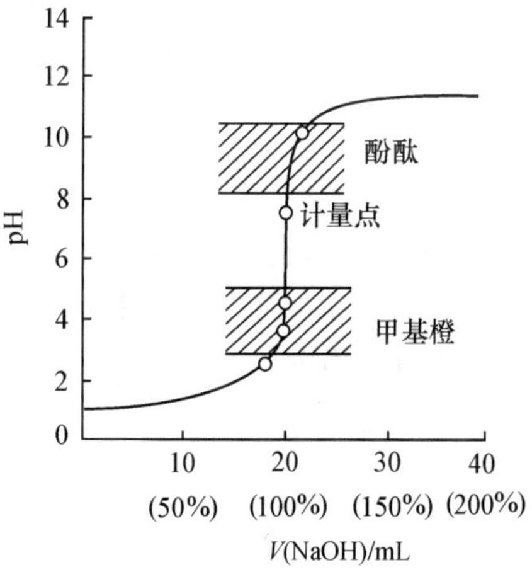

图 7-1 0.100 0 mol·L⁻¹ NaOH 滴定 0.100 0 mol·L⁻¹ HCl 的滴定曲线

由表 7-5 和图 7-1 可以看出：

(1)从滴定开始到加入 19.98 mL NaOH 溶液，即 99.90%的 HCl 被中和以前，溶液的 pH 变化较慢，只改变了 3.3 个 pH 单位，这段曲线较为平坦。

(2)在化学计量点附近加入 19.98～20.02 mL NaOH 溶液，即 0.04 mL(约一滴)，终点误差在±0.1%范围内，溶液的 pH 从 4.30 变化到 9.70，改变了 5.4 个 pH 单位，曲线出现了一个明显的突跃，溶液由酸性变为碱性。这种 pH 的突变称为滴定突跃。滴定突跃所在的 pH 范围，称为酸碱滴定突跃范围，简称突跃范围。

(3)再继续滴加 NaOH 溶液时，溶液的 pH 变化又逐渐减小，滴定曲线趋于平坦，与开始时情况类似。

(二)指示剂的选择

选择指示剂的原则是:凡变色范围全部或部分落在滴定突跃范围内的指示剂均可用来正确指示滴定终点,终点误差≤±0.1%,即滴定突跃是选择指示剂的依据。前例中突跃范围为pH=4.30~9.70,可选用酚酞、甲基红、甲基橙等作为指示剂。

(三)浓度对突跃范围及指示剂选择的影响

滴定突跃范围的大小与酸碱溶液的浓度有关,浓度越大,突跃范围越大。从图7-2可以看出,当酸碱溶液浓度增大10倍时,滴定突跃范围增加2个pH单位,反之,则减少2个pH单位。如用0.010 0 mol·L^{-1} NaOH滴定0.010 0 mol·L^{-1} HCl,突跃范围为5.30~8.70,只能用甲基红或酚酞作指示剂,若用甲基橙,误差将达1%以上。通常酸碱标准溶液的浓度控制在1.000~0.0100 0 mol·L^{-1}为宜。

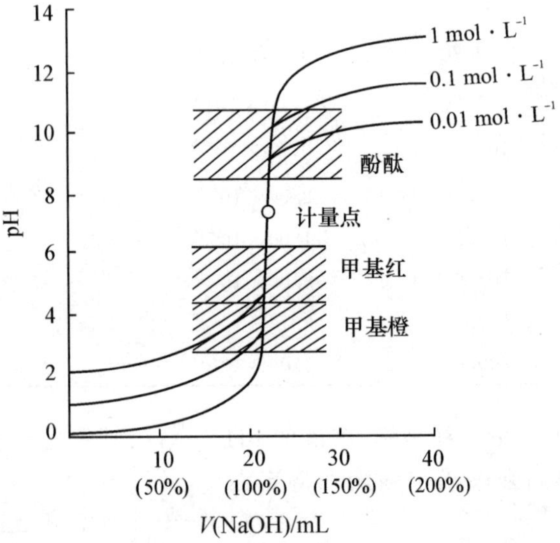

图7-2 不同浓度NaOH滴定不同浓度HCl的滴定曲线

若用0.100 0 mol·L^{-1} HCl溶液滴定20.00 mL 0.100 0 mol·L^{-1}NaOH溶液,滴定曲线的形状与图7-1相同,但方向相反,滴定的突跃范围为pH = 9.70~4.30。同样可选用甲基橙、甲基红、酚酞作指示剂。

知识窗

在具体选择指示剂时,应注意滴定过程中指示剂颜色变化方向。例如,酚酞由酸式色变为碱式色,即由无色变为红色,颜色明显,容易观察;反之,由红色变为无色,颜色不易观察,往往滴定过量。因此,酚酞指示剂最好用在碱滴定酸的情况下,而不用在酸滴定碱的情况下。

二、强碱(强酸)滴定一元弱酸(弱碱)

(一)滴定曲线

以 0.100 0 mol·L^{-1} NaOH 溶液滴定 20.00 mL 0.100 0 mol·L^{-1} HAc 为例，讨论强碱滴定一元弱酸的滴定曲线。其滴定反应如下：

$$OH^- + HAc \rightleftharpoons Ac^- + H_2O$$

整个滴定过程可分为四个阶段：

(1)滴定前　溶液中$[H^+]$主要来自 HAc 的电离。即

$$[H^+] = \sqrt{c(HAc)K(HAc)} = \sqrt{1.76 \times 10^{-5} \times 0.100\,0} = 1.33 \times 10^{-3}(mol \cdot L^{-1})$$

$$pH = 2.88$$

(2)滴定开始至化学计量点前　溶液中未被中和的 HAc 和反应产物 NaAc 组成了缓冲溶液。溶液的 pH 可按下式计算：

$$pH = pK(HAc) - \lg\frac{[HAc]}{[Ac^-]}$$

例如，当加入 19.98 mL NaOH 溶液时(即相对误差为−0.1%)：

$$[HAc] = 0.100\,0 \times \frac{20.00 - 19.98}{20.00 + 19.98} = 5.0 \times 10^{-5}(mol \cdot L^{-1})$$

$$[Ac^-] = 0.100\,0 \times \frac{19.98}{20.00 + 19.98} = 5.0 \times 10^{-2}(mol \cdot L^{-1})$$

$$pH = 4.75 - \lg\frac{5.00 \times 10^{-5}}{5.00 \times 10^{-2}} = 7.75$$

(3)化学计量点　HAc 与 NaOH 全部中和生成 NaAc，溶液 pH 取决于 NaAc 的水解：

$$[OH^-] = \sqrt{K_h c(NaAc)} = \sqrt{\frac{K_w}{K(HAc)}c(NaAc)}$$

例如，当加入 20.00 mL NaOH 溶液时：

$$c(NaAc) = \frac{20.00 \times 0.100\,0}{20.00 + 20.00} = 0.050\,0(mol \cdot L^{-1})$$

$$[OH^-] = \sqrt{\frac{1.00 \times 10^{-14}}{1.76 \times 10^{-5}} \times 0.050\,0} = 5.33 \times 10^{-6}(mol \cdot L^{-1})$$

$$pOH = 5.27 \qquad pH = 8.73$$

(4)化学计量点后　由于过量 NaOH 的存在，抑制了 Ac^- 的水解，溶液的酸度取决于过量 NaOH 的浓度，溶液 pH 的变化与 NaOH 滴定 HCl 相同。

例如，当加入 20.02 mL NaOH 溶液时(即相对误差为+0.1%)

$$[OH^-]=5.00\times10^{-3}(mol\cdot L^{-1})$$

$$pOH=4.30 \qquad pH=9.70$$

将计算结果列于表 7-6 中，并以此绘制滴定曲线，如图 7-3 所示。

表 7-6　0.100 0 $mol\cdot L^{-1}$ NaOH 滴定 20.00 mL 0.100 0 $mol\cdot L^{-1}$ HAc 时溶液的 pH

加入 NaOH 溶液的体积/mL	滴定百分数/%	剩余 HAc 溶液的体积/mL	过量 NaOH 溶液的体积/mL	pH	
0.00	0.00	20.00		2.88	
18.00	90.00	2.00		5.71	
19.80	99.00	0.20		6.47	
19.98	99.90	0.02		7.75	突跃范围
20.00	100.0	0.00		8.73	
20.02	100.1		0.02	9.70	
20.20	101.0		0.20	10.70	
22.00	110.0		2.00	11.70	
40.00	200.0		20.00	12.50	

(二)曲线分析

比较图 7-1 和图 7-3 可以看出，强碱滴定弱酸具有以下特点：

(1)滴定曲线起点高　由于 HAc 是弱酸，因此 NaOH-HAc 滴定曲线起点的 pH 较 NaOH-HCl 滴定曲线高 1.88。

(2)滴定突跃范围小　由于 Ac^- 的水解作用，使化学计量点及突跃范围处在碱性范围(pH=7.75～9.70)内，且仅变化约 2 个 pH 单位，较 NaOH-HCl 的突跃范围(4.30～9.70)小得多。

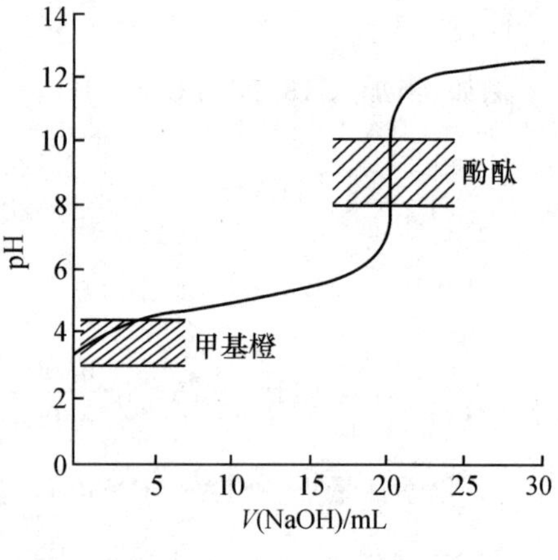

图 7-3　0.100 0 $mol\cdot L^{-1}$ NaOH 滴定 0.100 0 $mol\cdot L^{-1}$ HAc 的滴定曲线

(3)滴定曲线的形状不同　滴定开始时，溶液的 pH 变化快，然后变化较慢，接近化学计量点时又逐渐加快。这是由于滴定开始后，反应生成了 NaAc，同离子效应抑制了 HAc 的电离，溶液的 pH 增加较快，故滴定曲线较陡；随着滴定进行，HAc 不断减少，NaAc 不断增大，在溶液中形成了 HAc-NaAc 缓冲体系，故使溶液 pH 增加的速度变慢，因此这一段曲线较为平坦。接近化学计量点时，由于 HAc 浓度已变得很小，缓冲作用大大减弱，Ac^- 的水解作用增大，溶液的 pH 增加较快，曲线的斜率又迅速增大。直到化学计量点时，溶液的 pH 发生突变，形成滴定突跃。

(三)指示剂的选择

由于强碱滴定弱酸的突跃范围在碱性范围，该滴定宜选用碱性范围变色的指示剂，如酚酞、百里酚酞等。

想一想

在强碱滴定一元弱酸的过程中，滴定突跃范围的大小与哪些因素有关？

(四)影响滴定突跃范围的因素

(1)浓度　对于一定强度的一元弱酸，浓度越大，突跃范围越大，反之则越小。

(2)电离常数　当酸浓度一定时，K_a 越小，即酸越弱，滴定突跃范围就越小。图 7-4 为 0.100 0 mol·L^{-1} NaOH 滴定 20.00 mL 0.100 0 mol·L^{-1} 不同强度酸的滴定曲线。可以看出，当 $K_a \leqslant 10^{-9}$ 时，已无明显的突跃。

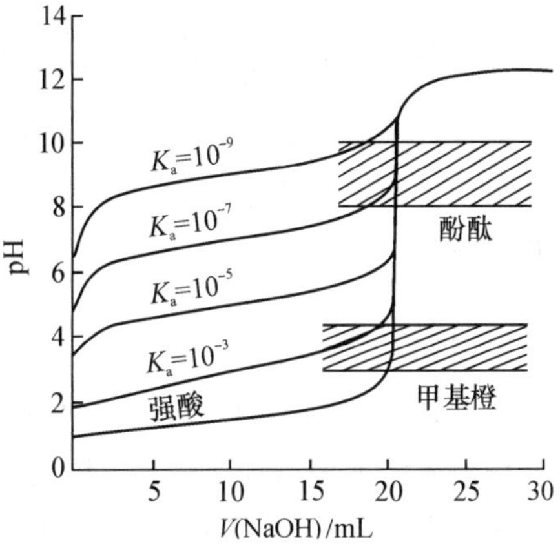

图 7-4　0.100 0 mol·L^{-1} NaOH 滴定 0.100 0 mol·L^{-1} 各种强度酸的滴定曲线

(五)直接准确滴定弱酸的条件

实践证明，只有 $cK_a \geqslant 10^{-8}$ 才能借助指示剂准确判断终点，终点误差在允许的±0.1%之内。因此，通常把 $cK_a \geqslant 10^{-8}$ 作为判断弱酸能否被准确滴定的依据。

强酸滴定一元弱碱的情况和强碱滴定一元弱酸类似。例如，用 0.100 0 mol·L^{-1}HCl 溶液滴定 20.00 mL 0.100 0 mol·L^{-1}$NH_3 \cdot H_2O$ 溶液，其滴定曲线与 NaOH-HAc 的滴定曲线相似，但 pH 的变化方向相反。由于反应产物是 NH_4^+，化学计量点时溶液呈酸性，滴定突跃在酸性范围(pH＝6.30～4.30)。只能选择在酸性范围变色的指示剂，如甲基橙、甲基红等。

与弱酸的滴定一样，只有弱碱的 $cK_b \geqslant 10^{-8}$ 时，才能借助指示剂准确判断滴定终点。

【例 7-1】　能否用 0.100 0 mol·L^{-1} NaOH 溶液滴定 0.100 0 mol·L^{-1} HF 溶液？如能滴定，应选择什么指示剂？已知 $K(HF) = 3.53\times10^{-4}$

解：因为 $cK(HF)=0.100\ 0\times3.53\times10^{-4}=3.53\times10^{-5}>10^{-8}$，故 HF 可被 NaOH 准确滴定。

$$HF+NaOH=NaF+H_2O$$

化学计量点时溶液的 pH 由 NaF 决定：

$$\frac{c}{K_h}=\frac{0.05}{\dfrac{1.0\times10^{-14}}{3.53\times10^{-4}}}=1.8\times10^{9}>500$$

$$[OH^-]=\sqrt{K_h c}=\sqrt{\frac{1.0\times10^{-14}}{3.53\times10^{-4}}\times0.05}$$

$$=1.2\times10^{-6}(mol\cdot L^{-1})$$

$$pOH=5.92\qquad pH=8.08$$

可选酚酞作指示剂。

［扩展学习］
多元酸(碱)的滴定

第三节　酸碱标准溶液的配制和标定

一、酸标准溶液的配制和标定

酸标准溶液通常用盐酸(有时也用硫酸)来配制。常用浓度为 0.100 0 $mol \cdot L^{-1}$。市售浓盐酸浓度不准确且易挥发,应采用间接法配制标准溶液。标定酸常用的基准物质是无水碳酸钠和硼砂。

(一)无水碳酸钠

无水碳酸钠(Na_2CO_3)容易制得纯品,且价格便宜。但无水 Na_2CO_3 有较强的吸湿性,故在使用前应将无水 Na_2CO_3 置于烘箱中,在 270～300℃干燥 2～3 h,置于干燥器内冷却备用。

无水 Na_2CO_3 标定 HCl 的反应如下:

$$Na_2CO_3 + 2HCl = 2NaCl + CO_2\uparrow + H_2O$$

化学计量点的 pH=3.89,可选用甲基橙或甲基红作指示剂。滴定时应注意 CO_2 的影响,临近终点应剧烈摇动溶液或将溶液煮沸,以消除 CO_2 的影响。

按下式计算 HCl 溶液的浓度:

$$c(HCl) = \frac{2m(Na_2CO_3)}{M(Na_2CO_3)V(HCl)}$$

(二)硼砂

硼砂($Na_2B_4O_7 \cdot 10H_2O$)容易提纯,不易吸水,且摩尔质量较大。但空气中的相对湿度小于 39%时,易失去结晶水,故常保存在相对湿度为 60%左右的恒湿器中。

用硼砂标定 HCl 的反应如下:

$$Na_2B_4O_7 + 2HCl + 5H_2O = 4H_3BO_3 + 2NaCl$$

化学计量点的 pH=5.1,可选用甲基红作指示剂。

按下式计算 HCl 溶液的浓度:

$$c(HCl) = \frac{2m(Na_2B_4O_7 \cdot 10H_2O)}{M(Na_2B_4O_7 \cdot 10H_2O)V(HCl)}$$

二、碱标准溶液的配制和标定

碱标准溶液通常用 NaOH(或 KOH)来配制。固体 NaOH 具有很强的吸湿性,易吸收空气中的 CO_2 生成 Na_2CO_3,且含有少量硫酸盐、硅酸盐、氯化物等,因此采用间接法配制标准溶液。

常用于标定 NaOH 溶液的基准物质有邻苯二甲酸氢钾和草酸。

(一)邻苯二甲酸氢钾

邻苯二甲酸氢钾($KHC_8H_4O_4$)容易制得纯品，在空气中不易吸水，容易保存，通常于110～120℃时干燥备用。

邻苯二甲酸氢钾标定 NaOH 的反应为

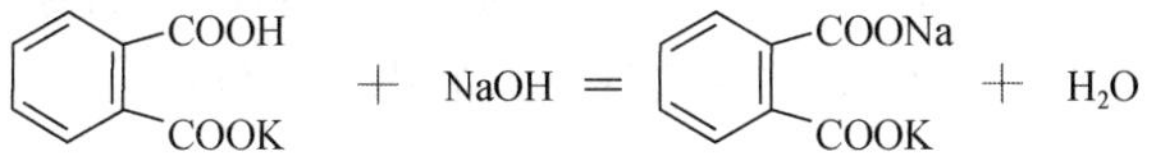

反应产物为邻苯二甲酸钠钾，化学计量点时溶液的 pH=9.1，可选用酚酞作指示剂。

按下式计算 NaOH 溶液的浓度：

$$c(NaOH)=\frac{m(KHC_8H_4O_4)}{M(KHC_8H_4O_4)V(NaOH)}$$

(二)草酸

草酸($H_2C_2O_4 \cdot 2H_2O$)相当稳定，相对湿度在5%～95%时不会风化失水，因此，可保存在密闭容器中备用。

草酸标定 NaOH 的反应如下：

$$H_2C_2O_4+2NaOH = Na_2C_2O_4+2H_2O$$

化学计量点时溶液的 pH=8.4，可选用酚酞作指示剂。

按下式计算 NaOH 溶液的浓度：

$$c(NaOH)=\frac{2m(H_2C_2O_4 \cdot 2H_2O)}{M(H_2C_2O_4 \cdot 2H_2O)V(NaOH)}$$

第四节　酸碱滴定法应用实例

酸碱滴定法被广泛地应用于生产实际。在我国的国家标准(GB)和有关部颁标准中，许多试样如化学试剂、食品添加剂、水样、饲料等，凡涉及酸度项目的，一般都采用酸碱滴定法进行测定。在农业方面，土壤和肥料中氮、磷、钾含量的测定，以及饲料、农产品品质的评定等，也经常用到酸碱滴定法。

一、铵盐中氮的测定

测定土壤、肥料、饲料、食品、动物及植物等样品的全氮时，由于 NH_4^+ 的 $K_a=5.68\times10^{-10}$，酸性太弱，不能用 NaOH 直接滴定，一般采用间接滴定法。常用的方法为蒸馏法。

将铵盐试样放入蒸馏瓶中，加入过量浓 NaOH 溶液，加热把生成的 NH_3 蒸馏出来。

$$NH_4^+ + OH^- \rightleftharpoons NH_3\uparrow + H_2O$$

将蒸馏出的 NH_3 吸收于 H_3BO_3 溶液中，然后用酸标准溶液滴定 H_3BO_3 吸收液：

$$NH_3 + H_3BO_3 \rightleftharpoons NH_4H_2BO_3$$

$$NH_4H_2BO_3 + HCl \rightleftharpoons NH_4Cl + H_3BO_3$$

H_3BO_3 是极弱的酸，它可以吸收 NH_3，但不影响滴定，故不需要定量加入。化学计量点时溶液中有 H_3BO_3 和 NH_4^+ 存在，pH 约为 5，可用甲基红和溴甲酚绿混合指示剂，终点为粉红色。根据 HCl 浓度和消耗的体积，按下式计算氮的质量分数：

$$w_N = \frac{c(NaOH)V(NaOH)M_N}{m_s} \times 100\%$$

除用 H_3BO_3 吸收 NH_3 外，也可以用 HCl 或 H_2SO_4 标准溶液吸收，过量的酸用 NaOH 标准溶液返滴定，指示剂为甲基橙或甲基红。

土壤和有机化合物氮的测定，一般采用凯氏定氮法。其原理是将试样用浓硫酸、硫酸钾和适量催化剂(如 $CuSO_4$、HgO 和 Se 粉等)加热消解，使各种氮化合物转变成铵盐后，再按上述方法进行测定。

二、生物试样中总酸度的测定

生物试样中所含的酸为有机弱酸，如醋酸、乳酸和苹果酸等，可用 NaOH 标准溶液直接滴定，化学计量点时溶液呈碱性，故可选用酚酞作指示剂。

水中存在的 CO_2 会影响滴定的准确度，因为在滴定时，CO_2 可作为一元弱酸与 NaOH 作用。因此，须使用不含 CO_2 的蒸馏水。

用碱溶液滴定时，凡 $K_a > 10^{-7}$ 的弱酸均可被滴定，因此测出的结果应是总酸量。以适当的酸表示，可按下式计算总酸度 w：

$$w = \frac{c(NaOH)V(NaOH)K}{m_s} \times 100\%$$

式中：K 为对应酸的换算系数，苹果酸为 0.067、柠檬酸为 0.064、醋酸为 0.060、乳酸为 0.090、酒石酸为 0.075。

本章小结

1. 酸碱滴定法是所有滴定分析方法中最基础的方法。在酸碱滴定过程中溶液的 pH 发生改变，以滴定剂的加入量或滴定百分数为横坐标，被测溶液 pH 的变化为纵坐标作图，所得曲线称为酸碱滴定曲线。在整个滴定过程中，在化学计量点相对误差 $\pm 0.1\%$ 范围内溶液的 pH 突变称为酸碱滴定突跃。

2. 酸碱指示剂一般是有机弱酸或有机弱碱，当溶液的 pH 发生改变时，其颜色发生改变，从而指示滴定终点。指示剂的变色范围 $pH = pK(HIn) \pm 1$。变色范围部分或全部落在滴定突跃范围内的指示剂均可用以指示滴定终点。

3. 一元弱酸被准确滴定的条件是 $cK_a \geqslant 10^{-8}$。一元弱碱被准确滴定的条件是 $cK_b \geqslant 10^{-8}$。

思考与练习

一、选择题

1. 用 0.100 0 $mol \cdot L^{-1}$ HCl 滴定 0.100 0 $mol \cdot L^{-1}$ NaOH 时，pH 突跃范围是 9.70～4.30，用 0.010 00 $mol \cdot L^{-1}$ HCl 滴定 0.010 00 $mol \cdot L^{-1}$ NaOH 时，pH 突跃范围是(　　)。

A. 4.30～9.70　　B. 8.70～3.30　　C. 8.70～5.30　　D. 10.70～3.30

2. 酸碱滴定中选择指示剂的原则是(　　)。

A. 指示剂的变色范围与化学计量点完全符合

B. 指示剂的变色范围全部或部分落入滴定的 pH 突跃范围之内

C. 指示剂的变色范围必须完全落在滴定的 pH 突跃范围之内

D. 指示剂应在 pH=7.00 时变色

3. 某酸碱指示剂的 $K(HIn)=1.0\times10^{-5}$，从理论上推算其变色范围 pH 等于(　　)。

A. 3～5　　B. 4～6　　C. 5～7　　D. 4.5～5.5

4. 用 0.100 0 $mol \cdot L^{-1}$ NaOH 滴定 0.100 0 $mol \cdot L^{-1}$ HCOOH，对此滴定最适用的指示剂是(　　)。

A. 中性红($pK_a=7.4$)　　B. 溴酚蓝($pK_a=4.1$)

C. 甲基橙($pK_a=3.41$)　　D. 百里酚蓝($pK_a=1.7$)

5. 欲配制 1 000 mL 浓度为 0.1 $mol \cdot L^{-1}$ 的 HCl 溶液，应取浓盐酸(12 $mol \cdot L^{-1}$ HCl)(　　)。

A. 0.84 mL　　B. 8.4 mL　　C. 5 mL　　D. 16.8 mL

6. 欲配制 1 L 浓度为 0.1 $mol \cdot L^{-1}$ 的 NaOH 溶液，应称取 NaOH(　　)。

A. 0.4 g　　B. 1 g　　C. 4 g　　D. 40 g

7. 弱酸可被准确滴定必须符合的条件是(　　)。

A. $cK_a\leqslant10^{-8}$　　B. $c/K_a\geqslant10^{5}$　　C. $cK_a\geqslant10^{-7}$　　D. $cK_a\geqslant10^{-8}$

8. 各类型的酸碱滴定，其等量点的位置均在(　　)。

A. pH=7　　B. pH>7　　C. pH<7　　D. 突跃范围中点

二、填空题

1. 用 0.100 0 $mol \cdot L^{-1}$ HCl 溶液滴定 NaOH 溶液，以甲基橙指示终点，HCl 溶液称为________溶液，甲基橙称为________，该滴定化学计量点的 pH 等于________，滴定终点的 pH 范围为________；滴定终点与化学计量点之差称为________，此误差为________误差(正或负)。

2. 酸碱滴定曲线是以被滴定溶液的________变化为特征的，滴定时酸碱的浓度越________，滴定的突跃范围越________；浓度一定酸碱的强度越________，则滴定的突跃范围越________。

3. 甲基橙的变色范围是 pH=________，当溶液的 pH 小于这个范围的下限时指示剂呈现________色，当溶液 pH 处在这个范围内时指示剂呈现________色。

4. 标定 HCl 溶液常用的基准试剂有________和________，标定时应选用在________范围内变色的指示剂。

5. 标定 NaOH 溶液常用的基准试剂有________和________，标定时应选用在________范围内变色的指示剂。

6. 标定 $0.1\ mol \cdot L^{-1}$ NaOH 溶液时，将滴定的体积控制在 25 mL 左右，若以邻苯二甲酸氢钾（摩尔质量为 $204.2\ g \cdot mol^{-1}$）为基准试剂，应称取________ g；若改用草酸（$H_2C_2O_4 \cdot 2H_2O$，摩尔质量为 $126.1\ g \cdot mol^{-1}$）为基准试剂，应称取________ g。

三、简答题

1. 简述酸碱指示剂的变色原理。选择酸碱指示剂的原则是什么？

2. 酸碱滴定中，用强酸（碱）而不用弱酸（碱）配制标准溶液，为什么？标准酸碱溶液浓度大约为多少？为何不能太稀？

3. 生物样品中总酸量的测定中，可否用含有 CO_2 的水处理样品？为什么？

4. 解释下列滴定实验中，选择指示剂的依据是什么？

(1) $0.1\ mol \cdot L^{-1}$ NaOH 溶液滴定 $0.1\ mol \cdot L^{-1}$ HCl 溶液可选用甲基橙，但 $0.01\ mol \cdot L^{-1}$ NaOH 溶液滴定 $0.01\ mol \cdot L^{-1}$ HCl 溶液则选择甲基红而不用甲基橙。

(2) $0.1\ mol \cdot L^{-1}$ NaOH 溶液滴定 $0.1\ mol \cdot L^{-1}$ HAc 溶液可选用酚酞而不能用甲基橙。

5. 指出下列溶液的 pH 范围：

(1)某溶液，使酚酞无色，使甲基红显黄色。

(2)某溶液，使甲基橙显黄色，使甲基红显红色。

6. 无水 Na_2CO_3 如保存不当，吸有少量水分，对标定 HCl 溶液浓度有何影响？

四、计算题

1. 下列滴定能否进行？如能进行，计算化学计量点的 pH。

(1) $0.010\ 00\ mol \cdot L^{-1}$ NaOH 滴定 $0.010\ 00\ mol \cdot L^{-1}$ HCl；

(2) $0.100\ 0\ mol \cdot L^{-1}$ NaOH 滴定 $0.100\ 0\ mol \cdot L^{-1}$ HCOOH；

(3) $0.010\ 00\ mol \cdot L^{-1}$ HCl 滴定 $0.010\ 00\ mol \cdot L^{-1}$ $NH_3 \cdot H_2O$；

(4) $0.100\ 0\ mol \cdot L^{-1}$ HCl 滴定 $0.100\ 0\ mol \cdot L^{-1}$ NaAc。

2. 有一待标定的 NaOH 溶液，已知其浓度大约为 $0.1\ mol \cdot L^{-1}$，如果用草酸（$H_2C_2O_4 \cdot 2H_2O$）作基准物质，应称多少克？

3. 用基准物质硼砂（$Na_2B_4O_7 \cdot 10H_2O$）标定 $0.1\ mol \cdot L^{-1}$ HCl 溶液，消耗 HCl 20～30 mL，应称取多少基准物质？

4. 移取某醋酸溶液 2.00 mL，适当稀释后，以 $0.117\ 6\ mol \cdot L^{-1}$ NaOH 溶液滴定，酚酞为指示剂，滴定至终点，消耗 NaOH 25.78 mL，求醋酸的浓度。

5. 称取 $CaCO_3$ 0.500 0 g，溶于 50.00 mL HCl 中，多余的酸用 NaOH 溶液回滴，耗去 6.20 mL。1 mL NaOH 溶液相当于 1.010 mL HCl 溶液，求两种溶液的浓度。

6. 有工业硼砂 1.000 g，用 $0.200\ 0\ mol \cdot L^{-1}$ HCl 溶液 25.00 mL 恰好中和至化学计量点，计算试样中 $Na_2B_4O_7 \cdot 10H_2O$、$Na_2B_4O_7$ 和硼的质量分数。

第八章

配位滴定法

【本章引言】

配位滴定法是以配位反应为基础的滴定分析法。能形成配合物的反应很多,但可用于配位滴定的并不多。用于配位滴定的反应必须具备下列条件:形成的配合物相当稳定;配位反应速度快;配位数必须固定,即只形成一种配位数的配合物;要有适当的方法确定终点。

常用的配位剂是乙二胺四乙酸(EDTA)。用 EDTA 标准溶液可以滴定几十种金属离子,因此,配位滴定主要是指 EDTA 滴定法。

【科苑导读】

戴安邦(1901—1999),江苏人,我国著名无机化学家、化学教育家、中国科学院院士、南京大学教授。戴安邦先生一生为我国培养无数高质量科教人才,在教学上提出"启发式八则"和"全面教育理论",奉行的格言是"立身首要是品德,人生价值在奉献",影响深远。配位化学是在无机化学基础上发展起来的一门新兴边缘学科,它涉及的内容已远远超出经典无机化学的范围,成为当今化学学科的前沿领域之一。戴安邦先生在国内开拓配位化学研究领域,他广罗全国高等学校和研究机构的一些优秀的无机化学教师,在南京大学创办了几十人的全国络合物化学(现名配位化学)讲习班,为我国培养了一批配位化学的学术带头人和骨干力量,建立配位化学研究所和配位化学国家重点实验室,大力促进国内外学术交流,培养了众多学术人才,促使我国配位化学和无机化学研究在国际上占有重要地位。

【学习目标】

知识目标

- 掌握 EDTA 的性质及其金属配合物的特点。
- 掌握配位滴定法的基本原理。
- 了解酸效应曲线及其应用。
- 理解金属离子指示剂的变色原理。

[课程学习]
第八章课程 PPT

能力目标

- 掌握影响 EDTA 配合物稳定性的因素和提高配位滴定选择性的方法。
- 掌握 EDTA 滴定法的应用。
- 能够利用 $K'(MY)$ 讨论 EDTA 配位滴定的条件。

素质目标

- 具有全面看待问题、具体问题具体分析的思维习惯。
- 具有不怕吃苦、乐于奉献的精神，以及爱国主义的情怀。

【知识导图】

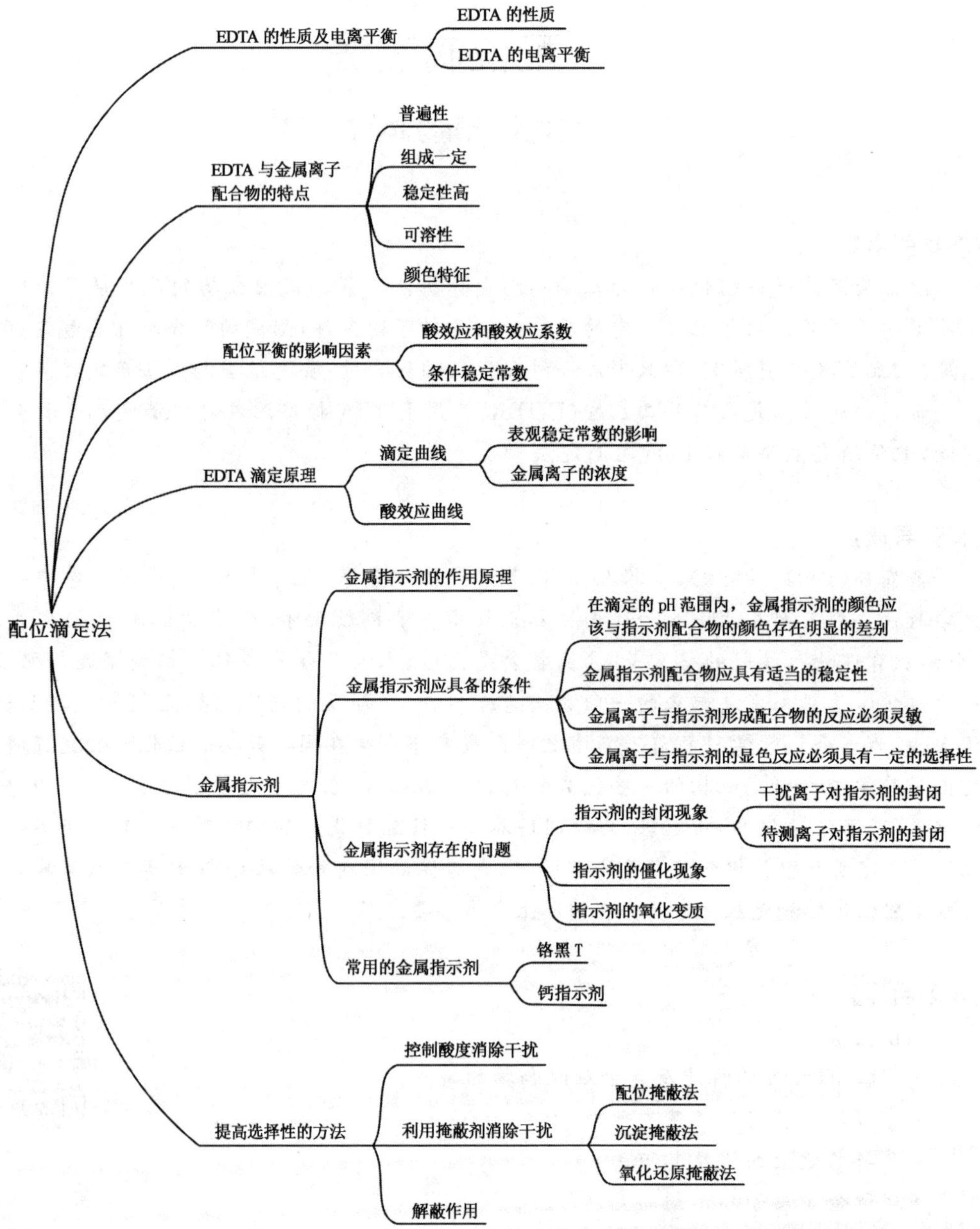

第一节　乙二胺四乙酸的性质及其配合物

一、乙二胺四乙酸的性质及电离平衡

(一)乙二胺四乙酸的性质

乙二胺四乙酸简称 EDTA,同时含有氨基和羧基,结构式如下：

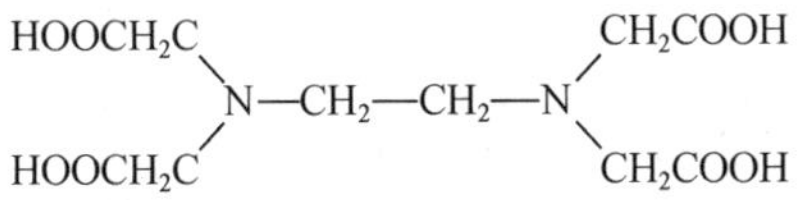

EDTA 为四元酸,常用 H_4Y 表示。EDTA 在水中的溶解度很小(22℃时,100 g 水中仅溶解 0.02 g),难溶于酸和一般有机溶剂,易溶于碱性或氨性溶液,并生成对应的盐。通常使用它的二钠盐($Na_2H_2Y \cdot 2H_2O$),也简称 EDTA,它在水中溶解度较大(22℃时,100 g 水中溶解 11.1 g),饱和水溶液的浓度约为 0.3 mol·L^{-1},pH 约为 4.4。

(二)EDTA 的电离平衡

在溶液中,EDTA 两个羧基上的 H^+ 转移到氨基氮上,形成双偶极离子：

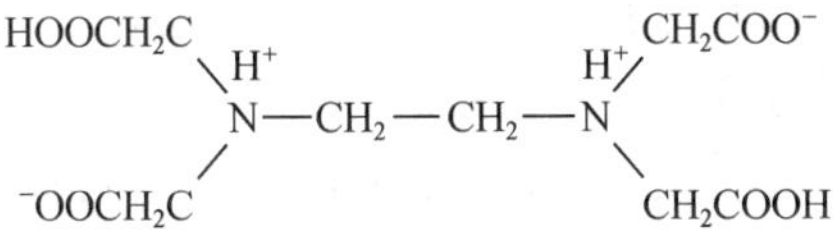

当溶液的酸度较大时,两个羧酸根可再接受 2 个 H^+,成为 H_6Y^{2+},相当于六元弱酸,有六级电离平衡：

$H_6Y^{2+} \rightleftharpoons H^+ + H_5Y^+$　　$K_{a1}=1.26\times10^{-1}$

$H_5Y^+ \rightleftharpoons H^+ + H_4Y$　　$K_{a2}=3.0\times10^{-2}$

$H_4Y \rightleftharpoons H^+ + H_3Y^-$　　$K_{a3}=1.00\times10^{-2}$

$H_3Y^- \rightleftharpoons H^+ + H_2Y^{2-}$　　$K_{a4}=2.1\times10^{-3}$

$H_2Y^{2-} \rightleftharpoons H^+ + HY^{3-}$　　$K_{a5}=6.9\times10^{-7}$

$HY^{3-} \rightleftharpoons H^+ + Y^{4-}$　　$K_{a6}=5.50\times10^{-11}$

可见,EDTA 在溶液中可能有以下 7 种存在形式,即 H_6Y^{2+}、H_5Y^+、H_4Y、H_3Y^-、H_2Y^{2-}、HY^{3-}、Y^{4-},在不同 pH 溶液中,EDTA 的主要存在形式不同,但总有一种形式是主要的(表 8-1)。

表 8-1　EDTA 的主要存在形式与溶液 pH 的关系

pH	<1	1.0～1.6	1.6～2.0	2.0～2.67	2.67～6.16	6.16～10.26	>10.26
主要形式	H_6Y^{2+}	H_5Y^{+}	H_4Y	H_3Y^{-}	H_2Y^{2-}	HY^{3-}	Y^{4-}

二、EDTA 与金属离子配合物的特点

［视频学习］
EDTA 及其配合物

EDTA 有 2 个氨基氮原子和 4 个羧基氧原子，共 6 个配位原子与金属离子（M^{n+}）配位，因此，绝大多数的金属离子均能与 EDTA 形成螯合物（MY）：

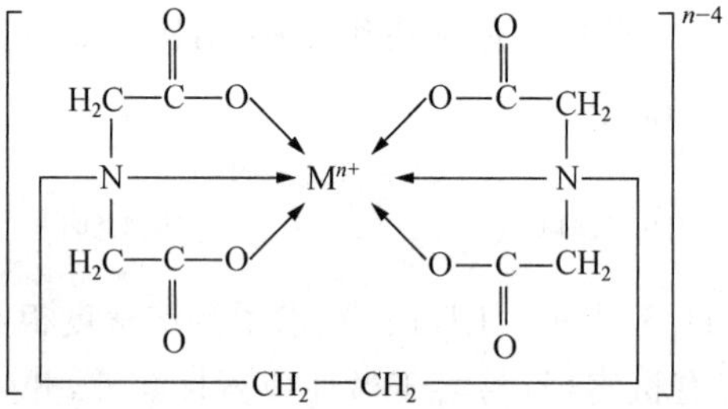

其螯合物具有下列特点：

（1）普遍性　EDTA 能与许多金属离子配位形成螯合物。

（2）组成一定　除极少数的金属离子外（如 Mo），EDTA 与大部分金属离子均生成 1∶1 的配合物，即 1 mol 的金属离子与 1 mol 的 EDTA 作用。

（3）稳定性高　EDTA 与金属离子形成的螯合物中包含了 4 个 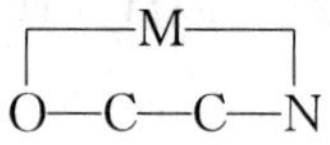 五元环和一个 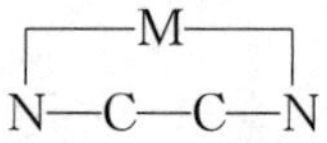 五元环，因此具有高度的稳定性。一些常见金属离子与 EDTA 配合物的稳定常数见表 8-2。

（4）可溶性　EDTA 与金属离子形成的配合物大多易溶于水，使滴定能在水溶液中进行，不至于形成沉淀而干扰滴定。

（5）颜色特征　EDTA 配合物的颜色和金属离子的颜色有关。与无色金属离子配位，则配合物 MY 无色，如 CaY^{2-}、PbY^{2-}、AgY^{3-}、AlY^{-} 等；与有色金属离子配位，则配合物 MY 的颜色加深，如 Cu^{2+} 显浅蓝色，CuY^{2-} 呈深蓝色；Ni^{2+} 呈浅绿色，NiY^{2-} 呈蓝绿色。

三、EDTA 与金属离子配合物的稳定常数

EDTA 在水溶液中存在着 7 种形式，其中只有 Y^{4-} 能够直接与金属离子形成配合物。反应通式如下（为了书写简便，略去电荷）：

$$M + Y \rightleftharpoons MY$$

$$K(MY) = \frac{[MY]}{[M][Y]}$$

$K(MY)$ 未考虑酸度等因素的影响，故称为绝对稳定常数。常见金属离子与 EDTA 形成

的配合物的绝对稳定常数列于表 8-2 中。

表 8-2　EDTA 配合物的 lg K(MY)

金属离子	lg K(MY)	金属离子	lg K(MY)	金属离子	lg K(MY)
Na^+	1.66	Fe^{2+}	14.33	Cu^{2+}	18.80
Li^+	2.79	Al^{3+}	16.13	Hg^{2+}	21.80
Ag^+	7.32	Co^{2+}	16.31	Sn^{2+}	22.10
Ba^{2+}	7.76	Cd^{2+}	16.46	Cr^{3+}	23.00
Mg^{2+}	8.69	Zn^{2+}	16.50	Fe^{3+}	25.10
Ca^{2+}	10.69	Pd^{2+}	18.04	Bi^{3+}	27.94
Mn^{2+}	14.04	Ni^{2+}	18.62	Co^{3+}	36.00

四、配位平衡的影响因素

在实际工作中，配位滴定是在一定条件下进行的，溶液的酸度、干扰离子等很多因素均会影响 MY 配位平衡。这里主要讨论酸度的影响。

(一)酸效应和酸效应系数

EDTA 的 7 种形式中只有 Y^{4-} 能够直接与金属离子配位，而 Y^{4-} 的浓度随溶液酸度的改变而发生变化。

$$\mathrm{M + Y \rightleftharpoons MY}$$
$$\Big\Updownarrow \mathrm{H^+}$$
$$\mathrm{HY \overset{H^+}{\rightleftharpoons} H_2Y \overset{H^+}{\rightleftharpoons} H_3Y \overset{H^+}{\rightleftharpoons} H_4Y \overset{H^+}{\rightleftharpoons} H_5Y \overset{H^+}{\rightleftharpoons} H_6Y}$$

由于 H^+ 的存在，使 Y^{4-} 的有效浓度降低，即 EDTA 的配位能力降低，使配合物的实际稳定性降低的现象称为酸效应。

若用 c_Y 表示的 EDTA 的总浓度，则

$$c_Y = [Y] + [HY] + [H_2Y] + [H_3Y] + [H_4Y] + [H_5Y] + [H_6Y]$$

EDTA 总浓度 c_Y 和有效浓度[Y]之比：

$$\alpha_{Y(H)} = \frac{c_Y}{[Y]} = \frac{[Y] + [HY] + [H_2Y] + [H_3Y] + [H_4Y] + [H_5Y] + [H_6Y]}{[Y]}$$
$$= 1 + \frac{[H^+]}{K_{a6}} + \frac{[H^+]^2}{K_{a6}K_{a5}} + \cdots + \frac{[H^+]^6}{K_{a6}K_{a5}K_{a4}K_{a3}K_{a2}K_{a1}}$$

式中：$\alpha_{Y(H)}$ 为酸效应系数，酸效应的大小用 $\alpha_{Y(H)}$ 来衡量。可见，溶液的酸度越大，酸效应系数 $\alpha_{Y(H)}$ 越大，EDTA 有效浓度越小。

EDTA 在不同 pH 时的 lg $\alpha_{Y(H)}$ 列于表 8-3 中。

表 8-3　EDTA 在不同 pH 时的 $\lg \alpha_{Y(H)}$ 值

pH	$\lg \alpha_{Y(H)}$	pH	$\lg \alpha_{Y(H)}$	pH	$\lg \alpha_{Y(H)}$
0.0	23.64	3.4	9.70	6.8	3.55
0.4	21.32	3.8	8.85	7.0	3.32
0.8	19.08	4.0	8.44	7.5	2.78
1.0	18.01	4.4	7.64	8.0	2.27
1.4	16.02	4.8	6.84	8.5	1.77
1.8	14.27	5.0	6.45	9.0	1.28
2.0	13.51	5.4	5.69	9.5	0.83
2.4	12.19	5.8	4.98	10.0	0.45
2.8	11.09	6.0	4.65	11.0	0.07
3.0	10.60	6.4	4.06	12.0	0.01

由表 8-3 可知，只有在 pH≥12 时，酸效应系数才约等于 1，此时 EDTA 总浓度 c_Y 等于有效浓度$[Y^{4-}]$，形成的配合物也最稳定。随着酸度的升高，$\lg \alpha_{Y(H)}$ 增加很快，即 EDTA 有效浓度下降很快，MY 的稳定性也随之显著下降。

(二)条件稳定常数

由于酸效应的影响，Y^{4-} 浓度降低，从而使配合物的稳定性降低，绝对稳定常数 $K(MY)$已不能客观地反映反应进行的实际程度。

$$M+Y \rightleftharpoons MY$$

因为

$$K(MY)=\frac{[MY]}{[M][Y]}，而\ K'(MY)=\frac{[MY]}{[M]c_Y}，即$$

$$K'(MY)=\frac{[MY]}{[M]c_Y}=\frac{[MY]}{[M][Y]\alpha_{Y(H)}}=\frac{K(MY)}{\alpha_{Y(H)}}$$

$$\lg K'(MY)=\lg K(MY)-\lg \alpha_{Y(H)}$$

式中：$K'(MY)$为条件稳定常数(或表观稳定常数)。$K'(MY)$考虑了酸效应对 MY 稳定性的影响，$K'(MY)$越大，说明在一定酸度下，配合物的实际稳定程度越大。pH>12 时，$\alpha_{Y(H)}\approx 1$，$K'(MY)\approx K(MY)$，其他情况下，$K'(MY)$总是小于 $K(MY)$。

【例 8-1】 计算 pH=2.00 时和 pH=5.00 时，ZnY 的表观稳定常数。

解：从表 8-2 得，$\lg K(ZnY)=16.50$，从表 8-3 得，pH=2.00 时，$\lg \alpha_{Y(H)}=13.51$，pH=5.00 时，$\lg \alpha_{Y(H)}=6.45$，则：

$$pH=2.00 \qquad \lg K'(ZnY)=16.50-13.51=2.99$$

$$pH=5.00 \qquad \lg K'(ZnY)=16.50-6.45=10.05$$

计算表明，ZnY 在 pH=5.00 时很稳定，而在 pH=2.00 时已经不稳定了，在该酸度下不能对 Zn^{2+} 进行配位滴定。

第二节　EDTA 滴定的基本原理

一、滴定曲线

［扩展学习］
配位滴定曲线的绘制

在配位滴定中，随着滴定剂 EDTA 的不断加入，溶液中金属离子浓度呈规律性变化。以加入 EDTA 的滴定百分数为横坐标，被测金属离子浓度的负对数 pM 为纵坐标，作图得到的曲线称为配位滴定曲线。

影响配位滴定突跃范围大小的主要因素有两个：配合物的表观稳定常数 $K'(MY)$ 和被滴定金属离子的浓度 $c(M)$。

(1) $K'(MY)$ 的影响　从图 8-1 可知，表观稳定常数越大，滴定的突跃范围就越大，同时滴定的准确度也就越高。

(2) 金属离子的浓度　当滴定条件一定时，金属离子的起始浓度越大，滴定的突跃范围越大，如图 8-2 所示。在配位滴定中，一般以 $0.010\,0\ mol\cdot L^{-1}$ 为宜。

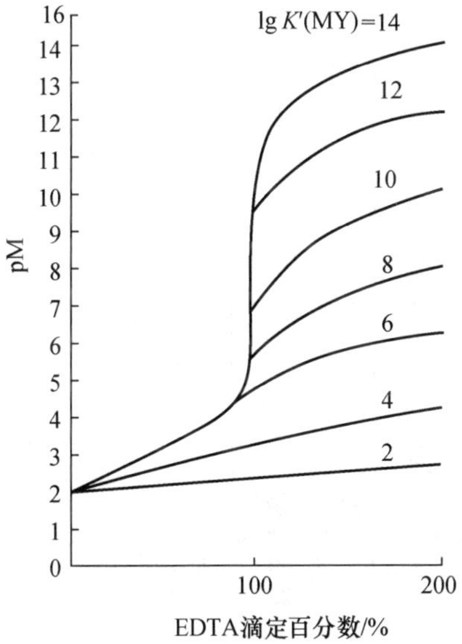

图 8-1　EDTA($0.010\ mol\cdot L^{-1}$)滴定不同 $\lg K'(MY)$ 配合物的滴定曲线

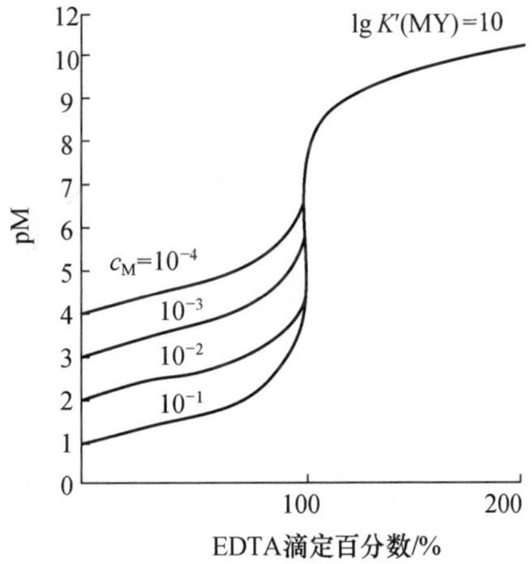

图 8-2　EDTA 滴定不同浓度($mol\cdot L^{-1}$)的金属离子的滴定曲线

实践和理论证明，在配位滴定中，若某个金属离子 M 被 EDTA 准确滴定，必须满足

$$\lg c(M)K'(MY) \geqslant 6$$

若测定时金属离子浓度为 $0.01\ mol\cdot L^{-1}$，则

$$\lg K'(MY) \geqslant 8$$

二、酸效应曲线及其应用

根据 $\lg K'(MY)=\lg K(MY)-\lg \alpha_{Y(H)}$ 和 $\lg K'(MY)\geqslant 8$ 可知，当溶液酸度高于（pH 低于）某一限度时，某配合物的 $\lg K'(MY)\leqslant 8$，生成的配合物不稳定，不能准确滴定，其值就是配位滴定的最高允许酸度（最低允许 pH）。即

$$\lg K'(MY)=\lg K(MY)-\lg \alpha_{Y(H)}\geqslant 8$$
$$\lg \alpha_{Y(H)}\leqslant \lg K(MY)-8$$

由上式和表 8-2、表 8-3 即可求得各种金属离子被滴定所允许的最低 pH。

【例 8-2】 用 0.010 0 $mol\cdot L^{-1}$ EDTA 标准溶液准确滴定 0.010 0 $mol\cdot L^{-1}$ Zn^{2+}，求允许的最低 pH。

解：查表 8-2 得，$\lg K_{ZnY}=16.5$，则

$$\lg \alpha_{Y(H)}=\lg K(MY)-8=16.5-8=8.50$$

查表 8-3 得，滴定时允许最低 pH≈3.89，所以 Zn^{2+} 在 pH=4 以上溶液中滴定。

以金属离子的 $\lg K(MY)$（或 $\lg \alpha_{Y(H)}$）为横坐标，以 EDTA 滴定该金属离子的最低 pH 为纵坐标作图，得到的曲线称为酸效应曲线，见图 8-3。

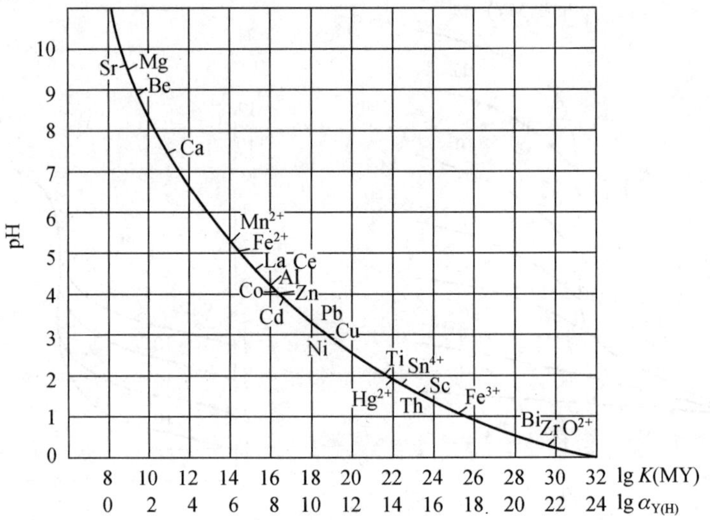

图 8-3 酸效应曲线

酸效应曲线的应用：

(1)查找单独滴定某一金属离子时所允许的最低 pH　从图 8-3 可知，Fe^{3+} 的最小 pH=1，因此滴定 Fe^{3+} 时，pH 必须大于 1；Zn^{2+} 的最小 pH=4，因此滴定 Zn^{2+} 时，pH 必须大于 4。

(2)判断是否存在干扰离子　当溶液中共存 Mg^{2+}、Ca^{2+}、Mn^{2+} 等离子时，由图 8-3 可查出这几种离子被滴定所允许的最低 pH，Mg^{2+} 的 pH=9.6，Ca^{2+} 的 pH=7.5，Mn^{2+} 的 pH=5.3。在 pH=10 时滴定 Mg^{2+}，如果溶液中存在 Mn^{2+} 或者 Ca^{2+}，那么它们都将对滴定造成干扰。

(3)控制溶液的 pH 进行连续滴定或分别滴定　例如，测定水样中 Al^{3+}、Fe^{3+} 的含量时，

查图 8-3 可得，Fe^{3+} 的 pH＝1，Al^{3+} 的 pH＝4.1，因此，首先在 pH＝2 时，用 EDTA 滴定 Fe^{3+}（此时 Al^{3+} 不会造成干扰），即可求出 Fe^{3+} 的含量；然后在 pH＝4.5 时，用 EDTA 滴定 Al^{3+}，即得 Al^{3+} 的含量。

需要指出的是，实际应用中控制溶液的 pH 时，因为 EDTA 是一种有机弱酸，在水溶液中会或多或少地离解出少量 H^+，从而降低溶液的 pH，所以控制溶液的 pH 稍高一些，以抵消这种影响。

酸效应曲线只能说明测定某一金属离子的最低酸度，而测定的 pH 上限必须考虑金属离子的水解情况。

想一想

某溶液含有 Pb^{2+} 和 Bi^{3+}，判断在 pH＝1.0 时，能否用 EDTA 滴定 Bi^{3+}？

第三节　金属指示剂

一、金属指示剂的作用原理

金属指示剂是一类有机配位剂，能与金属离子形成与自身颜色不同的有色配合物，借以指示滴定的终点。

若以 In 表示金属指示剂，其与金属离子 M 的反应如下：

$$\underset{\text{甲色}}{M + In} \rightleftharpoons \underset{\text{乙色}}{MIn}$$

滴定过程中，溶液显示 MIn 的颜色（乙色），随着 EDTA 标准溶液的加入，EDTA 首先与溶液中游离态的 M 配位：

$$M + Y \rightleftharpoons MY$$

终点时，游离态的 M 被 EDTA 完全配位后，由于 $K'(MY) > K'(MIn)$，EDTA 便从 MIn 中夺取金属离子，使金属指示剂置换出来，溶液颜色由 MIn 的颜色（乙色）变为 In（甲色）的颜色，指示终点：

$$\underset{\text{乙色}}{MIn} + Y \rightleftharpoons MY + \underset{\text{甲色}}{In}$$

例如，钙指示剂在 pH＝10～13 时呈蓝色，能与 Ca^{2+} 形成红色配合物：

$$\underset{\text{蓝色}}{In} + Ca^{2+} \rightleftharpoons \underset{\text{红色}}{CaIn}$$

滴定时，加入的钙指示剂与部分 Ca^{2+} 形成配合物使溶液显红色，绝大部分 Ca^{2+} 仍处于游离态。随着 EDTA 标准溶液的加入，EDTA 首先与溶液中游离态的 Ca^{2+} 配位。终点时，CaIn

中的 Ca^{2+} 被 EDTA 夺取，将钙指示剂游离出来，溶液即呈现蓝色，从而指示滴定终点：

$$\underset{\text{红色}}{CaIn} + Y \rightleftharpoons CaY + \underset{\text{蓝色}}{In}$$

二、金属指示剂应具备的条件

金属指示剂大多数是水溶性的有机染料，它必须具备下列基本条件：

(1)在滴定的 pH 范围之内，金属指示剂(In)的颜色应该与指示剂配合物(MIn)的颜色存在明显的差别。

(2)金属指示剂配合物(MIn)应具有适当的稳定性。一般要求 $\lg K'(MIn) > 4$，$[\lg K'(MY) - \lg K'(MIn)] \geqslant 2$，否则，将会出现以下两种情况：①如果 MIn 的稳定性太差，使 In 过早游离出来，溶液提前显示 In 的颜色，导致终点提前。②MIn 的稳定性太强，在化学计量点附近，EDTA 不能夺取 MIn 中的金属离子，会使滴定终点推迟，甚至终点不出现。

(3)金属离子与指示剂形成配合物的反应必须灵敏、迅速，即使金属离子浓度非常小，仍然可以显色。

(4)金属离子与指示剂的显色反应必须具有一定的选择性，在一定条件下只与某一种(或几种)金属离子形成配合物。

三、金属指示剂在使用中存在的问题

(一)指示剂的封闭现象

某些金属指示剂与金属离子形成的配合物比相应的 EDTA 配合物更稳定$[K'(MY) < K'(MIn)]$，以至于达到化学计量点后，加入过量的 EDTA 仍不能从 MIn 中夺取金属离子，溶液始终呈现 MIn 颜色，看不到滴定终点。这种现象叫指示剂的封闭现象。

(1)干扰离子(N)对指示剂的封闭：$K'(NIn) > K'(NY)$。

消除方法：加入掩蔽剂。

例如，在 pH=10 时，用铬黑 T 作指示剂、EDTA 作标准溶液滴定 Ca^{2+} 时，如果待测溶液中同时存在有 Al^{3+} 和 Fe^{3+}，这两种离子均对铬黑 T 有封闭作用。因此，需要加入少量的三乙醇胺掩蔽 Al^{3+} 和 Fe^{3+}，从而消除它们的干扰。

(2)待测离子对指示剂的封闭：$K'(MIn) > K'(MY)$。

消除方法：返滴定法。

例如，测定 Al^{3+} 含量时，因为 Al^{3+} 对铬黑 T 有封闭作用，因此不能用 EDTA 直接滴定 Al^{3+}，而是先加入已知过量的 EDTA 标准溶液，待 Al^{3+} 与 EDTA 完全反应后再加入铬黑 T 指示剂，然后用 Zn^{2+} 标准溶液回滴剩余的 EDTA。

(二)指示剂的僵化现象

有些指示剂与金属离子形成的配合物(MIn)的溶解度很小，或指示剂配合物(MIn)的稳定性和 MY 的稳定性接近，造成 EDTA 与 MIn 的置换反应发生缓慢，从而引起终点延迟，这种现象叫指示剂的僵化现象。为了避免指示剂的僵化，可以加入适当的有机溶剂或者加热，来增加指示剂配合物(MIn)的溶解度，加快置换反应的速度。

(三)指示剂的氧化变质

金属指示剂分子结构中大多存在双键，容易在光、热条件下氧化分解，在水溶液中更易氧化变质。因此，金属指示剂常常配成固体混合物使用，以延长使用时间。配成水溶液时可加入盐酸羟胺、抗坏血酸等还原剂以防止其变质。

［视频学习］
常用的金属指示剂

四、常用的金属指示剂

金属指示剂的种类很多，在此只介绍常用的几种(表 8-4)：

表 8-4　常用的金属指示剂

指示剂	使用 pH 范围	颜色变化		配制方法	测定离子	注意事项
		In	MIn			
铬黑 T(简称 EBT)	7～11	蓝色	红色	1∶100 NaCl(固体)	Mg^{2+}、Zn^{2+}、Cd^{2+}、Pb^{2+}、稀土元素离子	Al^{3+}、Fe^{3+}、Co^{2+}、Ni^{2+}、Cu^{2+}、Ti^{4+} 等离子封闭 EBT
酸性铬蓝 K(简称 KB)	8～13	蓝色	红色	1∶100 NaCl(固体)	Mg^{2+}、Zn^{2+}、Ca^{2+}、Mn^{2+}	
二甲酚橙(简称 XO)	≤6	亮黄	红色	0.5%水溶液	Bi^{3+}、Th^{4+}、Tl^{3+}、Zn^{2+}、Cd^{2+}、Pb^{2+}、稀土元素离子	Fe^{3+}、Al^{3+}、Ti^{4+}、Ni^{2+} 等离子封闭 XO
钙指示剂(简称 NN)	12～13	蓝色	红色	1∶100 NaCl(固体)	Ca^{2+}	Ti^{4+}、Fe^{3+}、Al^{3+}、Cu^{2+}、Ni^{2+}、Co^{2+}、Mn^{2+} 等离子封闭 NN
α-吡啶偶氮-*β*-萘酚(简称 PAN)	2～12	黄色	红色	0.1%乙醇溶液	Bi^{3+}、Ti^{4+}、Ni^{2+}、Cu^{2+}、pb^{2+}、Zn^{2+}、Mn^{2+}、Fe^{2+} 等	MIn 在水中溶解度小，为防止 PAN 僵化，滴定时需加热

(一)铬黑 T

铬黑 T 简称 EBT，化学名称为 1-(1-羟基-2-萘-偶氮)-6-硝基-2-萘酚-4-磺酸钠。它属于二酚羟基偶氮类染料，是一种黑褐色粉末，具有金属光泽，可用符号 NaH_2In 表示。

铬黑 T 溶于水后，磺酸基上的 Na^+ 全部电离，以 H_2In^- 表示。H_2In^- 在溶液中存在下列平衡：

$$\underset{\substack{\text{紫红色}\\ pH<6}}{H_2In^-} \xrightleftharpoons{pK_{a1}=6.3} \underset{\substack{\text{蓝色}\\ pH=7\sim 11}}{HIn^{2-}} \xrightleftharpoons{pK_{a2}=11.6} \underset{\substack{\text{橙色}\\ pH>11.6}}{In^{3-}}$$

铬黑 T 可与 Mg^{2+}、Zn^{2+}、Cd^{2+}、Mn^{2+}、Ca^{2+} 等二价金属离子形成酒红色配合物。显然铬

黑 T 的使用酸度范围是 pH=7～11,因为在 pH<6 或 pH>11.6 的溶液中,铬黑 T 呈现的颜色与指示剂配合物颜色接近,很难区分。滴定终点颜色变化为:酒红→蓝色。

Al^{3+}、Fe^{3+}、Co^{2+}、Ni^{2+}、Cu^{2+}、Ti^{4+} 等金属离子对铬黑 T 有封闭作用,应预先分离或加入三乙醇胺、KCN 掩蔽。

铬黑 T 水溶液不稳定,只能保存几天,但铬黑 T 固体性质比较稳定。因此,使用时常将铬黑 T 与干燥的 NaCl 按 1∶100 混合研细,密闭保存备用。

(二)钙指示剂

钙指示剂简称 NN 或钙红,它也属于偶氮类染料,化学名称为 2-羟基-1-(2-羟基-4-磺酸基-1-萘-偶氮)-3-萘甲酸,可用符号 Na_2H_2In 表示。

钙指示剂溶于水后,电离为 H_2In^{2-},而 H_2In^{2-} 在溶液中存在下列平衡:

$$H_2In^{2-} \xrightleftharpoons{pK_{a1}=9.26} HIn^{3-} \xrightleftharpoons{pK_{a2}=13.6} In^{4-}$$

酒红色	蓝色	酒红色
pH<8	pH=8～13	pH>13

钙指示剂在 pH=12～13 间与 Ca^{2+} 形成酒红色配合物,指示剂自身呈现蓝色,滴定终点颜色为酒红→蓝色,是测定钙的专用指示剂。

钙指示剂纯品为紫黑色粉末,其水溶液不稳定,故一般与 NaCl 粉末混合(1∶100)后使用。

第四节　提高配位滴定选择性的方法

EDTA 可以跟大多数金属离子形成稳定的配位化合物。当待测溶液中同时存在几种金属离子时,在滴定过程中可能会相互干扰。常采用控制酸度和掩蔽的方法以减少或者消除共存离子的干扰。

一、控制酸度

每一种金属离子在配位滴定时都有其允许的最低 pH。如果待测溶液中同时存在两种或两种以上的金属离子,而它们与 EDTA 形成的配合物稳定常数相差足够大,(即 $\lg c(M)K'(MY)-\lg c(N)K'(N_Y)\geqslant 5$,就可以通过控制溶液的酸度,使 EDTA 只与其中的一种金属离子形成稳定的配合物,而与其他离子均无法形成稳定的配合物,以避免杂质离子对滴定的干扰。

二、利用掩蔽剂

为了提高配位滴定的选择性或避免对金属指示剂的封闭,常利用掩蔽剂来降低干扰离子的浓度,从而消除干扰离子的影响。

(一)配位掩蔽法

利用配位反应降低干扰离子的浓度,从而消除干扰的方法叫配位掩蔽法。这是一种应用最广泛的方法。例如，用 EDTA 测定水中 Ca^{2+}、Mg^{2+} 时，Al^{3+}、Fe^{3+} 的存在对 Ca^{2+}、Mg^{2+} 的测定有干扰，滴定前可先加入三乙醇胺，Al^{3+}、Fe^{3+} 能和它形成更稳定的配合物而被掩蔽。

配位掩蔽剂应该具备以下条件：

(1)掩蔽剂与干扰离子形成的配合物的稳定性必须大于干扰离子与 EDTA 形成的配合物的稳定性，而且掩蔽剂与干扰离子形成的配合物应该为无色或者浅色，不影响观察终点。

(2)掩蔽剂不与被测离子形成配合物，即使形成配合物，其稳定性应远小于 EDTA 与被测离子配合物的稳定性。

(3)掩蔽剂与干扰离子形成的配合物 pH 范围应符合滴定所需的 pH 范围。

(二)沉淀掩蔽法

利用沉淀反应降低干扰离子的浓度，从而消除干扰的方法叫沉淀掩蔽法。例如，用 EDTA 测定水中 Ca^{2+} 时，溶液中 Mg^{2+} 有干扰，可加入 NaOH 使 Mg^{2+} 生成 $Mg(OH)_2$ 沉淀，消除其干扰。

但由于沉淀反应掩蔽效率低，又易发生共沉淀现象、吸附作用等，妨碍终点的观察，故沉淀掩蔽法在实际应用中有一定的局限性，应用较少。

(三)氧化还原掩蔽法

利用氧化还原反应改变干扰离子的价态，从而消除干扰的方法叫氧化还原掩蔽法。例如，$\lg K(FeY^-)=25.1$，$\lg K(FeY^{2-})=14.33$，可见 $[FeY]^-$ 比 $[FeY]^{2-}$ 稳定得多。用 EDTA 滴定 Bi^{3+}、Zr^{4+} 时，如果待测溶液有 Fe^{3+} 存在将干扰滴定，为了消除干扰，加入抗坏血酸或盐酸羟胺($NH_2OH \cdot HCl$)使 Fe^{3+} 还原为 Fe^{2+}，还原反应为

$$4Fe^{3+}+2NH_2OH=4Fe^{2+}+N_2O+H_2O+4H^+$$

三、解蔽作用

将干扰离子掩蔽，被测离子完成测定以后，再加入另一种试剂(解蔽剂)，使被掩蔽的离子释放出来，这种方法称为解蔽。利用掩蔽和解蔽方法可以在同一溶液中连续测定两种或两种以上的离子。

例如，当溶液中同时存在 Zn^{2+} 和 Mg^{2+} 时，可以先调节溶液的 pH=10，加入 KCN 使 Zn^{2+} 形成 $[Zn(CN)_4]^{2-}$ 被掩蔽，便可以用 EDTA 测定 Mg^{2+}。当 Mg^{2+} 被滴定完以后，再加入甲醛，从 $[Zn(CN)_4]^{2-}$ 中释放出 Zn^{2+}，便可以继续用 EDTA 滴定 Zn^{2+}。

第五节　配位滴定法应用实例

水中往往含有一定量 Ca^{2+}、Mg^{2+} 的碳酸盐、酸式碳酸盐、硫酸盐、氯化物等，它们是形成水垢的主要原因。水的总硬度是指水中的所有形式的 Ca^{2+}、Mg^{2+} 的硬度，其中包括碳酸盐硬度(即通过加热能以碳酸盐形式沉淀下来的 Ca^{2+}、Mg^{2+}，又称暂时硬度)和非碳酸盐硬度(即

加热后不能沉淀下来的那一部分 Ca^{2+}、Mg^{2+}，又称永久硬度)。

硬度的表示方法在国际、国内都尚未统一，我们目前使用的方法是将测得的 Ca^{2+}、Mg^{2+} 折算为 CaO 或 $CaCO_3$ 的质量浓度，单位 $mg \cdot L^{-1}$。国家饮用水卫生标准规定水的总硬度(以 $CaCO_3$ 计)不能超过 450 $mg \cdot L^{-1}$。

1. 总硬度的测定

用 NH_3-NH_4Cl 缓冲溶液调节溶液的 pH=10，以铬黑 T 作指示剂，用 EDTA 标准溶液滴定至溶液颜色由酒红色变为蓝色，即到终点。消耗的 EDTA 的体积记作 V_1，则

$$\text{水的总硬度}(mg \cdot L^{-1}) = \frac{c(\text{EDTA})V_1 M(\text{CaCO}_3)}{V_{\text{水样}} \times 10^{-3}}$$

2. 钙离子含量的测定

以钙红作指示剂，在 pH=12 时，用 EDTA 滴定至溶液颜色由酒红色变为蓝色，即到终点。消耗的 EDTA 的体积记作 V_2。当 pH=12 时，Mg^{2+} 已经生成 $Mg(OH)_2$ 沉淀，不影响 Ca^{2+} 和 EDTA 反应，则

$$Ca^{2+}\ \text{含量}(mg \cdot L^{-1}) = \frac{c(\text{EDTA})V_2 M(\text{Ca}^{2+})}{V_{\text{水样}} \times 10^{-3}}$$

$$Mg^{2+}\ \text{含量}(mg \cdot L^{-1}) = \frac{c(\text{EDTA})(V_1 - V_2) M(\text{Mg}^{2+})}{V_{\text{水样}} \times 10^{-3}}$$

本章小结

1. 配位滴定法是指以配位反应为基础的滴定分析法。本章主要介绍以乙二胺四乙酸(EDTA)为标准溶液，测定金属离子的配位滴定法。

乙二胺四乙酸(EDTA)是一种氨羧配位体，含有 4 个羧氧配位原子和 2 个氨氮配位原子，是六基配位体，EDTA 能和大多数金属离子配位形成多个五元环的螯合物，其性质稳定，与金属离子的配位比为 1∶1，易溶于水。不考虑酸度影响时用绝对稳定常数 $K(MY)$ 表示其稳定性。

EDTA 的二钠盐溶于水后以六元酸(H_6Y^{2+})的形式存在，有六级电离平衡，以 7 种形式存在于水溶液中，其中只有 Y^{4-} 能够与金属离子形成配合物。因此，溶液的酸度对 EDTA 与金属离子形成的配合物的稳定性有很大影响，这种作用叫酸效应。酸度的影响用酸效应系数 $\alpha_{Y(H)}$ 来表示。酸效应的存在使得 MY 的稳定性降低，其稳定性用表观稳定常数 $K'(MY)$ 表示。表观稳定常数 $\lg K'(MY) = \lg K(MY) - \lg \alpha_{Y(H)}$，只有 $\lg K'(MY) \geq 8$ 时金属离子才能被准确滴定。酸效应曲线表示了在配位滴定分析中酸度对配合物稳定性的影响。

2. 金属指示剂也是一种配位剂，由于其本身(In)的颜色跟指示剂金属离子配合物(MIn)的颜色有着明显的不同，因此可以通过颜色的变化来指示终点。

3. 影响滴定分析结果准确度的因素很多，在配位滴定分析中应注意消除干扰，使测定结果准确可靠。

思考与练习

一、判断题

1. 只要金属离子能与 EDTA 形成配合物，都能用 EDTA 直接滴定。

2. 一般来说，EDTA 与金属离子生成配合物的 $K(MY)$ 越大，滴定允许的最高酸度越大。

3. 游离金属指示剂本身的颜色一定要与指示剂金属离子配合物的颜色有差别。

4. EDTA 的 7 种形式中，只有 Y^{4-} 能与金属离子直接配位，溶液的酸度越低，Y^{4-} 的浓度就越大。

5. 指示剂僵化只有另选指示剂，否则实验无法进行。

6. 配合物的中心离子（中心原子）既可以是金属元素，也可以是非金属元素；既可以是离子，也可以是原子。

二、选择题

1. 金属指示剂封闭现象的原因是（　　）。

A. $K'(MIn) > K'(MY)$　　B. $K'(MIn) < K'(MY)$

C. $K'(MIn) = K'(MY)$　　D. $K'(MIn)/K'(MY) = 10^{-2}$

2. 一般测定水硬度的方法是（　　）。

A. 酸碱滴定法　　B. 重铬酸钾法

C. 配位滴定法　　D. 沉淀滴定法

3. EDTA 滴定金属离子，准确滴定的条件是（　　）。

A. $\lg K(MY) \geqslant 6$　　B. $\lg K'(MY) \geqslant 6$

C. $\lg[c(M)K(MY)] \geqslant 6$　　D. $\lg[c(M)K'(MY)] \geqslant 6$

4. EDTA 直接滴定有色金属离子 M，终点所呈现的颜色是（　　）。

A. 指示剂的颜色　　B. EDTA-M 配合物的颜色

C. 指示剂-M 配合物的颜色　　D. 上述 A+B 的颜色

5. 下列关于酸效应系数的说法正确的是（　　）。

A. $\alpha_{Y(H)}$ 随着溶液 pH 的增大而增大　　B. 在 pH 很小时 $\alpha_{Y(H)}$ 约等于零

C. $\lg\alpha_{Y(H)}$ 随着溶液 pH 的减小而增大　　D. 在 pH 很大时 $\alpha_{Y(H)}$ 约等于零

6. 为了测定水中 Ca^{2+}、Mg^{2+} 的含量，以下消除少量 Fe^{3+}、Al^{3+} 干扰的方法中，正确的是（　　）。

A. 于 pH=10 的氨性溶液中直接加入三乙醇胺

B. 于酸性溶液中加入 KCN，然后调至 pH=10

C. 于酸性溶液中加入三乙醇胺，然后加入氨水调至 pH=10

D. 加入三乙醇胺时，不需要考虑溶液的酸碱性

三、填空题

1. 配位滴定曲线滴定突跃范围的大小取决于________和________。在金属离子浓度一定的条件下，________越大，突跃范围________；在条件稳定常数 $K'(MY)$ 一定时，________越大，突跃范围________。

2. EDTA 中含有________个配位原子，和金属离子的配位比为________。EDTA 的结构

式为________。

3. 用 EDTA 滴定法测定水中钙量时，用________作指示剂，溶液的 pH ________，终点颜色为________。

4. EDTA 法可测定________离子，在测定这些离子时，主要要控制溶液的________。

5. 铬黑 T 最合适的酸度是________，终点时溶液由________色变为________色。

6. 钙红最合适的酸度是________，终点时溶液由________色变为________色。

四、简答题

1. EDTA 与金属离子的配合物有何特点？

2. EDTA 在溶液中可以几种形式存在？各种形式的分配比例与溶液 pH 有何关系？

3. 何谓酸效应？它如何影响 EDTA 配合物的条件稳定常数？

4. 在配位滴定中如何确定滴定某个金属离子合适的 pH？

5. 配位滴定中如何消除干扰离子的影响？

6. 什么是金属指示剂？金属指示剂应该具备哪些条件？

7. 什么是水硬度？如何测定水的硬度？

五、计算题

1. 在 pH＝5 的缓冲溶液中，MgY 配合物的表观稳定常数是多少？用 0.010 0 mol · L^{-1} EDTA 溶液能否准确滴定 0.010 0 mol · L^{-1} Mg^{2+} 溶液？如改为 pH＝10 又如何？

2. 称取 0.100 5 g 纯 $CaCO_3$，溶解，于容量瓶中配制成 100 mL 溶液，吸取 25.00 mL，在 pH＝12 时以钙指示剂指示终点，用 EDTA 溶液滴定，消耗 24.50 mL，计算 EDTA 溶液的物质的量浓度。

3. 取 100 mL 水样，调节 pH＝10，以铬黑 T 为指示剂，用 0.010 0 mol · L^{-1} EDTA 标准溶液滴定至终点，用去 EDTA 25.40 mL；另取水样 100 mL，调节 pH＝12，加入钙指示剂，滴定至终点时用去 0.010 0 mol · L^{-1} EDTA 标准溶液 14.25 mL。求水样的总硬度以及 Ca^{2+}、Mg^{2+} 的含量。

4. 某试剂厂用配位滴定法测定 $ZnCl_2$ 的产品纯度，准确称取试样 0.250 0 g，溶于水后调节 pH＝6，以二甲酚橙为指示剂，用 0.102 4 mol · L^{-1} EDTA 标准溶液滴定至终点，用去 17.60 mL，求产品中 $ZnCl_2$ 的质量分数。

第九章

氧化还原滴定法和沉淀滴定法

【本章引言】

氧化还原滴定法和沉淀滴定法都是实际工作中常用的化学分析方法。氧化还原滴定法以氧化还原反应为基础，根据标准溶液不同，可分为高锰酸钾法、重铬酸钾法、碘量法等。沉淀滴定法主要是利用各种产生沉淀反应，反应中产生沉淀的现象可以用来指示滴定反应终点。

【科苑导读】

绿色化学又称环境友好化学，其理念是从源头上预防污染，生产过程中消除污染，生产终端能对废物进行有效处理和利用。世界上很多国家已把“化学的绿色化”作为21世纪化学发展的主要方向之一。化学实验绿色化的核心是“5R”原则，即Reduction，原料的减量和实验废弃物的减排；Reuse，实验资源的循环重复使用；Recycling，实验资源的回收利用；Regeneration，实验废物的有效利用；Rejection，有毒有害品的拒绝使用。

例如，分析化学实验项目“生理盐水中氯含量的测定”，产生的废液的主要成分是氯化银和硝酸银，我们可以用价格便宜的NaCl溶液把废液中的Ag^+转化为AgCl沉淀；经过滤分离后，再加入氨水使AgCl转化为可溶的$[Ag(NH_3)_4]^+$；接着在$[Ag(NH_3)_4]^+$溶液中加入过量NaOH使$[Ag(NH_3)_4]^+$转化为Ag_2O沉淀；最后加入HNO_3得到$AgNO_3$溶液；得到的$AgNO_3$溶液经标定后即可用作学生实验的标准溶液。

可见，通过实验设计对实验废液进行有效处理和循环利用，能有效提高化学试剂的使用率和减少环境污染。同学们想一想，还有哪些化学实验中的污染物可以“变废为宝”呢？

【学习目标】

知识目标

- 了解氧化还原滴定法中指示剂的类型。
- 掌握高锰酸钾法、重铬酸钾法的特点和应用。
- 掌握沉淀滴定法中莫尔法和佛尔哈德法的基本原理、滴定条件及应用。
- 掌握氧化还原滴定法及沉淀滴定法的有关计算。

［课程学习］

第九章课程PPT

能力目标

- 能熟练运用氧化还原滴定法测定有关物质的含量。
- 能熟练运用沉淀滴定法测定有关物质的含量。

素质目标

- 具有良好的职业道德和环境保护意识。
- 具有对立统一的辩证思维。

【知识导图】

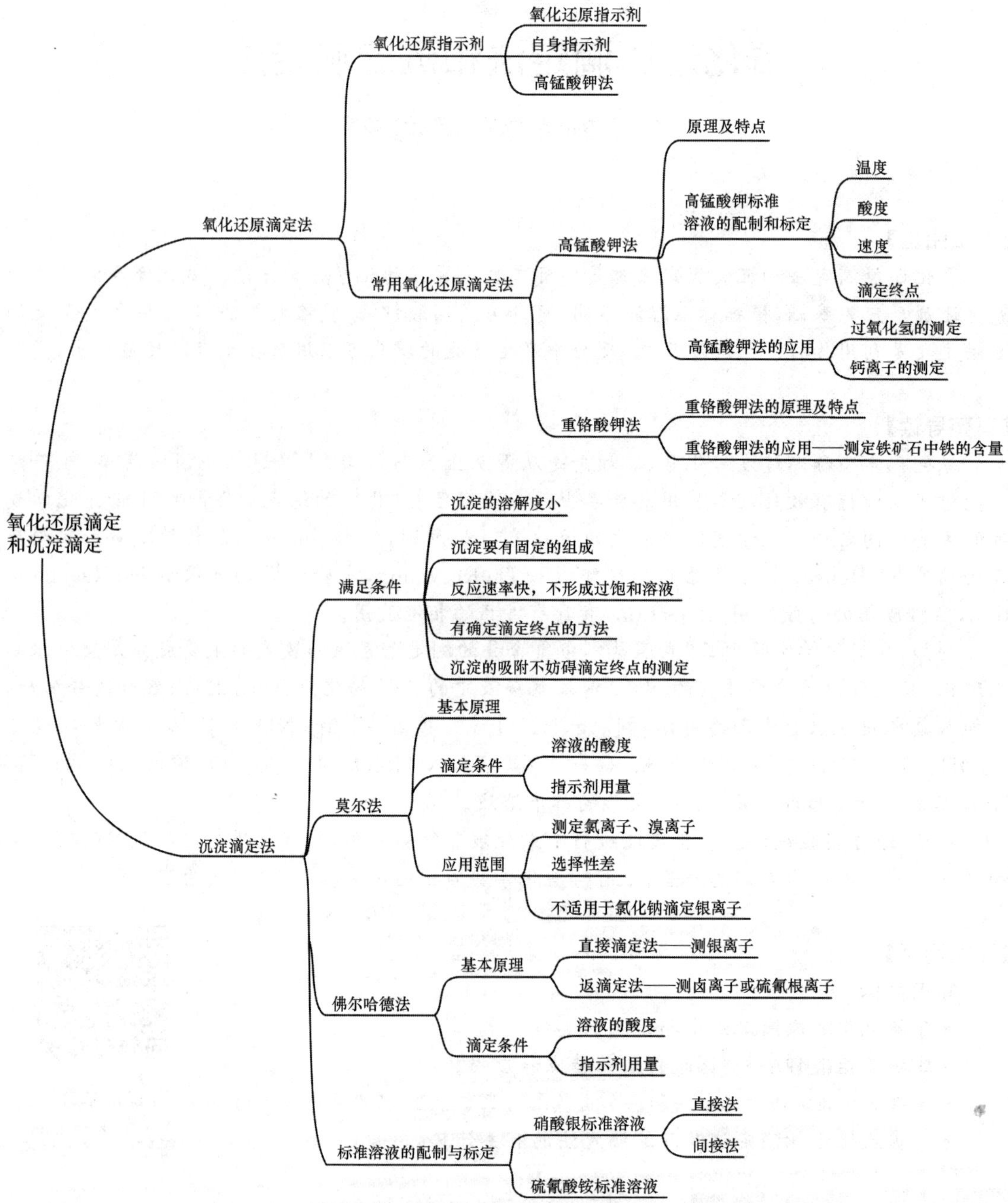

第一节　氧化还原滴定法

氧化还原滴定法是以氧化还原反应为基础的一种滴定分析方法。氧化还原滴定法不但可以直接测定氧化还原性物质的含量，也能间接测定非氧化还原性物质的含量。根据所用标准溶液不同分为高锰酸钾法、重铬酸钾法、碘量法等。本书重点讨论高锰酸钾法和重铬酸钾法。

高锰酸钾法反应原理：　$MnO_4^- + 5e^- + 8H^+ \rightleftharpoons Mn^{2+} + 4H_2O$

重铬酸钾法反应原理：　$Cr_2O_7^{2-} + 14H^+ + 6e^- \rightleftharpoons 2Cr^{3+} + 7H_2O$

氧化还原反应比较复杂，副反应多，反应速率慢。因此，利用氧化还原滴定法时，应注意控制反应条件、加快反应速率、防止副反应发生。

一、氧化还原指示剂

在氧化还原滴定中，可利用指示剂在化学计量点附近颜色的改变来指示滴定终点。常用的氧化还原指示剂有 3 种。

(一)氧化还原指示剂

氧化还原指示剂是一类本身具有氧化还原性质的有机化合物，其氧化态 In(氧)与还原态 In(还)具有不同的颜色，在滴定过程中，因氧化还原作用而发生颜色变化从而指示终点：

$$\underset{\text{氧化态颜色}}{\text{In(氧)}} + ne^- \rightleftharpoons \underset{\text{还原态颜色}}{\text{In(还)}}$$

根据能斯特方程，氧化还原指示剂的电极电势与其浓度之间有如下关系：

$$E[\text{In(氧)}/\text{In(还)}] = E^{\ominus}[\text{In(氧)}/\text{In(还)}] + \frac{0.059\,2}{n}\lg\frac{[\text{In(氧)}]}{[\text{In(还)}]}$$

与酸碱指示剂的变色情况相似，当$\frac{[\text{In(氧)}]}{[\text{In(还)}]} = 10 \sim \frac{1}{10}$时，能看到颜色的明显变化，所以，指示剂的理论变色范围为

$$E[\text{In(氧)}/\text{In(还)}] = E^{\ominus}[\text{In(氧)}/\text{In(还)}] \pm \frac{0.059\,2}{n}$$

常用的氧化还原指示剂见表 9-1。

表 9-1 常用的氧化还原指示剂

指示剂	$E^{\ominus}/V$	颜色变化	
		氧化态	还原态
亚甲基蓝	0.36	蓝	无
二苯胺	0.76	紫	无
二苯胺磺酸钠	0.84	紫红	无
邻氨基苯甲酸	0.89	紫红	无
邻二氮菲-亚铁	1.06	浅蓝	红
硝基邻二氮菲-亚铁	1.25	浅蓝	紫红

(二)自身指示剂

在氧化还原滴定中,有的标准溶液或被测物质本身反应前后有颜色变化,从而确定滴定终点,称之为自身指示剂。例如高锰酸钾法中,标准溶液 $KMnO_4$ 呈紫红色,在滴定中 MnO_4^- 被还原为无色的 Mn^{2+},滴定到化学计量点时,只要稍过量的 $KMnO_4$ 就使可溶液显粉红色指示终点。

(三)专属指示剂

有些指示剂本身不具有氧化还原性,但能与标准溶液或被测物质形成特殊颜色,从而确定滴定终点,这种指示剂称为专属指示剂。如淀粉遇 I_2 生成深蓝色吸附化合物,因此在碘量法中可以采用淀粉作指示剂,根据溶液中蓝色的出现或消失来判断滴定终点。

二、常用氧化还原滴定法

(一)高锰酸钾法

1. 原理及特点

高锰酸钾法是以 $KMnO_4$ 作为标准溶液的氧化还原滴定方法。$KMnO_4$ 是一种强氧化剂,其氧化能力和还原产物与溶液的酸度有关(表 9-2)。

表 9-2 $KMnO_4$ 的氧化性和酸度的关系

介质	反应	$E^{\ominus}/V$
强酸性	$MnO_4^- + 5e^- + 8H^+ \rightleftharpoons Mn^{2+} + 4H_2O$	1.51
弱酸性、中性、弱碱性	$MnO_4^- + 3e^- + 2H_2O \rightleftharpoons MnO_2\downarrow + 4OH^-$	0.588
强碱性	$MnO_4^- + e^- \rightleftharpoons MnO_4^{2-}$	0.564

由于在强酸性溶液中 $KMnO_4$ 氧化性最强,高锰酸钾法一般在强酸溶液中进行。溶液的 H^+ 浓度以控制在 1~2 $mol \cdot L^{-1}$ 为宜,酸度不足时容易生成 MnO_2 沉淀,酸度过高会导致 $KMnO_4$ 分解。调节酸度采用 H_2SO_4,由于 HNO_3 有氧化性,而 HCl 具有还原性,可被 $KMnO_4$ 氧化,均不宜使用。

$KMnO_4$ 溶液呈紫红色，其还原产物 Mn^{2+} 几近无色，自身可以确定终点，在化学计量点时，稍过量的 $KMnO_4$（$KMnO_4$ 浓度约为 2×10^{-6} mol·L^{-1}）使溶液呈粉红色而指示滴定终点。所以不必另选指示剂。

2.$KMnO_4$ 标准溶液的配制和标定

（1）$KMnO_4$ 标准溶液的配制　市售的 $KMnO_4$ 试剂中常含有二氧化锰、硫酸锰和硝酸锰等少量杂质，$KMnO_4$ 氧化能力强，易和水中的有机物、空气中的尘埃、氨等还原性物质作用。$KMnO_4$ 在水溶液中还会自动分解，见光、受热分解速度加快：

$$4MnO_4^- + 2H_2O \rightleftharpoons 4MnO_2\downarrow + 3O_2 + 4OH^-$$

因此 $KMnO_4$ 标准溶液不能用直接法配制。配制 $KMnO_4$ 溶液时，应注意：

①称取稍多于理论量的 $KMnO_4$。

②配好的 $KMnO_4$ 溶液加热煮沸，保持微沸 1 h，然后放置 7～10 d，使溶液中可能存在的还原性物质完全氧化。

③为避免光对 $KMnO_4$ 溶液的催化分解，配制好的 $KMnO_4$ 溶液应贮存在棕色试剂瓶中，暗处保存，待标定。

④过滤除去 MnO_2 沉淀（过滤时用玻璃纤维或砂芯漏斗，不能用滤纸）。

（2）$KMnO_4$ 标准溶液的标定　由于 $KMnO_4$ 溶液不稳定，需要定期重新标定。标定 $KMnO_4$ 溶液的基准物质有 As_2O_3、$Na_2C_2O_4$、$H_2C_2O_4\cdot2H_2O$、$FeSO_4$、纯铁丝等。其中 $Na_2C_2O_4$ 因不含结晶水，没有吸湿性，受热稳定，故较为常用。$Na_2C_2O_4$ 标定 $KMnO_4$ 标准溶液的反应为

$$2MnO_4^- + 5C_2O_4^{2-} + 16H^+ \rightleftharpoons 2Mn^{2+} + 8H_2O + 10CO_2\uparrow$$

$$c\left(\frac{1}{5}KMnO_4\right) = \frac{m(Na_2C_2O_4)}{M\left(\frac{1}{2}Na_2C_2O_4\right)V(KMnO_4)}$$

标定时应注意：

①温度　室温下此反应速度缓慢。为加快反应速度，应将溶液加热至 75～85℃，并在滴定过程中保持溶液的温度不低于 60℃。但温度不宜太高，若高于 90℃，会使 $H_2C_2O_4$ 分解：

$$H_2C_2O_4 = CO_2\uparrow + CO\uparrow + H_2O$$

②酸度　溶液必须保持足够的酸度。一般在开始滴定时，溶液的酸度（H^+）为 0.5～1.0 mol·L^{-1}，滴定终点时酸度（H^+）为 0.2～0.5 mol·L^{-1}。酸度不足时，容易生成 MnO_2 沉淀；酸度过高又会促进 $H_2C_2O_4$ 分解。

③速度　滴定开始时，因反应速度较慢，滴定速度不宜太快。随着催化剂 Mn^{2+} 出现，滴定速度可以加快，但仍不能太快，否则加入的 $KMnO_4$ 来不及和 $Na_2C_2O_4$ 反应，在热的酸性溶液中发生分解，从而使结果偏低：

$$4MnO_4^- + 12H^+ \rightleftharpoons 4Mn^{2+} + 5O_2\uparrow + 6H_2O$$

④滴定终点　高锰酸钾法滴定终点不太稳定，滴定至终点后，溶液出现的粉红色不能持久，会慢慢消失，这是因为空气中的还原性气体及尘埃等杂质会使 $KMnO_4$ 慢慢分解。终点的粉红色在 30 s 内不褪色即可。

知识窗

$KMnO_4$ 溶液不稳定，需要定期重新标定。标定 $KMnO_4$ 时，滴定速度应先慢后快，这是因为刚开始时反应速率较缓慢，反应开始后产生了 Mn^{2+}，它对滴定反应具有催化作用，使反应速率加快，这种反应叫作自催化反应。

3. 高锰酸钾法的应用

(1)过氧化氢的测定　在酸性溶液中，$KMnO_4$ 能直接定量测定 H_2O_2，其反应式为

$$2MnO_4^- + 5H_2O_2 + 6H^+ \rightleftharpoons 2Mn^{2+} + 5O_2\uparrow + 8H_2O$$

滴定在室温下进行。开始时反应速度较慢，当生成少量 Mn^{2+} 后反应速度加快，滴定速度可相应加快。

H_2O_2 含量可按下式计算：

$$\rho_{H_2O_2} = \frac{c\left(\frac{1}{5}KMnO_4\right)V(KMnO_4)M\left(\frac{1}{2}H_2O_2\right)}{V_{试样}}$$

该法也可用于 Fe^{2+}、$C_2O_4^{2-}$、NO_2^-、As(Ⅲ)的测定。

(2)Ca^{2+} 的测定　测定时，先在试样中加入 $(NH_4)_2C_2O_4$，使 Ca^{2+} 沉淀为 CaC_2O_4 沉淀。沉淀过滤、洗涤除去过量的 $(NH_4)_2C_2O_4$ 后，用热的稀 H_2SO_4 将沉淀溶解，再用 $KMnO_4$ 标准溶液滴定至终点。反应如下：

$$Ca^{2+} + C_2O_4^{2-} \rightleftharpoons CaC_2O_4\downarrow$$

$$CaC_2O_4 + 2H^+ \rightleftharpoons Ca^{2+} + H_2C_2O_4$$

$$2MnO_4^- + 5C_2O_4^{2-} + 16H^+ \rightleftharpoons 10CO_2\uparrow + 2Mn^{2+} + 8H_2O$$

Ca^{2+} 含量可按下式计算：

$$w(Ca^{2+}) = \frac{c\left(\frac{1}{5}KMnO_4\right)V(KMnO_4)M\left(\frac{1}{2}Ca^{2+}\right)}{m_{试样}} \times 100\%$$

凡是能与 $C_2O_4^{2-}$ 生成草酸盐沉淀的金属离子如 Pb^{2+}、Ba^{2+}、Zn^{2+}、Cd^{2+}、Ag^+ 等均能用此法测定。

另外，如果以 $Na_2C_2O_4$ 标准溶液或 $FeSO_4$ 标准溶液配合，采用返滴定法，也可测定一些强氧化剂，如 MnO_2、PbO_2、CrO_4^{2-}、$S_2O_8^{2-}$、ClO_3^-、BrO_3^-、IO_3^- 等。

[视频学习]
重铬酸钾法

(二)重铬酸钾法

1. 重铬酸钾法的原理及特点

重铬酸钾法是以 $K_2Cr_2O_7$ 为标准溶液的氧化还原滴定法。$K_2Cr_2O_7$ 是一种常用的氧化剂，在酸性溶液中与还原剂作用，被还原为 Cr^{3+}，其电极反应为

$$Cr_2O_7^{2-} + 14H^+ + 6e^- \rightleftharpoons 2Cr^{3+} + 7H_2O \quad E^{\ominus} = 1.33\ V$$

从半反应式可以看出，溶液的酸度越高，$Cr_2O_7^{2-}$ 的氧化能力越强，故重铬酸钾法必须在强酸性溶液中进行测定。控制酸度可用盐酸或硫酸，不能用硝酸。

$K_2Cr_2O_7$ 溶液为橙色，反应后生成的 Cr^{3+} 为绿色，颜色变化不明显，需加氧化还原指示剂判断终点，如二苯胺磺酸钠等。

由于 $K_2Cr_2O_7$ 的氧化能力比较弱，该法的应用范围较高锰酸钾法窄。但与高锰酸钾法相比，重铬酸钾法具有以下优点：

(1) $K_2Cr_2O_7$ 容易提纯，在 140～150℃干燥后可直接配制标准溶液；

(2) $K_2Cr_2O_7$ 标准溶液非常稳定，在密闭容器内可长期保存；

(3) $K_2Cr_2O_7$ 氧化能力较弱，室温下不与 Cl^- 作用，因此可在盐酸溶液中滴定。

2. *重铬酸钾法的应用*

用重铬酸钾法可以测定铁矿石中铁的含量。测定时以二苯胺磺酸钠作指示剂，终点时溶液由浅绿色变为紫红色。用硫酸和磷酸混合酸化，磷酸可以与 Fe^{3+} 形成无色 $FeHPO_4^+$，有利于终点观察。滴定反应为：

$$Cr_2O_7^{2-} + 14H^+ + 6Fe^{2+} \rightleftharpoons 2Cr^{3+} + 7H_2O + 6Fe^{3+}$$

［扩展学习］ 碘量法

Fe^{2+} 的含量可用下式计算：

$$w(\mathrm{Fe}) = \frac{c\left(\frac{1}{6}K_2Cr_2O_7\right)V(K_2Cr_2O_7)M(Fe^{2+})}{m_{试样}} \times 100\%$$

第二节　沉淀滴定法

利用沉淀反应进行滴定分析的方法称为沉淀滴定法。沉淀滴定法必须满足以下条件：

(1) 沉淀的溶解度要小；

(2) 沉淀要有固定的组成；

(3) 反应速率快，不形成过饱和溶液；

(4) 有确定滴定终点的方法；

(5) 沉淀的吸附现象不妨碍滴定终点的测定。

因而，尽管生成沉淀的反应很多，但符合沉淀滴定分析条件的很少。目前，在分析上应用最为广泛的是银量法。它是利用生成难溶银盐的反应进行滴定分析的方法。例如：

$$Ag^+ + Cl^- \rightleftharpoons AgCl\downarrow$$
$$Ag^+ + SCN^- \rightleftharpoons AgSCN\downarrow$$

银量法主要用于测定 Ag^+、Cl^-、Br^-、I^-、SCN^- 等以及一些含有卤素的有机化合物。在化学工业、环境监测、水质分析、农药检验以及冶金工业中有重要的意义。

银量法根据所用指示剂不同，按创立者的名字命名，可分为莫尔(Mohr)法、佛尔哈德(Volhard)法、法扬司(Fajans)法。本书重点介绍莫尔法和佛尔哈德法。

一、莫尔法——铬酸钾指示剂法

莫尔法是以铬酸钾（K_2CrO_4）作指示剂，在中性或弱碱性溶液中，用$AgNO_3$标准溶液滴定Cl^-或Br^-的方法。

[视频学习] 莫尔法

（一）基本原理

以$AgNO_3$标准溶液测定Cl^-为例，溶液中的Cl^-和CrO_4^{2-}分别和Ag^+生成AgCl沉淀及Ag_2CrO_4沉淀：

滴定反应：$Ag^+ + Cl^- \rightleftharpoons AgCl\downarrow$（白色）　　$K_{sp}(AgCl)=1.8\times10^{-10}$

终点反应：$2Ag^+ + CrO_4^{2-} \rightleftharpoons Ag_2CrO_4\downarrow$（砖红色）　　$K_{sp}(Ag_2CrO_4)=1.1\times10^{-12}$

根据分步沉淀原理，由于溶液中待测的$[Cl^-]$远远大于指示剂$[CrO_4^{2-}]$，且AgCl的溶解度（$1.34\times10^{-5}\ mol\cdot L^{-1}$）比$Ag_2CrO_4$（$6.6\times10^{-5}\ mol\cdot L^{-1}$）小，在滴定过程中首先析出AgCl沉淀，当$Cl^-$被定量沉淀后，稍过量的$Ag^+$与$CrO_4^{2-}$生成砖红色$Ag_2CrO_4$沉淀，指示滴定终点。

（二）滴定条件

1. 溶液的酸度

莫尔法滴定只适于在中性或弱碱性溶液中进行，最适宜pH范围在6.5～10.5。

（1）溶液酸性过高，CrO_4^{2-}会发生如下转化：

$$2CrO_4^{2-} + 2H^+ \rightleftharpoons 2HCrO_4^- \rightleftharpoons Cr_2O_7^{2-} + H_2O$$

因而降低了CrO_4^{2-}的浓度，造成Ag_2CrO_4沉淀出现过迟，甚至不出现沉淀。

（2）溶液的碱性太强，则有褐色Ag_2O沉淀析出：

$$2Ag^+ + 2OH^- = Ag_2O\downarrow + H_2O$$

（3）在氨性溶液中，由于生成$[Ag(NH_3)_2]^+$，将使AgCl沉淀溶解。

2. 指示剂用量

若指示剂K_2CrO_4的浓度过高，则砖红色沉淀过早生成，滴定终点提前，结果偏低，且K_2CrO_4本身的黄色会妨碍终点颜色的判断；若K_2CrO_4浓度过低，则砖红色沉淀过迟生成，滴定终点推后，结果偏高，造成误差。

实践证明，K_2CrO_4的浓度约为$5.0\times10^{-3}\ mol\cdot L^{-1}$（相当于每50～100 mL溶液中加入5% K_2CrO_4溶液1.0～2.0 mL）。

（三）应用范围

（1）莫尔法主要用于测定Cl^-和Br^-，但不能测定I^-和SCN^-。因为AgI和AgSCN沉淀强烈吸附溶液中的I^-和SCN^-，使终点提前，误差较大。AgCl和AgBr沉淀虽然也容易吸附Cl^-和Br^-，但经过剧烈振荡，可以减少吸附。

（2）莫尔法选择性较差，凡能与Ag^+生成沉淀的阴离子（如PO_4^{3-}、AsO_4^{3-}、S^{2-}、CO_3^{2-}等），能与CrO_4^{2-}生成沉淀的阳离子（如Ba^{2+}、Pb^{2+}、Hg^{2+}等），以及中性和弱碱性条件下可水解的

金属离子均干扰测定。大量存在的有色离子如 MnO_4^-、Fe^{3+}、Cu^{2+}、Ni^{2+}、Co^{2+} 等也会干扰终点的观察，应预先消除。

(3)不适于 NaCl 滴定 Ag^+，因为 Ag_2CrO_4 沉淀转化为 AgCl 沉淀的速度较慢。

因为莫尔法选择性较差，应用受到一定限制。但是其方法简单，对 Cl^- 和 Br^- 含量较低、干扰少的试样(如天然水、纯氯化物)进行分析，可得准确结果。

二、佛尔哈德法——铁铵矾指示剂法

佛尔哈德法是在酸性条件下，以铁铵矾[$FeNH_4(SO_4)_2 \cdot 12H_2O$]作指示剂以确定终点的方法。根据滴定方式不同，分为直接滴定法和返滴定法。

(一)基本原理

1. 直接滴定法(测 Ag^+)

在稀 HNO_3 溶液中，以铁铵矾为指示剂，用 NH_4SCN(或 KSCN)标准溶液测定 Ag^+ 的方法。在滴定过程中首先析出 AgSCN 白色沉淀，当 Ag^+ 沉淀完全后，稍过量的 SCN^- 与 Fe^{3+} 结合生成血红色配离子$[FeSCN]^{2+}$，即为滴定终点。

滴定反应：　$Ag^+ + SCN^- \rightleftharpoons AgSCN\downarrow$(白色)　　$K_{sp}(AgSCN)=1.0\times10^{-12}$

终点反应：　$Fe^{3+} + SCN^- \rightleftharpoons [FeSCN]^{2+}$(血红色)

2. 返滴定法(测卤离子或 SCN^-)

在含有卤素离子的硝酸溶液中，首先加入准确过量 $AgNO_3$ 标准溶液，待 $AgNO_3$ 与被测物质反应完全后，以铁铵矾作指示剂，再用 NH_4SCN 标准溶液滴定剩余的 $AgNO_3$，滴定至溶液出现血红色即为终点。例如 Cl^- 的测定，反应如下：

滴定前反应：　Ag^+(过量)$+Cl^- \rightleftharpoons AgCl\downarrow$(白色)　　$K_{sp}(AgCl)=1.8\times10^{-10}$

滴定反应：　Ag^+(剩余)$+SCN^- \rightleftharpoons AgSCN\downarrow$(白色)　　$K_{sp}(AgSCN)=1.0\times10^{-12}$

终点反应：　$Fe^{3+} + SCN^- \rightleftharpoons [FeSCN]^{2+}$(血红色)　　$K_{稳}\{[FeSCN]^{2+}\}=138$

(二)滴定条件

1. 溶液的酸度

佛尔哈德法适于在 $0.1\sim1.0\ mol \cdot L^{-1}$ 的硝酸溶液介质中进行。因为 Fe^{3+} 在中性或碱性溶液中水解生成 $Fe(OH)_3$ 棕色沉淀，同时，$2Ag^+$ 在碱性溶液中生成 Ag_2O 褐色沉淀，影响终点的确定。

2. 指示剂用量

在化学计量点时溶液中 SCN^- 的浓度为

$$c(SCN^-)=\sqrt{K_{sp}(AgSCN)}=\sqrt{1.0\times10^{-12}}=1.0\times10^{-6}(mol \cdot L^{-1})$$

实验证明，当$[FeSCN]^{2+}$的浓度达到 $6.0\times10^{-6}\ mol \cdot L^{-1}$ 左右时，才能观察到明显的红色。这时：

$$c(Fe^{3+})=\frac{c\{[FeSCN]^{2+}\}}{K\{[FeSCN]^{2+}\}c(SCN^-)}=\frac{6.0\times10^{-6}}{138\times1.0\times10^{-6}}=0.043(mol \cdot L^{-1})$$

实际滴定中，Fe^{3+} 的浓度较大时，溶液呈现较深的黄色，影响终点的观察。通常要求 Fe^{3+} 的浓度为 0.015 mol·L^{-1}。

(三)注意事项

(1)测定 Cl^- 时，由于 AgCl 的溶解度大于 AgSCN，故终点后，过量的 SCN^- 将与 AgCl 发生置换反应，使 AgCl 转化成更难溶的 AgSCN 沉淀：

$$AgCl\downarrow + SCN^- \rightleftharpoons AgSCN\downarrow + Cl^-$$

所以溶液出现红色后，随着不断地摇动，溶液红色又逐渐消失，即

$$AgCl\downarrow + [FeSCN]^{2+} \rightleftharpoons AgSCN\downarrow + Cl^- + Fe^{3+}$$

显然到达终点时，多消耗了 NH_4SCN 标准溶液，会引起较大的滴定误差。因此，应设法将 AgCl 沉淀与溶液分开。一种方法是在返滴定前将 AgCl 沉淀滤去，再在滤液中进行滴定，但操作麻烦。另一种方法是在返滴定前加入有机溶剂(密度大于水又不与水互溶)，如硝基苯(有毒)或 1,2-二氯乙烷，用力振荡，将 AgCl 沉淀包裹起来，与溶液隔离，该法简便，效果显著。

测定 Br^-、I^- 时，由于 AgBr 和 AgI 的溶解度均小于 AgSCN，不发生上述沉淀的转化。

(2)直接法测 Ag^+ 时，AgSCN 沉淀易吸附溶液中的 Ag^+，使终点提前出现，所以滴定时必须剧烈振荡，使被吸附的 Ag^+ 释放出来。

(3)返滴定法滴定碘化物时，应首先加入过量的 $AgNO_3$ 标准溶液，再加指示剂，否则会发生下述反应而造成误差：

$$2I^- + 2Fe^{3+} = I_2 + 2Fe^{2+}$$

(4)强氧化剂、氮的低价化合物和汞盐等都能与 SCN^- 结合，干扰测定，所以必须预先除去。

(5)滴定不宜在高温下进行，否则会使 $[FeSCN]^{2+}$ 颜色褪去。

[扩展学习]
法扬司法

三、标准溶液的配制与标定

(一)$AgNO_3$ 标准溶液的配制和标定

1. 直接法

$AgNO_3$ 可以制得纯品，符合基准物质的要求，可以用直接法配制。将分析纯的 $AgNO_3$ 置于烘箱内，在 220～250℃烘干 2 h，以除去吸湿水。称取一定量烘干的 $AgNO_3$，用不含 Cl^- 的蒸馏水溶解后注入一定体积的棕色容量瓶中，加水稀释至刻度并摇匀，即得一定浓度的标准溶液。

由于 $AgNO_3$ 与有机物接触易起还原作用，应保存于玻璃瓶中。$AgNO_3$ 有腐蚀性，应注意勿与皮肤接触。$AgNO_3$ 滴定时应使用酸式滴定管。$AgNO_3$ 见光易分解：

$$2AgNO_3 \xrightleftharpoons{光} 2Ag + 2NO_2\uparrow + O_2\uparrow$$

故 $AgNO_3$ 标准溶液应贮存在棕色瓶中，并置于暗处。

2. 间接法

市售的 $AgNO_3$ 中往往含有金属银、有机物、亚硝酸盐及铵盐等杂质，所以配制成溶液后应进行标定。标定 $AgNO_3$ 溶液最常用的基准物质为 NaCl，但因为 NaCl 易吸潮，故在使用前于 500～600℃下干燥，冷却后，置于密闭瓶中，保存于干燥器内备用。

$$AgNO_3 + NaCl \rightleftharpoons AgCl\downarrow + NaNO_3$$

(二)NH_4SCN 标准溶液的配制与标定

NH_4SCN 试剂一般含有杂质，且易潮解，故用间接法配制。常以铁铵矾为指示剂，用已知准确浓度的 $AgNO_3$ 标准溶液进行标定：

$$AgNO_3 + NH_4SCN \rightleftharpoons AgSCN\downarrow + NH_4NO_3$$

四、应用实例——可溶性氯化物中氯的测定

(1)地下水和地面水都含有氯化物，主要是钠、钙、镁的盐类，自来水用次氯酸盐消毒时也会带入一定量的氯化物，可用莫尔法测定。

(2)在中性或微碱性条件下，若试样中含有能与 Ag^+ 生成沉淀的阴离子(如 PO_4^{3-}、AsO_4^{3-}、S^{2-}、CO_3^{2-} 等)时，干扰测定。可采用佛尔哈德法进行测定，因为在酸性条件下，这些阴离子都不会与 Ag^+ 结合产生沉淀，从而避免干扰。

测定结果，可根据试样的质量和滴定用去的标准溶液的体积，计算试样中氯的质量分数。

本章小结

1. 氧化还原滴定法是以氧化还原反应为基础的滴定分析方法。常用的氧化还原滴定法有高锰酸钾法、重铬酸钾法等。

由于氧化还原反应过程较复杂，反应速率慢，常伴有副反应发生，所以氧化还原滴定法必须严格控制反应条件。

2. 沉淀滴定法主要是利用生成难溶性银盐的反应，故称为银量法，主要用于测定 Cl^-、Br^-、I^-、CN^-、SCN^-、Ag^+ 等离子。

根据所用的指示剂的不同又分为莫尔法、佛尔哈德法和法扬司法。

莫尔法是以 K_2CrO_4 为指示剂，以 $AgNO_3$ 为标准溶液，在 $pH=6.5\sim10.5$ 条件下测定 Cl^-、Br^-。

佛尔哈德法是以 $FeNH_4(SO_4)_2\cdot12H_2O$ 为指示剂，以 KSCN 或 NH_4SCN 为标准溶液的方法。本法又分为直接滴定法和返滴定法。直接滴定法可测定 Ag^+，返滴定法可测定 Cl^-、Br^-、I^- 等。

思考与练习

一、判断题

1. $KMnO_4$ 标准溶液长期放置后仍可直接使用，它的浓度不变。

2. 莫尔法可用于测定 Cl^-、Br^-、I^- 和 SCN^-。

3. 用莫尔法进行沉淀滴定时，所用指示剂为铬酸钾。

4. 莫尔法应在 pH＝3.5～6.5 的条件下进行。

二、选择题

1. 佛尔哈德法是用铁铵矾做指示剂，根据 Fe^{3+} 的特性，此法要求溶液必须呈（　　）。

A. 酸性　　B. 中性　　C. 弱碱性　　D. 碱性

2. 在高锰酸钾滴定法中，用于调节溶液酸度的是（　　）。

A. HAc　　B. H_2SO_4　　C. HNO_3　　D. HCl

3. 下列物质不能作为基准物质的是（　　）。

A. $KMnO_4$　　B. $K_2Cr_2O_7$　　C. 硼砂　　D. 草酸钠

4. 莫尔法可用于测定（　　）。

A. Cl^- 和 Br^-　　B. Cl^- 和 I^-

C. Cl^-、Br^- 和 I^-　　D. Cl^-、Br^-、I^- 和 SCN^-

三、填空题

1. 用 $Na_2C_2O_4$ 标定 $KMnO_4$ 溶液时，选用的指示剂是________，最适宜的温度是________，酸度为________，开始的滴定速度________。

2. 测定 H_2O_2 试样，通常选用________；测定碘的含量则选用________标准溶液，用________做指示剂。

3. 称取 $Na_2C_2O_4$ 基准物时，有少量 $Na_2C_2O_4$ 撒在分析天平台上而未被发现，则用其标定的 $KMnO_4$ 溶液浓度将比实际浓度________，用此 $KMnO_4$ 溶液测定 H_2O_2 时，将引起________误差。

4. 用莫尔法进行沉淀滴定时，所用标准溶液为________，指示剂为________，可用于测定________。

5. 佛尔哈德法的指示剂为________，其直接滴定法的标准溶液为________，可用于测定________，用________调节酸度。

四、简答题

1. 氧化还原滴定中常见的指示剂有哪几种？各有什么特点？

2. 重铬酸钾法与高锰酸钾法各有何优、缺点？

3. 为使高锰酸钾法在酸性条件下进行，能否加盐酸作介质？为什么？

4. 莫尔法的滴定条件是什么？

5. 佛尔哈德法的滴定条件是什么？

6. 在下列几种情况下，所得分析结果是准确的，还是偏低或偏高？为什么？

(1) pH≈4 时，用莫尔法测定 Cl^-；

(2) 若试液中含有铵盐，在 pH≈10 时，用莫尔法测定 Cl^-；

(3)用佛尔哈德法测定 Cl^- 时，未将沉淀过滤或未加入 1,2-二氯乙烷；

(4)用佛尔哈德法测定 I^- 时，先加铁铵矾指示剂，然后加入过量 $AgNO_3$ 标准溶液。

五、计算题

1. 称取含钙样品 0.126 4 g 溶解后，将其完全沉淀为草酸钙，将草酸钙洗涤后溶于硫酸中，用 0.010 02 $mol \cdot L^{-1}$ 高锰酸钾溶液滴定，完全反应时用去高锰酸钾标准溶液 21.00 mL。计算试样中钙的质量分数。

2. 用 $Na_2C_2O_4$ 作基准物质标定高锰酸钾标准溶液，称取 0.154 2 g $Na_2C_2O_4$，用去高锰酸钾标准溶液 22.14 mL。计算高锰酸钾标准溶液的浓度。

3. 用吸量管精确吸取 H_2O_2 样品溶液 1 mL，放入 100 mL 容量瓶内，加水稀释至刻度，混合均匀。用移液管准确吸取 10 mL 上述溶液，加 1 $mol \cdot L^{-1}$ H_2SO_4 20 mL，用 0.020 01 $mol \cdot L^{-1}$ 高锰酸钾标准溶液 20.20 mL 滴定至浅红色终点。计算样品中 H_2O_2 的含量($g \cdot mL^{-1}$)。

4. 配制 0.1 $mol \cdot L^{-1}$ 的 $K_2Cr_2O_7$ 标准溶液 500 mL 需称取 $K_2Cr_2O_7$ 多少克？如何配制溶液？

5. 称取铁矿石样品 1.765 4 g 制成溶液，使其中的铁全部变为 Fe^{2+}，用 0.050 00 $mol \cdot L^{-1}$ $K_2Cr_2O_7$ 标准溶液滴定，共用 26.53 mL 标准溶液滴定至终点。计算样品中 Fe_2O_3 的质量分数。

6. 称取银合金试样 0.300 0 g，溶解后制成溶液，加铁铵矾作指示剂，用 0.100 0 $mol \cdot L^{-1}$ KSCN 标准溶液滴定，用去 23.80 mL。计算银的质量分数。

7. 取含 NaCl 的溶液 20.00 mL，加入 K_2CrO_4 作指示剂，用 0.102 3 $mol \cdot L^{-1}$ $AgNO_3$ 标准溶液滴定，用去 27.00 mL。求每升溶液中含 NaCl 多少克？

第十章
吸光光度法

【本章引言】

吸光光度法是基于物质对光具有选择性吸收的特性，从而对物质进行定性、定量及结构分析的方法。按照物质对光的吸收波长范围不同可分为可见吸光光度法、紫外吸光光度法和红外吸光光度法。可见吸光光度法和紫外吸光光度法用于定量测定，红外吸光光度法主要用于物质的结构分析。本章主要讨论可见吸光光度法。

【科苑导读】

LED (light-emitting diode)，即发光二极管，是一种半导体固体发光器件，它是利用固体半导体芯片作为发光材料，当两端加上正向电压时，半导体中的载流子发生复合引起光子发射而产生光。LED被称为第四代照明光源或绿色光源，具有节能、环保、寿命长、体积小等特点，广泛应用于各种指示、显示、装饰、背光源、普通照明和城市夜景等领域。

太阳光是由7种单色光合成的白色光，彩色电视机中的白色光也是由三基色(红、绿、蓝)合成的。可见，要使LED发出白光，它的光谱应包括整个可见光的光谱范围。但要制造这种性能的LED，在目前的工艺条件下是不可能的。根据人们对可见光的研究，人眼睛所能见的白光，至少需两种光的混合，即二波长发光(蓝色光＋黄色光)或三波长发光(蓝色光＋绿色光＋红色光)的模式。要利用上述两种模式产生白光，都需要蓝色光，所以摄取蓝色光已成为制造白光的关键技术，即当前各大LED制造公司追逐的“蓝光技术”。目前，国际上掌握“蓝光技术”的厂商仅有少数几家，中国的晶能光电正是其中之一。

【学习目标】

知识目标

- 掌握吸光光度法的基本原理。
- 掌握吸光度、透光率、摩尔吸光系数的意义及相互关系。
- 掌握标准曲线的绘制和应用。
- 熟悉显色反应及其影响因素，了解分光光度计的结构及原理。

[课程学习]
第十章课程PPT

能力目标

- 能解释物质颜色与光的关系。

• 能操作常见的分光光度计。
• 能应用吸光光度法进行物质的定量分析。

素质目标

• 具有科学的发展观，能够理论联系实际，做到知行合一。
• 具有互助协作、团结向上的集体主义思想。

【知识导图】

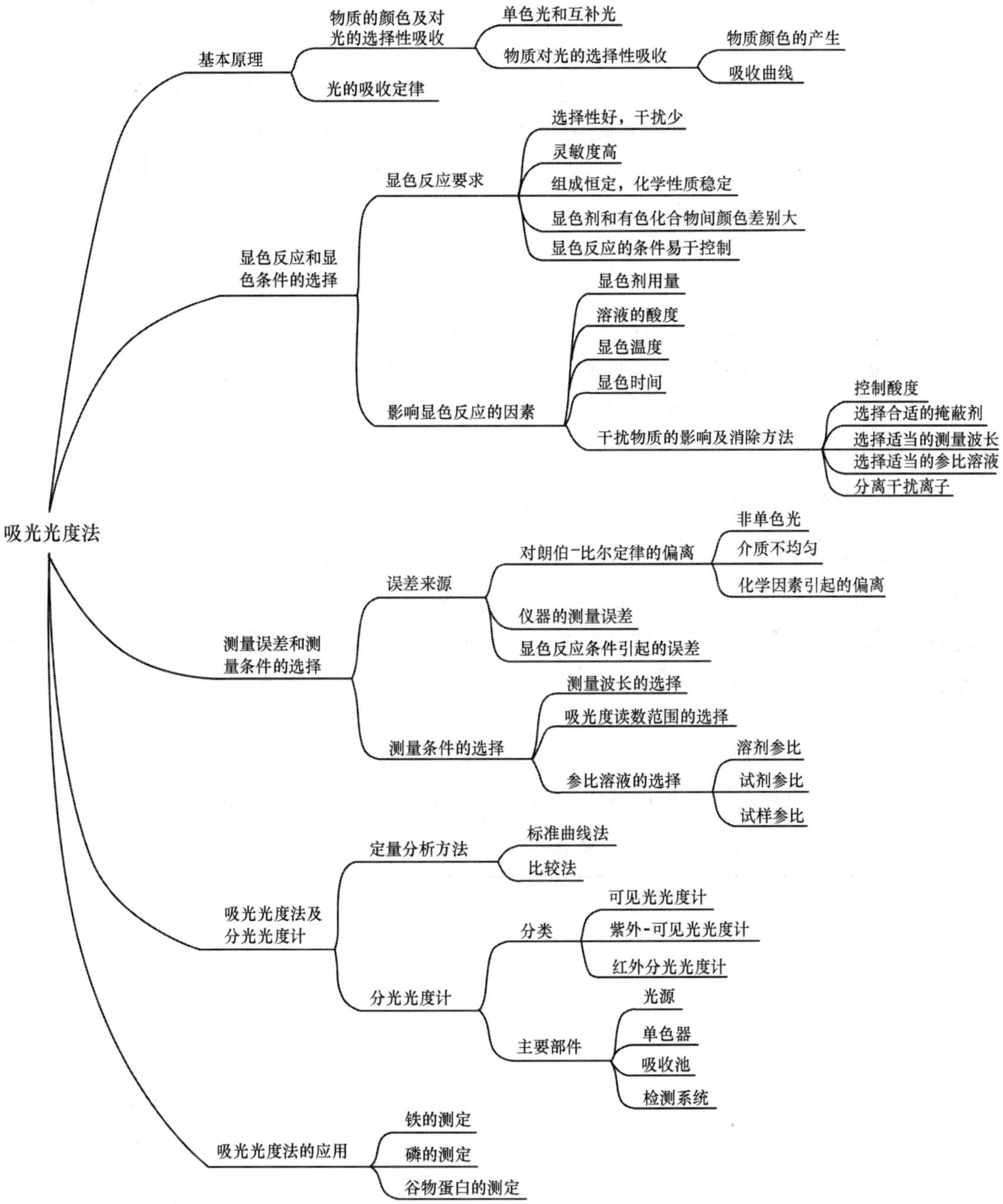

第一节 吸光光度法的基本原理

［扩展学习］
光的基本性质

一、物质的颜色及对光的选择性吸收

(一)单色光和互补光

物质呈现何种颜色与光有密切的关系。我们把人眼能感觉到的光称为可见光,其波长范围为 400～760 nm,是由红、橙、黄、绿、青、蓝、紫等不同波长的光按照一定的比例混合得到的。每种颜色的光都具有一定的波长范围。

具有某一波长的光称为单色光,由不同波长的光组成的光称为复合光,如日光、白炽灯光等。如果把适当颜色的两种光按一定强度比例混合,也可得到白光,这两种光就称为互补光,互补光的颜色就称为互补色。如图 10-1 所示,处于对位关系的两种色光为互补色光,如绿光和紫光混合,黄光和蓝光混合,都可以得到白光。

图 10-1　可见光的互补关系

(二)物质对光的选择性吸收

1. 物质颜色的产生

［视频学习］
物质对光的
选择性吸收

溶液有不同的颜色,这是溶液中的吸光质点选择性吸收不同波长光的结果。当一束白光均匀通过溶液时,如果光全部透过,则溶液为无色透明;全部吸收,则溶液呈黑色。如果溶液选择性地吸收了某种颜色的光,则溶液呈现透射光的颜色,即溶液呈现的颜色是其吸收光的互补色。例如,$CuSO_4$ 溶液选择性地吸收了黄色光,所以 $CuSO_4$ 溶液呈现出蓝色。物质的颜色和其吸收光颜色的关系见表 10-1。

表 10-1　物质的颜色和吸收光颜色的关系

溶液的颜色	吸收光	
	光的颜色	波段/nm
黄绿	紫	400～450
黄	蓝	450～480
橙	青蓝	480～490
红	青	490～500
紫红	绿	500～560
紫	黄绿	560～580
蓝	黄	580～600
青蓝	橙	600～650
青	红	650～760

想一想

雷雨后的天空有时会出现彩虹，为什么？

2. 吸收曲线

溶液对光的选择性吸收与物质本身的结构有关，任何一种溶液，对不同波长的光的吸收程度是不同的。如果用不同波长的单色光依次通过某一有色溶液，测量每一波长下该溶液的吸光度，以波长(λ)为横坐标，吸光度(A)为纵坐标作图，可得到一条曲线，称为吸收曲线或吸收光谱曲线，其描述了物质对光的吸收情况。图10-2是4种不同浓度$KMnO_4$溶液的吸收曲线。

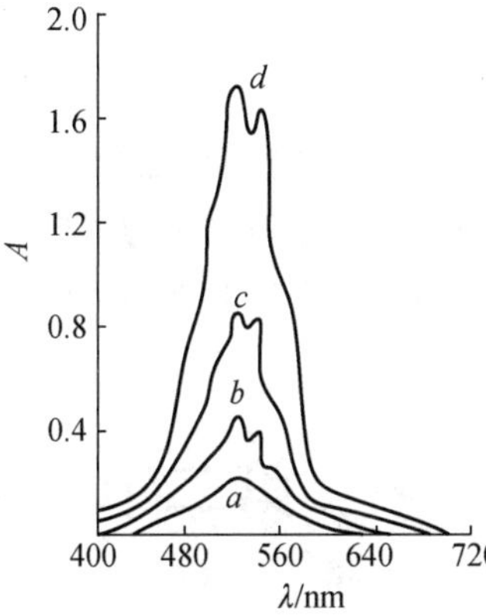

图 10-2　不同浓度($a<b<c<d$) $KMnO_4$ 溶液的吸收曲线

从图10-2中可以看出：

(1)同一溶液对不同波长的光的吸收程度不同。$KMnO_4$溶液对波长525 nm的绿光吸收最大。所对应的波长称为最大吸收波长，以λ_{max}表示。在λ_{max}处测吸光度，灵敏度最高。因此，吸收曲线是吸光光度法中选择测量波长的重要依据。

(2)不同浓度的$KMnO_4$溶液的光吸收曲线形状相似，其最大吸收波长不变，吸收曲线的形状与物质的分子结构有关。由于各种物质的分子结构不同，对不同波长的光具有选择性吸收，因此各物质具有各自的特征吸收曲线，据此可以对物质进行初步定性分析。

(3)同一物质不同浓度的溶液，在一定波长下其吸光度随浓度增大而增加。这个特性可作为定量分析的依据。

二、光的吸收定律——朗伯-比尔定律

[视频学习]
朗伯-比尔定律

实验证明，当一束平行单色光通过某一有色溶液时，光的一部分被吸收，一部分被器皿表面反射，一部分透过溶液。如果入射光的强度为I_0，透射光强度为I_t，溶液浓度为c，液层厚度为b(cm)，它们之间存在如下关系：

$$A=\lg\frac{I_0}{I_t}=Kbc$$

式中：A为吸光度；K为吸光系数。

该式表明：当一束平行的单色光通过均匀的、非色散的溶液时，溶液的吸光度与溶液的浓度和液层厚度的乘积成正比。这一结论就是光吸收的基本定律，称为朗伯-比尔定律，它是吸光光度法定量测定的依据。

K值随c、b所取单位不同而不同。当c的单位为$g \cdot L^{-1}$，b的单位为cm时，K用α表示，称为吸光系数，其单位为$L \cdot g^{-1} \cdot cm^{-1}$；当$c$的单位为$mol \cdot L^{-1}$，$b$的单位为cm时，$K$用$\varepsilon$表示，称为摩尔吸光系数，其单位为$L \cdot mol^{-1} \cdot cm^{-1}$。摩尔吸光系数反映了溶液对某一波长的光的吸收能力，常用来衡量显色反应的灵敏度。ε值越大，表示该显色反应的灵敏度越

高；反之，ε 值越小，表示显色反应的灵敏度越低。

另外，也可以用透光率 T 表示物质对光的吸收程度。透光率是透射光强度 I_t 与入射光强度 I_0 之比：

$$T=\frac{I_t}{I_0}$$

吸光度 A 与透光率 T 的关系为：

$$A=\lg\frac{1}{T}$$

朗伯-比尔定律不仅适用于溶液，也适用于其他均匀非散射的吸光物质（气体或固体），是各类吸光光度法定量分析的依据。在吸光光度法测定中，通常在液层厚度相同的条件下，测定溶液的吸光度。此时吸光度 A 和有色溶液的浓度成直线关系，因此测得吸光度便可确定溶液浓度。

第二节　显色反应和显色条件的选择

有些物质本身有明显的颜色，如 $KMnO_4$ 溶液，可直接进行测定；如待测溶液无色或颜色很浅，需要加入一种适当的试剂与被测离子反应，生成有色化合物。这种使待测组分转变成有色化合物的反应叫显色反应，所加的试剂称为显色剂，显色剂大多为有机配位剂（表 10-2）。

表 10-2　一些常用的有机显色剂

显色剂	结构式	测定离子
磺基水杨酸 (Ssal)	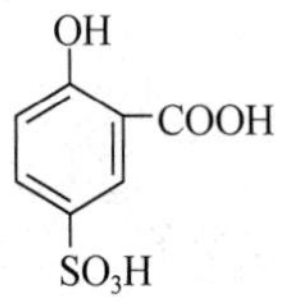	Fe^{3+} pH 1.8～2.5，紫红色的 $FeSsal^{+}$ $\lambda_{max}=520$ nm，$\varepsilon=1.6\times10^{3}$ L·mol^{-1}·cm^{-1}
丁二酮肟	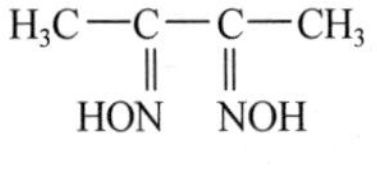	Ni^{2+} 在碱性溶液中，与 Ni^{2+} 生成红色配合物 $\lambda_{max}=470$ nm，$\varepsilon=1.1\times10^{4}$ L·mol^{-1}·cm^{-1}
邻二氮菲	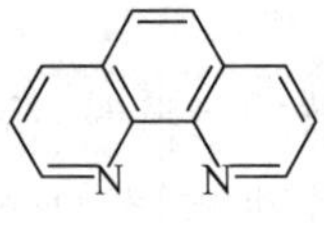	Fe^{2+} pH 3～9，与 Fe^{2+} 生成橘红色配合物 $\lambda_{max}=508$ nm，$\varepsilon=1.1\times10^{4}$ L·mol^{-1}·cm^{-1}
二苯硫腙	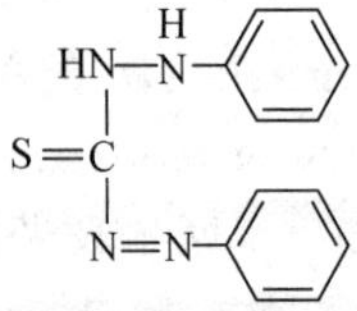	Cu^{2+}、Pb^{2+}、Zn^{2+}、Cd^{2+}、Hg^{2+} 等， 如 Pb^{2+} 的二苯硫腙配合物， $\lambda_{max}=520$ nm，$\varepsilon=6.6\times10^{4}$ L·mol^{-1}·cm^{-1}

续表10-2

显色剂	结构式	测定离子
铬天青 S	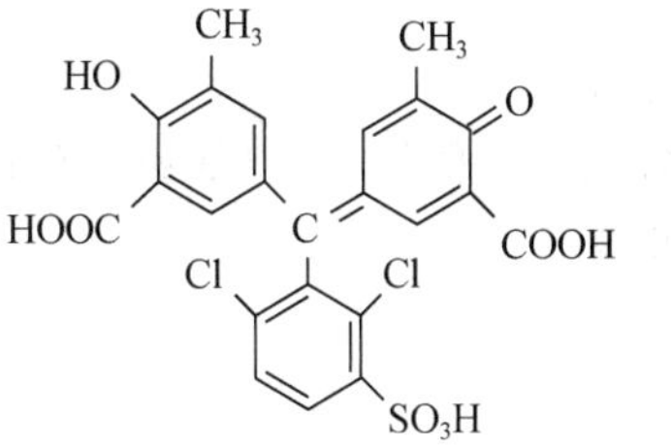	Be^{2+}、Al^{3+}、Y^{3+}、Ti^{4+}、Zr^{4+}、H_{f}^{4+} 等 pH 5～5.8，与 Al^{3+} 生成红色配合物 $\lambda_{max}=530$ nm，$\varepsilon=5.9\times10^{4}$ $L\cdot mol^{-1}\cdot cm^{-1}$

在吸光光度法中，灵敏度的高低与显色反应有关。为了获得准确的测定结果，必须选择合适的显色反应和显色条件。

一、显色反应要求

(1)选择性好，干扰少，或干扰离子容易被消除。

(2)灵敏度高，摩尔吸光系数的大小是显色反应灵敏度高低的重要指标，一般摩尔吸光系数应大于 10^{4} $L\cdot mol^{-1}\cdot cm^{-1}$。

(3)有色化合物的组成恒定，化学性质稳定。

(4)显色剂和有色化合物之间的颜色差别大。一般要求有色化合物的最大吸收波长与显色剂最大吸收波长之差(对比度)大于 60 nm。

(5)显色反应的条件易于控制。如果条件要求过于严格，难以控制，测定结果的再现性就差。

二、影响显色反应的因素

确定了显色反应后，要适当地选择显色条件，以保证显色反应完全，满足吸光光度分析的要求。影响显色反应的因素主要有以下几种。

(一)显色剂用量

为了使显色反应完全，一般应加入适当过量的显色剂。但对于某些不稳定或形成逐级配合物的反应，显色剂过量太多反而会引起副反应，对测定不利。显色剂的适宜用量可通过实验来确定。实验方法：保持被测组分浓度不变，改变显色剂的用量，作吸光度与显色剂用量曲线(图 10-3)。如果显色剂在某范围内所测的吸光度不变，即可在此范围内确定显色剂的加入量。开始时，吸光度随显色剂用量增大不断增大，当显色剂用量达到一定数值时，吸光度不再增大，出现平坦，说明显色剂的用量已足够，可在 *ab* 之间选择合适的显色剂的用量。

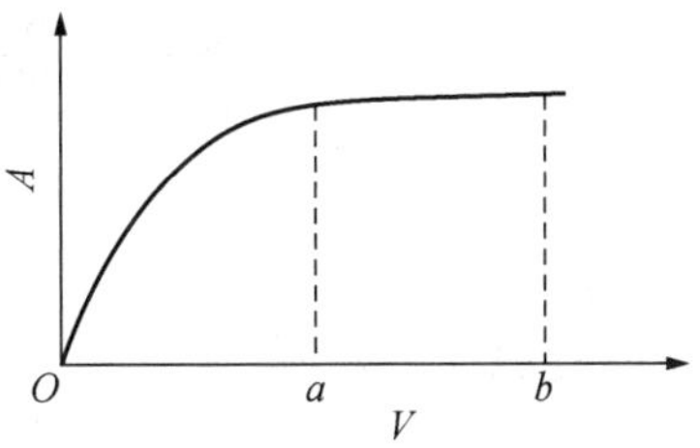

图 10-3　吸光度与显色剂用量曲线

(二)溶液的酸度

由于大部分显色剂是有机弱酸，酸度改变，会影响显色剂的浓度及显色反应的完全程度，从而改变溶液的颜色。此外，酸度还影响待测离子存在状态。显色反应的适宜酸度通常通过实验来确定，绘制吸光度-pH 关系曲线，选择曲线平坦部分对应的 pH 作为测定时的最佳酸度。

(三)显色温度

多数显色反应在室温下即可进行，只有少数反应需要加热，以加速显色反应的进行。最适宜的显色温度应通过实验作吸光度-温度曲线来确定。

(四)显色时间

有些显色反应需经一段时间才能完成，也有些有色物质在放置时，受到空气的氧化或发生化学反应会使颜色减弱。最适宜的显色时间可通过实验绘制吸光度-时间关系曲线来确定。

(五)干扰物质的影响及消除方法

如果待测液中有干扰物质，可以采取以下几种方法消除：

(1)控制酸度。根据配合物的稳定性不同，通过控制酸度的方法提高反应的选择性。

(2)选择适当的掩蔽剂。使用掩蔽剂是消除干扰的常用方法。选取的条件是掩蔽剂不与待测离子作用，掩蔽剂以及它与干扰物质形成的配合物的颜色应不干扰待测离子的测定。

(3)选择适当的测量波长。

(4)选择适当的参比溶液。基于吸光度的加和性，可选择适当的参比溶液扣除干扰。

(5)分离干扰离子。可采用沉淀、离子交换或溶剂萃取等分离方法除去干扰离子。

想一想

吸光光度法对显色反应有什么要求？影响显色反应的因素有哪些？

第三节　测量误差和测量条件的选择

一、误差来源

(一)对朗伯-比尔定律的偏离

根据朗伯-比尔定律，溶液的浓度与吸光度成正比。吸光度-浓度曲线应该是通过原点的一条直线。但有时会出现标准曲线不呈直线的情况，特别是当吸光物质浓度较高时，会出现标准曲线向上或向下弯曲的现象(图 10-4)。这种情况称为偏离朗伯-比尔定律。

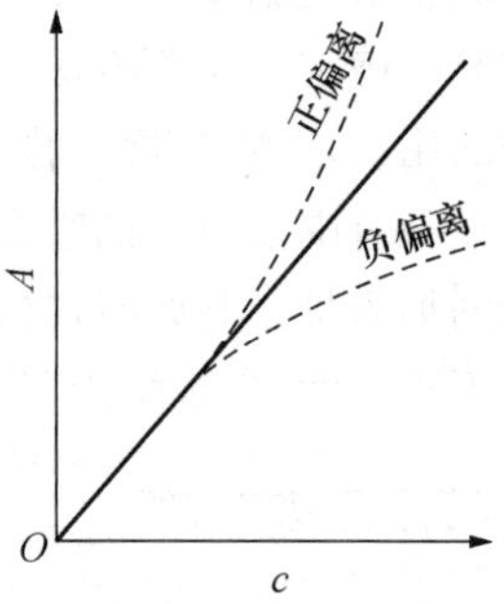

图 10-4　光度分析的工作曲线

偏离朗伯-比尔定律的主要原因是：

(1)非单色光　朗伯-比尔定律只适用于单色光，但在实际工作中，一般分光光度计的单色器所提供的入射光并非单色光，而是某一波段的复合光。由于物质对不同波长光的吸收程度不同，导致对朗伯-比尔定律的偏离。

(2)介质不均匀　待测溶液是胶体溶液、乳浊液或悬浮液时，吸光介质不均匀，入射光通过溶液后，会产生光的散射现象，使溶液对光的吸收程度降低，偏离朗伯-比尔定律。

(3)化学因素引起的偏离　溶液中的吸光物质常因离解、缔合、形成新化合物或互变异构等化学变化而改变其浓度，因而导致偏离朗伯-比尔定律。在分析测定中，要控制实验条件，减少或避免这类误差。

(二)仪器的测量误差

电子元件性能不稳定，杂散光的干扰等，造成了测量中存在某种程度的不确定性，限制了仪器的测量精度，造成了仪器的测量误差。习惯上把造成仪器测量误差的偶然因素统称为噪声。仪器的测量误差属于偶然误差。

(三)显色反应条件引起的误差

显色反应的条件，如溶液的酸度、显色温度、显色剂的用量、显色时间和加入试剂的顺序等，对显色反应都有一定的影响。

二、测量条件的选择

在吸光光度分析中，为保证测定的准确度和灵敏度，当显色反应和显色条件确定后，还应注意选择适当的测量条件。

(一)测量波长的选择

为了使测定结果有较高的灵敏度和准确度，选择溶液最大吸收波长(λ_{max})作测定波长，称为“最大吸收原则”。如果在最大吸收波长有干扰，可按“吸收最大，干扰最少”的原则选择合适的测量波长。

(二)吸光度读数范围的选择

为了减少仪器测量误差，提高分析的准确度，一般控制吸光度在0.2～0.8。可以通过改变吸收池厚度或待测液浓度等办法，使吸光度读数处于适宜范围内。

(三)参比溶液的选择

在吸光光度分析中利用参比溶液(空白溶液)来调节仪器的零点，以消除比色皿、溶剂和试剂对入射光的反射和吸收带来的误差。同时，消除一些干扰物质的影响。选择参比溶液的原则是使试液的吸光度真正反映待测物的浓度。选择的方法是：

(1)溶剂参比　显色剂及其他试剂在测定波长处均无吸收时，可用纯溶剂如蒸馏水作参比溶液。

(2)试剂参比　显色剂或其他试剂在测定波长处有吸收时，可用不加待测组分的“试剂空白”作参比溶液。

(3)试样参比　待测液本身在测定波长处有吸收,而显色剂等无吸收时,应采用不加显色剂的“试样空白”作参比溶液。

在进行待测显色液吸光度测量前,先用参比溶液将透光率调至 $T=100\%(A=0)$,然后再进行待测显色液的吸光度测定。

第四节　吸光光度法及分光光度计

一、定量分析方法

(一)标准曲线法

标准曲线法又称工作曲线法。它是实际工作中使用最多的一种定量方法。一般测量步骤为:配制一系列浓度不同的标准溶液,在同一条件下分别测得这些标准溶液的吸光度。以标准溶液浓度为横坐标,吸光度为纵坐标作图,得到一条通过原点的直线,称为标准曲线或工作曲线,如图 10-5 所示。然后在相同的条件下,测定待测溶液的吸光度,在标准曲线上即可查得相应的浓度。

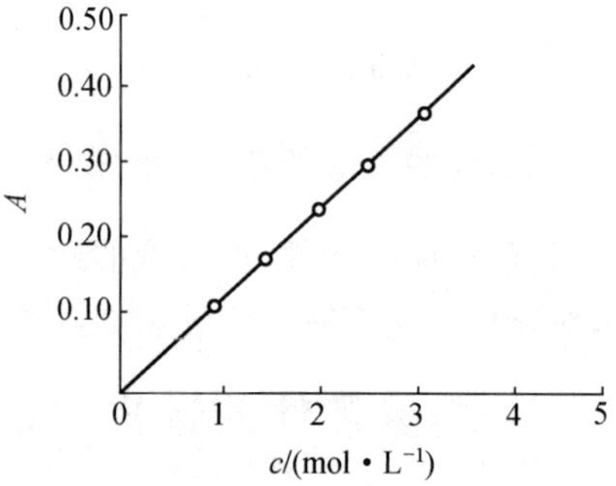

图 10-5　标准曲线

(二)比较法

待测溶液和标准溶液在相同条件下显色,然后分别测定其吸光度。根据朗伯-比尔定律:

$$A_{标}=K_{标}\,b_{标}\,c_{标}\qquad A_{测}=K_{测}\,b_{测}\,c_{测}$$

因为入射光波长相同,待测溶液和标准溶液为同一物质的有色溶液,液层厚度相同,则:

$$c_{测}=c_{标}\frac{A_{测}}{A_{标}}$$

比较法适用于非经常性的、个别试样的测定,应用此法时标准溶液的浓度和待测溶液的浓度必须接近,否则误差较大。

练一练

(1)有一标准 Fe^{3+} 溶液的浓度为 6.00 $mg \cdot kg^{-1}$,其吸光度为 0.304,有一 Fe^{3+} 试液,在同一条件下测得的吸光度为 0.510,求 Fe^{3+} 试液中铁的含量($mg \cdot kg^{-1}$)。

(2)某有色溶液的摩尔吸光系数为 1.1×10^4 $L \cdot mol^{-1} \cdot cm^{-1}$,当此溶液的浓度为 3.00×10^{-5} $mol \cdot L^{-1}$,液层厚度为 0.5 cm 时,求 A 和 T。

二、分光光度计

(一)分光光度计的分类和测定原理

分光光度计按使用波长范围分为可见分光光度计(400～780 nm)和紫外-可见分光光度计(200～1 000 nm)、红外分光光度计(2.5～50 μm)。

分光光度计的基本原理是用棱镜或光栅作为分光器,得到高纯度的单色光,通过狭缝分出波长范围很窄的一束光,使其通过有色溶液后,透过光投射到光电元件上,把光信号转变为电信号,产生光电流,光电流的大小与透过光的强度成正比。光电流的大小可用灵敏检流计测定,在检流计上可显示出相应的吸光度或透光率,再求得待测组分的含量。

(二)分光光度计的主要部件

分光光度计有各种型号,但仪器的原理和构造基本相同:

光源——→单色器——→吸收池——→检测系统

1. 光源

一般采用钨灯(350～2 500 nm,可见光用)和氘灯(190～400 nm,紫外光用)。

为了使光源发光强度稳定,需要使用稳压器保证光源输出的稳定性。

2. 单色器

将光源发出的连续光谱分解为单色光的装置称为单色器。单色器主要是由棱镜或光栅等色散元件及狭缝和透镜等组成。

(1)棱镜利用光的折射原理将复合光按波长顺序分解为单色光,一般是由玻璃或石英材料制成。玻璃棱镜的波长范围为 350～3 200 nm,适用于可见分光光度计。石英棱镜的波长范围为 185～4 000 nm,适用于紫外-可见分光光度计。

(2)光栅利用光的衍射和干涉原理达到色散目的。其优点是适用波长范围宽、色散均匀、分辨率高。

复合光经过色散元件色散后,要经过一狭缝,它是单色器的组成部分,用以截取分光后光谱中某一狭窄波段的光。

3. 吸收池

吸收池亦称比色皿,是由无色透明的光学玻璃或石英制成的,用来盛放被测溶液。可见分光光度法使用玻璃吸收池,紫外分光光度法则需使用石英吸收池。吸收池的规格有 0.5 cm、1.0 cm、2.0 cm、3.0 cm 等。使用时应保持吸收池的光洁,特别要注意透光面不受磨损。

4. 检测系统

检测系统包括光电转换元件和显示器,其作用是对透过吸收池的光做出响应,并把它转变为电信号输出。其输出电信号与透过光强度成正比。

(1)光电转换元件　常用的光电转换元件有光电池、光电管和光电倍增管等。光电管是由一个阳极和一个光敏阴极组成的真空(或充少量惰性气体)二极管,阴极表面镀有碱金属或碱金属氧化物等光敏材料。由于所采用的阴极材料光敏性能不同,可分为红敏和紫敏两种。红敏的适用波长范围为 625～1 000 nm,紫敏的适用波长范围是 200～625 nm。与光电池比较,光电管具有灵敏度高，光敏范围广，不易疲劳等优点。光电管产生的光电流很小，需要用放大装置将其放大后才能测量。光电倍增管的灵敏度比光电管更高，本身还具有放大作用，被广为采用。

(2)显示器　用于测量并记录光电流大小。普通光度计的显示器是一个较灵敏的检流计，但其面板上标度的不是电流值，而是透光率 T 和吸光度 A。

722 型分光光度计结构见图 10-6。

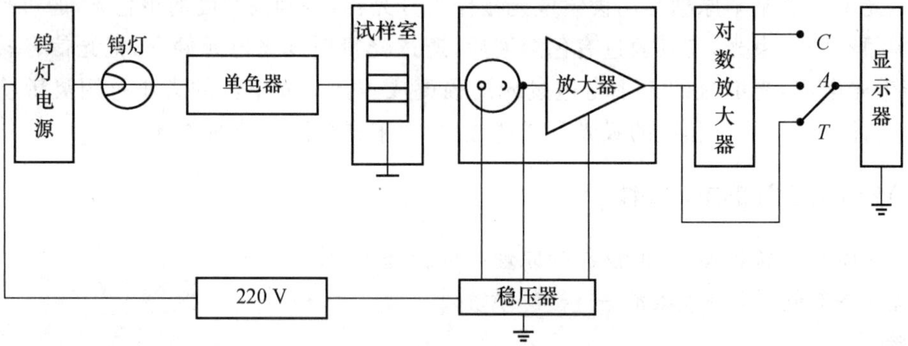

图 10-6　722 型分光光度计结构图

第五节　吸光光度法的应用

一、铁的测定

邻二氮菲是目前测定微量铁的一种较好的显色剂。在 pH＝2～9 的条件下，Fe^{2+} 与邻二氮菲反应生成稳定的橘红色配合物，反应式如下：

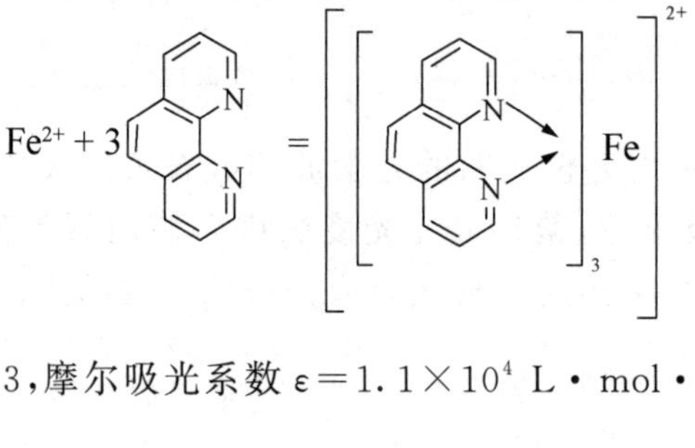

配合物的 $\lg K=21.3$，摩尔吸光系数 $\varepsilon=1.1\times10^4\ \mathrm{L\cdot mol\cdot cm^{-1}}$，最大吸收波长 $\lambda=510\ \mathrm{nm}$。

由于 Fe^{3+} 与邻二氮菲生成淡蓝色配合物，因此，显色前应用盐酸羟胺将 Fe^{3+} 全部还原为 Fe^{2+}。反应式如下：

$$2Fe^{3+}+2NH_2OH\cdot HCl=2Fe^{2+}+N_2+4H^++2Cl^-+2H_2O$$

测定时，控制溶液酸度在 pH＝5 左右较为适宜。酸度高时，反应进行较慢；酸度太低，Fe^{2+} 水解影响显色。

本方法的选择性很高，生成的配合物十分稳定，相当于含铁量 40 倍的 Sn^{2+}、Al^{3+}、Ca^{2+}、Mg^{2+}、Zn^{2+}、SiO_3^{2-}，20 倍的 Cr^{3+}、Mn^{2+}，5 倍的 Co^{2+}、Cu^{2+} 等均不干扰测定，是测定铁的一种较好且灵敏的方法。

【例 10-1】 称取 0.432 0 g $FeNH_4(SO_4)_2 \cdot 12H_2O$ 溶于水，定量转移到 500 mL 的容量瓶中，定容，摇匀。取下列不同量的标准溶液于 50 mL 的容量瓶中，用邻二氮菲显色后定容，测定其吸光度如下。某含铁试样 5.00 mL，稀释至 250.00 mL，再取此稀释溶液 2.00 mL，置于 5 mL 容量瓶中，在相同条件下显色定容，测得吸光度为 0.450，计算试样中 Fe(Ⅲ)含量。

V/mL	1.00	2.00	3.00	4.00	5.00	6.00
A	0.097	0.200	0.304	0.408	0.510	0.618

解：$FeNH_4(SO_4)_2 \cdot 12H_2O$ 的摩尔质量为 482.22 $g \cdot mol^{-1}$，铁的摩尔质量为 55.85 $g \cdot mol^{-1}$。

Fe(Ⅲ)标准溶液的质量浓度为

$$c(Fe)=\frac{0.432\,0\times 55.85}{500\times 482.22}\times 1\,000$$

$$=0.100\,0(g \cdot L^{-1})$$

根据朗伯-比尔定律，A 与 c 成正比，而 c 与加入的体积 V 成正比，故 A 与 V 也成正比。按上表，绘制 A-V 标准工作曲线，如图 10-7 所示。

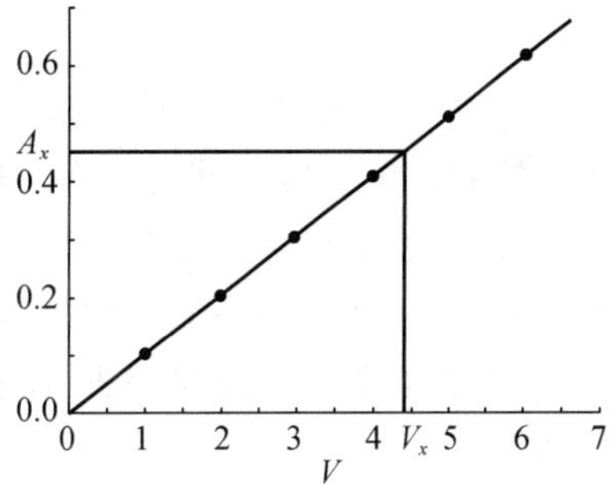

图 10-7　A-V 标准工作曲线

从标准工作曲线上查找出当 $A_x=0.450$ 时对应的标准溶液的体积为 4.40 mL，则试样中铁的质量浓度为

$$c_x=\frac{0.100\,0\times 4.40\times 250.00}{2.00\times 5.00}=1.100\,0(g \cdot L^{-1})$$

二、磷的测定

微量磷的测定，一般采用钼蓝法。此法是在含 PO_4^{3-} 的酸性溶液中加入$(NH_4)_2MoO_4$ 试剂，生成黄色的磷钼酸，其反应式如下：

$$PO_4^{3-}+12MoO_4^{2-}+27H^+=H_7[P(Mo_2O_7)_6]+10H_2O$$

若以此直接比色或分光光度法测定，灵敏度较低，适用于含磷量较高的试样。在该溶液中加入适量还原剂，磷钼酸中部分正六价钼被还原生成低价的蓝色磷钼蓝，从而提高测定的灵敏度，还可消除 Fe^{3+} 等离子的干扰。经上述显色后可在 690 nm 波长下测定其吸光度。磷的质量浓度在 1 $mg \cdot L^{-1}$ 以下符合朗伯-比尔定律。

最常用的还原剂有 $SnCl_2$ 和抗坏血酸。用 $SnCl_2$ 作为还原剂，反应的灵敏度高、显色快，但蓝色稳定性差，对酸度、$(NH_4)_2MoO_4$ 试剂的浓度要求比较严格。抗坏血酸的主要优点是显色较稳定，反应的灵敏度高、干扰小，反应要求的酸度范围宽，但反应速率慢。

SiO_3^{2-} 会干扰磷的测定，它与$(NH_4)_2MoO_4$ 生成黄色化合物，并被还原为硅钼蓝。但可

用酒石酸来控制 SiO_3^{2-} 的干扰。该法可用于磷酸盐的测定，还可用于土壤、磷矿石、磷肥等全磷的分析。

三、谷物蛋白的测定

谷物的粉碎样品与碱性 $CuSO_4$ 溶液作用，恒温振荡后，分出上清液进行测定。在碱性条件下，蛋白质中的肽键能与 Cu^{2+} 发生双缩脲反应，生成可溶性的紫色化合物。在 550 nm 处，以酪蛋白标准样品作标准进行吸光度测定，求出谷物蛋白质的含量。

本 章 小 结

1. 吸光光度法是最常用的一种仪器分析方法。理论基础为朗伯-比尔定律，其数学表达式为：$A=\lg\frac{I_0}{I_t}=Kbc$，即溶液对光的吸收程度（吸光度）与溶液的浓度及液层厚度的乘积成正比。

2. 吸光光度法大多是在显色反应的基础上进行定量测定的，因此选择合适的显色反应，严格控制显色反应条件是获得准确测定结果的保证。

3. 吸光光度法采用棱镜或光栅获得较纯的单色光，利用光电转换元件和显示器测量溶液的吸光度，从而确定待测物质的含量，其灵敏度、准确度都较高。

4. 吸光光度法的误差主要有偏离朗伯-比尔定律、显色反应的条件不同和仪器误差三个方面。

思考与练习

一、判断题

1. 物质的颜色是由于选择性地吸收了白光中某些波长的光所致，维生素 B_{12} 溶液呈现红色是由于它吸收了红色光波。

2. 因为透射光和吸收光按一定比例混合而成白光，故称这两种光为互补色光。

3. 有色物质溶液只能对可见光范围内的某段波长的光有吸收。

4. 符合朗伯-比尔定律的某有色溶液的浓度越低，其透光率越小。

5. 符合朗伯-比尔定律的有色溶液稀释时，其最大吸收峰的波长位置不移动，但吸收峰降低。

6. 朗伯-比尔定律的物理意义是：当一束平行单色光通过均匀的有色溶液时，溶液的吸光度与吸光物质的浓度和液层厚度的乘积成正比。

7. 在测定吸光度时，根据朗伯-比尔定律，被测溶液浓度越大，吸光度也越大，测定结果也就越准确。

8. 进行吸光光度法测定时，必须选择最大吸收波长的光作为入射光。

9. 朗伯-比尔定律只适用于单色光，入射光的波长范围越狭窄，吸光光度法测定的准确度越高。

10. 吸光光度法中所用的参比溶液总是采用不含被测物质和显色剂的空白溶液。

二、选择题

1. 双硫腙-CCl_4 萃取吸光光度法测 Zn^{2+}，已知萃取液为紫红色配合物，其最大吸收光的颜色为(　　)。

A. 红　　B. 橙　　C. 黄　　D. 绿

2. 透光率与吸光度的关系是(　　)。

A. $\frac{1}{T}=A$　　B. $\lg\frac{1}{T}=A$　　C. $\lg T=A$　　D. $T=\lg\frac{1}{A}$

3. 朗伯-比尔定律说明，当一束单色光通过均匀有色溶液时，有色溶液的吸光度正比于(　　)。

A. 溶液的温度　　B. 溶液的酸度

C. 有色配合物稳定性　　D. 溶液的浓度和溶液厚度的乘积

4. 在分光光度法中，宜选用的吸光度读数范围为(　　)。

A. 0～0.2　　B. 0.1～0.3　　C. 0.3～1.0　　D. 0.2～0.8

5. 分光光度计(可见)的光源是(　　)。

A. 钨灯　　B. 低压氢灯　　C. 碘钨灯　　D. 氘灯

6. 比色分析中，当试剂溶液有色而显色剂无色时，应选用的参比溶液为(　　)。

A. 溶剂　　B. 试剂空白　　C. 试样空白　　D. 掩蔽褪色参比

三、填空题

1. 吸光光度法包括________、________、________等。它们是基于________而建立起来的分析方法。

2. 吸收曲线又称吸收光谱，是以________为横坐标，以________为纵坐标所描绘的曲线。

3. 朗伯-比尔定律：$A=abc$，其中符号 c 代表________，b 代表________，a 称为________。当 c 等于________，b 等于________，则符号 a 以符号________表示，并称为________。

4. 按照朗伯-比尔定律，浓度 c 与吸光度 A 之间的关系应是一条通过原点的直线，事实上容易发生线性偏离，导致偏离的原因有________和________两大因素。

5. 影响有色配合物的摩尔吸光系数的原因是________。

6. 吸光光度法测量时，通常选择________作测定波长，此时，试样溶液浓度的较小变化将使吸光度产生________改变。

7. 某一有色溶液在一定波长下用 2.0 cm 比色皿测得其透光率为 60%，若在相同条件下改用 1 cm 比色皿测定时，透光率为________；若用 3.0 cm 比色皿测定时，吸光度为________。

8. 同一有色物质浓度不同的 A、B 两种溶液，在相同条件下测得 $T_A=0.54$，$T_B=0.32$，若溶液符合朗伯-比尔定律，则 $c_A:c_B$ 为________。

9. 吸光光度法对显色反应的要求有________、________、________、________、________。

10. 分光光度计的种类型号繁多，但都是由下列基本部件组成：________、________、________、________。

四、简答题

1. 什么是透光率？什么是吸光度？二者有何关系？

2. 什么是光吸收曲线？什么是标准曲线？它们各有什么意义？

3. 影响显色反应的因素主要有哪些？

4. 说明吸光光度法的误差来源及消除方法。

5. 说明分光光度计的主要部件及其作用。

6. 如何选择合适的参比溶液?

五、计算题

1. 有一高锰酸钾溶液,盛于 1 cm 的比色皿中,在绿色滤光片下测得透光率为 60%,如果将其浓度增大 1 倍,其他条件不变,问:

(1)透光率是多少?

(2)吸光度是多少?

2. 已知含 Fe^{2+} 质量浓度为 750 $\mu g \cdot L^{-1}$ 的溶液,用邻二氮菲测定 Fe^{2+},比色皿厚度为 2.0 cm,测得吸光度为 0.30,在同样条件下测得某含 Fe^{2+} 未知液的吸光度为 0.264。试计算:(1)摩尔吸光系数;(2)未知液中 Fe^{2+} 的浓度($mol \cdot L^{-1}$)。

3. 有一质量浓度为 6 $mg \cdot L^{-1}$ 的 Fe^{3+} 标准溶液,其吸光度为 0.304。某待测溶液在相同条件下测得吸光度为 0.510,求试样溶液中铁的含量($mg \cdot L^{-1}$)。

4. 用硅钼蓝吸光光度法测定钢中硅的含量。以下列数据绘制工作曲线(标准溶液用 SiO_2 配制):

标准溶液的浓度/($mol \cdot L^{-1}$)	0.05	0.10	0.15	0.20	0.25
吸光度(A)	0.210	0.421	0.630	0.839	1.01

试样分析时称取钢样 0.500 g,溶解后转入 50 mL 容量瓶中,在与工作曲线相同条件下测得吸光度为 0.522,求试样中硅的含量。

5. 测定土壤中磷含量时,进行下列实验:

(1)称取 1.000 g 土壤,经消化后定容为 100 mL。然后吸取 10.00 mL 稀释液,在 50 mL 容量瓶中显色定容。

(2)标准磷溶液的组成为 10.0 $mg \cdot L^{-1}$,吸取 4.00 mL 于 50 mL 容量瓶中定容。

(3)用分光光度计测得标准溶液的吸光度为 0.125,土壤溶液的吸光度为 0.250。

求该土壤中磷的质量分数。

第十一章

脂 肪 烃

【本章引言】

有机化学是化学的一个重要分支，是研究有机化合物的化学。烃是最简单的有机化合物，只含有碳和氢两种元素，碳原子彼此相连成链或环。脂肪烃是指具有脂肪族化合物基本属性的碳氢化合物，这类有机物最早是从脂肪中提取到的。本章主要介绍烷烃、烯烃和炔烃的结构、命名方法及化学性质。

【科苑导读】

在日常生活中，你可能很少听到“活力论”这个词，但它作为一种学说，时至今日仍然存在。“活力论”主张生命体中有着某种特殊的非物质因素支配生物体的活动，它把生物的组成部分和世界上的其他物质加以区分。

但随着人们对化学的了解越来越多，“活力论”生存的空间就越来越狭小。活力论的第一次大溃败是在 1828 年，当时德国化学家弗里德里希·维勒制备了一种简单的生物分子——尿素。在当时，尿素是从尿液中制取的，尿液的唯一来源是生物的合成，而维勒用来制备尿素的反应原料却是无机物和无生命物质。

即使在今天，仍然有人认为从橘子中提取的维生素 C 和在实验室中合成的维生素 C 有天壤之别。一些人把这种差异归因于水果中可能带有微量的有益物质。但事实并非如此，把纯净的天然维生素 C 与合成维生素 C 混在一起，没人能将这两种维生素 C 重新曲分开。总而言之，有机化合物就是有机化合物，其中并没有所谓的“生命精髓”。

【学习目标】

知识目标

- 了解有机化合物的特点和分类。
- 了解脂肪烃的分类和通式。
- 了解脂肪烃的物理性质及其变化规律。
- 熟练掌握烷烃、烯烃、炔烃的命名及化学性质。

能力目标

- 能够熟练写出脂肪烃的结构式。

［课程学习］

第十一章课程 PPT

- 能够熟练推断简单化合物的物理性质。
- 能够鉴别、检测简单的脂肪烃化合物。

素质目标

- 具有勇于探索、追求真理的科学作风。
- 具有团队协作和无私奉献的精神。

【知识导图】

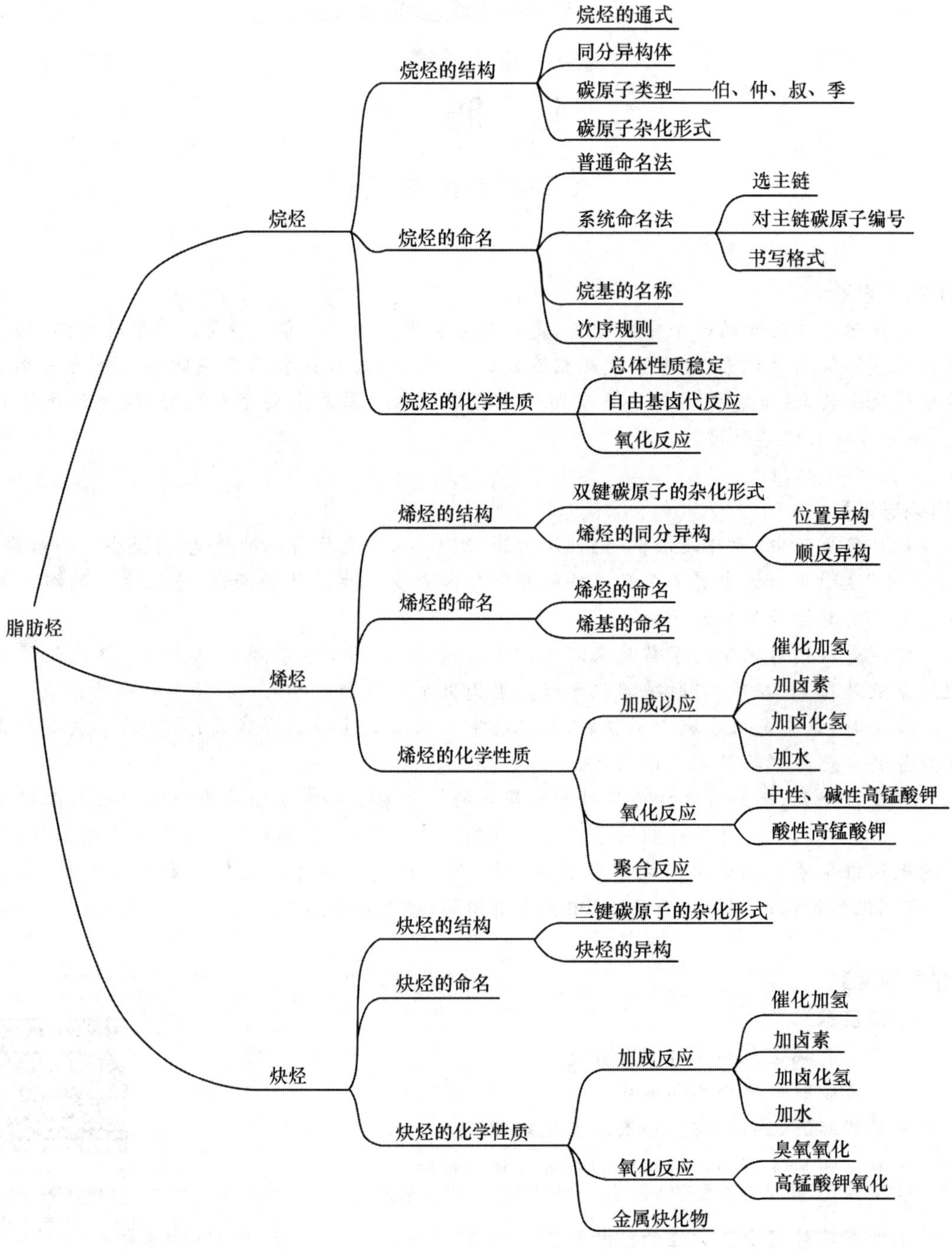

第一节 有机化合物概述

有机化学是化学的一个分支,是研究有机化合物的化学。有机化合物最初来源于生物体并因此得名。直至19世纪初,许多化学家还认为有机化合物只能在生物体中得到。直到1828年,德国化学家维勒(F. Wohler)首先用无机化合物氰酸钾与氯化铵反应合成了原来只能从人体排泄物(尿)中取得的有机化合物尿素。人工合成尿素的成功,是有机化学发展的一个重大转折点,它动摇了“活力论”的基础,开辟了有机合成化学的新领域。随后,人们又陆续合成了成千上万种有机化合物。从此,有机化合物这个词被赋予一种新的含义,它是指“含碳化合物”或“碳氢化合物及其衍生物”。有机化学就是研究有机化合物的来源、组成、结构、性质、化学变化规律及其应用的一门学科。

一、有机化合物的特点

(一)结构特点——同分异构现象

有机化合物结构复杂、数量多,首先是因为碳原子可相互以共价键结合,形成由不同数量碳原子构成的碳链或碳环。此外,即使是碳原子数目相同的分子,由于碳原子间的连接方式多种多样,因而又可以组成结构不同的许多化合物。分子式相同而结构相异使得其性质也各异的不同化合物,称为同分异构体,这种现象叫作同分异构现象。

(二)性质特点

(1)绝大多数有机化合物是非极性的或极性较弱,因此不溶或难溶于水,易溶于有机溶剂。但一些极性较强的有机化合物,如低级醇、羧酸、磺酸等也易溶于水。

(2)有机化合物熔点、沸点比较低,这是因为有机化合物的分子间引力较弱所致。大多数有机化合物在常温下是液体或固体。

(3)一般有机化合物的热稳定性较差,易受热分解,容易燃烧。

(4)反应速度慢,副反应多。有机反应的发生需共价键断裂,因此反应需要一定时间才能完成,同时还需要以加热、加催化剂或者光照等手段加速反应,只有某些反应(多数为放热的自由基型反应)除外。有机化合物在发生化学反应时,发生碰撞的部位不只限于分子中某个原子或原子团,所以,在主反应发生的同时,还常伴随一些副反应,可以得到几种产物。

二、有机化合物的分类

有机化合物数目众多,按照它们的结构和性质可以分为许多类。一般的分类方法有两种,即按照碳链或官能团进行分类。

(一)按碳链分类

根据碳链结合方式的不同,有机化合物可以分为 3 类:

(1)开链化合物(脂肪族化合物)　在这些化合物中,碳与碳相连成链状碳架。由于这类化合物最初是从油脂中发现的,所以又叫脂肪族化合物。例如:

$CH_3CH_2CH_3$

正丙烷

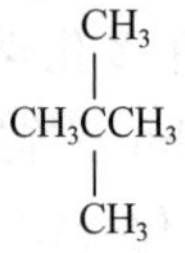

新戊烷

(2)碳环化合物　分子中含有完全由碳原子连接而成的环状结构。碳环化合物又可分为两类:

①脂环族化合物　这类化合物可以看作是由开链化合物闭合成环而得。它们的性质和脂肪族化合物相似,所以称为脂环族化合物。例如:

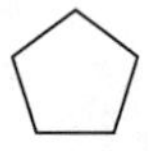

环戊烷

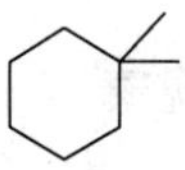

1,1-二甲基环己烷

②芳香族化合物　这类化合物具有由碳原子连接而成的特殊环状结构,它们在性质上与脂环族化合物有较大区别,分子中通常含有一个或多个苯环。例如:

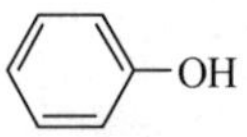

苯酚

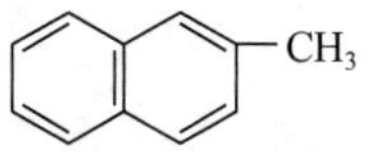

2-甲基萘

(3)杂环化合物　这类化合物分子中的环由碳原子和非碳原子如氧、硫、氮等共同组成。例如:

噻吩

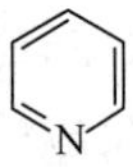

吡啶

(二)按官能团分类

按官能团分类,是将含有相同官能团的化合物归为一类。官能团是指有机化合物分子中能起到化学反应特征的原子、原子团或某些特征化学键结构。它们往往决定了有机化合物的性质。表 11-1 列出了一些重要官能团的结构和名称。

表 11-1 主要官能团及其结构

化合物类别	官能团名称(结构)	具体化合物举例
烯烃	碳碳双键($>C=C<$)	$CH_2=CH_2$
炔烃	碳碳三键($-C\equiv C-$)	$H-C\equiv C-H$
卤代烃	卤素[—X(F,Cl,Br,I)]	CH_2Cl_2
醇	羟基(—OH)	CH_3OH
酚	羟基(—OH)	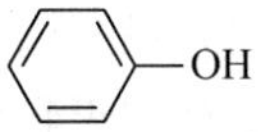
醚	$-\overset{\vert}{\underset{\vert}{C}}-O-\overset{\vert}{\underset{\vert}{C}}-$	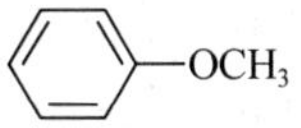
醛	醛基($-\overset{O}{\overset{\Vert}{C}}-H$)	$CH_3\overset{O}{\overset{\Vert}{C}}H$
酮	酮基($-\overset{O}{\overset{\Vert}{C}}-$)	$CH_3\overset{O}{\overset{\Vert}{C}}CH_3$
羧酸	羧基(—COOH)	CH_3COOH
酰卤	酰卤基($-\overset{O}{\overset{\Vert}{C}}-X$)	$H_3C-\overset{O}{\overset{\Vert}{C}}-Cl$
酸酐	酸酐基($-\overset{O}{\overset{\Vert}{C}}-O-\overset{O}{\overset{\Vert}{C}}-$)	$(CH_3CO)_2O$
酯	酯基($-\overset{O}{\overset{\Vert}{C}}-OR$)	$CH_3COOC_2H_5$
酰胺	酰胺基($-\overset{O}{\overset{\Vert}{C}}-NH_2$)	$H_3C-\overset{O}{\overset{\Vert}{C}}-NH_2$
胺	氨基($-NH_2$)	CH_3NH_2
磺酸	磺酸基($-\overset{O}{\overset{\Vert}{\underset{O}{\underset{\Vert}{S}}}}-OH$)	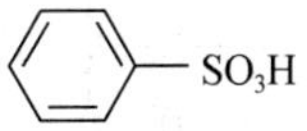

第二节 烷　烃

只含有碳和氢两种元素的有机化合物称为烃。烃是最简单的有机化合物,烃分子中的氢被其他原子或原子团取代,则得到一系列烃的衍生物。因此,烃可看作有机化合物的母体。

烷烃结构的基本特征是分子中碳原子以共价单键相连,其余键都与氢原子结合。分子中氢的含量已达到最高限度,故又称饱和烃。

烷烃广泛存在于自然界中,是石油和天然气的主要成分。石油和天然气既是燃料,也是重要的化工原料。农业上和医药中也常应用烷烃的混合物。如用凡士林做软膏基质、用液体石蜡做缓泻剂等。某些生物体内也含有少量的高级烷烃,它们各有独特的生理功能。

一、烷烃的通式和同分异构体

(一)烷烃的通式

烷烃包括一系列化合物,其组成可用通式 C_nH_{2n+2} 表示,例如:

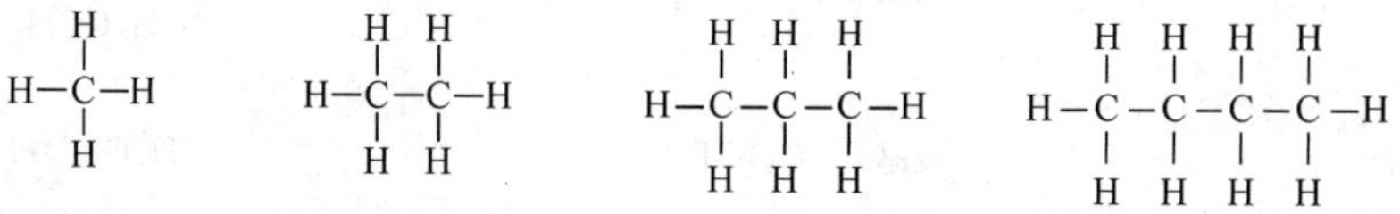

甲烷 CH_4　　乙烷 C_2H_6　　丙烷 C_3H_8　　丁烷 C_4H_{10}

从上述结构式可以看出,烷烃都是由相差一个或多个亚甲基(—CH_2—)相连成碳链。具有同一通式和相同结构特征的一系列化合物,称为同系列。同系列中的化合物彼此互称为同系物。

(二)同分异构体

分子式相同,而结构不同的化合物叫作同分异构体,这种现象称为同分异构现象。甲烷、乙烷和丙烷只有一种结构,从丁烷开始,其他烷烃都有同分异构现象,例如丁烷有两种异构体,丁烷分子中碳原子之间有两种不同的连接方式:

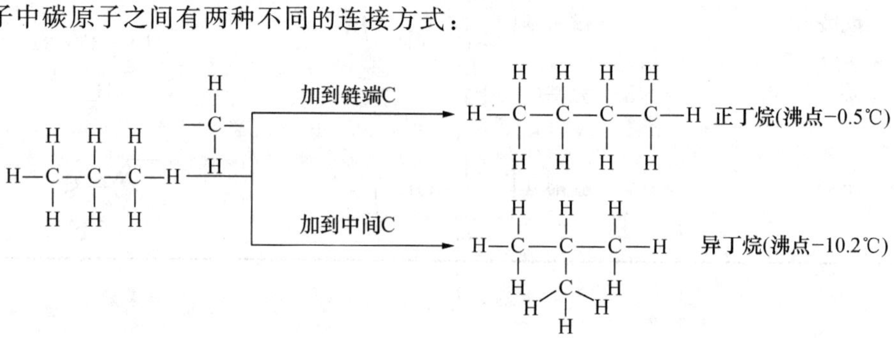

正丁烷是直链化合物,而异丁烷则带有支链。随着烷烃碳原子数目的增加,其异构体的数目也随之迅速增加。如戊烷有 3 种异构体,庚烷有 9 种异构体,壬烷则有 35 种异构体。

这种由于分子中碳原子连接顺序不同而产生的异构现象称为碳链异构。

(三)碳原子的类型

烷烃分子虽然只有碳、氢两种原子,但它们在分子中可有不同的连接方式,通常根据碳原子上连接氢或碳原子的数目不同,可分为 4 种类型的碳和 3 种类型的氢。

(1)伯碳原子(一级碳原子):只与 1 个碳原子直接相连的碳原子,以 1° C 表示。

(2)仲碳原子(二级碳原子):只与 2 个碳原子直接相连的碳原子,以 2° C 表示。

(3)叔碳原子(三级碳原子):只与 3 个碳原子直接相连的碳原子,以 3° C 表示。

(4)季碳原子(四级碳原子):只与 4 个碳原子直接相连的碳原子,以 4° C 表示。

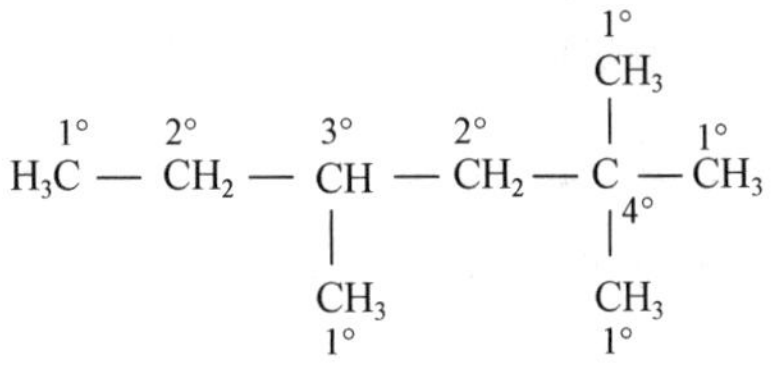

相连在伯、仲、叔碳原子上的氢原子也相应分别称为伯、仲、叔氢原子,以 1°H、2°H、3°H 表示。不同级别的碳原子或氢原子,其化学活性是不相同的,反应能力也存在一定的差别。一般来说,3 种氢的相对活性为:3°H>2°H>1°H。

二、烷烃的命名

[视频学习]
烷烃的命名

烷烃的命名原则是各类有机化合物命名的基础,常用普通命名法和系统命名法。

(一)普通命名法

对于结构比较简单的烷烃通常采用普通命名法(又称习惯命名法),其基本原则为:

(1)按分子中碳原子数目称为某烷　碳原子数目为 1～10 的直链烷烃,用天干顺序甲、乙、丙、丁、戊、己、庚、辛、壬、癸表示,10 个碳原子以上的直链烷烃用中文数字加“烷”字表示。例如:

CH_4	$CH_3CH_2CH_2CH_3$	$CH_3(CH_2)_9CH_3$	$CH_3(CH_2)_{20}CH_3$
甲烷	丁烷	十一烷	二十二烷

(2)用正、异、新来区别异构体　直链烷烃为正烷烃,碳链一端具有 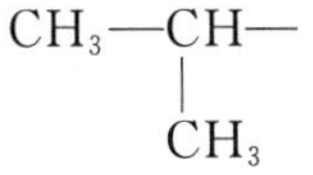 结构且链的其他部位无支链的称为异某烷,碳链一端具有 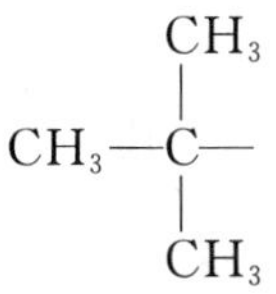 结构且链的其他部位无支链的称为新某烷。例如:

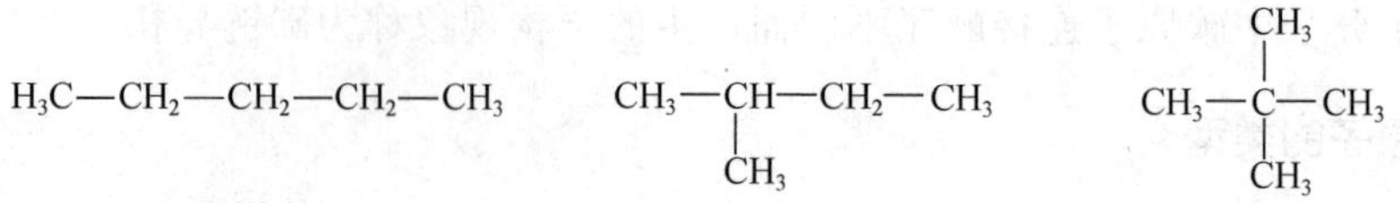

正戊烷　　异戊烷　　新戊烷

烷烃分子去掉一个氢原子后剩下的原子团叫烷基，用 R—表示，通式为 C_nH_{2n+1}。常见的烷基如：

CH_3—（甲基）　CH_3CH_2—（乙基）　$CH_3CH_2CH_2$—（正丙基）　$CH_3CH_2CH_2CH_2$—（正丁基）

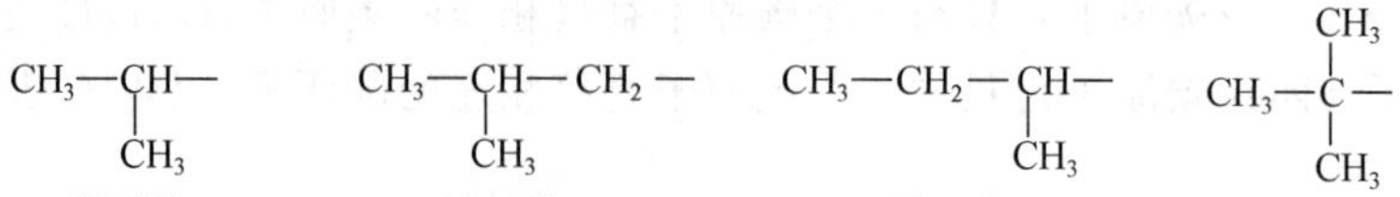

异丙基　　异丁基　　仲丁基　　叔丁基

练一练

能否用普通命名法命名下列化合物？如能命名，试写出名称，如不能命名，说明原因。

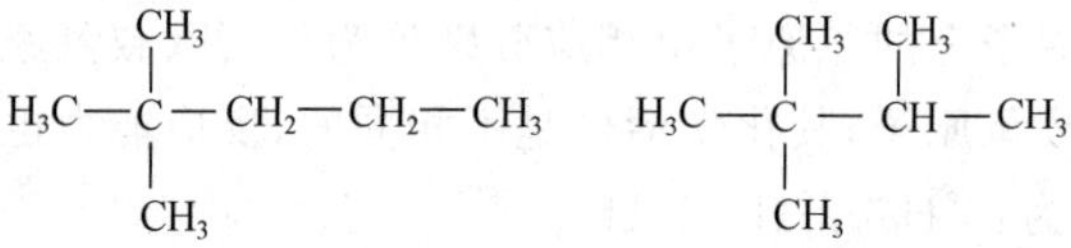

(二)系统命名法

普通命名法只适用于简单烷烃，对于结构比较复杂的烷烃必须使用系统命名法，以准确反映分子的结构。

系统命名法是一种普遍适用的命名方法。它是在国际纯粹与应用化学联合会(IUPAC)制定的命名原则基础上，结合我国文字特点制定的命名法。

直链烷烃的系统命名法与普通命名法相似，只是把"正"字去掉。带有支链的烷烃的命名原则和步骤如下：

(1)选择含碳原子数目最多的碳链作为主链，按主链所含碳原子的数目称为"某"烷。分子中如有几条等长碳链时，应选择支链较多的碳链为主链。

(2)从靠近支链的一端用阿拉伯数字 1，2，3，…，对主链碳原子进行编号，确定取代基的位置，使取代基的编号尽可能小，如有多个取代基，应逐个比较，直至选出取代基编号最小的编号方式，即取代基位次编号最小原则。例如：

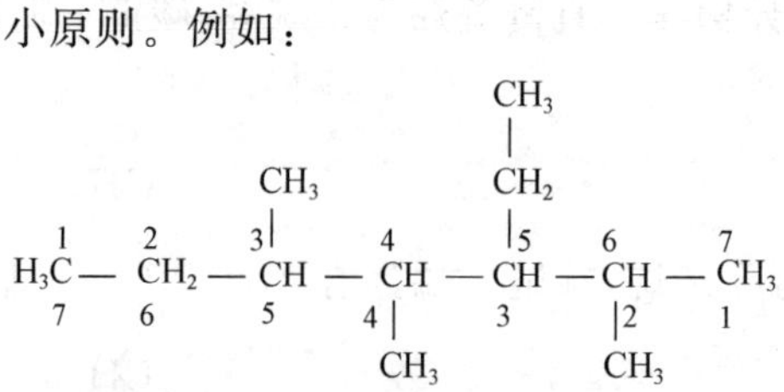

从左往右编号，取代基的位次依次为 3、4、5、6；如果从右往左编号，取代基的位次依次为 2、3、4、5，按照编号最小原则，选择从右往左编号。

如果从碳链任何一端开始，第一个支链的位置都相同时，则从构造较简单的取代基一端开始编号。

(3)按取代基由小到大的顺序，将位次、取代基名称依次写在主链名称的前面，位次和取代基名称之间用短线“-”隔开。有相同取代基时，用中文数字合并表示，位次之间用逗号隔开。

例如：

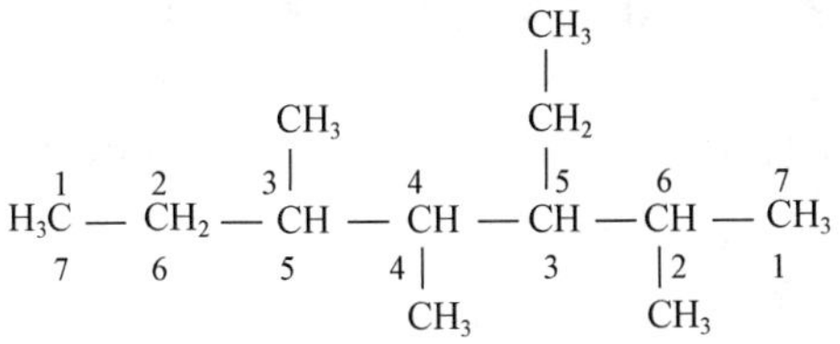

2,4,5-三甲基-3-乙基庚烷

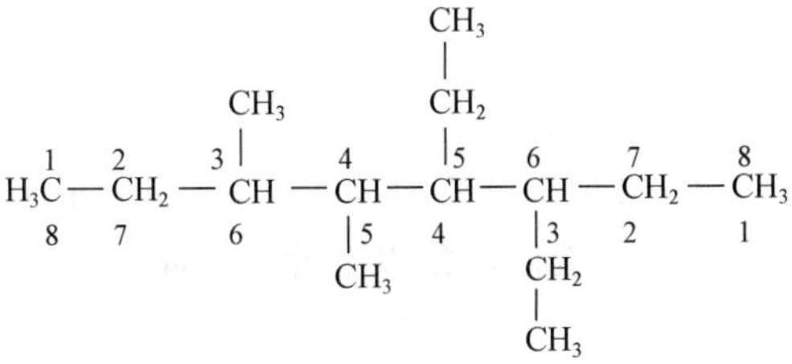

3,4-二甲基-5,6-二乙基辛烷

想一想

用系统命名法命名下列化合物。

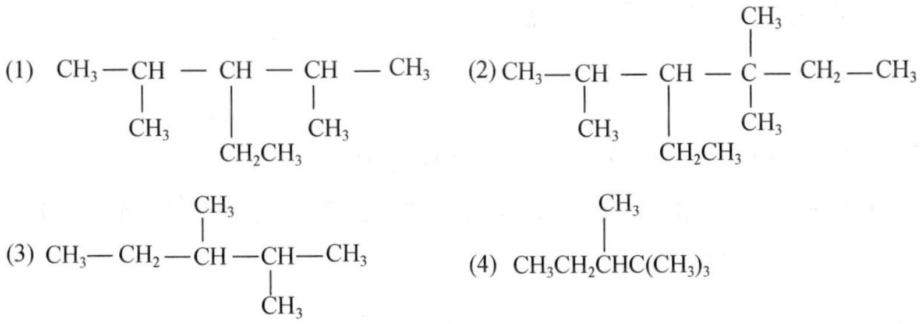

三、烷烃的结构

烷烃分子中的碳原子都是 sp^3 杂化，H 原子位于正四面体的 4 个顶点，C 原子位于正四面体中央，其键角均为 109.5°。相邻碳原子间互以 sp^3 杂化轨道重叠形成 C—C σ 键，电子衍射法已证实了甲烷的正四面体结构，在书写时可以简化为平面结构式。为了产生立体感，可采用透视式表示，实线表示纸平面上方的键，虚线表示伸向纸平面下方的键。

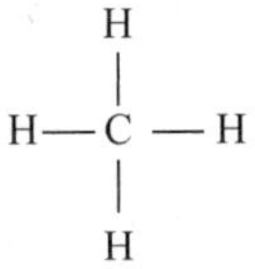

甲烷的平面结构式

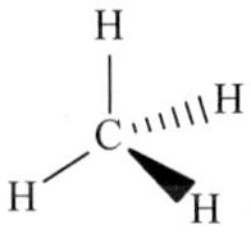

甲烷的透视式

在直链烷烃中，由于碳原子的四面体结构，它们的碳链呈立体锯齿状。

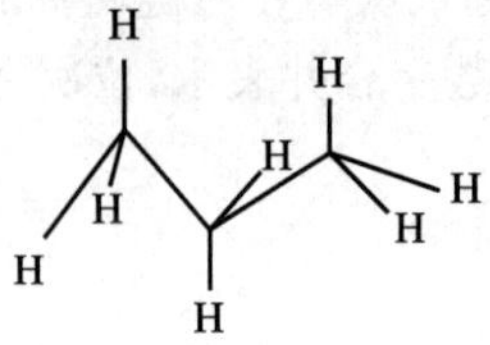

丙烷的碳链

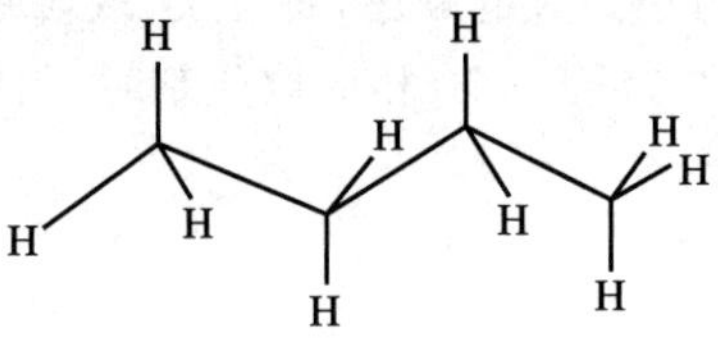

丁烷的碳链

四、烷烃的物理性质

纯物质的物理性质如聚集状态、相对密度、熔点、沸点、溶解度和折光率等，在一定条件下都有固定的数值，这样的数值称为物理常数。

(一)状态

随着碳原子数增加，烷烃的相对分子质量增加，分子间的作用力增加。在常温常压下，$C_1\sim C_4$ 的烷烃是气体，$C_5\sim C_{16}$ 的是液体，C_{17} 以上的是固体。

(二)沸点

(1)直链烷烃的沸点随原子数目增多而升高，但升高的数值逐渐减小。

(2)在碳原子数相同的烷烃异构体中，直链烷烃的沸点最高，支链越多，沸点越低。支链烷烃由于支链的空间阻碍作用，使分子间距离加大，分子间引力减小，沸点降低。如戊烷的沸点为 36.1℃，异戊烷的沸点为 28℃，而新戊烷的沸点为 9℃。

(三)熔点

(1)直链烷烃的熔点也随相对分子质量的增加而升高。

(2)在碳原子数相同的烷烃中，随着支链的出现，其熔点有降低的趋势，但支链继续增加，使分子结构对称性增加，进而使熔点升高。

(四)相对密度

在有机化合物中烷烃的相对密度最小。它们的相对密度都小于 1，并且随相对分子质量的增加而上升(表 11-2)。

表 11-2　烷烃的物理常数

名称	结构式	熔点/℃	沸点/℃	相对密度	物态
甲烷	CH_4	−182.6	−161.7	0.424 0	气
乙烷	CH_3CH_3	−172.0	−88.6	0.546 2	气
丙烷	$CH_3CH_2CH_3$	−187.1	−42.2	0.582 4	气
丁烷	$CH_3(CH_2)_2CH_3$	−135.0	−0.5	0.578 8	气

续表11-2

名称	结构式	熔点/℃	沸点/℃	相对密度	物态
戊烷	$CH_3(CH_2)_3CH_3$	−129.7	36.1	0.626 1	液
己烷	$CH_3(CH_2)_4CH_3$	−94.0	68.7	0.659 4	液
庚烷	$CH_3(CH_2)_5CH_3$	−90.5	98.4	0.683 7	液
辛烷	$CH_3(CH_2)_6CH_3$	−56.8	125.6	0.702 8	液
壬烷	$CH_3(CH_2)_7CH_3$	−53.7	150.7	0.717 0	液
癸烷	$CH_3(CH_2)_8CH_3$	−29.7	174.0	0.729 8	液
十六烷	$CH_3(CH_2)_{14}CH_3$	18.1	280.0	0.774 9	液
十七烷	$CH_3(CH_2)_{15}CH_3$	22.0	303	0.776 7	固
十八烷	$CH_3(CH_2)_{16}CH_3$	28.0	308	0.776 8	固
十九烷	$CH_3(CH_2)_{17}CH_3$	32.0	330	0.777 6	固
二十烷	$CH_3(CH_2)_{18}CH_3$	36.4	343	0.777 7	固

(五)溶解度

由于烷烃没有极性或极性很弱，所以不溶于水及其他极性强的有机溶剂，易溶于氯仿、乙醚、四氯化碳、苯等弱极性或非极性有机溶剂中。

练一练

根据所学的知识，将下列化合物按沸点由高到低排列。

(1) 丙烷、丁烷、异丙烷、戊烷、异丁烷、己烷

(2) 丙烷、1-氯丙烷、1-溴丙烷、1-碘丙烷

五、烷烃的化学性质

烷烃分子中 C—C σ 键和 C—H σ 键是非极性或极性很弱的共价键，分子中不含官能团，因此烷烃的化学性质很稳定。一般情况下，与强酸、强碱、强氧化剂等试剂都不起反应，但在一定条件下，例如，在高温或有催化剂存在时，烷烃也可以和一些试剂作用。

(一)卤代反应

烷烃分子的氢原子被其他原子或原子团取代的反应叫取代反应。

在强光照射或加热条件下，烷烃分子的氢原子被卤素取代生成卤代烷的反应称为卤代反应。X_2 的反应活性为 $F_2>Cl_2>Br_2>I_2$，其中氟代反应太剧烈，难以控制，而碘代反应太慢，难以进行，烷烃的卤代反应主要是氯代和溴代。例如：

$$CH_4 + Cl_2 \xrightarrow[\text{或}400\sim450℃]{\text{日光}} \underset{\text{一氯甲烷}}{CH_3Cl} \xrightarrow[\text{或}400\sim450℃]{\text{日光}} \underset{\text{二氯甲烷}}{CH_2Cl_2} \xrightarrow[\text{或}400\sim450℃]{\text{日光}} \underset{\text{三氯甲烷}}{CHCl_3} \xrightarrow[\text{或}400\sim450℃]{\text{日光}} \underset{\text{四氯化碳}}{CCl_4}$$

对于同一烷烃，不同级别的氢原子被取代的难易程度是不同的。不同级别氢原子氯代反应活泼程度依次为 3°H＞2°H＞1°H。

(二)氧化反应

常温时，烷烃通常不与氧化剂(如氧气)反应，但在空气中燃烧时，能生成二氧化碳和水，并放出大量的热能。例如：

$$CH_4 + 2O_2 \longrightarrow CO_2 + 2H_2O + 878.64\ kJ \cdot mol^{-1}$$

由于大量热放出，故汽油、煤油和柴油可作动力燃料。

知识窗

低级烷烃($C_1 \sim C_6$)与空气混合至一定比例时，遇到明火便燃烧并放出大量的热，使生成的 CO_2 和 H_2O 急剧膨胀而发生爆炸，这是煤矿发生爆炸事故的原因之一。甲烷的爆炸极限浓度是 5.53%～14%。

第三节 烯 烃

分子中含有碳碳双键($>C=C<$)的烃，叫作烯烃。其中，只含有一个碳碳双键的叫作单烯烃，通式为 C_nH_{2n}；含有两个碳碳双键的叫作二烯烃，通式为 C_nH_{2n-2}。碳碳双键是烯烃的官能团。

烯烃在自然界中存在非常广泛。许多热带树木都可以产生乙烯，天然橡胶、某些色素、香精油中都有烯烃存在。

一、烯烃的结构

当碳原子以双键和其他原子结合时，采取 sp^2 杂化。以乙烯为例，两个碳原子结合成乙烯时，彼此各用一个 sp^2 杂化轨道互相结合形成 σ 键，其余的 sp^2 杂化轨道与氢结合(图 11-1)。碳碳之间的另一个键是由未参加杂化的 p 轨道从侧面重叠形成的 π 键(图 11-2)。π 键不能自由旋转。π 电子云距核较远，受核约束力小，流动性大，π 键易极化，故烯烃有较大的化学活泼性。

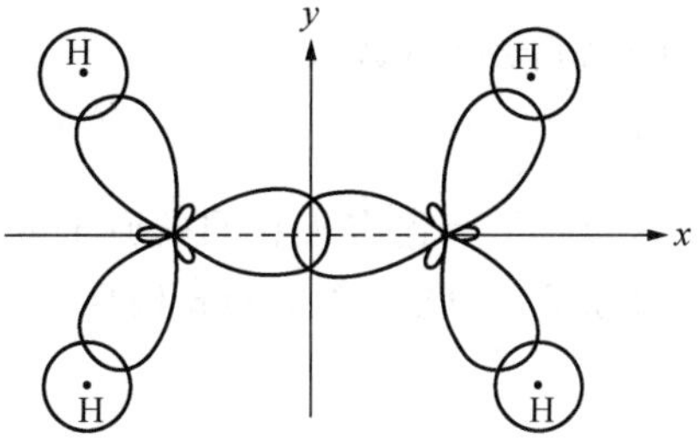

图 11-1 乙烯分子中的 σ 键

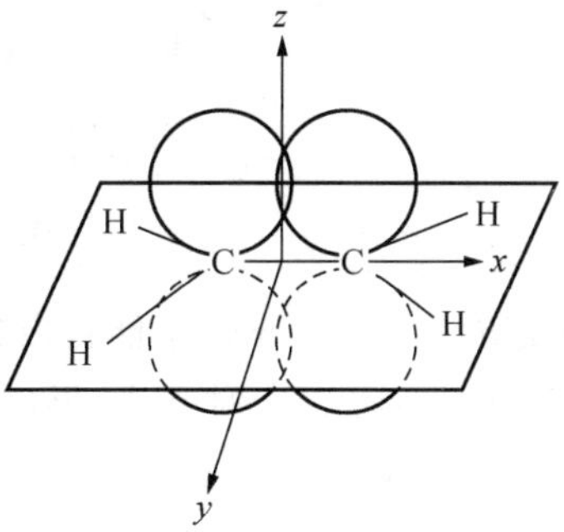

图 11-2 乙烯分子中的 π 键

碳碳双键的键长为 0.134 nm，比碳碳单键短，这是由于碳碳之间被更多的电子拉在一起所致。键能为 610 kJ · mol^{-1}，小于两倍碳碳单键的键能（345.6 kJ · mol^{-1} × 2 = 691.2 kJ · mol^{-1}），说明碳碳双键不等于两个碳碳单键。

二、烯烃的命名和异构现象

（一）烯烃的命名

烯烃的命名原则和烷烃基本相同。不同的是必须选择含有双键在内的最长碳链作为主链，根据主链上碳原子的数目称为某烯。主链碳原子的编号由距离双键最近的一端开始，双键的位置以其所在碳原子的标号中较小的一个表示，把它写在烯烃名称前面，取代基的位次、名称依次写在最前面。

［视频学习］
烯烃的命名

$\overset{4}{CH_3}-\overset{3}{CH_2}-\overset{2}{CH}=\overset{1}{CH_2}$　　1-丁烯

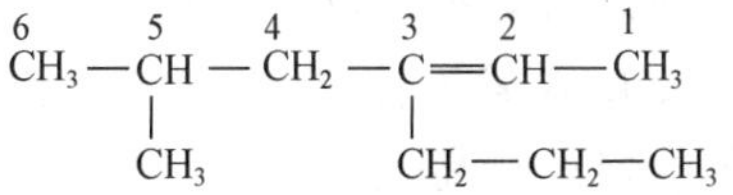　　5-甲基-3-丙基-2-己烯

（二）烯基的命名

烯烃去掉一个氢原子后余下的基团称为烯基，其编号应从含有自由键的碳原子开始。例如：

$CH_2=CH-$
乙烯基

$CH_3-CH=CH-$
丙烯基(1-丙烯基)

$-CH_2-CH=CH_2$
烯丙基(2-丙烯基)

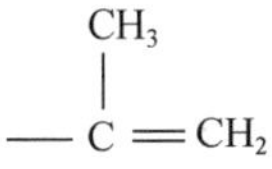
异丙烯基(1-甲基乙烯基)

（三）烯烃的同分异构

（1）官能团位置异构　烯烃除了有碳链异构外，还有由于双键位置不同而产生的异构现象，即官能团位置异构。

$\overset{4}{CH_3}-\overset{3}{CH}=\overset{2}{CH}-\overset{1}{CH_3}$　　2-丁烯

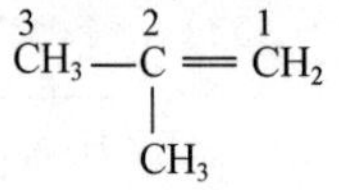

2-甲基丙烯(异丁烯)

(2)顺反异构　由于π键不能自由旋转，当双键碳原子上连有不相同的原子或基团时，在空间就产生两种不同的排列方式，形成两种不同的分子，由此而产生的异构现象称为顺反异构。顺反异构是立体异构的一种。例如2-丁烯：

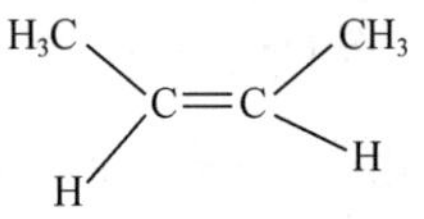

顺-2-丁烯

沸点:3.7℃

熔点:−138.9℃

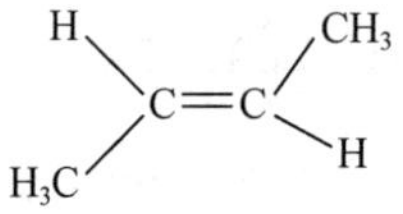

反-2-丁烯

沸点:0.9℃

熔点:−105.5℃

相同的基团(两个甲基或两个氢原子)在双键的同侧，叫顺式结构，处于双键异侧的叫反式结构。一般来说顺式异构体没有反式异构体稳定。

三、烯烃的物理性质

烯烃的熔点、沸点和相对密度等物理性质在同系列中的变化规律与烷烃相似，都随相对分子质量的增加而升高。常温下，$C_2 \sim C_4$ 的烯烃为气体，$C_5 \sim C_{18}$ 的烯烃为液体，C_{19} 以上的烯烃为固体。烯烃比水轻，难溶于水，易溶于非极性或弱极性的有机溶剂，如苯、乙醚、氯仿等。

含同数碳原子的直链烯烃的沸点比带支链的高。碳架相同的烯烃双键向碳链中间移动时，沸点和熔点都升高。对于顺反异构体来说，反式异构体的对称性较高，分子没有极性，而顺式异构体有微弱的极性，所以顺式异构体的沸点一般比反式异构体高，而对于熔点来说则相反，对称的分子在晶格中可以排得较紧，故反式异构体的熔点较高(表11-3)。

表11-3　烯烃的物理常数

名称	结构式	熔点/℃	沸点/℃	相对密度
乙烯	$CH_2=CH_2$	−169.1	−103.7	0.566
丙烯	$CH_3-CH=CH_2$	−185.2	−47.4	0.595
1-丁烯	$CH_3CH_2CH=CH_2$	−184	−6.3	0.625
2-丁烯 顺式	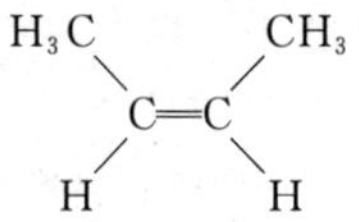	−138.9	3.7	0.621
2-丁烯 反式	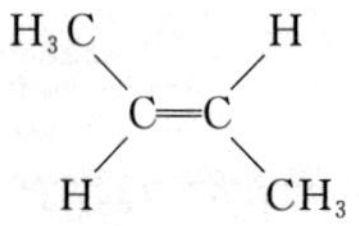	−105.5	0.9	0.604

续表11-3

名称	结构式	熔点/℃	沸点/℃	相对密度
异丁烯	$CH_3-\underset{CH_3}{\underset{\vert}{C}}=CH_2$	−140.3	−6.9	0.631
1-戊烯	$CH_3CH_2CH_2CH=CH_2$	−138	30	0.641
1-己烯	$CH_3CH_2CH_2CH_2CH=CH_2$	−139.8	63.3	0.673
1-庚烯	$CH_3CH_2CH_2CH_2CH_2CH=CH_2$	−119	93.6	0.697
1-十八碳烯	$CH_3(CH_2)_{15}CH=CH_2$	18.5	179	0.791

四、烯烃的化学性质

由于烯烃中存在 π 键，所以烯烃的化学性质比烷烃活泼，能发生加成、氧化、聚合以及 α-H 的取代反应。

（一）加成反应

不饱和键中的 π 键断裂，与试剂的两个原子或基团结合成单键，这样的反应叫加成反应。

（1）催化加氢　在催化剂（Pt、Pd、Ni）的作用下，烯烃能与氢发生加成反应，生成烷烃。

$$CH_3CH=CH_2+H_2\xrightarrow{Pt}CH_3CH_2CH_3$$

加氢反应是定量进行的，断裂 1 mol 的碳碳双键消耗 1 mol 的氢气。因此，可通过消耗氢的量来确定分子中含有碳碳双键的数目。

（2）加卤素　烯烃在常温下与氯、溴很容易发生加成反应，生成邻二卤代物。例如，乙烯通入溴的四氯化碳溶液中，生成无色的 1，2-二溴乙烷，而溴的红棕色褪去。

$$CH_2=CH_2+Br_2\xrightarrow{CCl_4}CH_2BrCH_2Br$$

此反应非常灵敏，常用来检验碳碳不饱和键。

（3）加卤化氢　烯烃与卤化氢发生加成反应，生成卤代烷。

$$CH_2=CH_2+HX\longrightarrow CH_3CH_2X$$

卤化氢的活泼顺序是 HI＞HBr＞HCl。

不对称烯烃与卤化氢加成得到两种加成产物。例如丙烯与溴化氢的加成：

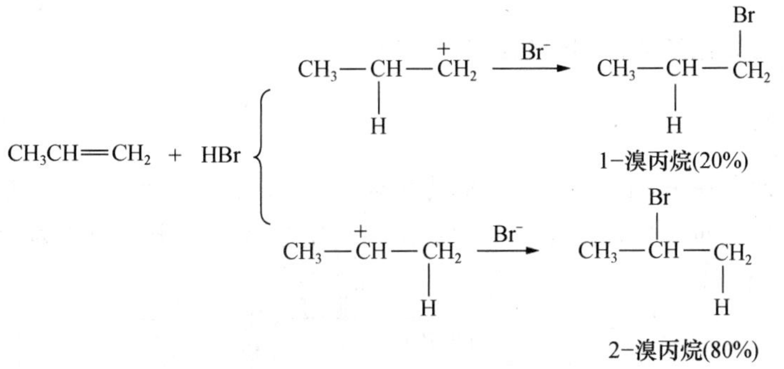

实验证明，当不对称烯烃与卤化氢等极性试剂加成时，试剂中带正电的部分（如 H^+）主要加到含氢较多的双键碳原子上。此规律叫作马尔科夫尼科夫规则，简称马氏规则。

(4)加 H_2O　在酸催化下，烯烃与水加成生成醇。加成产物符合马氏规则。此为工业合成低级醇的方法，称为烯烃的直接水合法。例如：

$$CH_2{=}CH_2 + H-OH \xrightarrow[300℃,压力]{H_3PO_4,硅藻土} CH_3CH_2OH$$

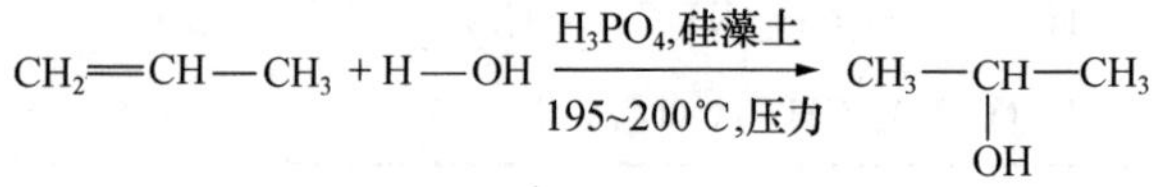

乙烯水合生成乙醇，丙烯水合得到仲醇。

(二)氧化反应

烯烃很容易被氧化，氧化剂种类和条件不同，可得到不同产物。这些氧化反应在合成上，特别是在鉴定烯烃的分子构造上很有用途。

(1)在中性或碱性溶液中，高锰酸钾能氧化烯烃，使双键中的 π 键断裂生成二元醇，高锰酸钾紫色迅速褪去。

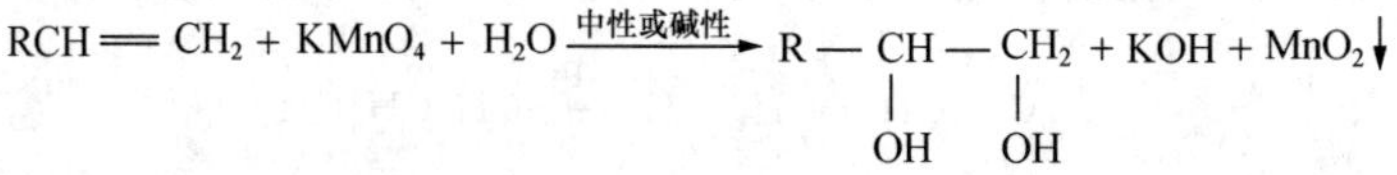

此反应可用来鉴别不饱和键的存在。

(2)在酸性溶液中，高锰酸钾的氧化能力更强，烯烃不仅双键断裂，与双键碳原子相连的氢原子也被氧化。

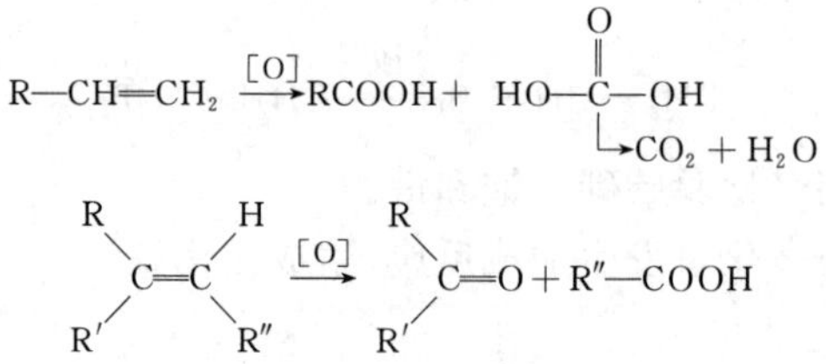

由此可见，CH_2 ═被氧化成二氧化碳和水，R—CH ═被氧化成羧酸， 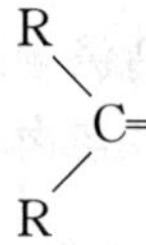 被氧化成酮。因此可根据烯烃的氧化产物推测烯烃的分子结构。

(三)聚合反应

烯烃在催化剂存在下，由小分子（或称为单体）通过 π 键的断裂，而自相加成生成大分子化合物（聚合物）的反应叫作聚合反应。例如乙烯在一定条件下聚合成聚乙烯：

$$nCH_2{=}CH_2 \xrightarrow[60\sim70℃]{催化剂,1\ 013\ kPa} {\left[CH_2-CH_2 \right]}_n$$

式中反应物前的 n 代表单体的个数，产物化学式右下角的 n 代表聚合度。

想一想

(1)总结烯烃的化学性质及其规律。

(2)用化学的方法鉴别乙烷与乙烯。

(3)通过查阅文献，了解烯烃在生活中的应用情况。

[扩展学习]

植物生长调节剂——乙烯利

第四节 炔 烃

一、炔烃的结构

炔烃是分子中含有碳碳三键(C≡C)的烃，三键碳原子采取 sp 杂化。例如，在乙炔分子中，两个碳原子各以一个 sp 杂化轨道相互重叠，形成 C—C σ 键，同时每个碳原子的另一个 sp 轨道和氢的 1s 轨道重叠形成 C—H σ 键，剩下的两个未参与杂化的 p 轨道对应重叠，形成两个相互垂直的 π 键。两个 π 键电子云对称地分布在 σ 键轴的上、下、前、后，呈圆桶状(图 11-3)。

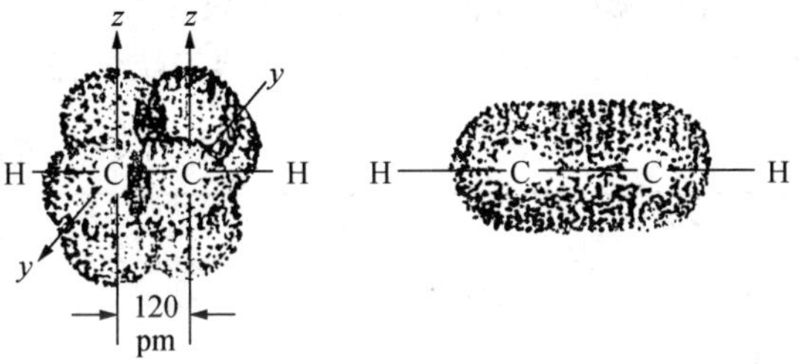

图 11-3 乙炔分子中的 π 键示意图

由此可见，乙炔的三键由一个 σ 键和两个 π 键组成。乙炔分子是一线性分子，4 个原子在一条直线上，分子中各键键长及键角如下式表示：

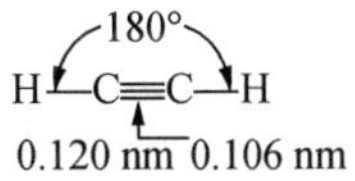

由于碳原子间存在两个 π 键，所以碳原子间距离更近，键长更短，为 0.106 nm，键能更大，为 835 $kJ \cdot mol^{-1}$。

二、炔烃的同分异构现象和命名

乙炔、丙炔没有异构体，4 个碳以上的炔烃有碳链异构和三键的位置不同引起的位置异构，由于与三键相连的原子或原子团在同一直线上，因此，炔烃没有顺反异构体，炔烃的同分异构体较同碳原子的烯烃要少。

炔烃的命名原则与烯烃相似，即选含有三键的最长碳链作为主链，把侧链作为取代基，编号由三键最近的一端开始，将三键的位置写在母体名称的前面。例如：

$$\underset{\displaystyle CH_3}{CH_3-CH_2-\overset{|}{CH}-C\equiv C-CH_3}$$ 4-甲基-2-己炔

$$CH_3-\underset{\displaystyle |\atop CH_3}{CH}-C\equiv CH$$ 3-甲基-1-丁炔

若分子中同时含有C═C键和C≡C键叫烯炔。系统命名时应选择包括双键和三键在内的最长碳链为主链。链的编号遵循最低系列原则，使双键和三键碳的编号尽可能小；当双键和三键碳处于相同位次时，则应使双键具有最小的编号。例如：

$$\overset{5}{CH}\equiv\overset{4}{C}-\underset{\displaystyle |\atop CH_2CH_2CH_3}{\overset{3}{CH}}-\overset{2}{CH}=\overset{1}{CH_2}$$ 3-丙基-1-戊烯-4-炔

三、炔烃的物理性质

炔烃的物理性质近似于烷烃、烯烃，见表11-4。在通常情况下，$C_2\sim C_4$ 的炔烃为气体，$C_5\sim C_{15}$ 的炔烃为液体，C_{16} 以上的炔烃为固体。炔烃的相对密度小于1，熔点、沸点高于相应的烷烃和烯烃。炔烃不溶于水，易溶于烷烃、四氯化碳、乙醚等有机溶剂。

表11-4　炔烃的物理性质

名称	结构式	熔点/℃	沸点/℃	相对密度
乙炔	$HC\equiv CH$	−82	−83.4	0.618
丙炔	$CH_3C\equiv CH$	−101.5	−23.4	0.706
1-丁炔	$CH_3CH_2C\equiv CH$	−122.5	8.5	0.678
2-丁炔	$CH_3C\equiv CCH_3$	−32.3	27.2	0.691
1-戊炔	$CH_3CH_2CH_2C\equiv CH$	−98	39.7	0.690
2-戊炔	$CH_3CH_2C\equiv CCH_3$	−101	55.5	0.711
3-甲基-1-丁炔	$CH_3-CH(CH_3)-C\equiv CH$	−89.7	29.4	0.666

四、炔烃的化学性质

炔烃的官能团是C≡C键，它除具有类似烯烃的加成、氧化、聚合等反应外，还有一些炔烃所特有的性质。

(一)加成反应

炔烃结构中的三键能与卤素、卤化氢、氢气等发生加成反应，除氢气外的加成都属于亲电加成。

(1)加氢　炔烃在镍、铂、钯等催化剂的存在下，可完全氢化成饱和烃。例如：

$$CH_3C\equiv CH+H_2\xrightarrow{Ni}CH_3CH_2CH_3$$

有些催化剂能降低反应活性，如林德拉催化剂(钯附着于碳酸钙及少量氧化铅上，使催化剂活性降低)只生成烯烃。例如：

$$CH_3C{\equiv}CCH_3 + H_2 \xrightarrow{Pd/PbO,CaCO_3} CH_3{-}CH{=}CH{-}CH_3$$

所以炔烃可以通过选择合适的催化剂使反应停留在烯烃阶段或者烷烃阶段。

(2)加卤素　炔烃与卤素(氯或溴)的加成反应比烯烃困难。例如，乙炔与氯气发生反应生成四氯乙烷。

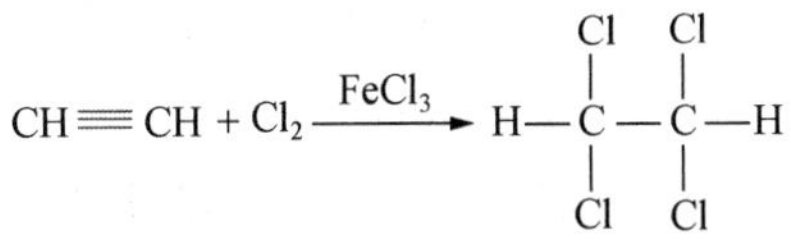

(3)加卤化氢　炔烃与卤化氢加成的速度比烯烃慢，炔烃与卤化氢加成分两步进行，在催化剂存在下，可以加一分子卤化氢，也可以加两分子卤化氢，对不对称炔烃来说，反应服从马氏规则。

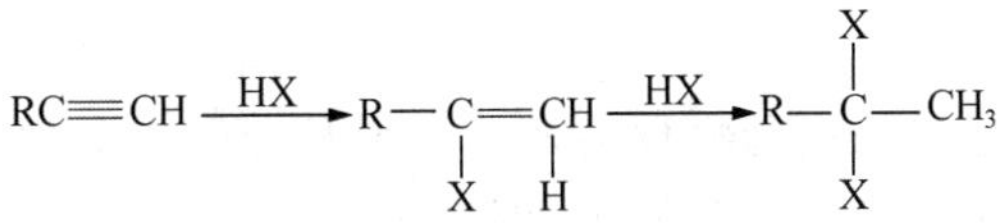

(4)加 H_2O　与烯烃不同，炔烃在酸存在下直接加水是困难的，但在催化剂($HgSO_4$ 的稀 H_2SO_4 溶液)存在下与水进行加成反应，乙炔生成乙醛，其他炔烃则生成酮类。这是工业制备醛、酮的一种方法。

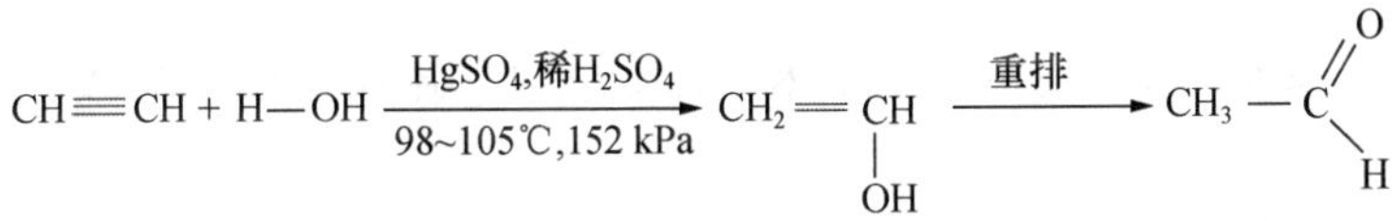

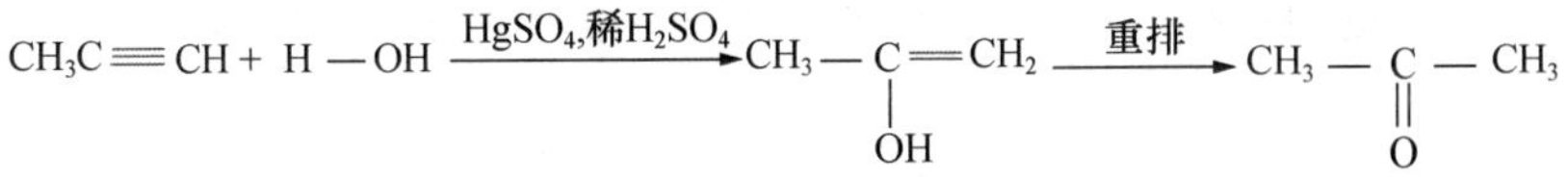

(二)氧化反应

炔烃经臭氧氧化和水解或用高锰酸钾氧化，碳链在三键处断裂。乙炔生成二氧化碳和水，其他炔生成相应的羧酸。例如：

$$HC{\equiv}CH \xrightarrow[H^+]{KMnO_4} CO_2 + H_2O$$

$$R{-}C{\equiv}CH \xrightarrow[H^+]{KMnO_4} R{-}COOH + CO_2 + H_2O$$

$$CH_3CH_2CH_2C{\equiv}CCH_2CH_3 \xrightarrow[H^+]{KMnO_4} CH_3CH_2CH_2COOH + CH_3CH_2COOH$$

由于反应中高锰酸钾紫色褪去，可用来检验分子中三键的存在。同时可根据产物的结构推测分子中三键的位置，进而确定炔烃的结构。

(三)炔烃的特殊反应——金属炔化物的生成

炔烃分子中与三键碳原子直接相连的氢原子称炔氢,性质比较活泼,具有一定的微酸性,能被某些金属离子取代,生成金属炔化物。例如,乙炔或 RC≡C—H 能与银氨溶液或亚铜氨溶液作用,生成炔化银的白色沉淀或炔化亚铜的红色沉淀。

$$CH\equiv CH+2Ag(NH_3)_2NO_3 \longrightarrow \underset{\text{乙炔银(白色)}}{AgC\equiv CAg}\downarrow +2NH_4NO_3+2NH_3$$

$$CH\equiv CH+2Cu(NH_3)_2Cl \longrightarrow \underset{\text{乙炔亚铜(红色)}}{CuC\equiv CCu}\downarrow +2NH_4Cl+2NH_3$$

以上反应迅速灵敏,现象明显,可用于具有—C≡C—H 结构炔类的检验。

金属炔化物在湿润时比较稳定,但干燥情况下受热或撞击易发生爆炸。它容易被稀盐酸或硝酸分解成原来的炔烃,利用这一性质,可从混合物中提纯和分离炔烃。

本 章 小 结

1. 由碳、氢两种元素组成的化合物称为烃。烷烃是分子中只含有碳碳单键的链烃,通式为 C_nH_{2n+2}。系统命名法主要遵循三条原则,即主干最长,取代基最多,位次最小。烷烃的物理性质随着相对分子质量的增加而呈现规律性的变化。烷烃的化学性质虽然比较稳定,但在一定条件下也可以发生取代、氧化等反应。

2. 烯烃是分子中含有碳碳双键的链烃,其官能团是碳碳双键(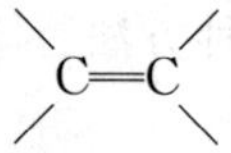),通式为 C_nH_{2n}。烯烃不仅有碳架异构,还有位置异构、顺反异构。烯烃能发生加成、氧化和聚合等反应。

3. 炔烃的官能团是碳碳三键(C≡C),炔烃的命名和烯烃类似,选含有三键在内的最长碳链为主链,从靠近三键的一端进行编号,并将三键的编号写在母体名称前。

思考与练习

一、命名题

1. 用系统命名法命名下列化合物。

(1) 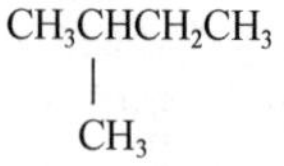

(2) 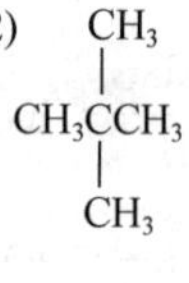

(3) 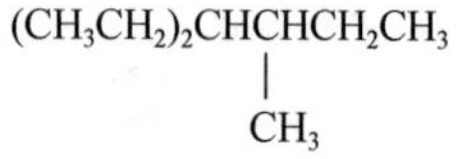

(4) 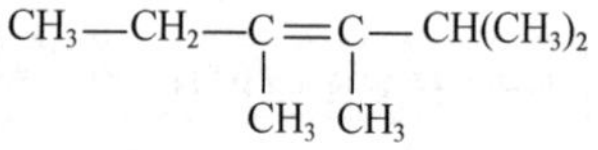

(5) 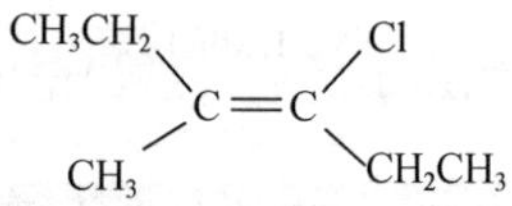

(6) 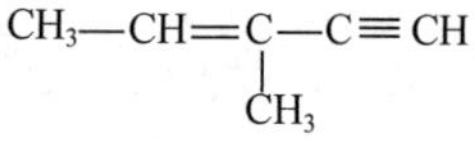

2. 根据下列化合物的名称写出其结构式。

(1)2,4-二甲基戊烷 (2)2,2,3,3-四甲基丁烷 (3)2,3-二甲基-1-丁烯

二、思考题

1. 将下列化合物按沸点由低到高排序(不查手册)。

(1) 庚烷 (2)2-甲基庚烷 (3)2-甲基戊烷

(4)戊烷 (5)己烷

2. 鉴别下列化合物。

(1)丙烷、1-丁烯

(2)乙烷、乙烯、乙炔

3. 完成下列反应。

(1)$CH_3—CH═CH_2 + Br_2 \longrightarrow$

(2)$CH_3—C≡CH + Br_2 \longrightarrow$

(3)$R—C≡CH + HBr \longrightarrow$

(4)$R—CH═CH_2 + HBr \longrightarrow$

(5)$CH_3—C≡CH \xrightarrow{AgNO_3, NH_3 \cdot H_2O}$

(6)$CH_3—C≡CH \xrightarrow[H_2O]{Hg^+, H_2SO_4}$

(7)$CH_3—CH═CH_2 \xrightarrow{KMnO_4, H^+}$

(8)$CH_3—C≡CH \xrightarrow{KMnO_4, H^+}$

(9)$CH_3—CH═CH_2 + H_2 \xrightarrow{Pt}$

(10)$CH_3—C≡CH + H_2 \xrightarrow{Pt}$

(11)$CH_3—C≡CH + H_2 \xrightarrow{Pd/PbO, CaCO_3}$

(12)$CH_3—CH═CH_2 + Br_2 \longrightarrow$

(13)$CH_3—C≡CH + Br_2 \longrightarrow$

三、推断题

1. 有一化合物,分子式为 C_6H_{12},能使溴水溶液褪色,溶解于浓硫酸中,氢化后生成 2-甲基戊烷,用酸性高锰酸钾氧化生成 CH_3COOH 和 $CH_3CH(CH_3)COOH$ 两种酸,试写出该化合物的结构式。

2. 有两种同分异构体的丁烯,它们与 HBr 加成得到同一种溴代烷,试写出这两种烯烃的结构式。

3. 某化合物有 A、B、C 3 种异构体,它们在 $KMnO_4$ 溶液中氧化时,化合物 A 生成丙酸和 CO_2,B 生成乙酸,C 生成丙酮和 CO_2,试写出它们的结构式。

第十二章

芳 香 烃

【本章引言】

芳香族化合物最初是由树脂和香精油的天然产物中提取出来的，且大多数具有芳香味，因此而得名。随着科学发展，人们将具有特殊稳定性的不饱和环状化合物统称为芳香化合物。从结构上看，芳香化合物具有平面或接近平面的环状结构，键长趋于平均化，有较高的C/H比，这些化合物具有高不饱和度，但化学性质稳定，不易发生加成、氧化反应，易于发生取代反应。具有芳香性的碳氢化合物通常含有苯环结构，称为芳香烃，是芳香族化合物的母体，简称芳烃。不含苯环的芳烃称非苯芳烃，但化学性质与苯相似。本章仅介绍苯系芳烃。

【科苑导读】

一提起抗菌药，人们总会首先想起青霉素。但是，人类历史上第一款抗菌药当属磺胺类药物，特别是氨基苯磺酰胺，该药一经发现就引起了轰动。

该药的发现过程并非一帆风顺。德国病理学及细菌学家格哈德·杜马克及其团队成员化学家约瑟夫·克莱尔和弗里茨·密茨注意到某些染料分子能将细菌染色，进而推断这些染料分子的某种结构能对细菌的细胞膜产生作用。到了1932年，在对上百种染料及其衍生物进行筛选以后，他们终于发现一种亮红色染料能在小鼠体内产生微弱的抗菌作用。该分子经修饰后可以产生一系列衍生物，其中有一种极具抗菌潜力，但其只能在人和动物的体内起效，不能杀死实验室里培养的细菌(只能将其染红)。通过临床试验后，这款名为“百浪多息”的药物得以上市——它就是人类历史上第一款广谱抗生素。

后来，欧内斯特·富尔诺和丹尼尔·博韦特领导的法国研究团队很快发现“百浪多息”本身并不具有药效，在进入人体之后，“百浪多息”被分解为更小的氨基苯磺酰胺分子，这些氨基苯磺酰胺分子才真正具有抗菌活性。同时，氨基苯磺酰胺药物还具有便宜、无色等特点，不会再出现染红皮肤等问题，该类药物很快投入临床使用，无数种磺胺衍生物或同系物的研究和应用也得以迅速发展。

【学习目标】

知识目标

- 了解芳香烃的概念。
- 掌握芳香烃的分类和命名。
- 掌握苯的结构和表示方法。
- 熟练掌握苯环上亲电取代反应的定位规律及其在合成上的应用。
- 了解萘、蒽、菲等稠环芳香烃的结构特点。

能力目标

- 能够根据取代基定位规律预测反应的主要产物。
- 学会芳香烃的鉴别方法。

素质目标

- 具有严谨求实的科学态度。

［课程学习］
第十二章课程 PPT

【知识导图】

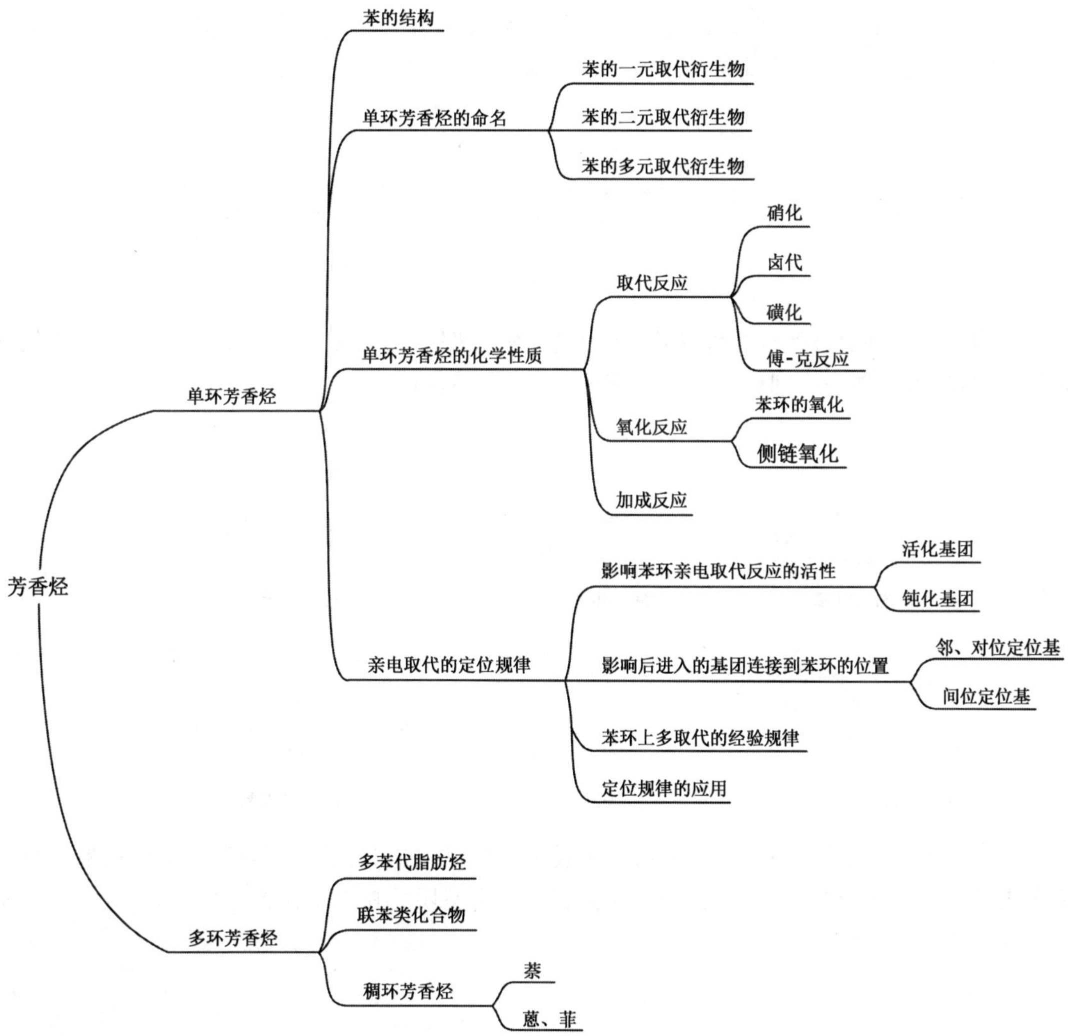

第一节　芳香烃的分类和命名

芳香烃根据分子中所含的苯环数目可分为单环芳香烃和多环芳香烃两大类。

一、单环芳香烃

[视频学习]
单环芳香烃的命名

分子中只含有一个苯环的芳烃称单环芳香烃。最简单的单环芳烃是苯，其他的单环芳烃可以看作苯的一元或多元取代物。

苯的一元烃基取代物只有一种。命名的方法有两种：一种是将苯作为母体，烃基作为取代基；另一种是将苯作为取代基，称为苯基，苯环以外的部分作为母体。例如：

苯环为母体：

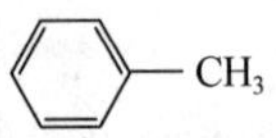
甲苯

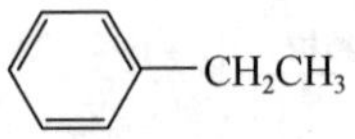
乙苯

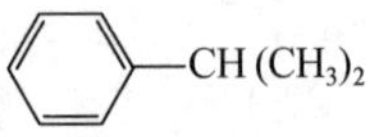
异丙苯

苯环为取代基：

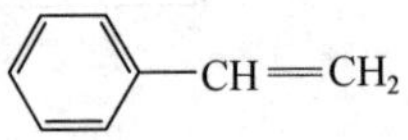
苯乙烯

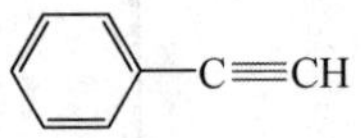
苯乙炔

苯的二元烃基取代物有 3 种异构体，命名时需注明取代基在苯环上的相对位置。取代基的相对位置，可用邻(o)、间(m)、对(p)等词头表示。例如：

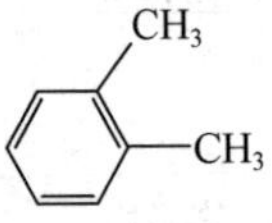
邻二甲苯

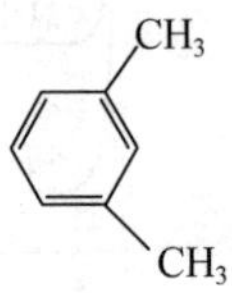
间二甲苯

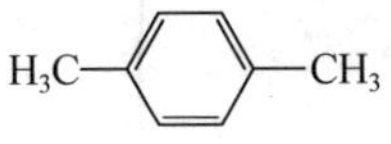
对二甲苯

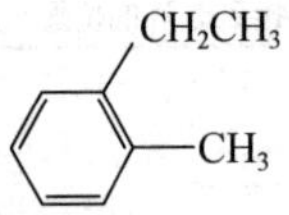
邻甲基乙苯

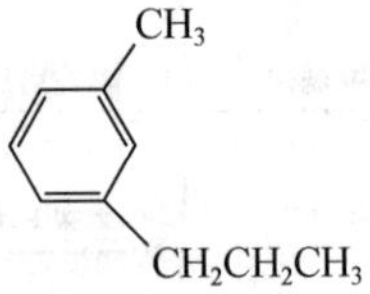
间甲基丙苯

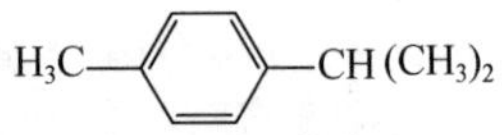
对甲基异丙苯

当苯环上有 3 个取代基时，一般用数字表示，也可用“连”“偏”“均”表明它们的位置。“连”词头表示 3 个基团处在 1、2、3 位，“偏”词头表示 3 个基团处在 1、2、4 位，“均”词头表示 3 个基团处在 1、3、5 位。例如：

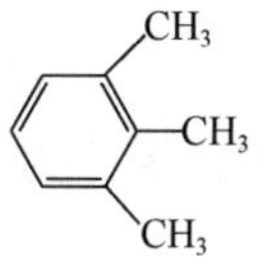
1,2,3-三甲苯
(连三甲苯)

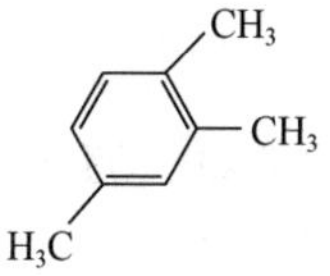
1,2,4-三甲苯
(偏三甲苯)

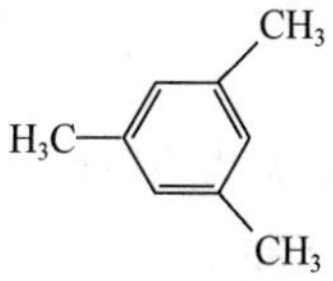
1,3,5-三甲苯
(均三甲苯)

苯分子中去掉一个氢原子剩下的基团(C_6H_5—)叫作苯基,简写作 Ph—;芳环上去掉一个氢原子,剩下的基团称为芳基,简写作 Ar—;甲苯分子支链上去掉一个氢原子,剩下的基团称为苯甲基,又叫苄基。

当苯环上的取代基比较复杂时,通常把苯环作为取代基来命名。例如:

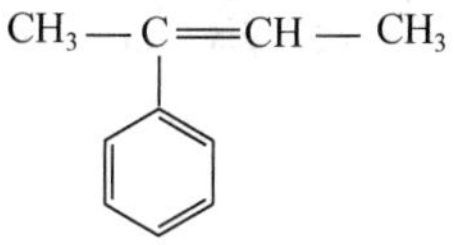
2-苯基-2-丁烯

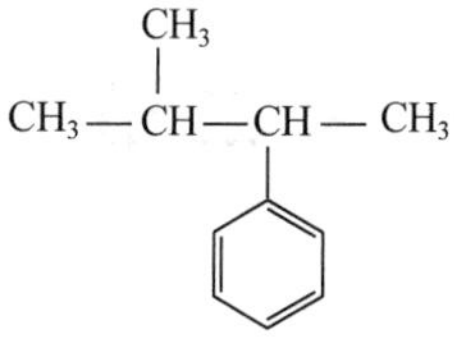
2-甲基-3-苯基丁烷

二、多环芳香烃

分子中含有多个苯环的芳烃称为多环芳烃,主要有多苯代脂肪烃、联苯类化合物和稠环芳香烃。

(一)多苯代脂肪烃

链烃分子中的氢被两个或多个苯基取代的化合物称为多苯代脂肪烃。命名时,一般是将苯基作为取代基,链烃作为母体。例如:

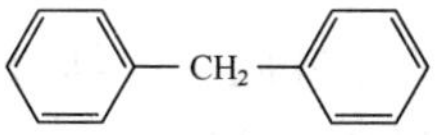
二苯甲烷

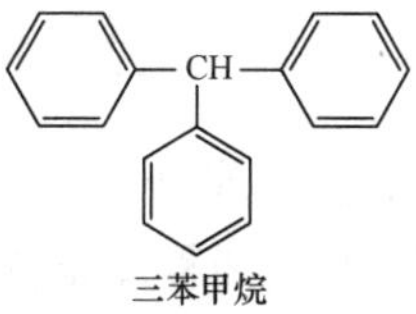
三苯甲烷

(二)联苯类化合物

两个或多个苯环以单键直接相连的化合物称为联苯类化合物。

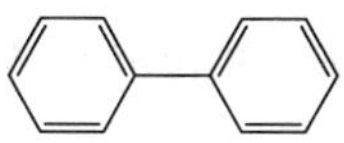
联苯

三联苯

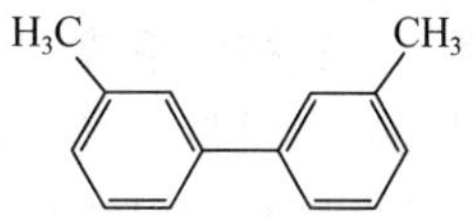
3,3′-二甲基联苯

(三)稠环芳香烃

两个或两个以上苯环共用两个相邻的碳原子稠合而成的芳烃称为稠环芳香烃。这类化合物各有自己特殊的名称和编号方法。例如：

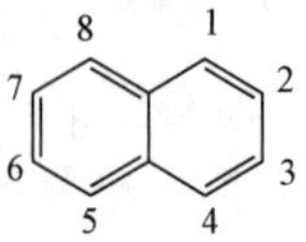

萘

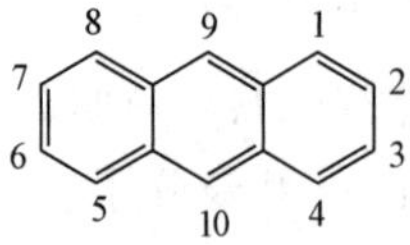

蒽

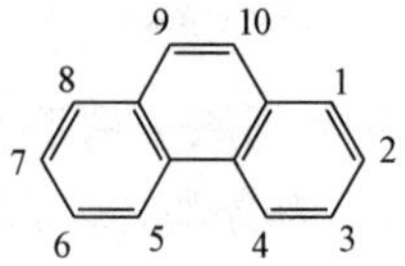

菲

第二节 单环芳香烃

一、苯的结构和表示方法

人们在19世纪初发现了苯,并测定其分子式为C_6H_6。苯分子中的6个碳原子和6个氢原子都在一个平面内,6个碳原子组成一个正六边形,碳碳键的键长是均等的,碳氢键的键长也是相同的,所有的键角都为120°。

1865年凯库勒(Kekulé)提出了单双键相间的苯的环状结构式,即凯库勒式：

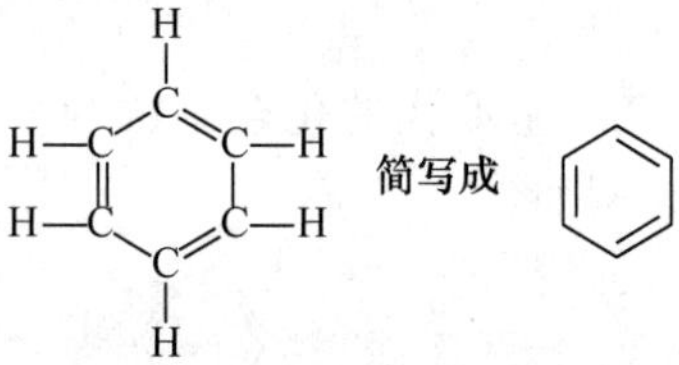

苯的凯库勒式较好地描述了苯分子中碳原子和氢原子的结合与排列方式。在凯库勒式中,苯分子中含有3个双键,不饱和程度很高,但苯既不易加成也不易被氧化,而苯分子中的氢原子易被卤素等取代,以及苯分子的对称结构等一系列问题凯库勒式无法解释。

二、单环芳香烃的物理性质

单环芳烃一般为无色液体,比水轻,不溶于水,具有特殊气味,有毒,长期吸入它们的蒸气能损坏造血器官、肝脏、神经系统,并能导致白血病。液态芳烃是一类良好的有机溶剂。单环芳烃的沸点随相对分子质量的增加而升高。苯的二元取代产物中,对位异构体熔点最高,这是因为对位异构体具有较高的对称性(表12-1)。

表 12-1 单环芳香烃的物理常数

名称	结构式	熔点/℃	沸点/℃	相对密度
苯		+5.5	80.1	0.876 5
甲苯	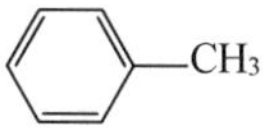	−95	110.6	0.366 9
乙苯	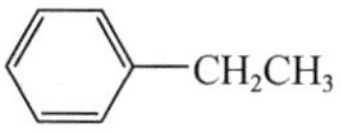	−95	136.2	0.867 0
丙苯	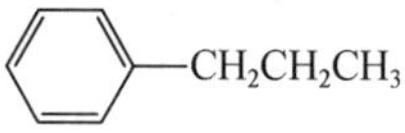	−99.5	159.2	0.862 0
异丙苯	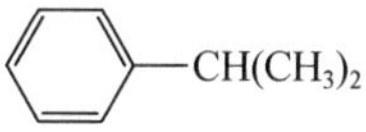	−96	152.4	0.861 8
邻二甲苯	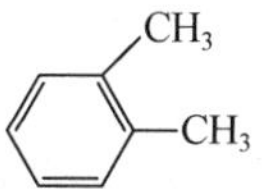	−25.2	144.4	0.880 2
间二甲苯	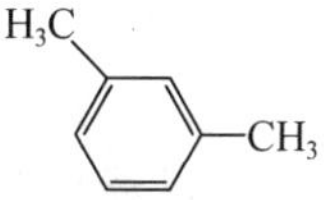	−47.9	139.1	0.864 2
对二甲苯	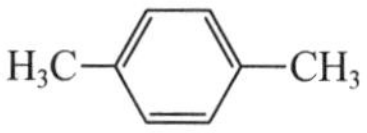	+13.3	138.4	0.861 1
苯乙烯	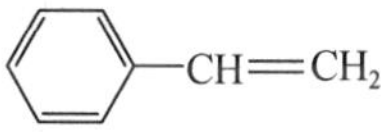	−30.6	145.2	0.906 0

三、单环芳香烃的化学性质

[扩展学习]
亲电取代反应的机理

(一)取代反应

在一定条件下,苯环上的氢原子可以被其他原子或原子团取代。

1. 硝化反应

苯与浓硝酸和浓硫酸的混合物(混酸)共热,苯环上的氢原子可以被硝基取代,生成硝基苯(若只用硝酸,生成硝基苯的速度很慢)。

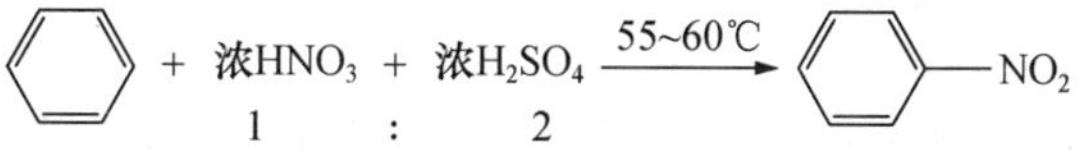

硝基苯继续硝化比苯难,需在较强烈条件下才能进行,主要生成间二硝基苯。

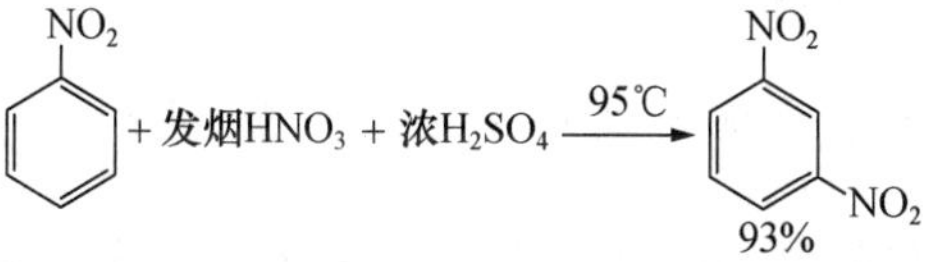

甲苯则比苯容易硝化，主要得到邻硝基甲苯和对硝基甲苯。

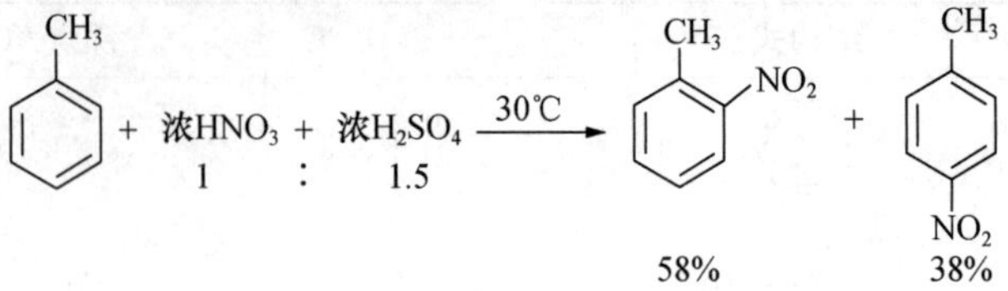

2．卤代反应

苯在三氯化铁或三溴化铁的催化作用下能与氯或溴发生苯环上的卤代反应，苯环上的氢原子可被卤原子取代生成氯苯或溴苯，同时放出卤化氢。例如：

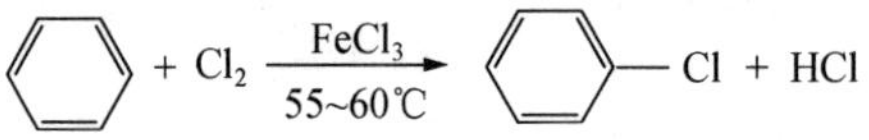

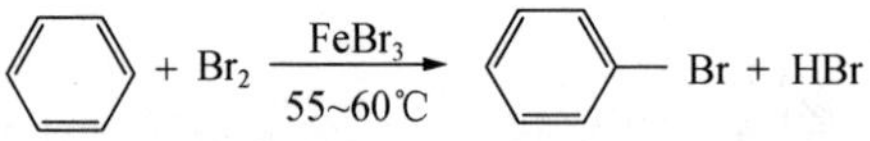

铁粉与氯气或溴反应可生成三氯化铁或三溴化铁，因此也可以用铁粉代替三氯化铁、三溴化铁作催化剂。

3．磺化反应

苯与发烟硫酸（$H_2SO_4 \cdot nSO_3$）反应，苯环上的氢原子可以被磺酸基（—SO_3H）取代，生成苯磺酸。

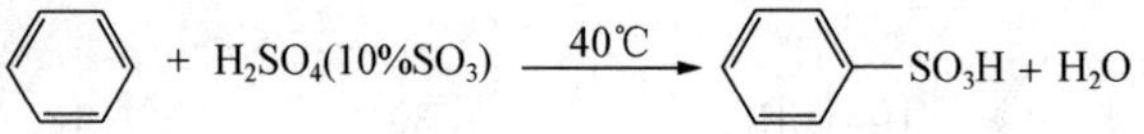

苯磺酸在加热下与稀硫酸或盐酸反应，可失去磺酸基，生成苯，这是苯的磺化反应的逆反应。

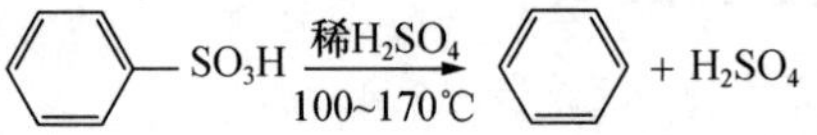

磺化反应的可逆性在有机合成中十分有用，可通过磺化反应保护苯环上的某一位置，待发生某一反应后，再通过稀酸水解将磺酸基除去，即可得到所需的化合物。例如：

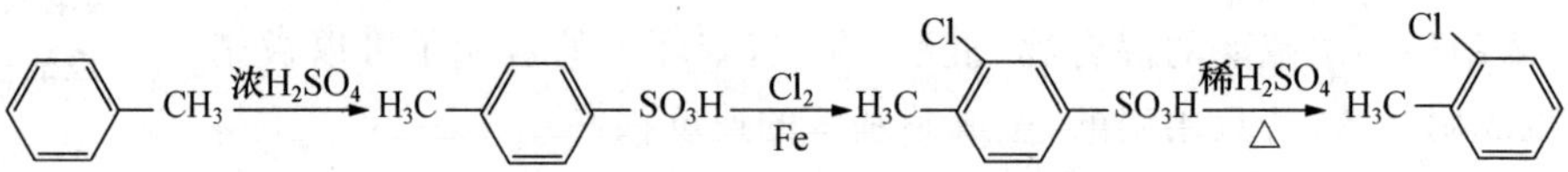

4．傅-克反应

在无水三氯化铝等的催化下，苯与卤代烷、酰卤或酸酐等试剂作用，苯环上氢原子被烷基或酰基取代的反应分别叫傅-克烷基化反应和傅-克酰基化反应。

傅-克烷基化反应是苯与卤代烷作用，生成烷基苯。例如：

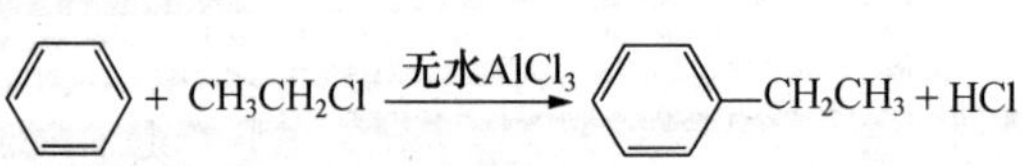

傅-克酰基化反应是苯与酰氯（RCOCl）或酸酐反应，生成芳香酮。例如：

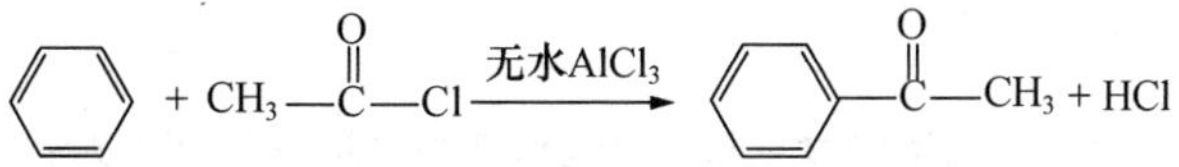

(二)氧化反应

在通常条件下,苯环不易被氧化。即使在高温下与高锰酸钾、铬酸等强氧化剂共热,也不会被氧化。只有在高温和五氧化二钒的催化作用下,苯才能被氧化成顺丁烯二酸酐。

[视频学习]
单环芳香烃
的氧化反应

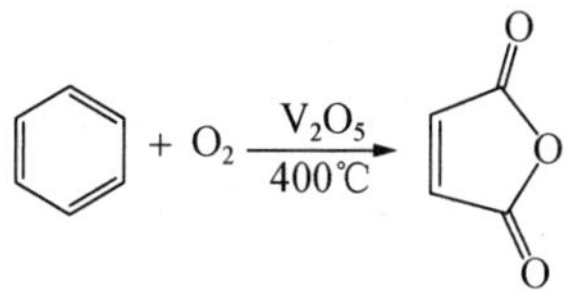

烷基取代的苯被氧化时,只是和苯环相连的烷基被氧化成羧基。在 $KMnO_4$ 等氧化剂的作用下,烷基苯被氧化,不论侧链长短,均被氧化为苯甲酸。

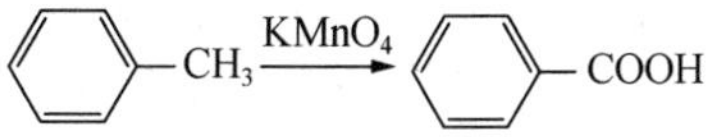

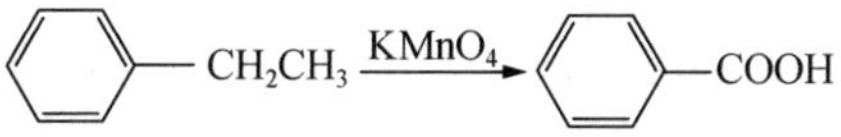

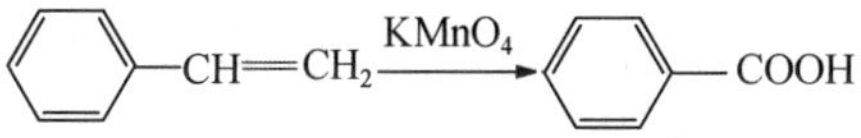

如果与苯环相连的碳原子上不含氢,则不发生侧链的氧化。

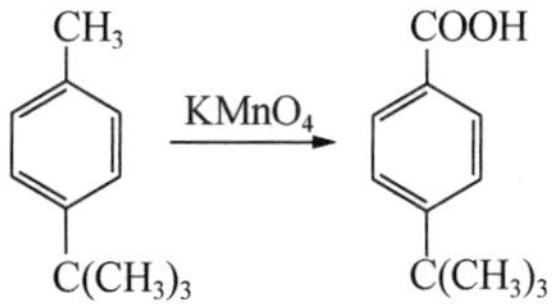

(三)加成反应

苯具有特殊的稳定性,一般不易发生加成反应。但在特殊情况下,苯环也能发生加成反应,而且总是 3 个双键同时发生反应,形成一个环己烷体系。如苯和氯气在光照下反应,生成六氯代环己烷。

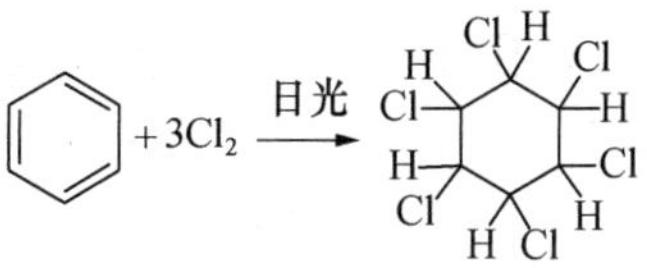

第三节　苯环上亲电取代的定位规律

一、一元取代苯的定位规律

苯可以发生亲电取代反应得到一元取代苯，一元取代苯再发生亲电取代反应时，引入的基团可取代苯环上不同位置的氢原子，得到邻、间、对位 3 种二元取代异构体。但这 3 个不同位置的氢原子被取代的难易程度是不同的，第二取代基进入苯环的位置也不同。实验证明，已有的基团对后进入基团进入苯环的位置产生制约作用，这种制约作用叫取代基的定位效应，原有的取代基叫定位基。常见的定位基分为两类。

(一)邻、对位定位基(第一类定位基)

邻、对位定位基能使第二个取代基主要进入定位基的邻位和对位，生成邻位和对位取代物(>60%)。常见的邻、对位定位基及其定位效应强弱次序为：

$$-NR_2>-NHR>-NH_2>-OH>-OR>-O-\overset{\overset{O}{\|}}{C}-R>-NH-\overset{\overset{O}{\|}}{C}-R>-CH_3>-X$$

这类定位基的特点是与苯环直接相连的原子大多数含有孤对电子，并与苯环单键相连。这类定位基能使苯环活化(卤素除外)，使苯环上的亲电取代反应易于进行，故称为活化基团。

(二)间位定位基(第二类定位基)

间位定位基能使第二个取代基主要进入定位基的间位，生成间位取代物。常见的间位定位基及其定位效应强弱次序为：

$$-NO_2>-C\equiv N>-SO_3H>-\overset{\overset{O}{\|}}{C}-H>-\overset{\overset{O}{\|}}{C}-R>-\overset{\overset{O}{\|}}{C}-OH>-\overset{\overset{O}{\|}}{C}-OR>-\overset{\overset{O}{\|}}{C}-NH_2$$

这类定位基中与苯环相连的原子一般含有双键或三键(非碳碳双键和三键)。这类定位基使苯环钝化，使苯环上的亲电取代反应难以进行，故称为钝化基团。

二、二元取代苯的定位规律

二元取代苯在发生进一步的取代反应时，苯环上已有的两个取代基表现出的定位作用实际上是两者的综合作用，如果两者的定位作用一致，则它们的作用互相加强。例如：

［扩展学习］
取代基的定位效应

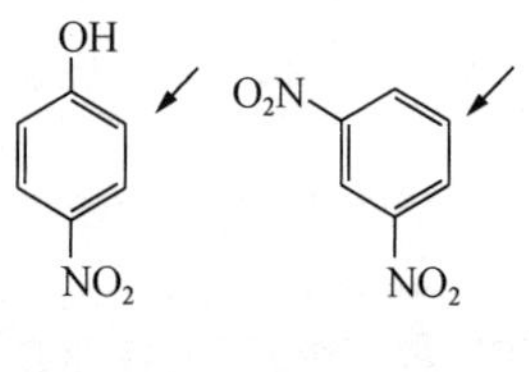

如果两个取代基的定位作用不一致，在多数情况下，活化基团的作用超过钝化基团的作用。例如：

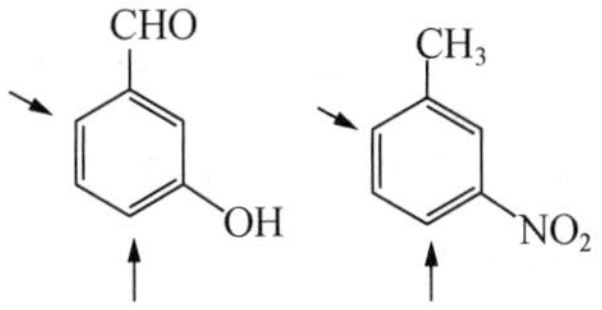

练一练

标记出下列化合物进行一元硝化时硝基进入苯环的位置。

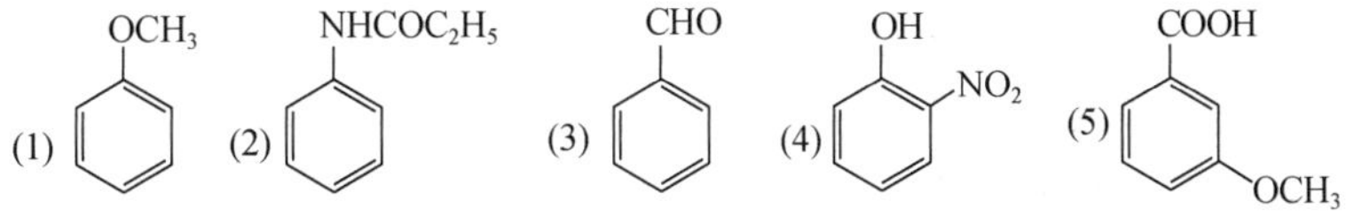

三、定位规律的应用

取代定位规律不仅可以预测某些反应的主要产物，还可用以选择最佳的合成路线。例如，由甲苯合成硝基苯甲酸可采取两种合成路线：

(1)先氧化，后硝化，得到间硝基苯甲酸。

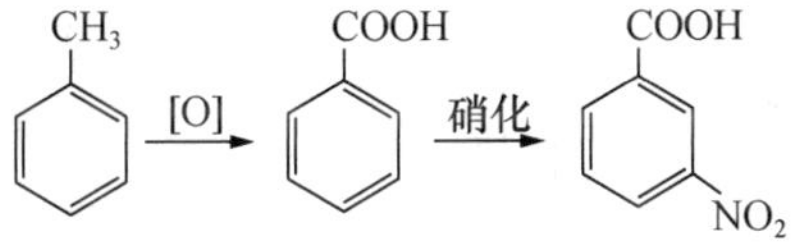

(2)先硝化，后氧化，得到对硝基苯甲酸和邻硝基苯甲酸。

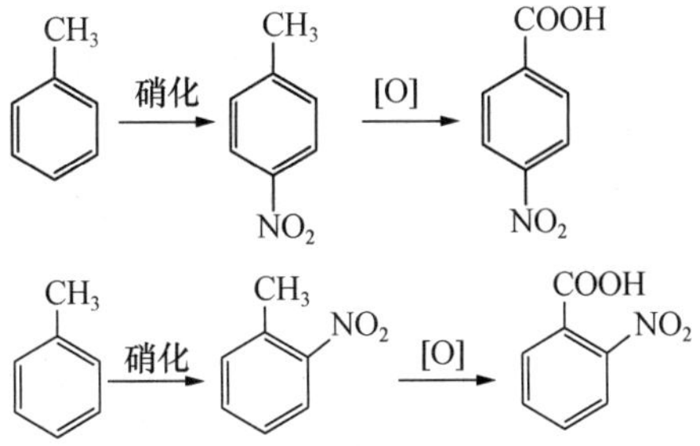

第四节　稠环芳香烃

分子中含有两个或两个以上的苯环，彼此通过共用相邻的碳原子稠合而成的一类化合物称为稠环芳香烃。稠环芳烃中，较重要的有萘、蒽和菲，都是固体，相对密度大于1，它们主要来源于煤焦油，是合成染料、药物等的重要原料。

一、萘

萘是最简单也是最重要的稠环芳香烃，分子式为 $C_{10}H_8$。萘是一个平面分子，键长是长短交替出现的，不像苯那样完全平均化。萘不溶于水，易溶于乙醇、乙醚、苯等有机溶剂。易升华。萘有特殊气味，可做家庭用驱虫、防蛀剂。萘环碳原子的编号如下：

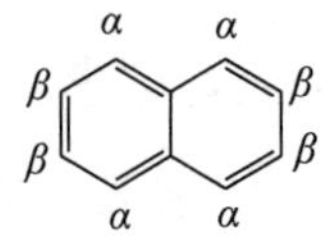

萘分子的 1、4、5、8 位等同，称为 α 位，2、3、6、7 位等同，称为 β 位。因此萘的一元取代物有 α、β 两种异构体。当两个取代基相同时，其二元取代物有 10 种异构体。

萘比苯活泼，萘比苯更易发生亲电取代反应，硝化和卤化反应主要发生在 α 位上。

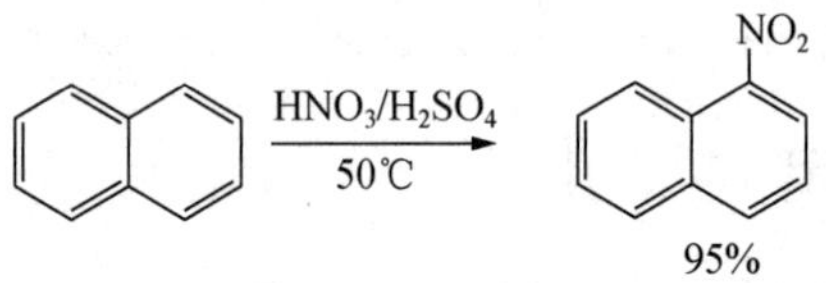

萘的溴化不加催化剂即可进行，产物为 α-溴萘。氯化反应只需在弱催化剂作用下就能发生。

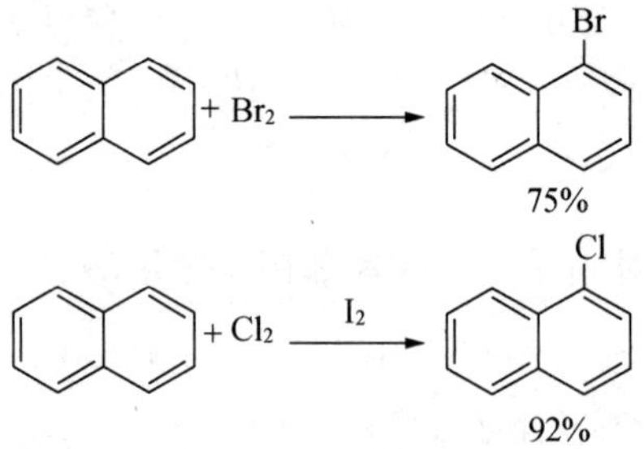

萘的磺化反应所得的主要产物与反应温度有关，在温度较低时，主产物为 α-萘磺酸。反应温度较高时，主产物为 β-萘磺酸。

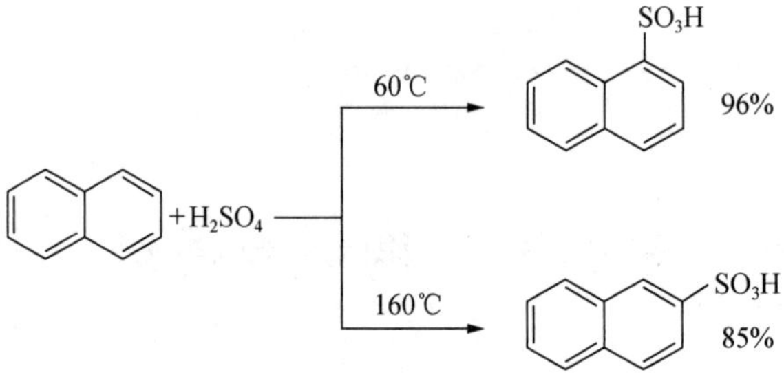

萘比苯易氧化，在五氧化二钒催化下，萘蒸气被空气氧化，生成邻苯二甲酸酐（或称苯酐）。

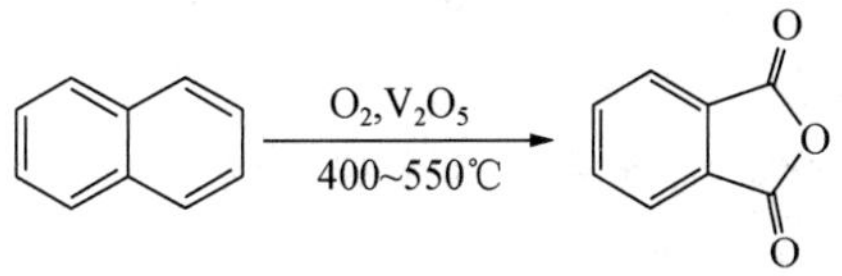

萘是煤焦油中含量最多的化合物，邻苯二甲酸酐是重要的有机化工原料。

萘比苯易加成，在不同条件下，可以部分氢化或全部氢化。

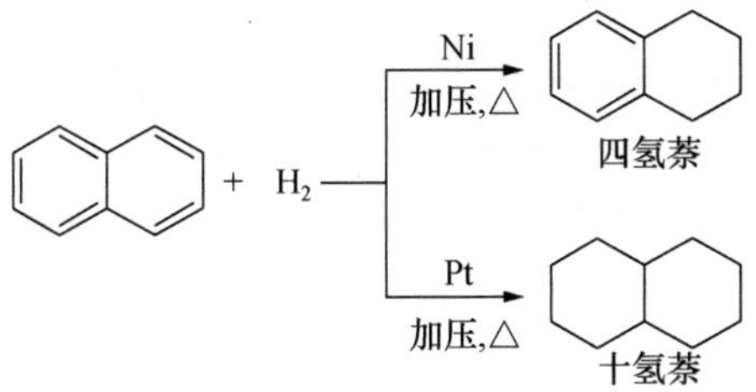

二、蒽和菲

蒽和菲互为同分异构体，其分子式均为 $C_{14}H_{10}$，都存在于煤焦油中，为白色晶体。蒽的熔点为 216℃，沸点 340℃，在紫外光照射下发强烈蓝色荧光。菲的熔点为 101℃，沸点 340℃，易溶于苯和乙醚，溶液发蓝色荧光。结构式分别为：

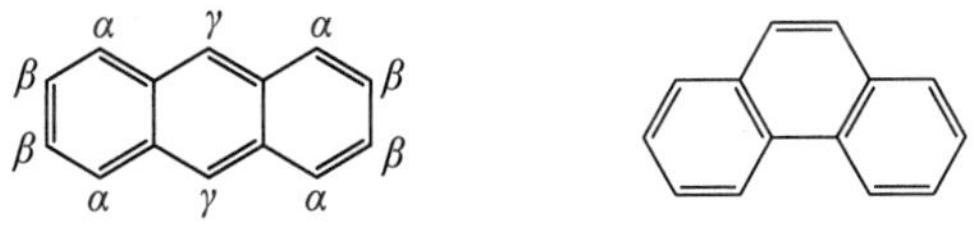

蒽　　　　菲

在蒽的分子中，1、4、5、8 位为 α 位，2、3、6、7 位为 β 位，9、10 位为 γ 位。γ 位最活泼，大部分取代反应发生在两个 γ 位上。

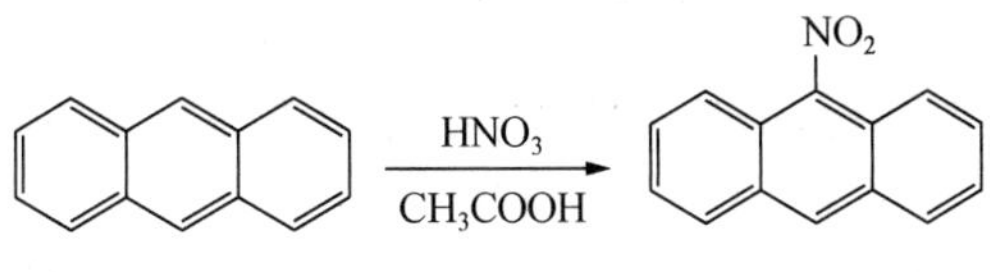

菲的 1、2、3、4、10 位和 5、6、7、8、9 位是对应的。9、10 位的化学活性很高，取代反应首先在 9、10 位发生。

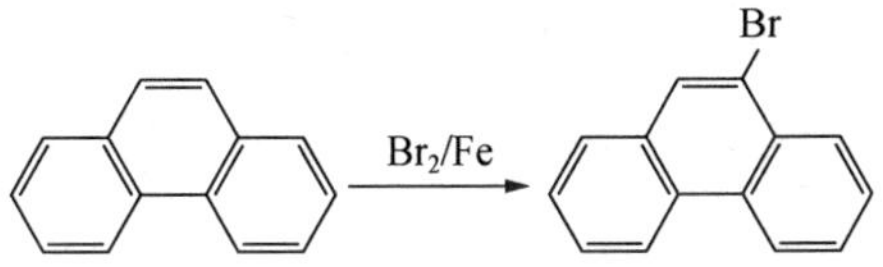

知识窗

1. 防晒露中的活性成分：对氨基苯甲酸

防晒露可保护皮肤免受高能紫外线的伤害。它们含有能够吸收电磁光谱中造成危害的光的物质，如对氨基苯甲酸。

2. 消炎药物：布洛芬

布洛芬是一种广泛使用的非甾体类消炎药物，用于治疗炎症和缓解由关节炎、软组织损伤、发烧引起的疼痛，工业上通过苯环上的亲电取代反应制得。

3. 可爆炸的硝基芳烃：TNT

甲苯完全邻、对位硝化，得到相应的三硝基衍生物：2,4,6-三硝基甲苯(TNT)，它是强力炸药。TNT 已成为衡量其他炸药杀伤力的标准，特别是在军用方面，往往把其他爆炸物的破坏力与等量的 TNT 相比较。例如，第二次世界大战的总爆炸物相当于 2×10^6 t TNT。

4. 稠环芳烃与癌症

许多稠环芳烃物质是致癌的。例如在环境中分布广泛的污染物——苯并[a]芘，它是有机物在燃烧过程中产生的，例如汽车燃料燃烧、废物焚烧、森林火灾甚至在烤肉过程中都可以产生该致癌物质。

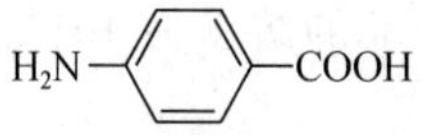

对氨基苯甲酸

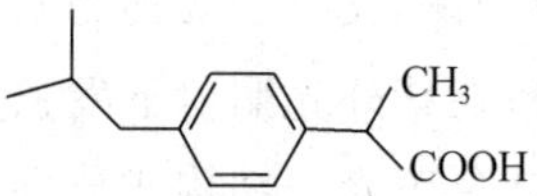

布洛芬

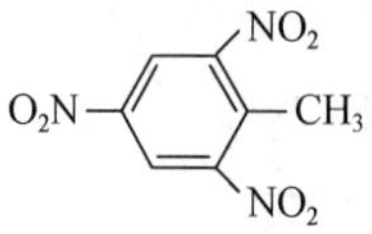

2,4,6-三硝基甲苯

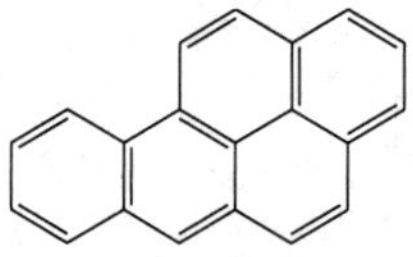

苯并[a]芘

本章小结

1. 苯分子具有正六边形结构，键长平均化，不易加成和氧化，而易发生取代反应，即具有芳香性。

2. 芳烃可以发生卤代、硝化、磺化、傅-克烷基化、傅-克酰基化等亲电取代反应。

3. 苯环上取代基的定位规律：

(1)邻、对位定位基使苯环活化(卤素原子除外)，并使新基团进入邻位和对位。

(2)间位定位基使苯环钝化，并使新基团进入间位。

(3)若苯环上有两个取代基，第三个基团进入的位置由原来的两个基团的定位作用的强弱决定。

4. 萘、蒽、菲是稠环芳烃，具有芳香性，能发生亲电取代反应。

思考与练习

一、选择题

1. 下列反应中属于取代反应的是(　　)。

A. 苯与浓硫酸共热　　B. 乙烯通入溴水中

C. 苯与氢气在催化剂作用下反应制得环己烷　　D. 苯与液溴混合后撒入铁粉

2. 下列说法中正确的是(　　)。

A. 苯既能发生加成反应,又能发生取代反应

B. 不饱和烃不能发生取代反应

C. 加成反应常发生在不饱和碳原子上

D. 乙烯加氢实际上也能看成乙烯被氧化

3. 芳香烃是指(　　)。

A. 分子中有一个或多个苯环的化合物

B. 分子组成满足通式 C_nH_{2n-6}($n>6$)的化合物

C. 分子中含有苯环的烃

D. 苯及苯的同系物的总称

4. 在苯的同系物中,加入少量酸性高锰酸钾溶液,振荡后溶液褪色。甲苯发生上述反应生成苯甲酸,正确的解释是(　　)。

A. 苯的同系物分子中碳原子数比苯分子中碳原子数多

B. 苯环受侧链影响而易被氧化

C. 侧链受苯环影响而易被氧化

D. 由于苯环和侧链的相互影响,使苯环和侧链同时被氧化

5. 下列区分苯和己烯的实验方法和判断都正确的是(　　)。

A. 分别点燃,无黑烟生成的是苯

B. 分别加入溴水振荡,静置后分层,下层红棕色消失的是己烯

C. 分别加入溴水振荡,静置后分层,上、下两层红棕色消失的是己烯

D. 分别加入酸性高锰酸钾溶液振荡,静置后水层紫色消失的是己烯

二、命名题

1. 用系统命名法命名下列化合物。

(1) 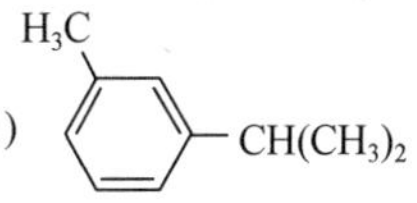

(2) 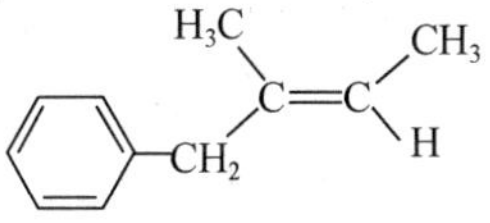

(3) 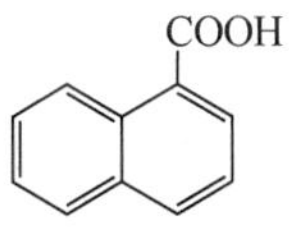

(4) 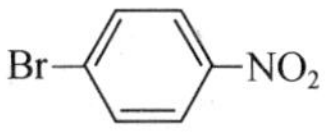

(5) 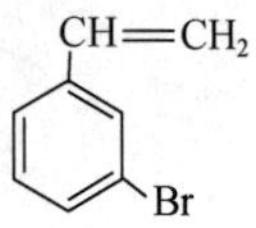
(6) 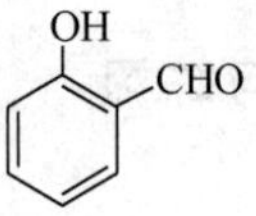

(7) 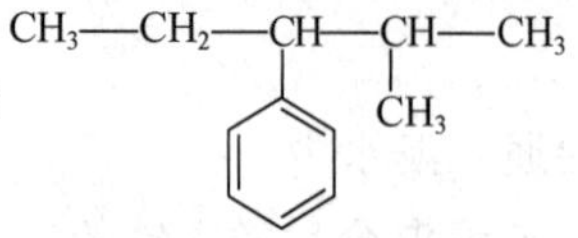
(8) 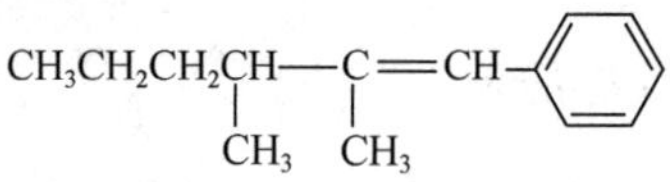

2. 写出分子式为 C_8H_{10} 的单环芳烃所有异构体的结构式并命名。

三、问答题

1. 以箭头表示下列化合物进行硝化反应时，硝基主要进入的位置。

(1) 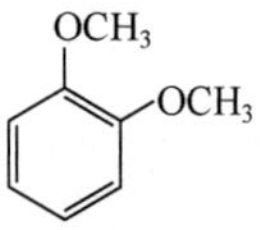
(2) 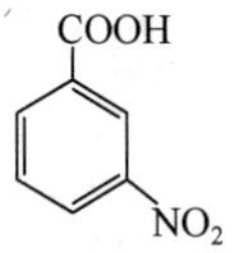
(3) 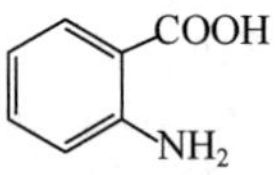

(4) 
(5) 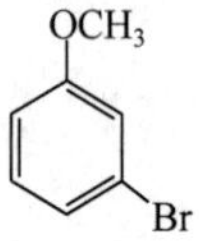
(6) 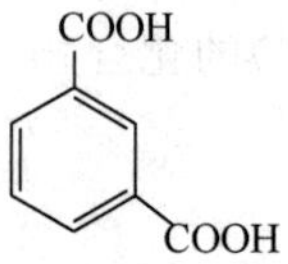

(7) 
(8) 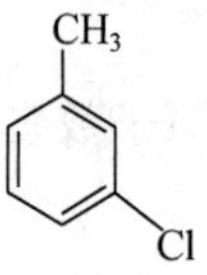
(9) 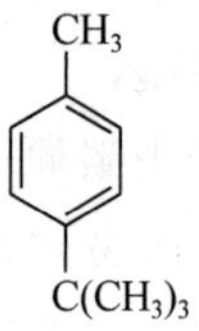

2. 比较下列两组化合物硝化反应的活性：

(1)对二甲苯、对苯二甲酸、对甲苯甲酸

(2)苯、苯磺酸、氯苯、苯酚

3. 完成下列反应。

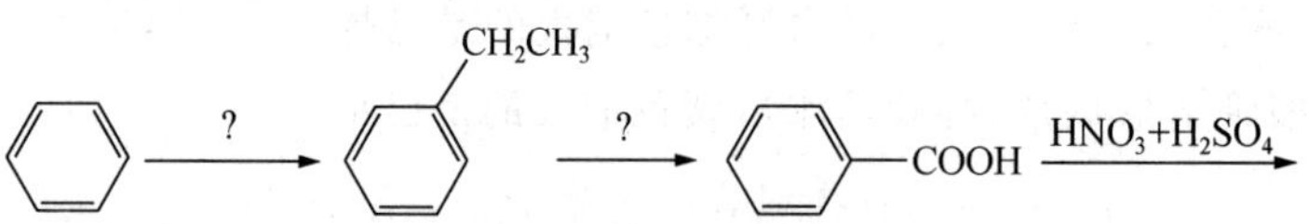

4. A、B、C 三种芳烃互为同分异构体，它们的分子式均为 C_9H_{12}，氧化时 A 得一元酸、B 得二元酸、C 得三元酸；进行硝化时，A 主要得两种一硝基化合物，B 只得两种一硝基化合物，而 C 只得一种一硝化产物，推断 A、B、C 可能的结构式。

5. 写出下列化合物在强氧化剂作用下的氧化产物：

(1) 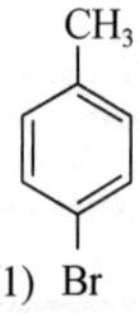
(2) 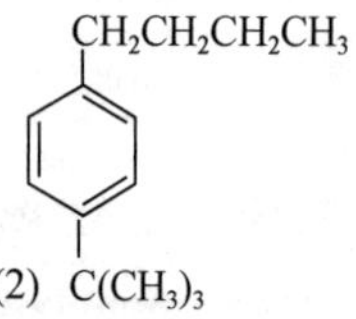
(3) 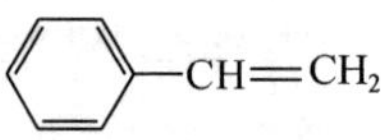

第十三章

醇、酚、醚

【本章引言】

醇、酚、醚都是烃的重要含氧衍生物，它们在结构上有一个共同点，分子中含有碳氧单键(C—O)。醇、酚、醚的通式分别表示为：

R—OH	Ar—OH	R—O—R′或 Ar—O—R
醇	酚	醚

醇和酚的官能团都是羟基(—OH)，许多天然产物中含有醇或酚的结构，有些醇、酚、醚不仅是重要的工业原料，也与我们的日常生活密切相关。

【科苑导读】

20 世纪 60 年代，疟原虫对王牌抗疟药氯喹产生了抗药性，致使全球疟疾的年发病人数达到数亿，病人死亡率急剧上升。寻找新的抗疟药成为全球棘手的热点和难点。1972 年，我国科学家屠呦呦发现抗疟药物青蒿，用乙醚提取出其有效成分并命名为青蒿素，她本人也因此获得 2015 年诺贝尔生理学或医学奖。

发现有效的药材后，化学家接过了“接力棒”。从 1974 年起，周维善开始主持并参与青蒿素的结构测定和全合成的工作。几个年头过去，实验进展不顺，周维善带领团队克服困难、坚持不懈，他说：“青蒿素做不出来，我不退休！”

终于，周维善、吴照华、吴毓林等与兄弟单位合作，在国内率先正确完整地测得青蒿素的结构和绝对构型。1985 年，在上海举行的国际药用天然产物有机化学学术会议上，周维善发表了关于青蒿素及一类物的全合成研究报告，引起世界的关注。20 世纪 90 年代，越南的疟疾高发，青蒿素成功地使当地死于疟疾的人数减少了 97%，有人为此把青蒿素称为“来自中国的救命药”。说到对青蒿素研究所作的贡献，周维善总是谦逊地说：“科学研究工作本身是一项集体工作，绝对不能讲个人贡献。”

【学习目标】

知识目标

- 理解醇、酚、醚的分类和结构特点。
- 掌握醇、酚、醚的命名。
- 掌握醇、酚、醚的主要化学性质。

能力目标

- 能够根据醇、酚、醚的结构式写出其名称或由名称写出其结构式。
- 学会醇、酚、醚的鉴别方法。

素质目标

- 学习我国科学家的家国情怀和崇高品德，增强民族自豪感。

［课程学习］
第十三章课程 PPT

【知识导图】

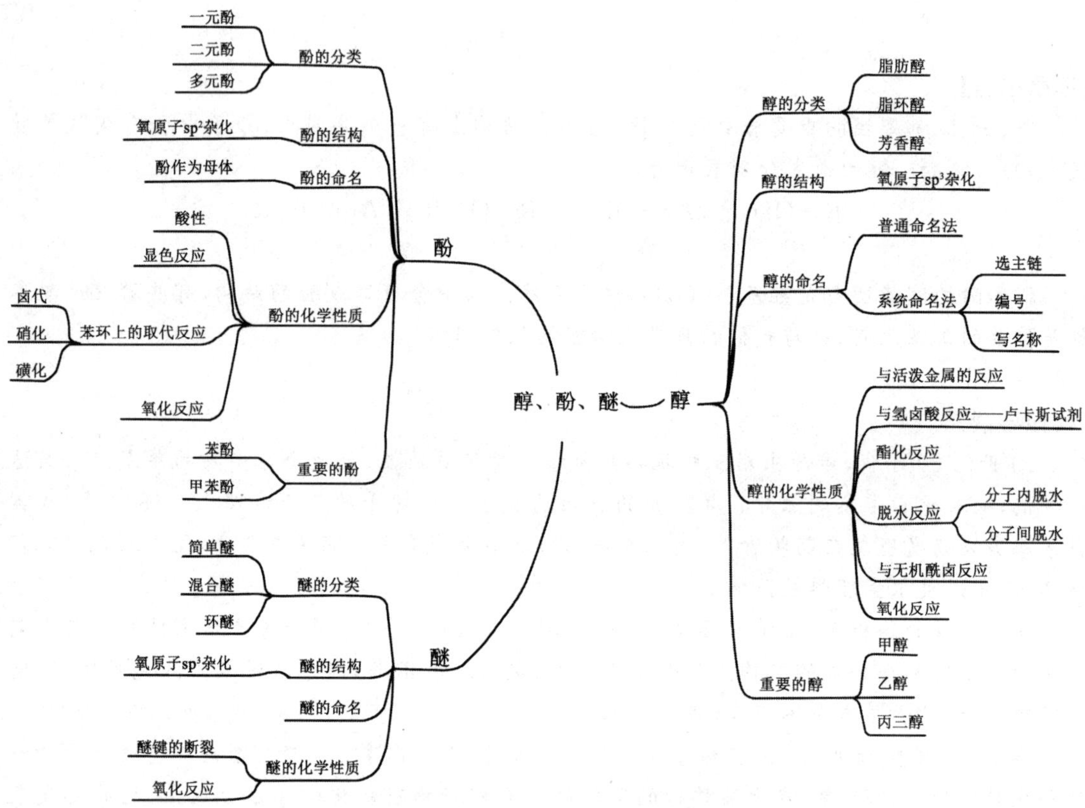

第一节　醇

脂肪烃分子中的氢原子或芳香烃侧链上的氢原子被羟基取代后的化合物称为醇。

一、醇的分类和命名

(一)分类

醇根据羟基所连接的烃基不同，分为脂肪醇、脂环醇和芳香醇。

脂肪醇：饱和醇 CH_3CH_2OH；不饱和醇 $CH_2{=}CHCH_2OH$

脂环醇 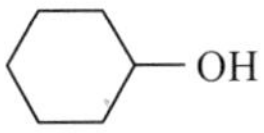

芳香醇 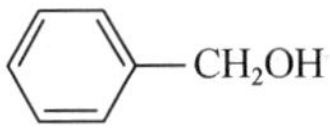

醇也可以根据羟基所连接的碳原子的级来分类：羟基连在一级碳原子上的醇称为伯醇；羟基连在二级碳原子上的醇称为仲醇；羟基连在三级碳原子上的醇称为叔醇。

伯醇	仲醇	叔醇
R—CH_2—OH	R—CH(OH)—R′	R—C(R″)(OH)—R′

醇根据羟基数目的多少，可分为一元醇、二元醇、多元醇。

正丙醇(一元醇)	1,2-丙二醇(二元醇)	丙三醇(三元醇)
$CH_3CH_2CH_2OH$	$CH_3CH(OH)CH_2OH$	$CH_2(OH)CH(OH)CH_2OH$

(二)命名

[视频学习]

醇的命名

1. 普通命名法

简单的醇可以根据羟基所连接的烃基来命名，即在醇字前面加上烃基的名称，“基”字一般可以省去。例如：

正丁醇	异丁醇	仲丁醇	叔丁醇
$CH_3CH_2CH_2CH_2OH$	$CH_3CH(CH_3)CH_2OH$	$CH_3CH(OH)CH_2CH_3$	$(CH_3)_3C$—OH

2. 系统命名法

结构比较复杂的醇采用系统命名法。①选择含有羟基的最长碳链为主链，根据主链所含碳原子数目称为某醇；②从离羟基最近的一端开始编号，羟基的位次用阿拉伯数字注明在醇字前面；③在醇字前面依次标出取代基的位次、名称。例如：

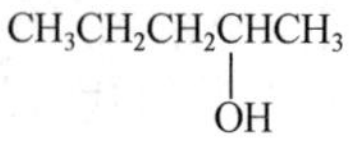

2-戊醇

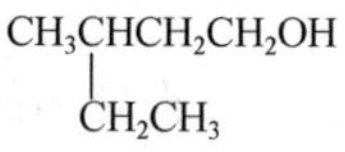

3-甲基-1-戊醇

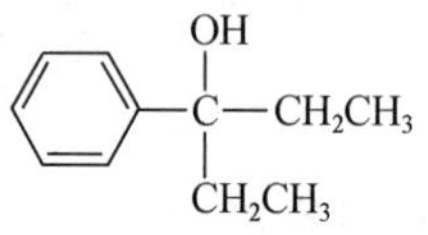

3-苯基-3-戊醇

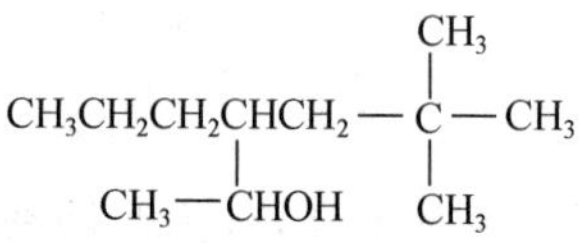

3,5-二甲基-3-丙基-2-己醇

有的醇用习惯命名法，例如：

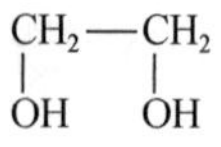

甘醇(乙二醇)

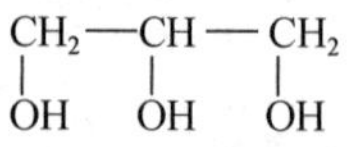

甘油(丙三醇)

练一练

(1)命名下列化合物。

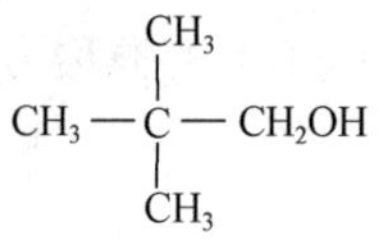

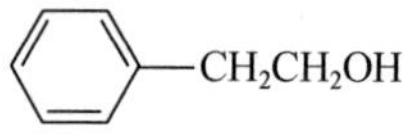

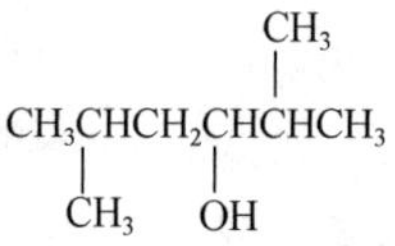

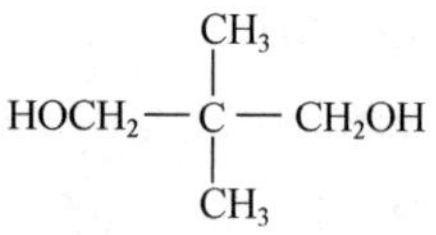

(2)写出下列化合物的结构式。

2-丁烯-1-醇　　季戊四醇

二、醇的物理性质

(一)状态

C_{12} 以下的直链饱和一元醇为液体，C_{12} 以上的醇是蜡状固体。低级醇（C_1～C_3）具有酒味，中级醇（C_4～C_{11}）有强烈的气味，高级醇（C_{12} 以上）一般无气味。一元醇的相对密度都小于1，多元醇和芳香醇的相对密度则大于1。

(二)沸点

醇的沸点比相对分子质量相近的烷烃和卤代烃要高得多。例如，甲醇（相对分子质量 32）沸点为 65℃，而乙烷（相对分子质量 30）沸点为－89℃。这是因为液体的醇分子间存在氢键缔合作用，要使醇从液态转变为气态分子，除了克服范德华力外，还要多消耗一部分能量来破坏氢键。

随着碳原子数目的增加，羟基在分子中所占的比例降低，烃基的影响增强，所以高级醇的沸点与相对分子质量相近的烷烃的沸点相差越来越小。

在醇的同系列中，沸点随着碳原子数的增加而升高。在醇的异构体中，直链醇比含支链醇的沸点高。支链越多，沸点越低。

此外，羟基的数目增加，则形成的氢键增多，沸点也更高。

（三）醇的水溶性

低级醇能与水混溶（表 13-1）。低级醇易溶于水是因为醇与水不但在结构上相似，而且醇分子与水分子间可以形成氢键。随着碳链的增长，醇羟基形成氢键的能力减小，所以高级醇与烷烃相似，不溶于水，但能溶于烃类溶剂如汽油、石油醚中。

表 13-1　醇的物理常数

名称	结构式	熔点/℃	沸点/℃	相对密度	溶解度/[g·(100 g H_2O)$^{-1}$]
甲醇	CH_3OH	－97.8	64.7	0.792	∞
乙醇	CH_3CH_2OH	－114.7	78.3	0.789	∞
丙醇	$CH_3CH_2CH_2OH$	－126.5	97.2	0.804	∞
正丁醇	$CH_3(CH_2)_2CH_2OH$	－89.6	117.2	0.810	7.9
正戊醇	$CH_3(CH_2)_3CH_2OH$	－78.5	138	0.817	2.3
正己醇	$CH_3(CH_2)_4CH_2OH$	－52	156.5	0.819	0.6
正庚醇	$CH_3(CH_2)_5CH_2OH$	－34	176	0.822	0.2
正辛醇	$CH_3(CH_2)_6CH_2OH$	－15	195	0.825	0.05
正壬醇	$CH_3(CH_2)_7CH_2OH$	－8	215	0.827	—
正癸醇	$CH_3(CH_2)_8CH_2OH$	6	232.9	0.829	—
异丙醇	$\begin{array}{l}CH_3\diagdown\\ \qquad CH—OH\\ CH_3\diagup\end{array}$	－89.5	82.4	0.785	∞
异丁醇	$CH_3\underset{\displaystyle CH_3}{\underset{\vert}{C}H}CH_2OH$	－108	108.1	0.806	950
仲丁醇	$CH_3\underset{\displaystyle OH}{\underset{\vert}{C}H}CH_2CH_3$	－114.7	99.5	0.81	—
叔丁醇	$(CH_3)_3COH$	25.5	82.2	0.788	∞
乙二醇	$HOCH_2CH_2OH$	－17.4	197.5	1.115	∞
丙三醇	$CH_2OHCHOHCH_2OH$	－17.9	290	1.260	∞
环己醇	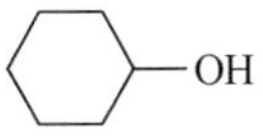	25	161	0.962	3.6
苯甲醇	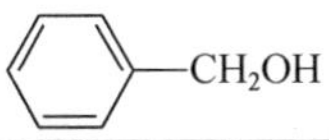	－15.3	205.7	1.042	4

三、醇的化学性质

[视频学习]
醇的化学性质

醇的化学性质主要由官能团羟基所决定。在醇分子中，由于氧原子的电负性大于碳和氢，故 C—O 键和 O—H 键都是极性键，所以 C—O 键和 O—H 键都比较活泼，是醇易发生反应的两个部位。

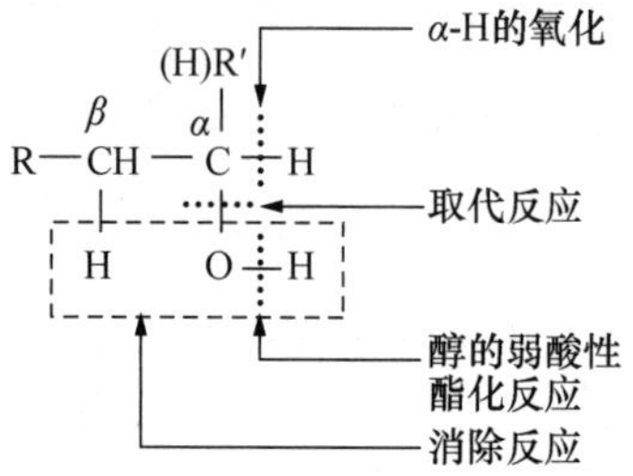

(一)与活泼金属反应(似水性)

醇可以看作水的烃基衍生物。低级醇和水相似，能与活泼金属钠、钾等反应，氢氧键断裂，生成醇钠或醇钾，并放出氢气。

$$2H—OH+2Na \longrightarrow H_2\uparrow+2NaOH$$
$$2H—OR+2Na \longrightarrow H_2\uparrow+2NaOR$$

在实验室中可利用该反应处理残余的金属钠。随着烃基中碳原子的增加，反应速率逐渐减慢。

伯、仲、叔三类醇与钠反应的活性次序为：伯醇＞仲醇＞叔醇。

(二)与氢卤酸的反应

醇能与氢卤酸反应生成卤代烷和水。

$$R—OH+HX \rightleftharpoons R—X+H_2O$$

反应是可逆的，反应速率与氢卤酸及醇的类型有关。各种醇与同一种氢卤酸反应的活性顺序为：叔醇＞仲醇＞伯醇。

通常情况下，醇与氢碘酸或氢溴酸能比较顺利地反应。与盐酸反应时，需要加入无水 $ZnCl_2$。浓盐酸和无水 $ZnCl_2$ 配成的溶液称为卢卡斯(Lucas)试剂。卢卡斯试剂与叔醇反应最快，仲醇稍慢，而伯醇最慢。由于生成不溶于水的卤代烃，溶液呈现浑浊和分层现象，因此可根据出现浑浊或分层的快慢来区分伯、仲、叔醇。这个反应称为卢卡斯反应。

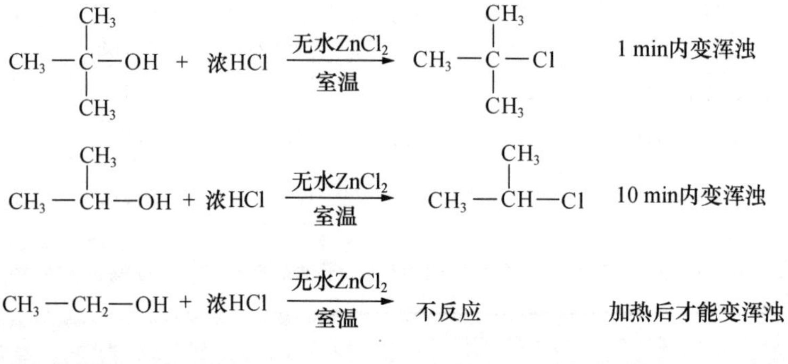

6个碳以上的醇因为不溶于水，故不能用卢卡斯试剂鉴别它们。

想一想

怎样区别1-丁醇、2-甲基-2-丁醇、2-丁醇这3种物质？

（三）与酸反应（酯化反应）

醇与有机酸作用生成酯和水的反应叫酯化反应。此反应是可逆反应。

$$R-\overset{\overset{\displaystyle O}{\|}}{C}-OH + R'-OH \underset{\triangle}{\overset{H^+}{\rightleftharpoons}} R-\overset{\overset{\displaystyle O}{\|}}{C}-OR' + H_2O$$

醇与无机含氧酸作用生成无机酸酯。

$$CH_3OH + HONO_2 \xrightarrow{H^+} \underset{\text{硝酸甲酯}}{CH_3ONO_2} + H_2O$$

$$CH_3OH + HOSO_2OH \xrightarrow{H^+} \underset{\text{硫酸氢甲酯}}{CH_3OSO_2OH} \xrightarrow{\text{减压蒸馏}} \underset{\text{硫酸二甲酯}}{CH_3OSO_2OCH_3}$$

知识窗

醇与浓硝酸作用生成硝酸酯。如甘油与硝酸作用，生成三硝酸甘油酯：

$$\begin{array}{l} CH_2OH \\ | \\ CHOH \\ | \\ CH_2OH \end{array} + 3HONO_2 \rightleftharpoons \begin{array}{l} CH_2ONO_2 \\ | \\ CHONO_2 \\ | \\ CH_2ONO_2 \end{array} + 3H_2O$$

三硝酸甘油酯俗称硝化甘油，是一种烈性炸药，还用于扩张血管，在医学上用来治疗心绞痛和胆绞痛。

（四）脱水反应

醇与浓硫酸共热则发生脱水反应。根据温度不同，醇的脱水方式不同，一种是分子内脱水生成烯，另一种是分子间脱水生成醚。

1. 分子内脱水

醇与浓硫酸在较高的温度下作用，醇的碳氧键断裂，同时β-碳原子上失去一个氢原子，分子内失水形成烯烃。例如：

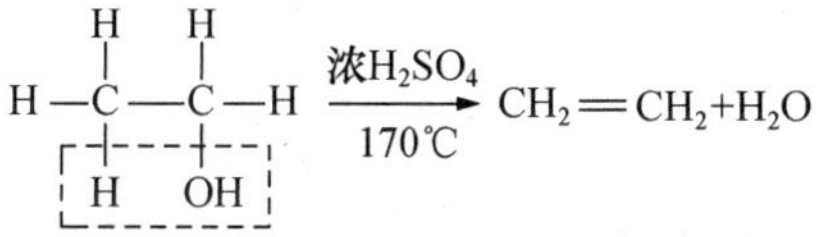

仲醇和叔醇的脱水反应（消除反应）符合查依采夫规律，即羟基主要和含氢较少的相邻β-碳原子上的氢发生脱水作用，主要产物是碳碳双键上连接较多烃基的烯烃。例如：

$$CH_3CH_2CH_2CH(OH)CH_3 \xrightarrow[95℃]{62\%H_2SO_4} CH_3CH_2CH{=}CHCH_3 \quad 80\%$$

$$CH_3CH_2C(CH_3)(OH)CH_3 \xrightarrow[87℃]{46\%H_2SO_4} CH_3CH{=}C(CH_3)CH_3 \quad 90\%$$

2. 分子间脱水

醇与浓硫酸在较低温度下作用，发生分子间脱水反应，即一个醇分子中的羟基被另一个醇分子的烷氧基取代形成醚。例如：

$$CH_3CH_2OH+HOCH_2CH_3 \xrightarrow[140℃]{浓\ H_2SO_4} CH_3CH_2OCH_2CH_3+H_2O$$

（五）与无机酰卤的反应

醇与 PCl_5（五氯化磷）、PBr_3（三溴化磷）、$SOCl_2$（氯化亚砜）等反应生成相应的卤代烃。

$$CH_3CH_2OH+PCl_5 \longrightarrow CH_3CH_2Cl+HCl+POCl_3$$

$$3CH_3CH_2OH+PBr_3 \longrightarrow 3CH_3CH_2Br+H_3PO_3$$

$$CH_3CH_2OH+Cl-S(=O)-Cl \longrightarrow CH_3CH_2Cl+SO_2\uparrow+HCl\uparrow$$

醇与氯化亚砜作用生成氯代烃，同时生成二氧化硫和氯化氢两种气体，在反应过程中这些气体都离开了反应体系，有利于反应向生成产物的方向进行，该反应不仅速率快，反应条件温和，产率高，而且不生成其他副产物。

（六）氧化反应

醇分子中的 α-H 原子，由于受到羟基的影响，比较活泼，很容易被氧化剂氧化或在催化剂作用下脱氢，生成相应的醛和酮。伯醇氧化生成醛，醛可继续氧化生成羧酸；仲醇氧化生成酮；叔醇不被氧化，但在强烈的条件下，C—C 断裂，生成小分子的氧化产物。常用的氧化剂有重铬酸钾和浓硫酸、高锰酸钾、浓硝酸、三氧化铬等。

$$R-CH_2OH \xrightarrow{[O]} R-C(=O)-H \xrightarrow{[O]} R-C(=O)-OH$$

$$RR'CHOH \xrightarrow{[O]} R-C(=O)-R'$$

叔醇没有 α-H 原子，所以不能脱氢。生物体内的脱氢反应是在酶的催化下进行的。

在实验中，常根据氧化剂如高锰酸钾反应前后颜色的变化鉴别伯、仲、叔醇。

练一练

写出 2-丁醇与下列试剂作用后的主要产物。

（1）HBr　（2）H_2SO_4/加热　（3）金属钠　（4）$K_2Cr_2O_7$＋浓 H_2SO_4

知识窗

酒精作用于中枢神经系统，高浓度时可使运动失调、记忆缺失及至昏迷，当血液中的酒精体积分数达到 0.400% 时，则干扰自然呼吸以致死亡。

人体肝脏中存在着一种脱氢酶，它可以将乙醇氧化为乙醛，乙醛进一步被醛脱氢酶氧化为乙酸，后者参与体内脂肪酸及胆固醇的合成。如果摄入乙醇的速率比它被氧化的速率快，则血液中乙醇含量逐渐增加而导致醉酒症状。

甲醇之所以有毒是由于甲醇可被脱氢酶氧化为甲醛。由于甲醛对视网膜的毒性而导致失明；甲醛进一步被醛脱氢酶氧化为甲酸，甲酸积存于血液中使血液的 pH 降至正常生理范围以下，而导致致命的酸中毒。处理甲醇中毒的方法是向体内注射含适量乙醇的溶液，由于醇脱氢酶对乙醇的亲和力比对甲醇大得多，从而可阻止甲醇被氧化为有害的甲醛。

判断司机是否饮酒驾车的方法：在玻璃管中装入一定长度浸满 $Na_2Cr_2O_7$ 酸性溶液的硅胶，被测者只需对准仪器的测试口呼气，如果黄色的 $Cr_2O_7^{2-}$ 变为绿色的 Cr^{3+}，则证明被测者呼出的气体中含有乙醇。

四、重要的醇

(一)甲醇(木醇)

甲醇(CH_3OH)最初由木材隔绝空气加热(干馏)而制得，目前我国制备甲醇是用一氧化碳和氢气在高温、高压和催化剂存在下合成：

$$CO + 2H_2 \xrightarrow[350℃, 20\ 265\ kPa]{ZnO\text{-}Cr_2O_3} CH_3OH$$

甲醇是无色易燃液体，沸点 65℃，能溶于水，有剧毒，如长期与甲醇蒸气接触或误饮含有甲醇的酒类饮料会严重损害健康，误服 10 mL 会导致失明，30 mL 可致死。甲醇用途很广，大量用作溶剂和有机合成原料，如生产甲醛、有机玻璃、合成纤维、涤纶等。甲醇加入汽油中，可增加汽油的辛烷值，也可单独作汽车、飞机燃料。

(二)乙醇

乙醇(CH_3CH_2OH)俗称酒精。它是无色易燃液体，与水混溶，毒性小，是应用最广的一种醇。大量用作溶剂及有机合成原料，如医药、农药、塑料、合成纤维的生产等。含量为 70% 的乙醇杀菌能力最强，可用于皮肤及器械消毒。

乙醇能与 $CaCl_2$ 或 $MgCl_2$ 形成结晶配合物，称为结晶醇。

商业上常用乙醇和水的体积关系表示酒的浓度，用“度”(°)表示，所谓“度”是指乙醇的体积分数，各种酒有不同度数，如啤酒约为 10°。

(三)丙三醇

丙三醇俗称甘油。它是无色、无臭、有甜味的黏稠液体，沸点 290℃(分解)，能与水和乙醇混溶。甘油以酯的形式存在于油脂中，可从油脂皂化的余液中提取，也可以丙烯为原料合成。

药用甘油是稀释液，性缓和，能润滑皮肤。50%的甘油可作为轻泻剂。由于甘油的吸湿性，其可用于化妆品、香烟和食品的配制，也可作为合成硝化甘油和某些塑料的起始原料。

CH_2—OH
|
CH—OH
|
CH_2—OH

丙三醇

第二节 酚

一、酚的分类和命名

羟基直接与芳香环相连的化合物称为酚，通式为 Ar—OH。酚中的羟基叫作酚羟基，根据酚羟基的数目，酚类可分为一元酚、二元酚、多元酚等。根据芳香环的不同，酚类可分为苯酚、萘酚、蒽酚等。

酚类的命名，一般以酚为母体，苯环上连接的其他基团作取代基，同时标明名称和位置。

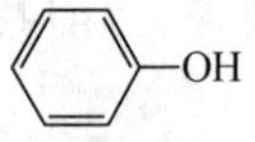

苯酚

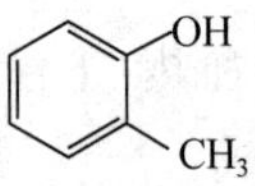

邻甲苯酚

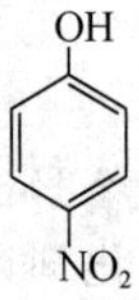

对硝基苯酚

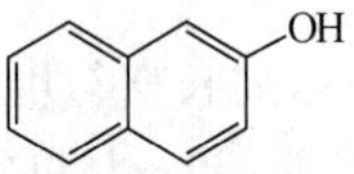

β-萘酚

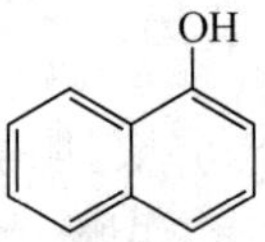

α-萘酚

多元酚要注明羟基的相对位置和数目。例如：

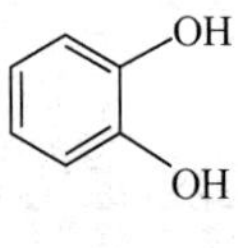

邻苯二酚

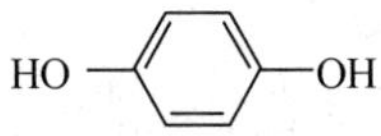

对苯二酚

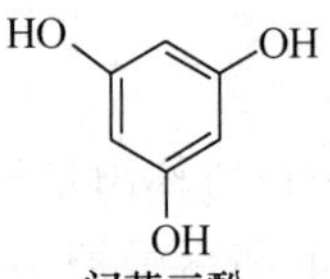

间苯三酚

练一练

命名下列化合物。

(1) 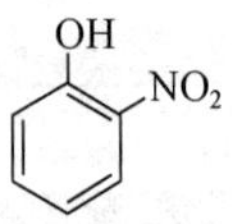

(2) 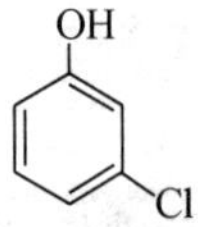

(3) 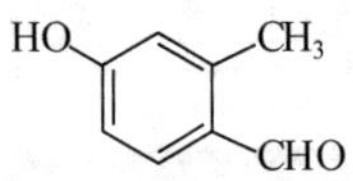

(4) 

二、酚的物理性质

除少数烷基酚为高沸点液体外，大多数酚为结晶固体。酚带有强烈的气味，能溶于乙醇、乙醚、苯等有机溶剂。苯酚及其低级同系物在水中溶解度不大，随着分子中羟基数目增加，在水中溶解度增大(表 13-2)。

酚类一般没有颜色，但在空气中放置后，由于产生微量氧化产物，使酚往往带有不同程度的黄色或红色。酚类有杀菌消毒作用，医药上用作消毒剂。

表 13-2　酚的物理常数

名称	结构式	熔点/℃	沸点/℃	溶解度/[g·(100 g H_2O)$^{-1}$]	pK_a
苯酚	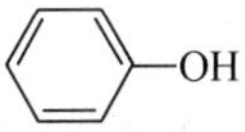	43	181.8	9.3	9.95
邻甲苯酚	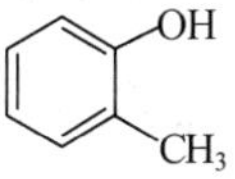	30.5	191	2.5	10.2
对甲苯酚		34.5	201.6	2.3	10.01
间甲苯酚	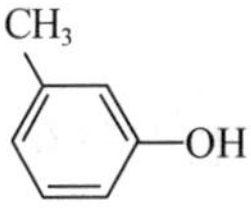	11	202	2.6	10.17
邻氯苯酚	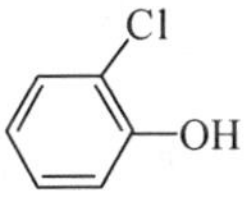	9	173	2.8	8.11
对氯苯酚	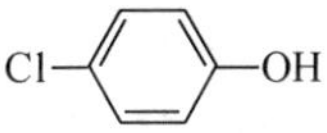	37	217	2.7	9.37
邻苯二酚	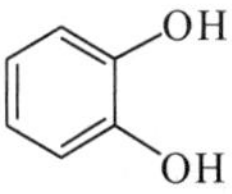	105	245	45	9.4
对苯二酚		170	286	8	10.0
1,2,3-苯三酚	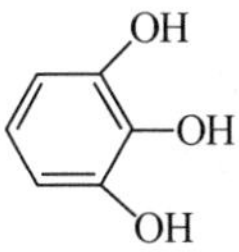	133	309	62	7.0
邻硝基苯酚	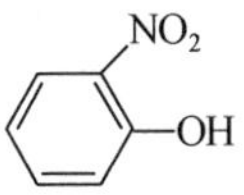	44.5	216	0.2	7.21
对硝基苯酚	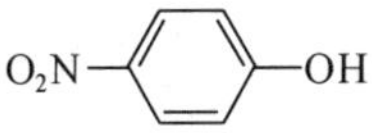	114.9	279(分解)	1.3	7.15
间硝基苯酚	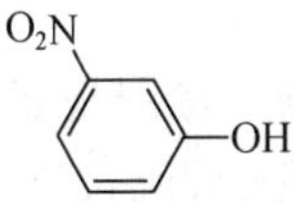	9.7	197.7	2.2	8.28

三、酚的化学性质

酚分子结构中含有羟基和苯环，应具有羟基和芳环的特性，但是由于羟基与芳环是直接相连接的，彼此之间有较大的影响，因此酚具有不同于醇和芳烃的性质。

（一）酸性

苯酚分子中，羟基中氧原子 p 轨道上的孤对电子可以与苯环大 π 键形成 p-π 共轭体系。由于 p-π 共轭效应，使氧原子上电子云密度降低，增强了 O—H 键的极性，有利于氢以质子形式离去，故苯酚具有弱酸性。苯酚可以溶于氢氧化钠生成酚钠：

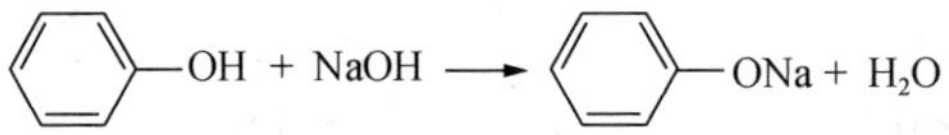

若将 CO_2 通入酚钠的水溶液中，苯酚又游离出来，说明苯酚的酸性比碳酸弱。

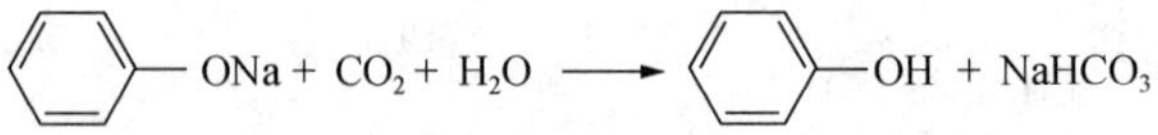

所以苯酚只能溶于强碱溶液。苯酚的酸性虽然较弱，但比醇的酸性强得多。

（二）显色反应

大多数酚与三氯化铁作用呈现不同的颜色（表 13-3），这是酚和三氯化铁生成配离子的缘故。例如：

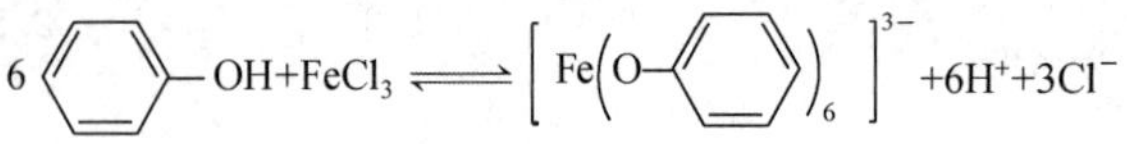

可利用此反应鉴定酚类。除酚外，具有烯醇型结构（ $-\overset{|}{C}=\overset{|}{C}-OH$ ）的化合物，也能与三氯化铁发生显色反应。

表 13-3　不同酚与三氯化铁作用形成的配合物的颜色

化合物	产生的颜色	化合物	产生的颜色
苯酚	蓝紫	对苯二酚	暗绿（结晶）
邻甲苯酚	蓝	1，2，3-苯三酚	浅棕
间甲苯酚	蓝	1，3，5-苯三酚	紫
对甲苯酚	蓝	*α*-萘酚	紫
邻苯二酚	蓝绿	*β*-萘酚	绿
间苯二酚	紫	水杨酸	紫红

（三）苯环上的取代反应

酚分子的芳环由于受羟基的影响，使芳环上电子云密度增加，特别是邻位和对位电子云密度增加得更多，容易发生芳环的卤代、硝化、磺化等亲电取代反应，取代基主要进入酚羟基的邻、对位。

(1)卤代 苯酚与溴水在常温下反应，立刻生成2,4,6-三溴苯酚的白色沉淀。

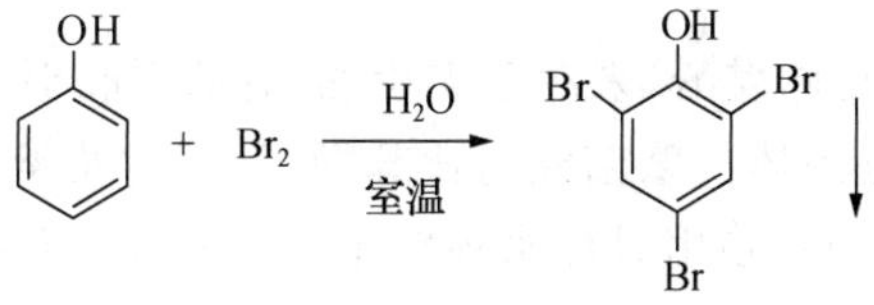

2,4,6-三溴苯酚

该反应非常灵敏，常用于苯酚的定性检验和定量测定。

(2)硝化 苯酚很容易硝化，在室温下苯酚与稀硝酸就能作用生成邻硝基苯酚和对硝基苯酚。

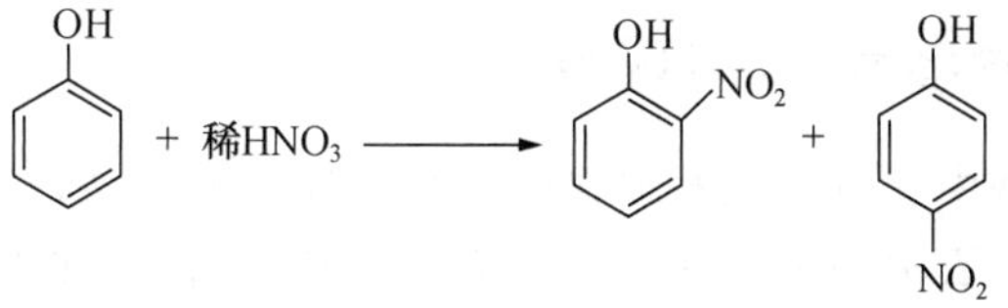

(3)磺化 苯酚在室温下与浓硫酸作用，主要产物为邻羟基苯磺酸，升高温度至100℃时，主要产物为对羟基苯磺酸。

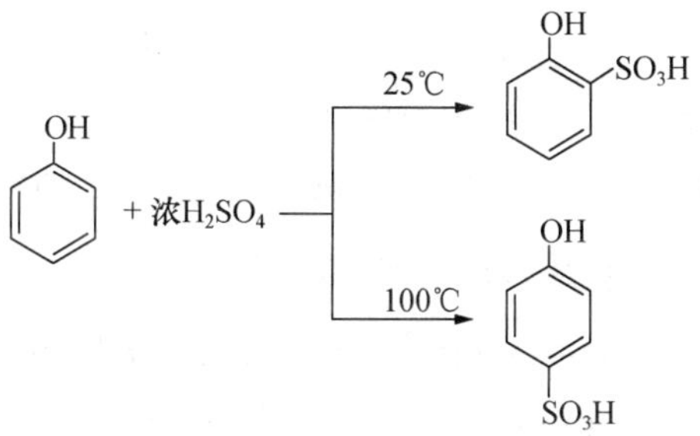

(四)氧化反应

酚类很容易被氧化。纯净的苯酚是无色的，在空气中放置就能被氧化成红色至深褐色。水果、蔬菜去皮放置后发生褐变，就是水果和蔬菜中的酚类化合物被氧化的结果。酚的氧化过程非常复杂，可以用不同的氧化剂得到多种类型的氧化产物。

四、重要的酚

(一)苯酚

苯酚(C_6H_5OH)俗称石炭酸，是具有特殊气味的无色针状结晶，在空气中放置易氧化而变成红色，熔点43℃。易溶于乙醚、乙醇、氯仿、苯等有机溶剂中。在25℃时100 g水可溶解9.3 g苯酚，65℃以上可与水混溶。

苯酚对皮肤具有强烈的腐蚀性，有较强杀菌能力，在医药上常用作消毒剂和防腐剂。苯酚是制造塑料、药物、农药、染料等的重要原料。苯酚除由煤焦油中提取外，工业上通过氯苯水解或异丙苯氧化方法制备。

(二)甲苯酚

甲苯酚($CH_3C_6H_4OH$)又称煤酚,来源于煤焦油,有邻、间、对 3 种异构体。除间位异构体为液体外,其他两种为低熔点固体。杀菌能力比苯酚强,因它难溶于水,常配成 47%～53%的肥皂溶液,俗称"来苏尔"(lysol),临用时加水稀释至 3%～5%,为目前医药上使用的消毒剂。

第三节 醚

一、醚的分类、命名和异构现象

醚可看作醇和酚羟基中的氢被烃基取代的产物。烃基可以是烷基、烯基、芳基等。如果两个烃基相同,称为简单醚,表示为 R—O—R;如两个烃基不同,则称为混合醚,表示为 R—O—R′。醚的官能团是醚键 C—O—C。随烃基结构不同可分为二烷基醚、烷芳混合醚、乙烯醚、烯丙醚等。

简单醚是根据烃基来命名的。在烃基之后加一个"醚"字,"二"字可省略。例如:

$CH_3—O—CH_3$ 二甲醚(甲醚)

$CH_3CH_2—O—CH_2CH_3$ 二乙醚(乙醚)

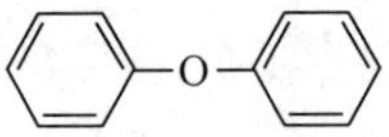
二苯醚(苯醚)

两个烃基不同时,将较小的烃基放在前面。例如:

$CH_3—O—CH_2CH_3$ 甲乙醚

$CH_2=CHCH_2—O—CH_3$ 甲基烯丙基醚

烃基中有一个芳香基时,芳香基放在前面。例如:

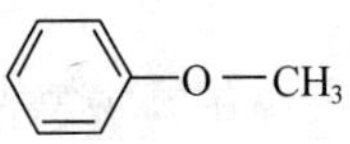
苯甲醚

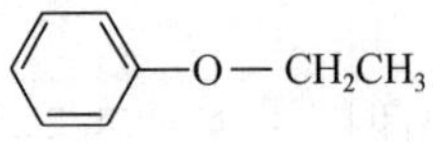
苯乙醚

结构比较复杂的醚命名时,选择较大的烃基作为母体,把小的烃基和氧原子看作烃氧基。例如:

$CH_3CH_2CH(OCH_2CH_3)CH_2CH_2CH_3$ 3-乙氧基己烷

$CH_3CH_2—O—CH(CH_3)—CH=CH_2$ 3-乙氧基-1-丁烯

$CH_3CH_2CH(OCH_3)—CH(CH_3)CH_2CH_3$ 3-甲基-4-甲氧基己烷

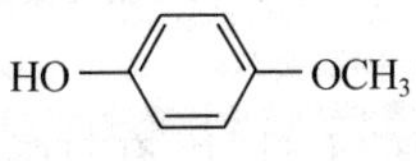
4-甲氧基苯酚

氧所连接的两个烃基连成一个环的属于环醚。例如：

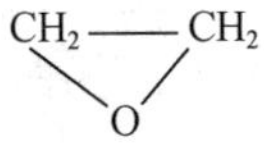
环氧乙烷

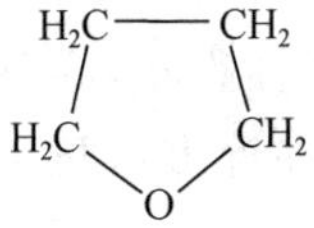
四氢呋喃

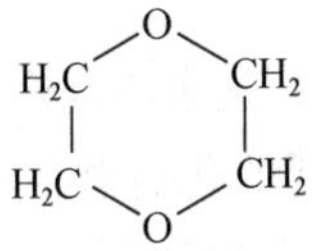
1,4-二氧六环

脂肪醚和含同数碳原子的醇互为异构体，这种由于所含官能团不同所产生的异构现象，叫作官能团异构，例如：

$\begin{cases} CH_3—O—CH_3 & \text{甲醚} \\ CH_3CH_2—OH & \text{乙醇} \end{cases}$　　$\begin{cases} C_2H_5—O—C_2H_5 & \text{乙醚} \\ CH_3CH_2CH_2CH_2—OH & \text{丁醇} \end{cases}$

二、醚的物理性质

大多数醚在常温下为液体，有香味。沸点比醇低得多，这是醚分子间不存在氢键的缘故，但它与水分子间能形成氢键，因此醚在水中的溶解度比烷烃大(表 13-4)。

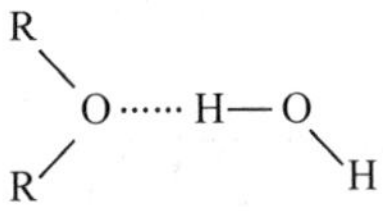

甲醚、二乙醚、环氧丁烷等低级醚和环醚可以与水混溶。醚是良好的有机溶剂，许多有机化合物能溶于醚。醚在许多反应中活性很低，常用来提取有机物或作有机反应的溶剂。乙醚在医药上还可以作全身麻醉剂。

表 13-4　醚的物理常数

名称	结构式	熔点/℃	沸点/℃	相对密度
甲醚	$CH_3—O—CH_3$	−138.5	−23	0.611
乙醚	$CH_3CH_2—O—CH_2CH_3$	−116.5	−31.5	0.714
正丙醚	$CH_3(CH_2)_2—O—(CH_2)_2CH_3$	−112	91	0.736 0
正丁醚	$CH_3(CH_2)_3—O—(CH_2)_3CH_3$	−95	111	0.768 9
正戊醚	$CH_3(CH_2)_4—O—(CH_2)_4CH_3$	−69	190	0.783 3
苯甲醚	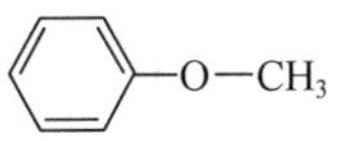	−37.5	155	0.996
苯乙醚	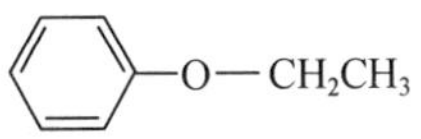	−29.5	170	0.966 6
环氧乙烷	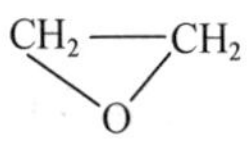	−111	13.5	0.882(10℃)
四氢呋喃	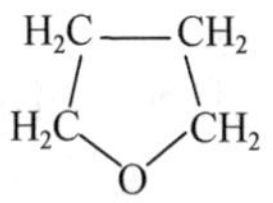	−652	67	0.889 2

三、醚的化学性质

醚的氧原子与两个烃基相连，分子的极性很小，在常温下与金属钠、碱、氧化剂、还原剂等不发生作用，是比较稳定的化合物。因此，在许多有机反应中可以用醚作为惰性溶剂，但它的性质比烷烃活泼。醚可发生如下反应。

(一)醚键的断裂

浓的氢碘酸在常温下就可以使醚键断裂，生成碘代烷和醇。

$$R—O—R'+HI \rightleftharpoons [ROHR']^{+}I^{-} \longrightarrow RI+R'—OH$$

两个烃基不同时，较小的烃基生成碘代烷。生成的醇可进一步与过量 HI 作用生成碘代烷。

$$R'—OH+HI \longrightarrow R'—I+H_2O$$

酚醚化学性质稳定，不易氧化，酚醚与 HI 作用，分解放出原来的酚。

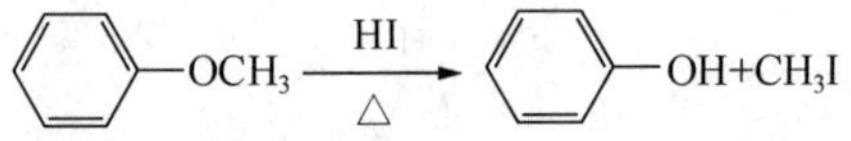

(二)过氧化物的生成

与氧相连的碳原子上连有氢的醚，如乙醚能被空气中的氧慢慢氧化而生成过氧化物，过氧化物中含有与过氧化氢相似的—O—O—键，如：

$$CH_3CH_2—O—CH_2CH_3+O_2 \longrightarrow CH_3CH_2—O—\underset{}{CH}(O—O—H)CH_3$$

过氧化物不易挥发，在受热或受到摩擦等情况下，非常容易爆炸。使用乙醚前，尤其蒸馏前，须检验是否有过氧化物，检验方法是取少量乙醚与碘化钾的酸性溶液一起摇动，如有过氧化物存在，碘化钾就被氧化成碘而呈黄色，并且可进一步用淀粉试纸检验。用硫酸亚铁洗涤醚可除去过氧化物。贮存乙醚时，应放在棕色瓶中，并可放入干净的铁丝等防止过氧化物的生成。

四、重要的醚

(一)乙醚

乙醚($C_2H_5OC_2H_5$)为无色液体，比水轻，易燃。乙醚的蒸气与空气混合达一定比例时，遇火可引起爆炸。操作时必须严加注意，绝对不可直接用火加热。

乙醚的化学性质比较稳定，是有机反应和中草药提取中常用的溶剂。吸入乙醚蒸气可以导致完全失去知觉，在外科手术中，纯净的乙醚可做全身麻醉剂。

乙醚在与空气接触的情况下长期放置，会慢慢氧化生成过氧化物。过氧化物的沸点比醚高，受热易分解爆炸。因此在蒸馏乙醚前必须检验其中是否含有过氧化物。

(二)环氧乙烷

环氧乙烷是重要的化工和制药工业原料，为最简单的环醚。它是无色气体，沸点 13.5℃。环氧乙烷性质活泼，容易与水、醇、氨等作用。

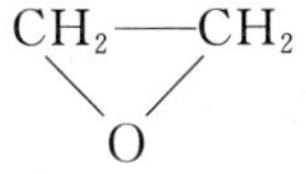

环氧乙烷

本章小结

1. 醇的化学性质主要包括 C—O 键、O—H 键和 C—H 键断裂的反应。

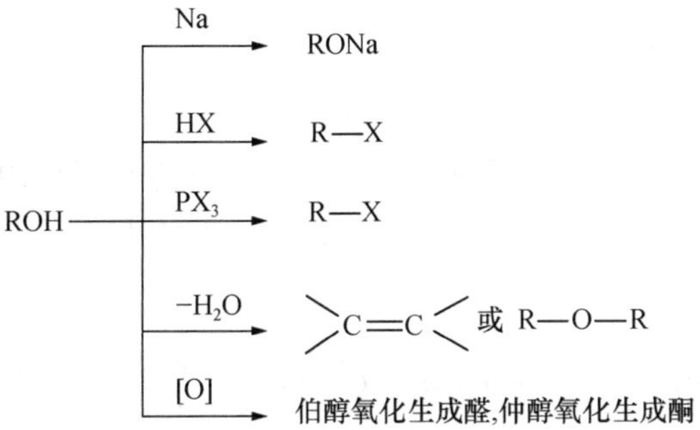

2. 酚是羟基直接与芳环相连的一类化合物，具有酸性。

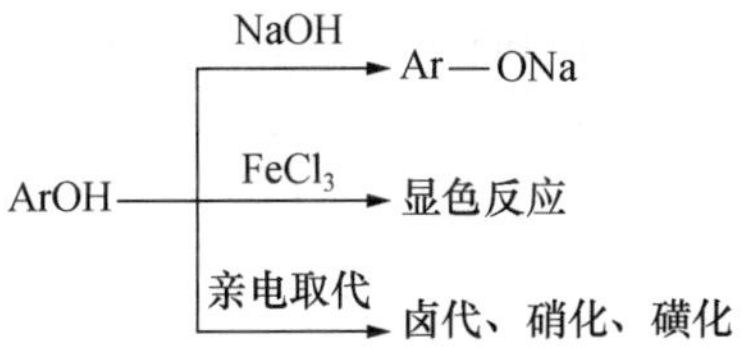

3. 醚类化合物性质稳定，但在一定条件下也能发生反应。如与氢碘酸反应导致醚键断裂。

思考与练习

一、填空题

1. ________分子中的氢原子被羟基(—OH)取代后的衍生物叫作醇(R—OH)；________上的氢原子被羟基取代后的衍生物叫作酚(Ar—OH)；醇或酚中________氢原子被烃基取代的产物叫作醚(R—O—Ar 或 R—O—R′)。

2. 根据醇分子中与________直接相连的碳原子种类，分为伯醇、仲醇和叔醇。

3. 饱和一元醇的通式可表示为________。饱和醇的同分异构包括________异构和官能团的________异构，所以醇的同分异构体比相应的烷烃多。

4. 苯酚与 $FeCl_3$ 溶液作用显________色，邻苯二酚与对苯二酚显绿色，甲苯酚遇三氯化铁呈________色。

5. 醚分子间不能形成氢键，因此沸点比相应的醇或酚________，而与相对分子质量相当的________很接近。但醚分子与水分子间能形成氢键，所以醚在水中的溶解度与同数碳原子的________相近。

二、选择题

1. 能用卢卡斯试剂鉴别的一组化合物是(　　)。

A. 2-甲基-2-辛醇与 1-壬醇　　B. 环戊醇和环戊烷

C. 1-丁醇和 2-丁醇　　D. 2-戊醇和 3-戊醇

2. 将下列醇按其与 HCl 反应的活泼程度由大到小排序正确的是(　　)。

①1-丁醇　②2-甲基-2-丁醇　③2-丁醇

A. ①③②　　B. ①②③　　C. ③①②　　D. ②③①

三、命名题

1. 命名下列化合物。

(1) 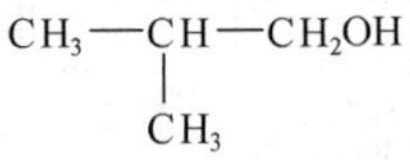

(2) 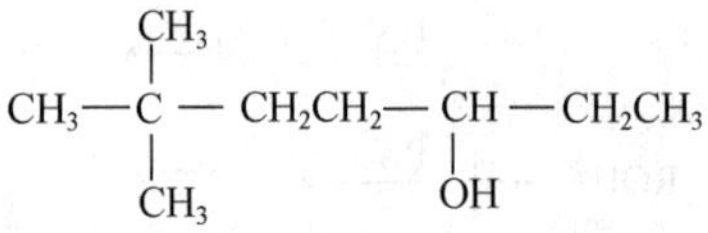

(3) $CH_3CH_2CH_2—O—CH_2CH_3$

(4) 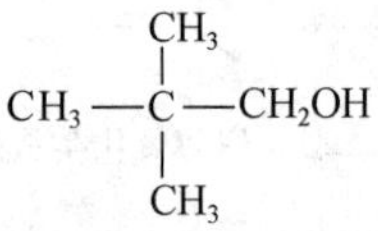

(5) 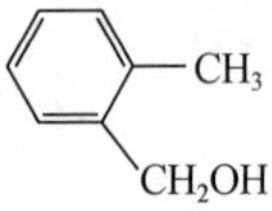

(6) 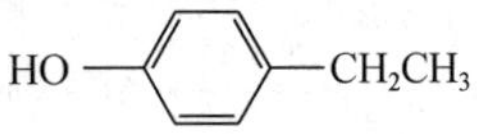

(7) 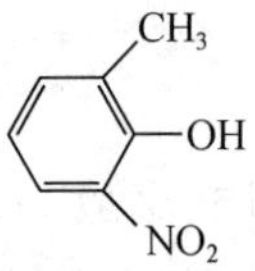

(8) 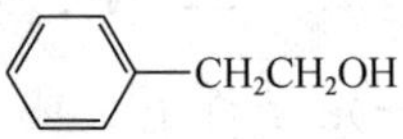

2. 写出下列化合物的结构式。

(1)4-甲基-2-异丙基环己醇

(2)甲基烯丙基醚

(3)β-萘酚

(4)甲丙醚

3. 写出 $C_4H_{10}O$ 的所有醇的异构体的构造式，用系统命名法命名，并用 1°、2°、3°标出伯、仲、叔醇。

四、思考题

1. 按沸点从低到高给下列化合物排序。

(1) CH_3CH_2OH　　$CH_3CH_2CH_3$　　$CH_3CH_2CH_2CH_2OH$

(2) $CH_3CH_2CH_3$　　$\underset{OH}{\underset{|}{CH_2}}-\underset{OH}{\underset{|}{CH}}-\underset{OH}{\underset{|}{CH_2}}$　　$\underset{OH}{\underset{|}{CH_2}}-\underset{OH}{\underset{|}{CH}}-CH_3$

2. 完成下列反应。

(1) $CH_3CH_2-\overset{OH}{\overset{|}{\underset{CH_3}{\underset{|}{C}}}}-CH_2CH_3 \xrightarrow[170℃]{浓 H_2SO_4}$

(2) $CH_3-\underset{OH}{\underset{|}{CH}}-CH_2CH_3 \xrightarrow{[O]}$

3. 用化学方法区别下列各组化合物。

(1)丁醇、卤代烃　　(2)对甲苯酚、苯甲醇

(3)苯酚、苯甲酸　　(4)溴乙烷、乙醚

(5)乙醚、丁醇、氯代丁烷　　(6)1-丁醇、2-甲基-2-戊醇、2-戊醇

4. 合成。

(1) 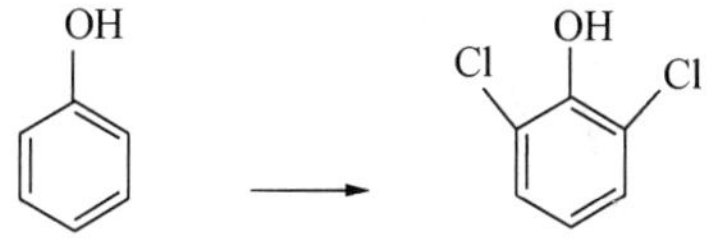

(2) $CH_3CH_2CH_2CH_2OH \longrightarrow CH_3-\overset{O}{\overset{\|}{C}}-CH_2CH_3$

5. 有 A、B、C、D 4 种液体化合物的分子式同是 $C_4H_{10}O$，其中 3 种均不与 PCl_3 作用，但与浓 HI 作用，其中 A 生成一种碘代烷，B、C 分别生成两种碘代烷，D 与 PCl_3 作用生成 2-氯丁烷。试写出 A、B、C、D 的结构式。

6. 醇分子式为 $C_5H_{12}O$，氧化此醇得酮，脱水则得一种烃，此烃经氧化可生成另一种酮和一种羧酸，试写出醇的结构式和各步反应式。

第十四章
醛、酮

【本章引言】

醛、酮分子中都含有相同的官能团——羰基$\left(\ \rangle C{=}O\ \right)$，故称羰基化合物。分子中羰基碳原子至少连接一个氢原子的羰基化合物叫作醛$\left(R{-}\overset{\overset{\large O}{\|}}{C}{-}H\right)$；羰基碳原子两端都与烃基相连的羰基化合物叫作酮$\left(R{-}\overset{\overset{\large O}{\|}}{C}{-}R'\right)$，R、R′代表脂肪烃基或芳香烃基。

羰基中的碳原子以 sp^2 杂化的方式与氧原子形成碳氧双键。

由于氧的电负性较大，吸电子能力比较强，使氧原子附近的电子云密度增大，碳原子附近的电子云密度降低，因此，氧原子带部分负电荷，碳原子则带部分正电荷。羰基很活泼，可以发生多种反应，在有机合成中极为重要，同时也是动植物代谢过程中十分重要的中间体。

【科苑导读】

Kishner-Wolff 还原是将羰基还原为亚甲基的一种化学反应，该反应要用到昂贵的原料——无水肼和单质钠，反应总时长更是长达 3～4 d。一次，黄鸣龙利用 Kishner-Wolff 还原制备萘醌中间体的实验发生了意外，他没有惊慌失措，而是进行了一些创新性的尝试，实验结束，结果出乎意料的好。他拿出实验记录，仔细分析，通过改变一系列条件，实现了对 Kishner-Wolff 还原的改良，一种安全、简便、经济、产率高的新还原方式被他找到了。黄鸣龙是第一位将自己的名字写进有机化学反应的中国人。

1949 年，黄鸣龙在垂暮之年迎来祖国的新生，黄鸣龙冲破美国政府的重重阻挠，趁应邀去德国讲学和做研究工作之机，摆脱跟踪，辗转回国。黄鸣龙回国后的工作目标，主要是发展有疗效的甾体化合物的工业生产。在他领导下，科研团队以国产薯蓣皂素为原料，成功合成“可的松”。这不但填补了我国甾体工业的空白，而且使我国合成“可的松”的方法跨进了世界先进行列。与此同时，黄鸣龙还亲自开课，系统讲授甾体化学，为祖国培养出一批甾体化学专门人才。因此，大家称黄鸣龙是我国甾体激素药物工业的奠基人，是我国甾体化学领域的开拓者。他敢于创新的精神和崇高的爱国主义情怀是值得我们不断学习的。

【学习目标】

知识目标

- 掌握醛、酮的命名法。
- 了解醛、酮的物理性质；掌握醛、酮的重要化学性质。
- 了解常见醛、酮的性质及其应用。

能力目标

- 能够根据醛、酮的结构，判断其发生化学反应的类型。
- 能够利用醛、酮的性质进行分离、鉴定和提纯。

素质目标

- 学习在科学研究中不畏艰辛、勇攀高峰、持之以恒的精神。

［课程学习］
第十四章课程 PPT

【知识导图】

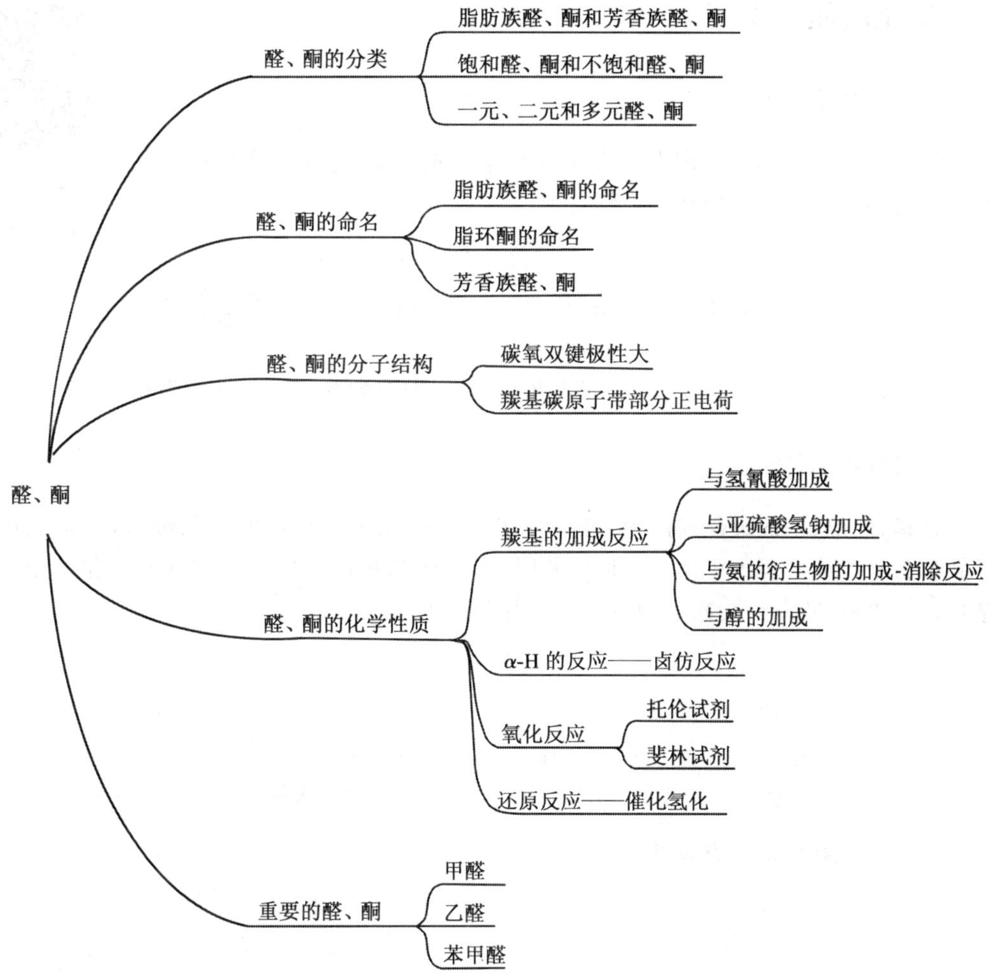

第一节 醛、酮的分类和命名

一、醛、酮的分类

根据与羰基相连的烃基不同，醛、酮可分为脂肪族醛、酮，脂环族醛、酮和芳香醛、酮。例如：

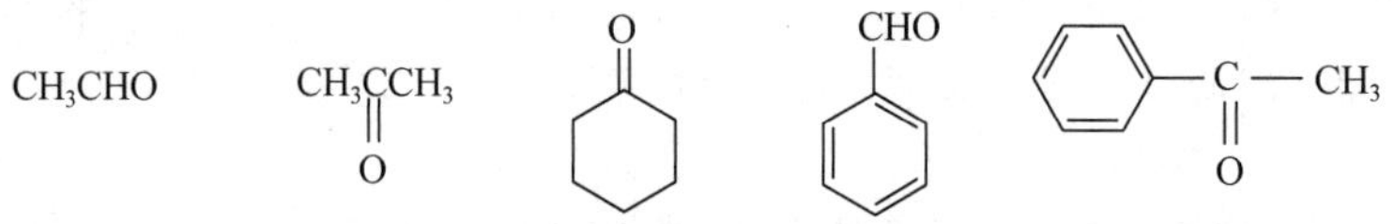

脂肪醛 脂肪酮 脂环酮 芳香醛 芳香酮

碳原子数相同的饱和一元醛、酮互为位置异构体，具有相同的通式：$C_nH_{2n}O$。

二、醛、酮的命名

[视频学习]
醛、酮的命名

(一)普通命名法

结构简单的醛、酮，常用普通命名法命名。醛的普通命名法与伯醇相似，酮的普通命名法与醚相似。例如：

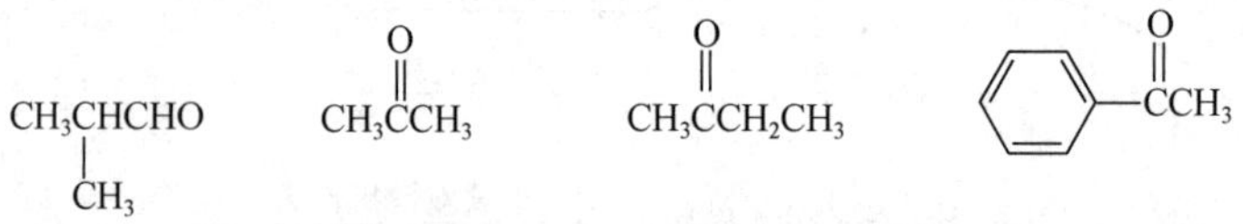

异丁醛 二甲(基)酮 甲(基)乙(基)酮 甲基苯基酮

(二)系统命名法

选择含有羰基的最长碳链为主链，并使羰基C原子有尽可能小的编号，根据主链的碳原子数称为某醛或某酮。主链上有取代基时，在母体名称前依次写出取代基的位次及名称。醛基位次可省略，酮基的位次必须标明。例如：

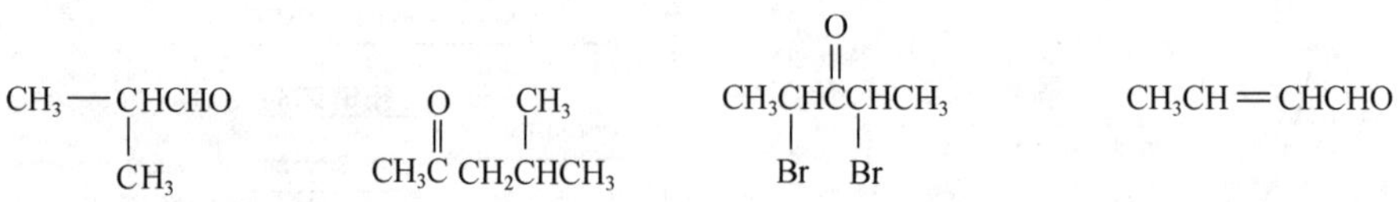

2-甲基丙醛 4-甲基-2-戊酮 2,4-二溴-3-戊酮 2-丁烯醛

命名芳香醛、酮时，把芳香烃基作为取代基。例如：

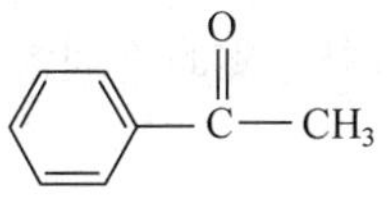

苯乙酮

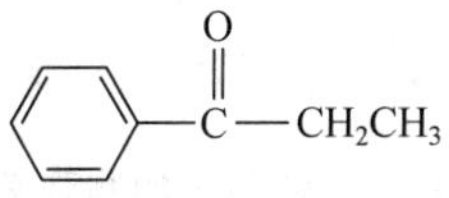

1-苯基-1-丙酮

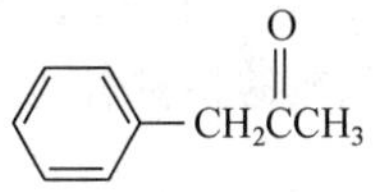

1-苯基-2-丙酮

练一练

命名下列化合物。

(1) 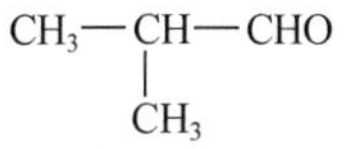

(2) 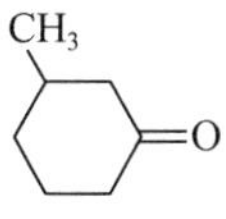

(3) 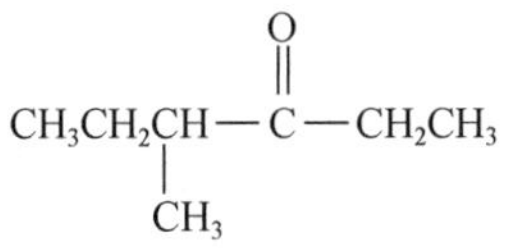

(4) 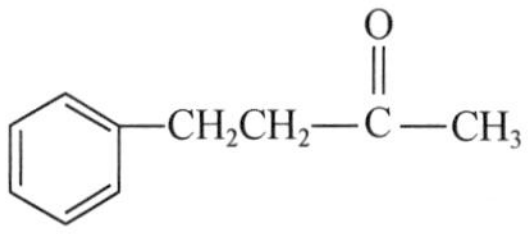

某些醛常用俗名。例如：

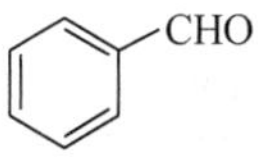

苦杏仁油(苯甲醛)

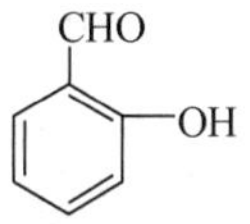

水杨醛(2-羟基苯甲醛)

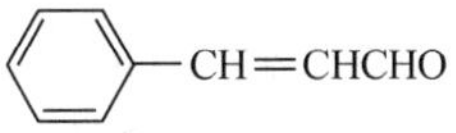

肉桂醛(3-苯基丙烯醛)

第二节 醛、酮的性质

一、醛、酮的物理性质

在室温下，只有甲醛是气体，12 个碳原子以下的脂肪醛、酮为液体，高级脂肪醛、酮和芳香酮多为固体。低级醛具有强烈的刺激气味，中级醛具有果香味，所以含有 9～10 个碳原子的醛可用于配制香料。酮和芳香醛具有令人愉快的气味。

醛、酮是极性化合物，但醛、酮分子间不能形成氢键，所以醛、酮的沸点较相对分子质量相近的烷烃和醚高，但比相对分子质量相近的醇低。例如：

有机物	丁烷	丙醛	丙酮	丙醇
相对分子质量	58	58	58	60
沸点/℃	−0.5	48.8	56.1	97.2

醛、酮的羰基能与水分子形成氢键，所以 4 个碳原子以下的低级醛、酮易溶于水，如甲醛、乙醛、丙醛和丙酮可与水互溶，其他醛、酮在水中的溶解度随相对分子质量的增加而减小。高

级醛、酮微溶或不溶于水，易溶于一般的有机溶剂。

脂肪族醛、酮的相对密度小于1，芳香族醛、酮的相对密度大于1，醛和酮的物理常数见表14-1。

表14-1　醛和酮的物理常数

化合物	结构式	熔点/℃	沸点/℃	相对密度	溶解度/[g·(100 g H_2O)$^{-1}$]
甲醛	HCHO	−92.0	−19.5	0.815	55.0
乙醛	CH_3CHO	−123.0	20.8	0.781	溶
丙醛	CH_3CH_2CHO	−81.0	48.8	0.807	20.0
丁醛	$CH_3CH_2CH_2CHO$	−97.0	74.7	0.817	4.0
丙烯醛	CH_2=CHCHO	−87.7	53.0	0.841	溶
苯甲醛	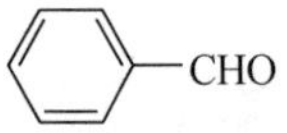	−26.0	179.0	1.046	0.33
丙酮	CH_3COCH_3	−95.0	56.1	0.792	溶
丁酮	$CH_3COCH_2CH_3$	−86.0	79.6	0.805	35.3
2-戊酮	$CH_3COCH_2CH_2CH_3$	−77.8	102.0	0.812	微溶
3-戊酮	$CH_3CH_2COCH_2CH_3$	−42.0	102.0	0.814	4.7
丁二酮	$CH_3COCOCH_3$	−2.4	88.0	0.980	25.0
2,4-戊二酮	$CH_3COCH_2COCH_3$	−23.0	138.0	0.792	溶
苯乙酮	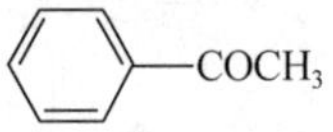	19.7	202.0	1.026	微溶
二苯酮	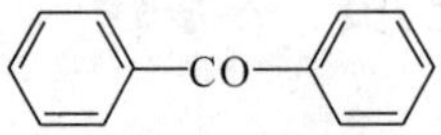	48.0	306.0	1.098	不溶

想一想

不查表，比较下列各组化合物沸点的高低，并解释理由。

(1)戊醛和1-戊醇　(2)2-戊酮和2-戊醇　(3)正戊烷和戊醛

二、醛、酮的化学性质

醛、酮的化学性质主要表现在它们的官能团羰基上(图14-1)，以及受羰基影响较大的α-H原子上。由于羰基的极性，羰基上的加成是由亲核试剂向电子云密度较低的羰基碳进攻而引起的亲核加成。含有α-H原子的醛、酮存在超共轭效应，由于氧的电负性比碳大得多，因此醛、酮的超共轭效应比烯烃强得多，有促使α-H原子变为质子的趋势。此外，醛、酮处于氧化还原反应的中间价态，它们既可被氧化，又可被还原，所以氧化还原反应也是醛、酮的一类重要反应。

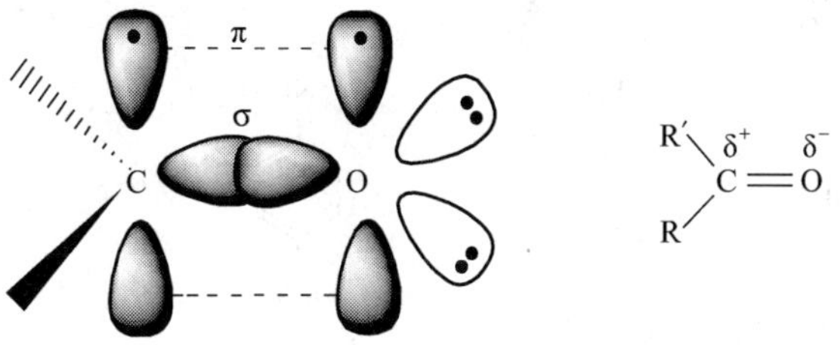

图 14-1　羰基结构示意图

综上所述，醛、酮的化学反应可归纳如下：

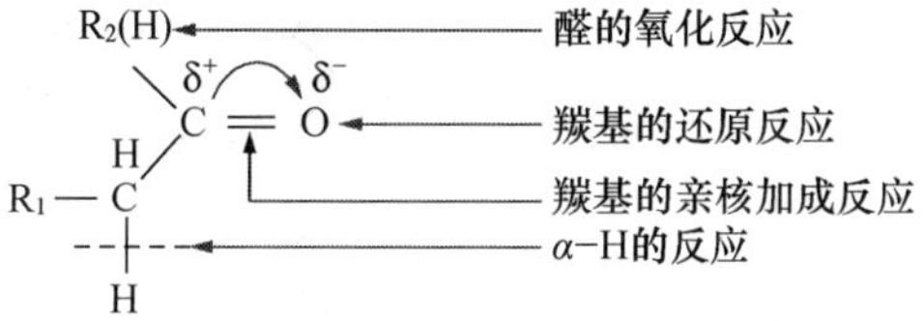

(一)羰基的加成反应

羰基是一个不饱和基团，容易发生加成反应。加成反应分两步进行，由于氧原子的电负性比碳强，羰基碳原子上电子云密度较低，试剂中带负电部分加到羰基碳原子，然后带正电部分加到羰基氧原子上。

1. 与氢氰酸的加成

氢氰酸与醛和脂肪族甲基酮作用生成 α-羟基腈，这个反应在碱溶液中速度加快，在酸溶液中速度减慢，α-羟基腈在酸性条件下水解后能生成 α-羟基酸：

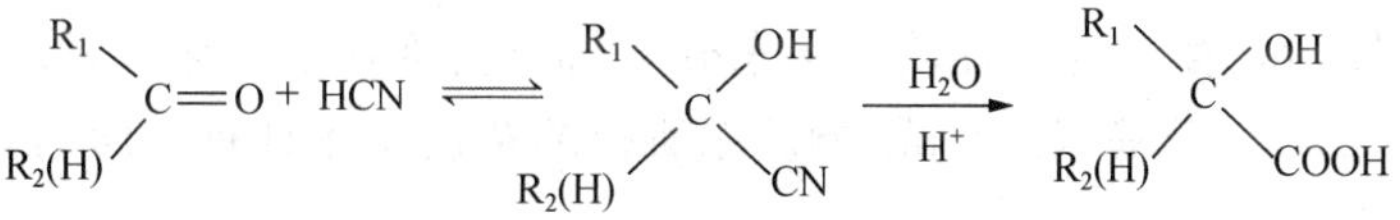

后者容易脱水生成 α，β-烯酸，这类反应在有机合成上是增长碳链的一种方法。

2. 与亚硫酸氢钠的加成

醛、酮与饱和亚硫酸氢钠溶液作用，生成 α-羟基磺酸钠。

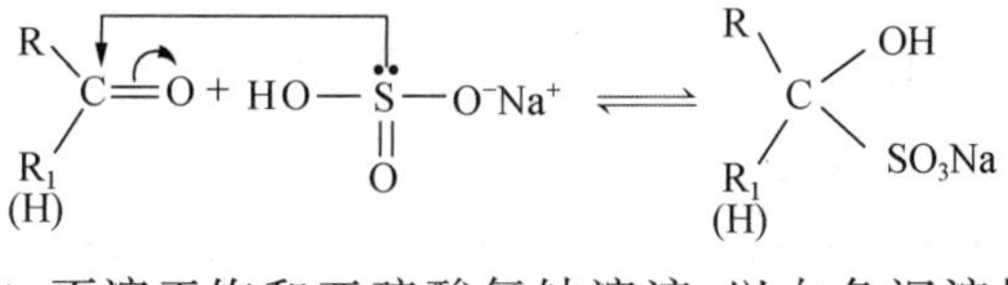

α-羟基磺酸钠溶于水，不溶于饱和亚硫酸氢钠溶液，以白色沉淀析出，所以此反应可用来鉴别醛、酮。

3. 与氨的衍生物的加成-消除反应

醛、酮能与氨的衍生物(羰基试剂)发生加成反应，加成产物容易脱水，生成含 C═N 键的化合物，所以此反应称为加成-消除反应。

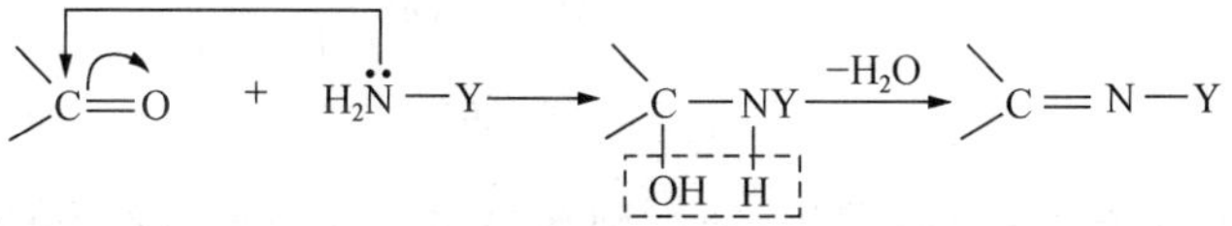

常用的氨的衍生物有：

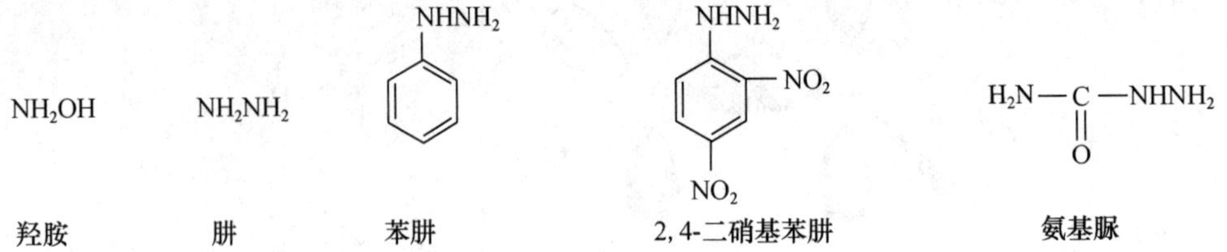

它们与羰基化合物进行加成-消除反应的产物如下：

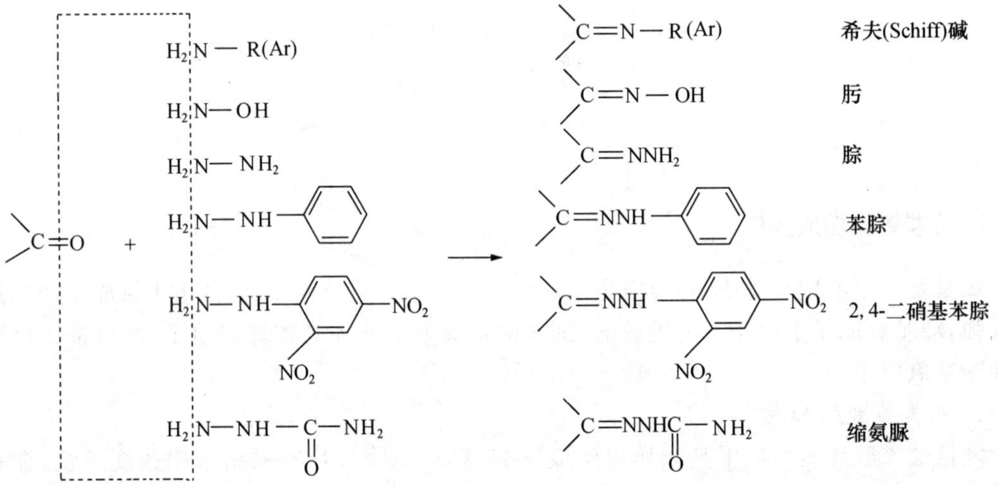

加成-消除反应产物大多是黄色晶体，有固定的熔点，回收率高，易于提纯，在稀酸的作用下能水解为原来的醛、酮。这些性质可用来分离、提纯、鉴别羰基化合物。上述试剂也被称为羰基试剂，其中2,4-二硝基苯肼与醛、酮反应所得的黄色晶体具有不同的熔点，常把它作为鉴定醛、酮的灵敏试剂。

练一练

完成下列反应。

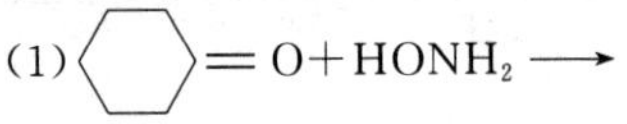

(2) $CH_3COCH_3+H_2NCONHNH_2 \longrightarrow$

4. 与醇的加成

醛在干燥HCl气体或无水强酸催化下能和醇起加成反应生成缩醛。

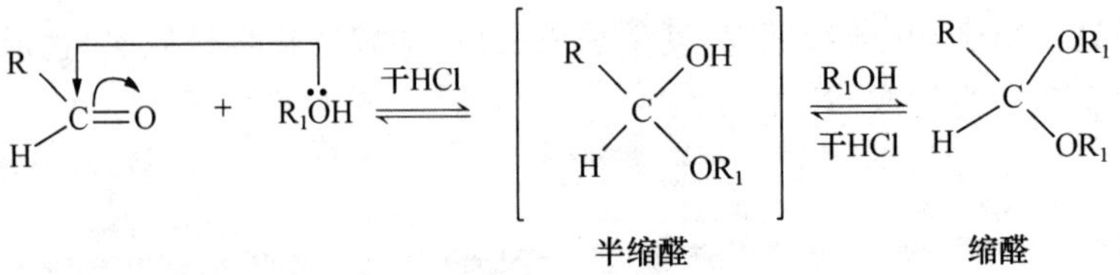

缩醛在中性和碱性条件下比较稳定，遇酸则容易水解成原来的醇和醛。在有机合成中常

将醛转化成缩醛，然后进行另外的化学反应，最后再使缩醛变成游离的醛，这样可以避免活性大的醛基在反应中被破坏。

酮一般不和一元醇加成，但在无水酸催化下，酮能与乙二醇等二元醇反应生成环状缩酮。

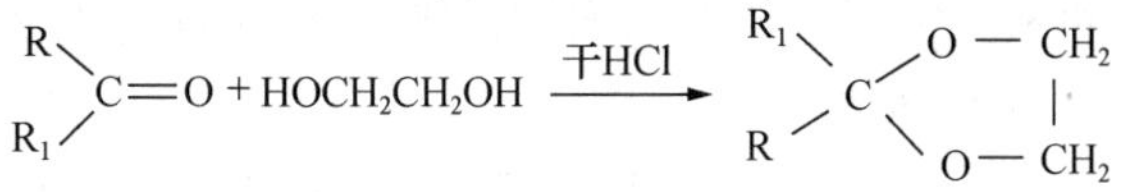

（二）α-H 的反应

由于羰基的 π 电子云与 α-碳氢键之间的 σ 电子云相互交叠产生 σ-π 超共轭效应，削弱了 α-碳氢键，使 α-H 更加活泼，酸性有所增强。

醛、酮的 α-H 易被卤素（常用溴、碘）取代，生成卤代醛或卤代酮。卤代反应可在酸或碱催化下进行，用碱催化反应很难停留在一元取代阶段，如果 α-碳原子为甲基，则 3 个氢全部被取代，可生成三卤衍生物：

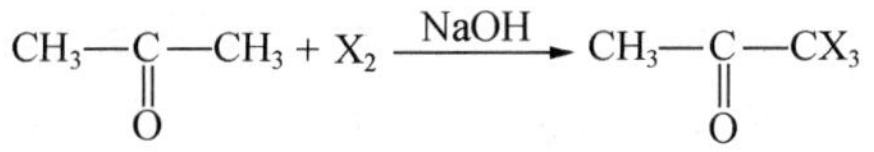

生成的三卤衍生物由于羰基氧和 3 个卤原子的吸电子作用，使碳碳键不牢固，在碱的作用下会发生断裂，生成三卤甲烷（俗称卤仿）和相应的羧酸盐。

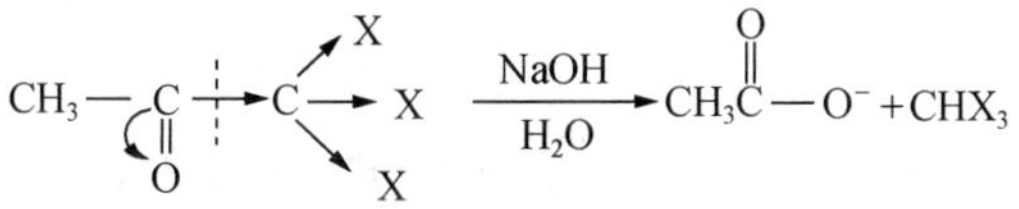

此反应称为“卤仿反应”，生成的氯仿、溴仿都是无色透明液体，而碘仿（CHI_3）是黄色晶体，水溶性极小，易于析出，且有特殊气味，所以常用碘仿反应来鉴别乙醛和甲基酮。

凡是具有 $\mathrm{CH_3{-}\underset{\underset{O}{\|}}{C}{-}R(H)}$ 结构的醛、酮和具有 $\mathrm{CH_3\underset{\underset{OH}{|}}{CH}{-}}$ 结构的醇都能发生卤仿反应。因为卤素在碱性溶液中歧化生成的次卤酸钠具有氧化作用，同样可以把伯醇、仲醇氧化成醛、酮。

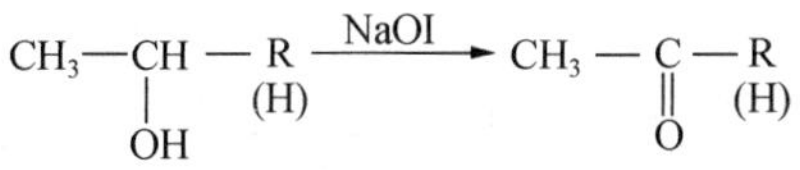

可见，利用碘仿反应，不仅可鉴别 $\mathrm{CH_3{-}\underset{\underset{O}{\|}}{C}{-}R(H)}$ 类羰基化合物，还可鉴别 $\mathrm{CH_3\underset{\underset{OH}{|}}{CH}{-}}$ 结构的醇。

想一想

下列化合物中，哪些能发生碘仿反应？

(1)乙醇	(2)1-丙醇	(3)异丙醇
(4)2-戊醇	(5)3-戊醇	(6)丙醛

[视频学习]
醛、酮的氧化反应

(三)氧化反应

醛不同于酮，它有一个氢原子直接与羰基碳原子相连，一些弱氧化剂就能使其氧化。酮不易氧化，只有在强氧化剂作用下才能被氧化，据此可以区别醛和酮。常用的弱氧化剂有托伦(Tollens)试剂、斐林(Fehling)试剂。

1. 托伦试剂

托伦试剂(硝酸银的氨溶液)与醛共热时，醛被氧化成含相同碳原子数的羧酸，而 Ag^+ 则被还原为金属银。若在玻璃容器中反应，则金属银沉积在容器内壁形成明亮的银镜，所以此反应又称为银镜反应：

$$RCHO+2[Ag(NH_3)_2]^+ +2OH^- \longrightarrow RCOO^- +NH_4^+ +2Ag\downarrow +H_2O+3NH_3$$

要想得到银镜，试管壁必须干净，否则会出现黑色悬浮的金属银。

托伦试剂既可氧化脂肪醛，又可氧化芳香醛。在同样的条件下酮不发生反应。

2. 斐林试剂

包括 A、B 两种溶液：A 是硫酸铜溶液，B 是酒石酸钾钠和氢氧化钠的溶液。使用时，将 A、B 溶液等体积混合，开始有氢氧化铜沉淀产生，振摇均匀后，氢氧化铜即与酒石酸钾钠形成深蓝色的可溶性配合物。

甲醛可使斐林试剂中的 Cu^{2+} 还原成单质铜，其他脂肪醛可使斐林试剂中的 Cu^{2+} 还原成 Cu_2O 沉淀。

$$RCHO+2Cu^{2+} \xrightarrow{OH^-} RCOO^- +Cu_2O\downarrow$$

酮及芳香醛不与斐林试剂反应，故以此试剂可区别脂肪醛和芳香醛。

(四)还原反应

醛、酮在一定条件下均可被还原，产物分别是伯醇和仲醇。

用催化氢化的方法，醛、酮可分别被还原为伯醇或仲醇，常用的催化剂是镍、钯、铂。

$$RCHO + H_2 \xrightarrow{Ni} RCH_2OH$$

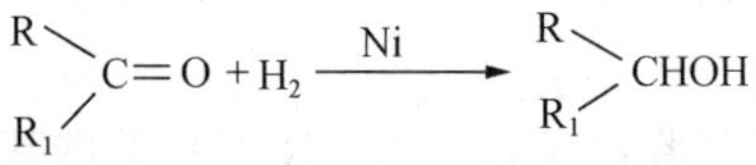

第三节　重要的醛、酮

一、甲醛

甲醛(HCHO)在常温下为气体。对眼、鼻和喉的黏膜有强烈的刺激作用，易溶于水。甲醛有凝固蛋白质的作用，40%的甲醛水溶液(常含有 8%～10%甲醇)叫“福尔马林”，医药上和农业上广泛用作消毒防腐剂。甲醛是合成树脂、药物、染料的重要原料。

甲醛非常容易聚合，在不同条件下生成不同的聚合物。小心蒸发甲醛水溶液，可以生成白色固体多聚甲醛。当加热多聚甲醛至 180～200℃，易解聚生成甲醛。因此，多聚甲醛是贮存甲醛的最好形式，也是气态甲醛的方便来源。

知识窗

甲醛的危害

现代科学研究表明，甲醛对人体的健康有负面影响。当室内空气中甲醛含量为 $0.1\ mg \cdot m^{-3}$ 时，有异味和不适感；$0.3\ mg \cdot m^{-3}$ 时可刺激眼睛引起流泪；$0.5\ mg \cdot m^{-3}$ 时引起咽喉不适或疼痛；含量再高可引起恶心、呕吐、咳嗽、胸闷、气喘甚至肺气肿；当空气中达到 $30\ mg \cdot m^{-3}$ 时可导致死亡。长期接触低剂量甲醛可以引起慢性呼吸道疾病、女性月经紊乱、妊娠综合征，引起新生儿体质降低、染色体异常，甚至引起鼻咽癌。高浓度的甲醛对神经系统、免疫系统、肝脏等都有毒害。

甲醛是室内环境的污染源之一。甲醛来源于室内装饰用的胶合板、细木工板、中密度纤维板和刨花板等人造板材，以及其他各类装饰材料，比如墙布、墙纸、化纤地毯、泡沫塑料、油漆等。国家标准中规定：居室空气中甲醛的最高容许浓度为 $0.08\ mg \cdot m^{-3}$。研究发现，正常情况下，室内装修 7 个月后，甲醛含量可降至 $0.08\ mg \cdot m^{-3}$ 以下。

二、乙醛

乙醛(CH_3CHO)是无色液体，沸点 20.8℃，易溶于水、乙醇等有机溶剂。乙醛对眼和皮肤有刺激作用。乙醛由乙醇氧化或乙炔加水制得。

乙醛具有醛的典型性质。乙醛易聚合，在少量硫酸存在下，生成三聚乙醛、四聚乙醛。

三、苯甲醛

苯甲醛(C_6H_5CHO)是无色液体，沸点 179℃，微溶于水，易溶于乙醇和乙醚中。苯甲醛有很浓的苦杏仁气味，故俗称苦杏仁油。

苯甲醛是芳醛的典型代表，它除了具有醛的一般化学性质外，还有其特殊性质。在室温时苯甲醛能自动被空气中的氧缓慢地氧化成苯甲酸，且自动氧化的速度比脂肪醛快得多，因此在保存苯甲醛时，常加入很少量的对苯二酚作抗氧化剂，以阻止其自动氧化。其他醛基直接连在芳环上的芳醛亦有此特点。

四、丙酮

丙酮(CH_3COCH_3)是无色、易燃、易挥发的液体，有特殊香味，沸点 56.1℃，易溶于水，能与乙醇、乙醚等有机溶剂混溶。

丙酮是常用的有机溶剂，能溶解许多树脂、油脂、涂料、胶片、化学纤维等。丙酮也可作为维生素和激素的萃取剂。

丙酮具有典型的酮的化学性质，是重要的有机化工原料，用来制造环氧树脂、有机玻璃、氯仿、碘仿、乙烯酮等。

丙酮可以由异丙醇氧化得到。

五、樟脑

樟脑是一种脂环族的酮类化合物，学名为2-莰酮。它是一种半透明结晶，具有穿透性特异芳香，味略苦而辛，并有清凉感，熔点176～177℃，易升华，不溶于水，能溶于醇和油脂中，通常用水蒸气蒸馏法从樟树中提炼出来。

樟脑在医药上用途甚广，可用作呼吸循环兴奋药，如10%的樟脑油注射剂；也可用作治疗局部炎症的药，如十滴水、消炎止痛药膏；成药清凉药中也含有樟脑成分；樟脑还可用以驱虫防蛀。

本章小结

醛、酮的化学性质：

1. 加成反应　醛、酮能与氢氰酸、亚硫酸氢钠、氨的衍生物和醇等发生亲核加成反应。

2. α-H的反应　由于受羰基的影响，醛、酮分子中的α-H比较活泼。具有α-H的醛、酮可以发生卤仿反应。

3. 氧化反应　醛能被弱氧化剂氧化，但酮不能。

思考与练习

一、命名题

用系统命名法命名下列各化合物。

(1) $CH_3CH=CHCHO$

(2) $CH_3\overset{O}{\overset{\|}{C}}CH_2\overset{CH_3}{\overset{|}{C}H}CH_3$

(3) $(CH_3)_2CHCH_2CH_2CHO$

(4) $(CH_3)_2CH\overset{O}{\overset{\|}{C}}CH(CH_3)_2$

(5) 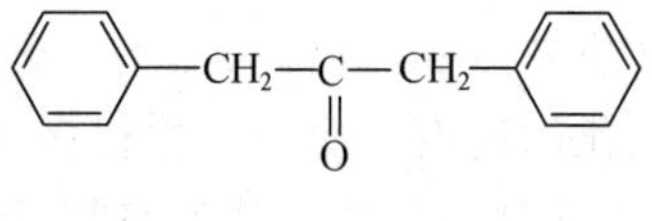

(6) $CH_3COCH_2CH_2CH=CH_2$

二、思考题

1. 把下列化合物按沸点由高到低顺序排列。

(1) $CH_3CH_2CH_2CHO$　　(2) $CH_3CH_2OCH_2CH_3$

(3) $CH_3CH_2CH_2CH_2OH$　　(4) $CH_3CH_2CHOHCH_2OH$

2. 用化学方法鉴别下列各组化合物。

(1) 甲醛、丙酮、正丙醇、异丙醇　　(2) 戊醛、2-戊酮、戊酸

(3) 苯甲醛、苯甲醇　　(4) 甲醛、乙醛、丙醛

3. 完成下列反应并写出主要产物。

(1) 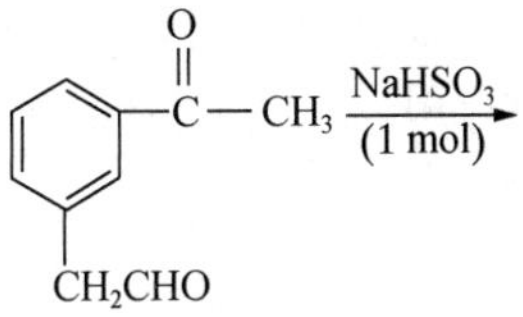

(2) 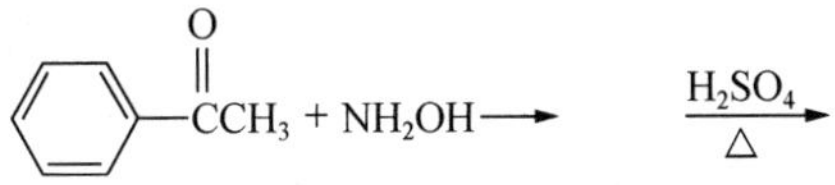

(3) 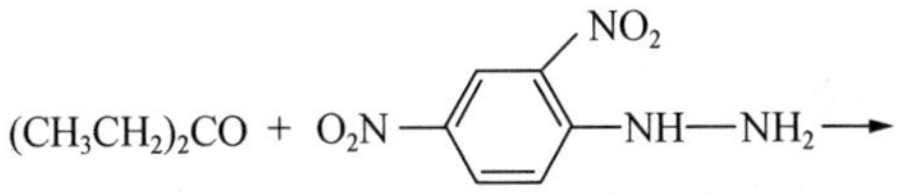

(4) $CH_3CH_2\overset{O}{\overset{\|}{C}}CH_3 \xrightarrow{I_2,NaOH}$

(5) $CH_3CH_2CHO + \underset{OH}{CH_2}\underset{OH}{CH_2} \xrightarrow{干HCl}$

4. 下列化合物中，哪些化合物既可与 HCN 加成，又能起碘仿反应？

(1) $CH_3CH_2CH_2OH$　(2) CH_3CH_2CHO　(3) $CH_3CH_2COCH_3$　(4) CH_3CH_2OH

(5) 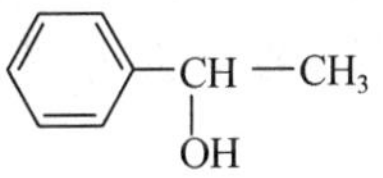　(6) 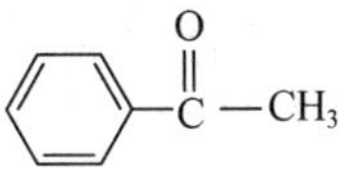　(7) 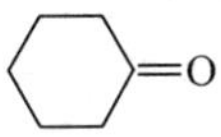　(8) CH_3CHO

三、推导题

1. 化合物 A、B、C 的分子式均为 C_3H_6O，其中 A 和 B 能与 2,4-二硝基苯肼作用生成黄色沉淀。试写出 A、B、C 的结构式。

2. 某化合物分子式为 $C_5H_{12}O$(A)，氧化后得 $C_5H_{10}O$(B)，B 能和苯肼反应，并在与碘的碱溶液共热时，有黄色碘仿产生，A 和浓硫酸加热得 C_5H_{10}(C)，C 经高锰酸钾在酸性介质中氧化得丙酮和乙酸。试推导 A、B、C 的结构式。

第十五章

羧酸及其衍生物

【本章引言】

分子中具有羧基(—COOH)的化合物称为羧酸,通式为 RCOOH。羧基是羧酸的官能团。羧酸不仅广泛分布于自然界中,与人类生活的关系密切,而且是重要的工业化学品。例如,食醋的酸味源自于醋酸;肥皂是高级脂肪酸的钠盐;食用的油是羧酸甘油酯;羧酸是在氧化条件下生化反应的主要产物;合成纤维(尼龙、涤纶等)的重要原料之一是羧酸。

【科苑导读】

早在 1853 年,夏尔·弗雷德里克·热拉尔就用水杨酸与乙酸酐合成了乙酰水杨酸,但没能引起人们的重视。1897 年德国化学家费利克斯·霍夫曼又进行了合成,并为他父亲治疗风湿关节炎,疗效极好。在 1897 年,德国拜耳公司第一次合成了构成阿司匹林的主要物质。

阿司匹林的化学结构看似简单,但它的功效可远不止于此。它是酶家族中环氧合酶的一种抑制剂,这种酶是生成前列腺素的必需品,而前列腺素则是能对炎症、血液凝固及其他一些过程产生强烈影响的信号分子。阿司匹林一直与我们同在,它被用于从治疗头痛到防治心脏病等各个方面。

经过一个世纪的临床应用,阿司匹林作为一种有效的解热镇痛药,广泛用于治疗伤风、感冒、头痛、神经痛、关节痛和风湿痛等。近年来,科学家又发现其为不可逆的花生四烯酸环氧酶抑制剂,具有抑制血小板凝聚的作用,其治疗范围又进一步扩大到预防血栓形成,成为治疗心血管疾病的良药,因此人们称其为“百年神药”。

[课程学习]

第十五章课程 PPT

【学习目标】

知识目标

- 理解羧酸、羧酸衍生物的分类和结构特点。
- 掌握羧酸、羧酸衍生物的命名。

• 掌握羧酸、酰卤、酸酐、酯、酰胺的重要化学性质。

能力目标

• 会根据羧酸、羧酸衍生物的结构式写出名称或由名称写出其结构式。

素质目标

• 认识到有机化学与医学的紧密联系，理解“以创新点燃科技强国引擎”的内涵。

【知识导图】

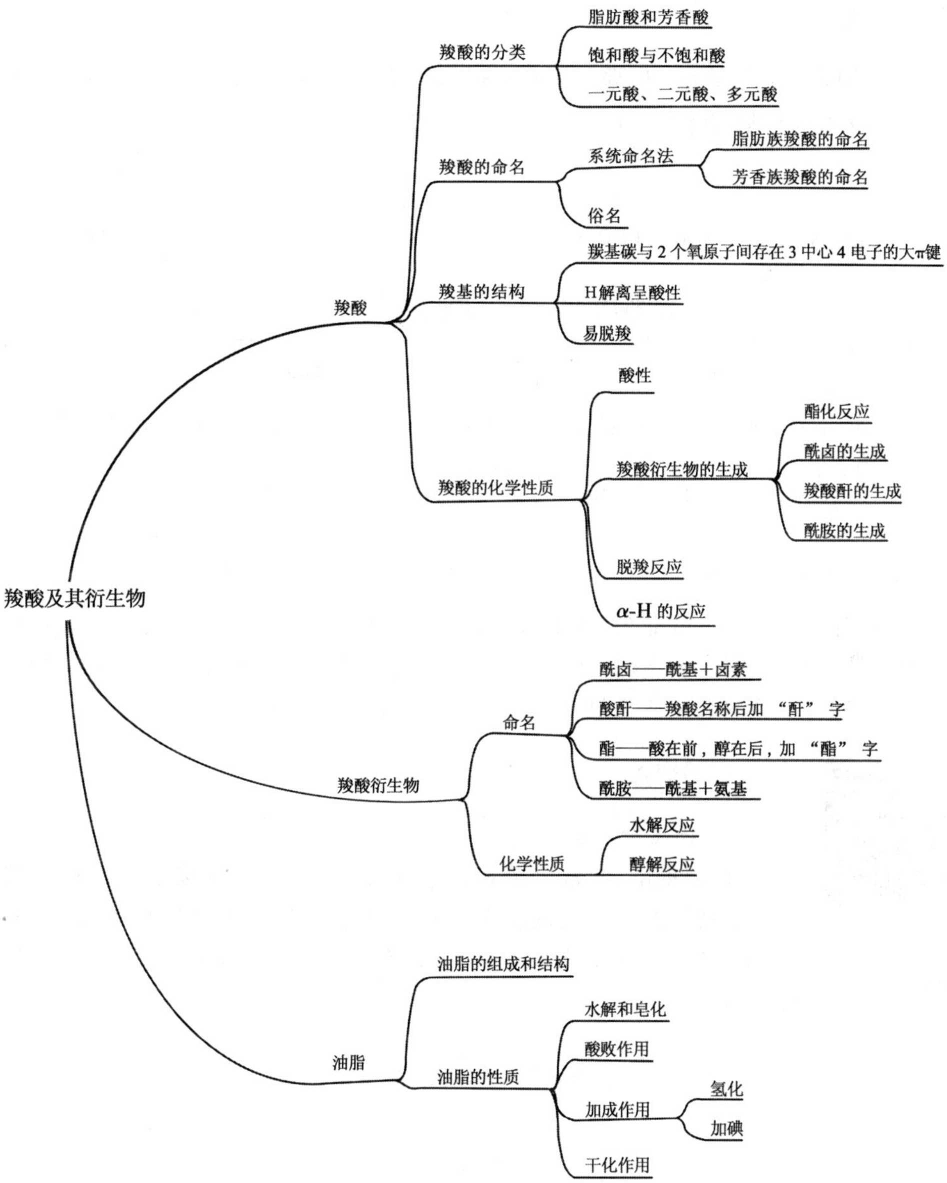

第一节 羧 酸

一、羧酸的分类和命名

(一)分类

羧酸有不同的分类方法。根据与羧基相连的烃基的结构不同,可以分为脂肪酸和芳香酸。前者进一步分为饱和脂肪酸和不饱和脂肪酸。例如:

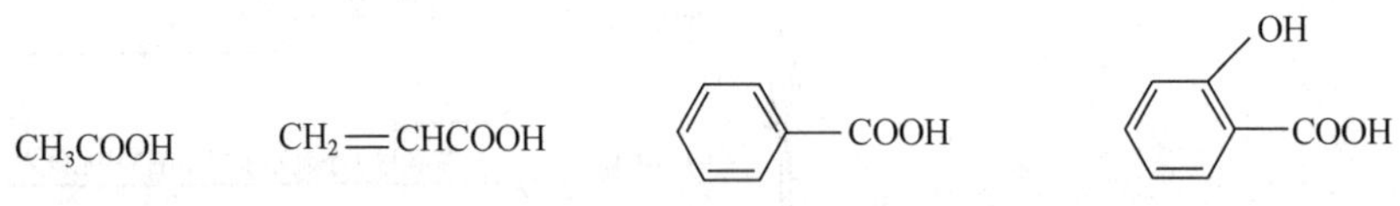

乙酸 丙烯酸 苯甲酸 水杨酸

脂肪酸 芳香酸

根据羧酸分子中所含羧基的数目不同,可以分为一元酸、二元酸或多元酸。例如:

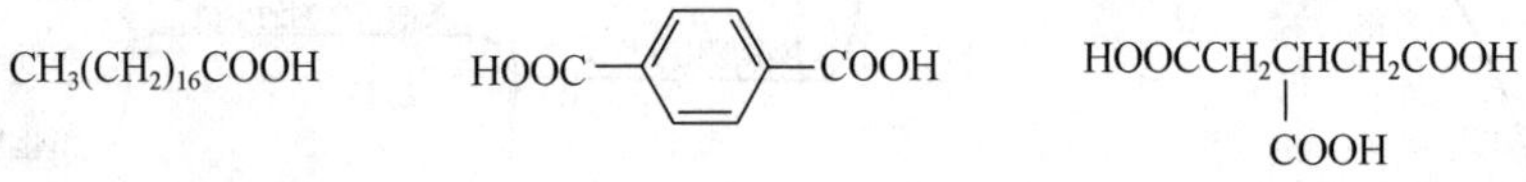

硬脂酸(一元酸) 对苯二甲酸(二元酸) 1,2, 3-丙三酸(多元酸)

最常见的酸,由它的来源命名,如甲酸最初是由蚂蚁蒸馏得到的,称为蚁酸。乙酸最初由食醋中得到的,称为醋酸。软脂酸、硬脂酸、油酸等是由油脂水解得到的。还有草酸、苹果酸、柠檬酸、琥珀酸等。这些名字通常显示该酸首次被分离时的天然来源。

[视频学习]
羧酸的命名

(二)命名

1. 普通命名法

简单的酸,通常以普通命名法命名:选择含有羧基的最长的碳链为主链,取代基的位置从羧基邻接的碳原子开始,用希腊字母表示,依次为 α、β、γ、δ、ε 等,最末端碳原子可用 ω 表示,然后按命名的基本格式写出名称。例如:

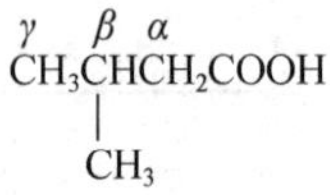

β-甲基丁酸

2. 系统命名法

选择含有羧基的最长的碳链作为主链,根据主链上的碳原子数目称为某酸,从羧基开始编号,再加上取代基的名称。二元羧酸则选择包含两个羧基在内的主链,称为二酸,其他基团作为取代基。如果羧基直接连在脂环或芳香环上，则在脂环烃或芳香烃后面加上“羧酸”。

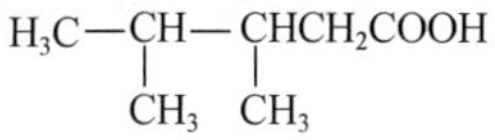

3,4-二甲基戊酸

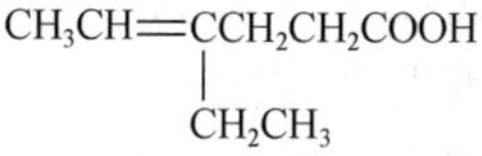

4-乙基-4-己烯酸

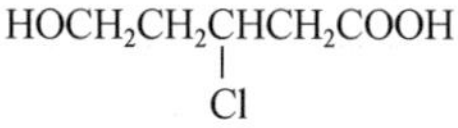

5-羟基-3-氯戊酸

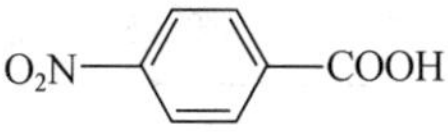

4-硝基苯甲酸

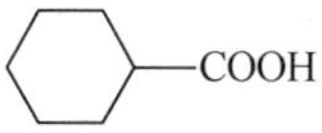

环己烷羧酸

$HOOCCH_2CH_2COOH$

丁二酸

练一练

命名下列化合物。

(1) 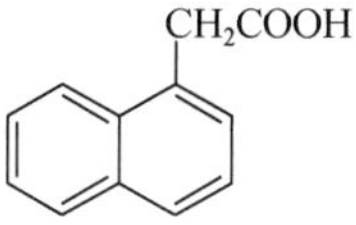

(2) 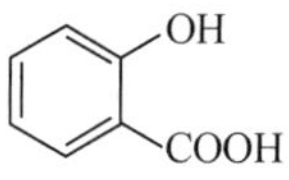

(3) 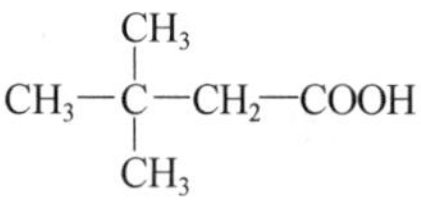

(4) 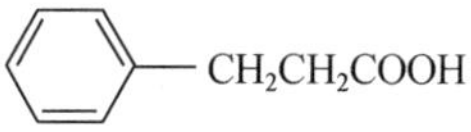

二、羧酸的结构

羧酸中，羧基的碳原子是 sp^2 杂化，3 个杂化轨道处于同一平面，键角大约是 120°。羰基碳原子上还有一个 p 轨道，与羰基氧上的轨道经侧面重叠形成一个 π 键(图 15-1)。

当羧基中的氢解离后，羟基氧上带有一个负电荷，这样就更容易提供电子和原来羰基的 π 电子发生共轭作用，使羧酸具有明显的酸性。

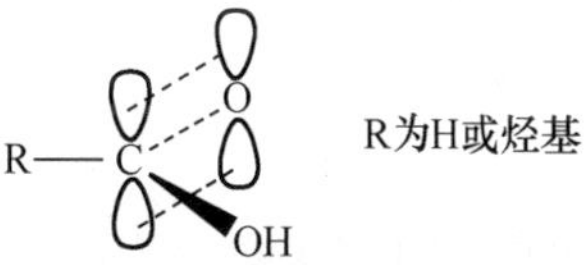

图 15-1　羧基的结构

三、羧酸的物理性质

低级脂肪酸是液体，可溶于水，具有刺鼻的气味；中级脂肪酸也是液体，部分地溶于水，具有难闻的气味；高级脂肪酸是蜡状固体，无味，不溶于水。芳香酸是结晶固体，在水中溶解度不大。

羧酸的沸点比相对分子质量相当的烷烃、卤代烷的沸点高，甚至比相近相对分子质量的醇的沸点还高，这是因为羧羰基氧的电负性较强，使电子偏向氧，可以接近质子，形成二缔合体：

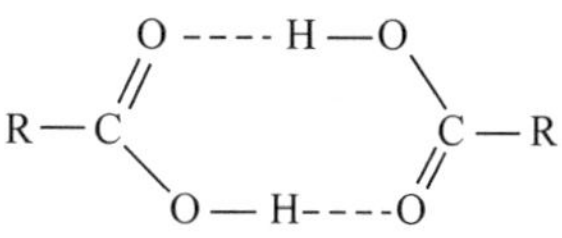

所有二元羧酸都是结晶化合物，低级的羧酸溶于水，随着相对分子质量增加，其在水中的溶解度减小。在脂肪二元羧酸中有这样一个规律，单数碳原子的二元酸比少一个碳原子的双数碳原子的二元酸溶解度大、熔点低。

一些常见羧酸的物理常数见表 15-1。

表 15-1　羧酸的物理常数

化合物	普通命名法	熔点/℃	沸点/℃	溶解度/[g·(100 g H_2O)$^{-1}$]
甲酸 $HCOOH$	蚁酸	8.4	101	∞
乙酸 CH_3COOH	醋酸	−16.6	118	∞
丙酸 CH_3CH_2COOH	初油酸	−22	141	∞
丁酸 $CH_3(CH_2)_2COOH$	酪酸	−5	163	∞
戊酸 $CH_3(CH_2)_3COOH$	缬草酸	−35	187	3.7
十六酸 $CH_3(CH_2)_{14}COOH$	软脂酸	62.9	269(0.01 MPa)	不溶
十八酸 $CH_3(CH_2)_{16}COOH$	硬脂酸	69.9	287(0.01 MPa)	不溶
乙二酸 $HOOCCOOH$	草酸	189		8.6
丙二酸 $HOOCCH_2COOH$	缩苹果酸	136		73.5
丁二酸 $HOOC(CH_2)_2COOH$	琥珀酸	185		5.8
戊二酸 $HOOC(CH_2)_3COOH$	胶酸	98		63.9
己二酸 $HOOC(CH_2)_4COOH$	肥酸	151		1.5
顺丁烯二酸 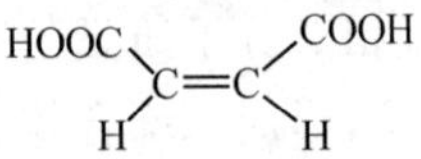	马来酸	137		79
反丁烯二酸 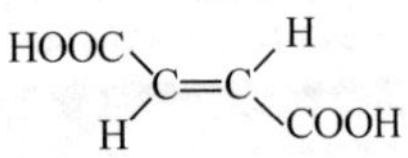	富马酸	302		0.7

四、羧酸的化学性质

(一)酸性

羧酸都具有酸性。这是因为羧羟基氧的孤对电子与碳氧双键共轭,使电子云向碳氧双键转移,羟基上的氢原子离解为氢离子而显示酸性。如在水中:

[视频学习]
羧酸的酸性

$$RCOOH + H_2O \rightleftharpoons RCOO^- + H_3O^+$$

大多数羧酸是弱酸。例如乙酸在水中的离解常数 $K_a = 1.76 \times 10^{-5}$,就是说,0.1 $mol \cdot L^{-1}$ 的乙酸仅有 1.3%离解。

(二)羧酸衍生物的生成

羧酸中有一个羰基,但由于与羟基氧的孤对电子共轭,降低了羰基碳的亲电能力,一般很容易与醛酮反应的亲核试剂,却不易与羧酸反应。但是羧酸在酸或碱的催化下,可以发生下列反应。

1. 酯化反应

在一定条件下,羧酸与醇在酸(硫酸、氯化氢或苯磺酸)催化下,羧酸分子中的—OH 被烷氧基(—OR)取代生成酯的反应称为酯化反应。例如:

$$CH_3COOH + HOC_2H_5 \overset{H^+}{\rightleftharpoons} CH_3COOC_2H_5 + H_2O$$

$$C_6H_5\overset{\overset{O}{\|}}{C}-\boxed{OH + H}-OCH_3 \overset{H^+}{\rightleftharpoons} C_6H_5\overset{\overset{O}{\|}}{C}-OCH_3 + H_2O$$

2. 酰卤的生成

酰卤是用羧酸和无机酰卤反应来制备的。酰卤中最重要的是酰氯。羧酸与亚硫酰氯、三氯化磷、五氯化磷等反应得到酰氯。例如:

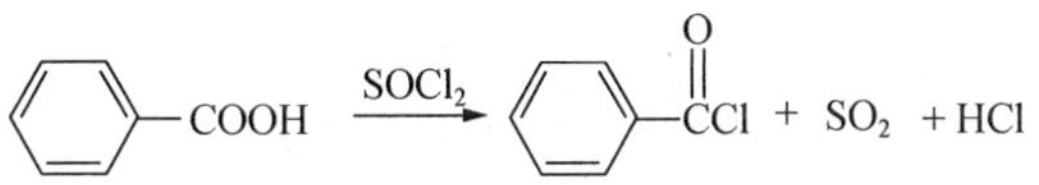

$$CH_3CH_2CH_2COOH \xrightarrow{PCl_3} CH_3CH_2CH_2\overset{\overset{O}{\|}}{C}Cl + H_3PO_3$$

$$CH_3(CH_2)_6COOH \xrightarrow{PCl_5} CH_3(CH_2)_6\overset{\overset{O}{\|}}{C}Cl + POCl_3 + HCl$$

最常用的试剂是亚硫酰氯,反应条件温和,在室温或稍加热即可反应,产物除酰氯外,其他均为气体,在反应过程中即可分离出去。反应时使用稍过量的亚硫酰氯,使羧酸反应完全,反应后把稍过量的亚硫酰氯蒸馏出来,产物往往不需提纯即可应用,纯度好,产率高。

3. 羧酸酐的生成

除甲酸外,羧酸均可失水形成酸酐。

$$R-\overset{\overset{O}{\|}}{C}-OH+R-\overset{\overset{O}{\|}}{C}-OH\xrightarrow{\triangle}R-\overset{\overset{O}{\|}}{C}-O-\overset{\overset{O}{\|}}{C}-R+H_2O$$

常用二元酸通过此法合成环状酸酐，反应产生的水常用共沸法或真空蒸馏法除去，五元、六元环状酸酐可用此法合成：

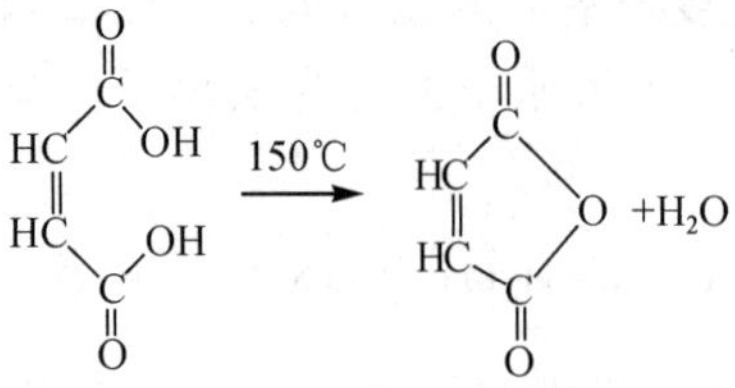

顺丁烯二酸酐

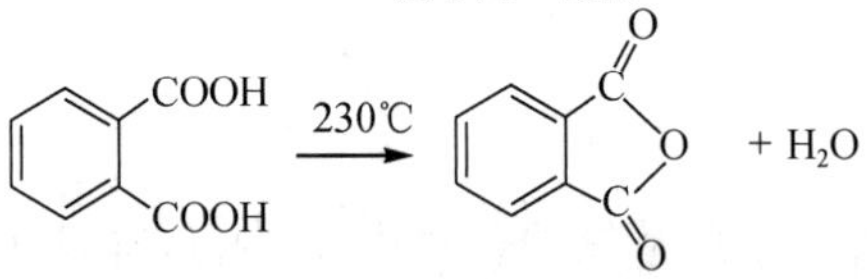

邻苯二甲酸酐

4．酰胺的生成

羧酸可以与氨气或胺反应，首先形成铵盐，羧酸铵盐加热失水而生成酰胺。

$$CH_3COOH+NH_3\longrightarrow CH_3COONH_4\xrightarrow{\triangle}CH_3CONH_2+H_2O$$

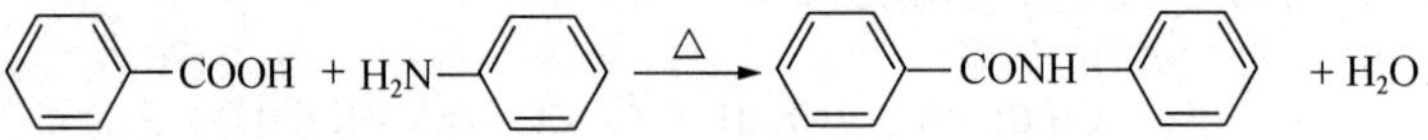

（三）脱羧反应

在通常情况下，羧酸中的羧基是比较稳定的，不易脱去，但在特殊条件下，可脱去羧基而放出 CO_2，生成少一个碳原子的烷烃，这个反应叫脱羧反应。

$$R-CH_2COOH\xrightarrow{\triangle}R-CH_3+CO_2\uparrow$$

α-碳原子上连有强吸电子基的一元羧酸，更容易发生脱羧反应。低级二元酸受热比较容易脱羧，例如：

$$HOOCCOOH\xrightarrow{160\sim180℃}HCOOH+CO_2\uparrow$$

$$HOOCCH_2COOH\xrightarrow{140\sim160℃}CH_3COOH+CO_2\uparrow$$

知识窗

简单脂肪族的二元羧酸广泛存在于自然界，它们很容易从溶液中结晶出来，因此很容易分离，也是最早知道的有机物。最简单的二元酸是草酸，它存在于许多植物中，如菠菜等，通常以钾盐形式存在。丁二酸存在于琥珀、化石、真菌、苔藓中，首次通过蒸馏琥珀分离得到。戊二酸存在于甜菜中，也发现于羊毛的水萃取液中。己二酸也可从甜菜中分离得到。

(四)α-氢的反应

羧酸在催化剂的作用下，α-碳上的氢可以顺利地被卤素取代。羧酸 α-碳上的氢具有一定的活性，但和醛酮相比弱一些，因为羧基碳原子的正电性与羟基氧共轭，减弱了 α-碳上的氢的活泼性，因此 α-氢取代反应较醛酮慢。在催化剂三氯化磷或三溴化磷等作用下，卤素可以很顺利地取代羧酸的 α-氢。

$$CH_3CH_2CH_2COOH + Br_2 \xrightarrow{PBr_3} CH_3CH_2\underset{\underset{Br}{|}}{C}HCOOH + HBr$$

第二节　羧酸的衍生物

羧基中的羟基被—X、$-O\overset{\overset{O}{\|}}{C}R$、—OR、—$NH_2$(或—NHR、—$NR_2$)置换后产生羧酸衍生物：酰卤、酸酐、酯、酰胺。

一、羧酸衍生物的命名

(一)酰卤

酰卤从结构上可以看作是一分子羧酸和一分子卤化氢失水形成的酸酐，在命名时看作酰基的卤化物，用酰基名称后加卤素名称来称呼：

$CH_3\overset{\overset{O}{\|}}{C}Cl$

乙酰氯

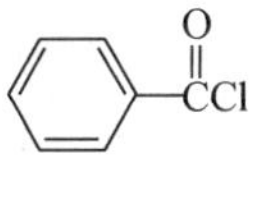

苯甲酰氯

$CH_3CH_2CH_2\overset{\overset{O}{\|}}{C}Br$

丁酰溴

(二)酸酐

酸酐可以看作两分子羧酸失去一分子水后的生成物，如果两分子羧酸是相同的，为单酐，命名时在羧酸名称后加“酐”字，并把羧酸的“酸”字去掉；如果两分子羧酸是不同的，为混酐，命名时把简单的酸放在前面，复杂的酸放在后面，再加“酐”字并把“酸”字去掉；二元酸分子内失水形成环状酸酐，在命名时在二元酸的名称后加“酐”字。

$CH_3-\overset{\overset{O}{\|}}{C}-O-\overset{\overset{O}{\|}}{C}-CH_3$

乙酐

$CH_3-\overset{\overset{O}{\|}}{C}-O-\overset{\overset{O}{\|}}{C}-CH_2CH_3$

乙丙酐

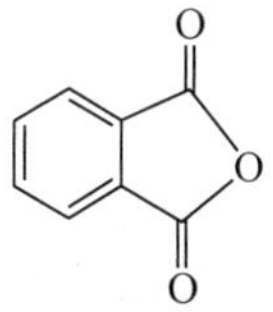

邻苯二甲酸酐

(三)酯

酯可以看作羧酸的羧基氢原子被烃基取代的产物。在命名时把羧酸名称放在前面，烃基名称放在后面，再加一个“酯”字。

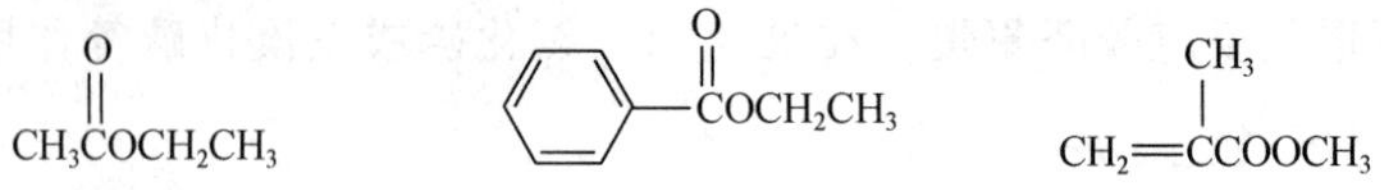

乙酸乙酯　　苯甲酸乙酯　　甲基丙烯酸甲酯

(四)酰胺

氮原子直接与酰基相连，称为酰胺，在命名时，将相应的羧酸的“酸”字改为“酰胺”即可。

乙酰胺　　苯甲酰胺

二、羧酸衍生物的反应

(一)水解反应

在羧酸衍生物中，酰卤的水解速率最快，低分子酰卤水解很猛烈，如乙酰氯在空气中会发烟，这是因为乙酰氯水解产生盐酸。酯在碱性条件下水解，产生的酸可与碱生成盐和水，水解可进行到底。由于高级脂肪酸所形成的酯，在碱性条件下水解得到高级脂肪酸的盐是肥皂的主要成分，所以酯的水解反应称为皂化反应。

$$CH_3\overset{\overset{O}{\|}}{C}-Cl + H_2O \longrightarrow CH_3\overset{\overset{O}{\|}}{C}-OH + HCl$$

$$CH_3-\overset{\overset{O}{\|}}{C}-O-\overset{\overset{O}{\|}}{C}-CH_2CH_3 + H_2O \longrightarrow CH_3\overset{\overset{O}{\|}}{C}-OH + CH_3CH_2COOH$$

$$CH_3\overset{\overset{O}{\|}}{C}OCH_2CH_3 + H_2O \longrightarrow CH_3\overset{\overset{O}{\|}}{C}-OH + CH_3CH_2OH$$

$$CH_3\overset{\overset{O}{\|}}{C}-NH_2 + H_2O \longrightarrow CH_3\overset{\overset{O}{\|}}{C}-OH + NH_3$$

(二)醇解反应

酰卤与醇发生反应形成酯，这是在实验室中广泛用于合成酯的一个方法。

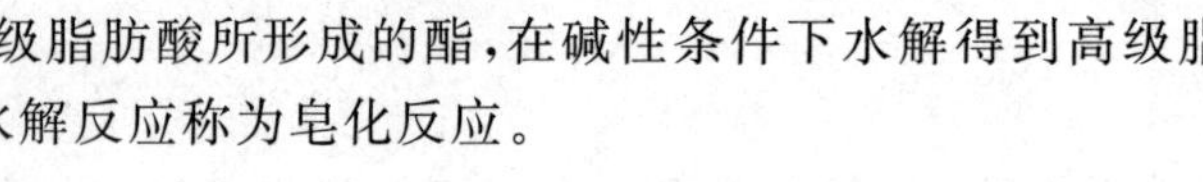

酯交换反应通常是“以大换小”，生成较高级醇的酯。

$$R-\overset{\overset{O}{\|}}{C}-O-R' + HO-R'' \rightleftharpoons R-\overset{\overset{O}{\|}}{C}-O-R'' + HO-R'$$

第三节　油　　脂

一、油脂的组成和结构

由动植物组织提取的油脂都是多种物质的混合物，其主要成分是由三分子的高级脂肪酸和一分子甘油形成的甘油酯，可用如下通式表示：

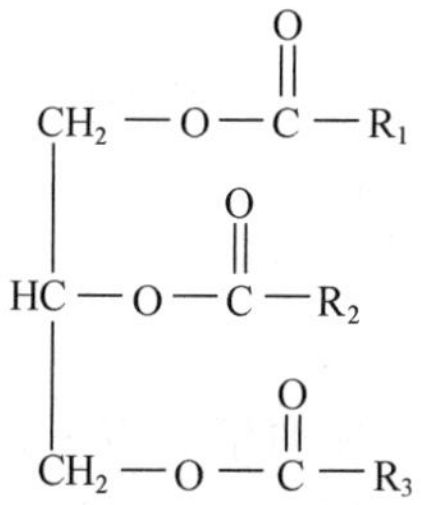

式中 R_1、R_2 和 R_3 代表高级脂肪酸中的烃基，如果 R_1、R_2 和 R_3 相同，则该甘油酯称为单纯甘油酯，若 R_1、R_2 和 R_3 不尽相同，则称为混合甘油酯。

组成甘油酯的脂肪酸绝大多数是含偶数碳原子的直链羧酸，仅在个别油脂中发现带有支链、脂环或羟基的脂肪酸。组成油脂的各种饱和脂肪酸中，以软脂酸（十六酸）存在最广，它存在于绝大部分油脂中，其次是月桂酸（十二酸）、肉豆蔻酸（十四酸）和硬脂酸（十八酸），动物脂肪中含硬脂酸较多；低于 12 个碳原子的饱和脂肪酸比较少见。在某些脂肪中含有少量的己酸和癸酸。高于 18 个碳原子的脂肪酸分布虽广，但含量较少。组成油脂的各种不饱和脂肪酸中，最常见的是烯酸，以含 16 个和 18 个碳原子的烯酸分布最广，如鳖酸（棕榈油酸）、油酸、亚麻酸等。这些不饱和酸由羧基开始，第一个双键的位置都在 C_9 和 C_{10} 之间，且不饱和脂肪酸中双键的构型大多为顺式。表 15-2 列出一些常见的高级脂肪酸。

表 15-2　几种重要的高级脂肪酸

俗名	系统名称	结构式
软脂酸	十六酸	$CH_3(CH_2)_{14}COOH$
硬脂酸	十八酸	$CH_3(CH_2)_{16}COOH$
油酸	十八(碳)烯-9-酸	$CH_3(CH_2)_7CH{=}CH(CH_2)_7COOH$
亚油酸	十八(碳)二烯-9,12-酸	$CH_3(CH_2)_4CH{=}CHCH_2CH{=}CH(CH_2)_7COOH$
桐油酸	十八(碳)三烯-9,11,13-酸	$CH_3(CH_2)_3(CH{=}CH)_3(CH_2)_7COOH$
亚麻酸	十八(碳)三烯-9,12,15-酸	$CH_3(CH_2CH{=}CH)_3(CH_2)_7COOH$
芥酸	二十二(碳)烯-13-酸	$CH_3(CH_2)_7CH{=}CH(CH_2)_{11}COOH$
蓖麻油酸	12-羟基-十八(碳)烯-9-酸	$CH_3(CH_2)_5CHOHCH_2CH{=}CH(CH_2)_7COOH$
花生油酸	二十(碳)四烯-5,8,11,14-酸	$CH_3(CH_2)_3(CH_2CH{=}CH)_4(CH_2)_3COOH$

各种油脂的基本差别就在于组成油脂的脂肪酸种类和比例不同，动植物体内的油脂含不饱和脂肪酸的比例不相同，这就决定了油脂的熔点和状态不同。来源于植物的油脂含不饱和脂肪酸甘油酯较多，熔点较低，在常温下为液体；来源于动物的油脂含不饱和脂肪酸甘油酯较少，熔点较高，在常温下为固体或半固体。

在不饱和脂肪酸中，有几种不饱和脂肪酸在人体内有着特殊的生理作用，不仅是细胞的组成成分，而且与类脂代谢有密切的关系，而体内又不能合成，必须由食物供给，这些脂肪酸称为必需脂肪酸，如油酸、亚油酸、花生四烯酸等，其中最主要的是油酸。必需脂肪酸最好的来源是植物油。

二、油脂的性质

纯净的油脂是无色的，天然油脂往往带有某种颜色，这是由于油脂中溶有色素（如类胡萝卜素）。多数油脂无挥发性，天然油脂的气味一般是由所含非脂成分所引起的，如椰子油的香气是由于含有壬基甲酮，有些油脂中溶有低级脂肪酸（$\leqslant C_{10}$），它们的挥发性气味导致油脂有臭味。油脂比水轻，相对密度为 0.86～0.95。油脂是甘油酯的混合物，没有恒定的熔点且在沸腾温度到达之前分解，但各种油脂都有一定的熔点范围。油脂是极性很小的化合物，不溶于水而易溶于有机溶剂，如乙醚、石油醚、汽油、苯、丙酮、氯仿、四氯化碳和酒精等。根据油脂易溶于有机溶剂这一性质，可以利用这些溶剂从动植物组织中提取油脂，从而测定其油脂含量（为“粗脂肪”）。用溶剂法提取食用油脂，可比传统的榨油法提高油料出油率。

油脂具有折光性，通常用折光率表示油脂折光性。油脂的折光率一般随脂肪酸的碳原子数、双键数增加而增大。双键减少，折光率也随之变小，所以油脂氢化时可利用折光率的变化来控制氢化程度。油脂中含有羟基的脂肪酸具有较大的折光率，因此折光率也是鉴定油脂类别、纯度和酸败程度的一种手段。

油脂的黏度与油脂组成有关，一般不饱和度高者黏度略低，不饱和度相同，则随着组成油脂中脂肪酸相对分子质量的增加而增大。油脂氧化后其黏度增大。

（一）油脂的水解和皂化

油脂在酸、酶和碱的作用下发生水解，产物为甘油和脂肪酸或脂肪酸盐。在酸性条件下，油脂水解成甘油和脂肪酸的反应是一个可逆反应：

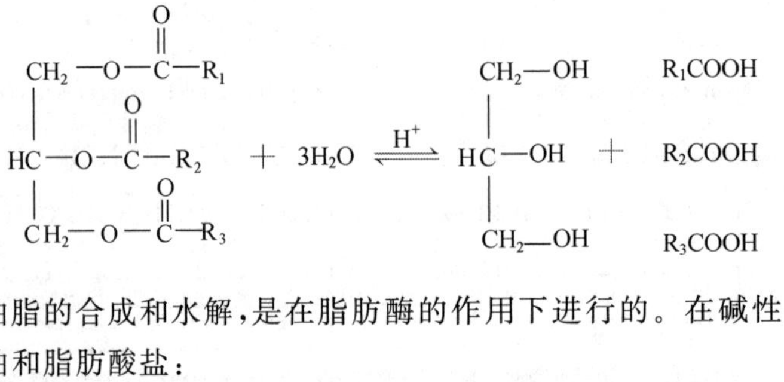

在生物体内，油脂的合成和水解，是在脂肪酶的作用下进行的。在碱性条件下，油脂可以完全水解，得到甘油和脂肪酸盐：

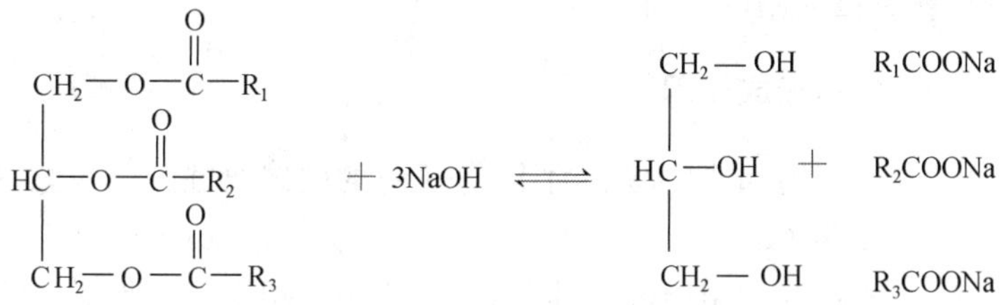

高级脂肪酸的盐俗称皂，所以油脂的碱性水解又叫油脂的皂化反应。高级脂肪酸的钠盐称为钠皂、硬皂，钾盐称为钾皂、软皂。过去肥皂都是由天然油脂皂化制得。近年来，由于石油工业及石油化工的发展，可以将高级烷烃在催化剂作用下氧化为高级脂肪酸，用这种合成脂肪酸制肥皂，则可节约大量天然油脂。

各种油脂的平均相对分子质量各不相同，完全皂化 1 g 油脂所需碱的量也不相同。通常把皂化 1 g 油脂所需氢氧化钾的质量(mg)称为油脂的皂化值。显然，油脂的平均相对分子质量越大，皂化值越小。

$$平均相对分子质量=3\times 56\times 1\,000/皂化值$$

各种油脂具有一定的皂化值范围，如果测得某油脂的皂化值低于或高于正常范围，则表示该油脂中含有不能被皂化或可以与 KOH 作用的杂质。所以皂化值是检查油脂质量的重要数据之一。

(二)酸败作用

油脂在贮藏期间，常会受湿、热、光和空气的作用而逐渐变质，产生一种不愉快的气味，这便是油脂的酸败。油脂酸败的化学变化比较复杂，引起酸败的原因有以下两个方面：

其一，空气氧化分解。空气氧化分解往往由油脂中的不饱和脂肪酸甘油酯引起。碳碳双键处吸收一分子氧气而形成过氧化物，再由水的作用而分解成低级的醛、酸。光、热、潮湿及某些金属能加速这个过程。

其二，微生物的氧化分解。某些微生物能使油脂分解，并进而使脂肪酸的 β-碳原子氧化成酮酸，再经过脱羧或进一步氧化成低级的醛、酮、酸等物质。这种作用对低级脂肪酸尤为明显。

酸败作用产生不愉快气味，就是由这些低级的醛、酮、酸而引起的。因此含低级和不饱和脂肪酸甘油酯较多的油脂如奶油、猪油更容易酸败。酸败后的油脂具有不同程度的毒性。食用酸败变质的油脂，对人体健康有害，轻者会引起呕吐、腹泻，重者能引起肝脏肿大。植物种子里所含的油脂酸败后，也会降低种子的发芽率。为了防止油脂的酸败，贮存时，油脂应置于密闭的容器中，同时应放在阴凉、干燥和避光处，或在油脂中加入少量抗氧剂，即易被氧化的物质，如维生素 E，可减少或防止油脂被氧化。

鉴定油脂的酸败程度，可测定油脂中游离脂肪酸的含量，其含量常用酸值表示。所谓酸值就是中和 1 g 油脂中游离脂肪酸所需氢氧化钾的质量(mg)。新鲜油脂酸值很小。酸败后的油脂所含游离脂肪酸增多，故酸值增高。因此酸值高低是衡量油脂质量的重要指标。食品卫生相关的国家标准规定，食用植物油的酸值不得大于 6，即酸值大于 6 的油脂不能食用。

如果油脂中不含游离脂肪酸，油脂的皂化值就是酯值，酯值反映油脂中甘油酯的含量。一般皂化值减去酸值，就是该油脂的酯值。

[扩展学习]
反式脂肪酸

(三)加成作用

含不饱和脂肪酸的油脂，分子里的碳碳双键可以和氢、碘进行加成。

1. 氢化

含不饱和脂肪酸的油脂，在催化剂作用下可以加氢，从而转化为含饱和脂肪酸的油脂。加氢的结果是液态的油转化为半固态的脂肪，所以这种氢化也常叫作“油脂的硬化”，氢化油又叫硬化油。利用油脂硬化原理可以把植物油变为硬化油，改变了气味，提高了熔点。因为不饱和度变小，不易被氧化变质，便于贮藏、运输和加工。也可把植物油部分氢化制造奶油供食用，但在部分氢化的过程中会产生反式不饱和脂肪酸。

2. 加碘

通过一定量的油脂所能吸收的碘的数量，可以判断其中脂肪酸的不饱和程度。一般将 100 g 油脂所能吸收碘的质量(g)叫作“碘值”。碘值大，表示油脂中不饱和酸的含量高，或不饱和程度大。由于碘和碳碳双键的加成作用较慢，所以测定时，常用氯化碘(ICl)代替碘，其中的氯原子能使碘活化。

$$-CH=CH- + ICl \longrightarrow -\underset{Cl}{\underset{|}{\overset{H}{\overset{|}{C}}}}-\underset{I}{\underset{|}{\overset{H}{\overset{|}{C}}}}-$$

剩余的 ICl，可加入足量的 KI 与其反应，而析出游离的碘。再用硫代硫酸钠标准溶液滴定析出的碘。

$$KI + ICl \longrightarrow KCl + I_2$$
$$2Na_2S_2O_3 + I_2 \longrightarrow Na_2S_4O_6 + 2NaI$$

通过计算由被吸收氯化碘的量换算成碘的量，便可求出油脂的碘值。碘值是油脂的特征常数，也是油脂分析的重要指标，也可根据碘值检查油脂的氢化程度。

(四)干化作用

有些植物油涂在器物上后，能形成一层坚韧、有弹性、不透水的薄膜，这个过程叫干化作用，像桐油和亚麻油这些容易干化的油称为干性油，干性油的碘值在 130 以上。碘值在 100 以下的油为非干性油，如花生油。碘值在 100～130 的油脂为半干性油，如棉籽油。

干化是油漆应用的基础，但是干化作用的化学本质尚未研究清楚，一般认为与油脂分子中具有共轭双键的不饱和脂肪酸有关，主要是这些油脂先氧化成过氧化物，再慢慢吸收氧气而形成高分子聚合物。如桐油分子中的桐酸，含有 3 个共轭碳碳双键，不但干化快，且形成的薄膜坚韧，经久耐用。

本 章 小 结

1. 羧酸分子间可以形成氢键，故羧酸的熔沸点较高，且在水中有较大的溶解度。

2. 羧酸分子因含有羧基，具有一定的酸性，羧基上的羟基可以被一系列基团取代，生成酰卤、酸酐、酯和酰胺等羧酸衍生物，其化学性质相似，活性顺序为：酰卤＞酸酐＞酯＞酰胺。

3. 油脂是高级脂肪酸的甘油酯，易发生水解、酸败、加成和干化反应。

思考与练习

1. 写出下列化合物的名称。

(1) $CH_3CH_2CH(CH_3)COOH$　(2) $CH_3-CO-COOH$　(3) 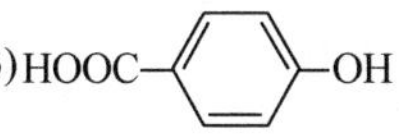

2. 写出下列反应的主要产物。

(1) $CH_3CH_2COOH + CH_3CH_2OH \xrightleftharpoons{H^+}$

(2) $CH_3CH_2COOH + SOCl_2 \longrightarrow$

3. 用化学方法区分下列化合物。

(1) 乙醇、乙醛、乙酸

(2) 甲酸、苯甲酸、水杨酸

第十六章

含氮化合物

【本章引言】

含氮有机化合物是指分子中含有碳氮键的有机化合物。这类化合物的种类很多,包括胺类、酰胺类、硝基化合物、偶氮化合物、腈类、脲、胍等,氨基酸、蛋白质和含氮的杂环化合物也都属于含氮有机化合物。

胺类化合物广泛存在于自然界,同生命活动有密切的关系。构成生命的基本物质——蛋白质,就是含有氨基的化合物。胺和酰胺的衍生物具有多种生理活性,可用作退热、镇痛、局部麻醉、抗菌或驱虫等药物。同时它们对选矿、金属加工及冶金分析也很重要,在这些领域中许多有特殊性能的试剂是含氮的有机化合物。

【科苑导读】

1958 年 12 月,中科院上海生物化学研究所提出人工合成蛋白质的大胆设想。蛋白质对人类来说是一种全天然的复杂物质,当时没人有把握能用较小的分子拼装出相对庞大的蛋白质分子。

1959 年,上海生化所联合中科院上海有机化学所以及北京大学化学系,开始探索用化学方法合成胰岛素,同年,成功地把天然胰岛素拆成两条链,再合成为胰岛素,并保持了其生物活性和晶体形状。随后,用人工合成的 B 链同天然的 A 链相链接,在 1964 年成功实现了胰岛素半合成。1965 年 9 月,中国科学家终于完成了结晶牛胰岛素的全合成,这是世界上第一个人工合成的蛋白质。

我国在世界上第一次人工合成结晶牛胰岛素,为人类认识生命、揭开生命奥秘迈出了可喜的一大步,标志着人工合成蛋白质的时代开始,在生物科学与化学史上有着突破性的意义。中国科学家们对科学研究严谨性的追求、对新的分析技术的建立和探索,对胰岛素的合成起到了推动作用;中国科学家在 20 世纪 60 年代对科学精神的把握,在胰岛素合成工作中得到了具体的呈现,奠定和推动形成了中国科学研究的传统和风格。

【学习目标】

知识目标

- 理解含氮化合物的分类和结构特点。
- 掌握含氮化合物的命名。
- 掌握含氮化合物的主要化学性质。

能力目标

- 能够分析判断芳香胺与烷基胺的碱性强弱。

素质目标

- 学习在科学研究中不畏艰辛、勇攀高峰、持之以恒的精神。

［课程学习］
第十六章课程 PPT

【知识导图】

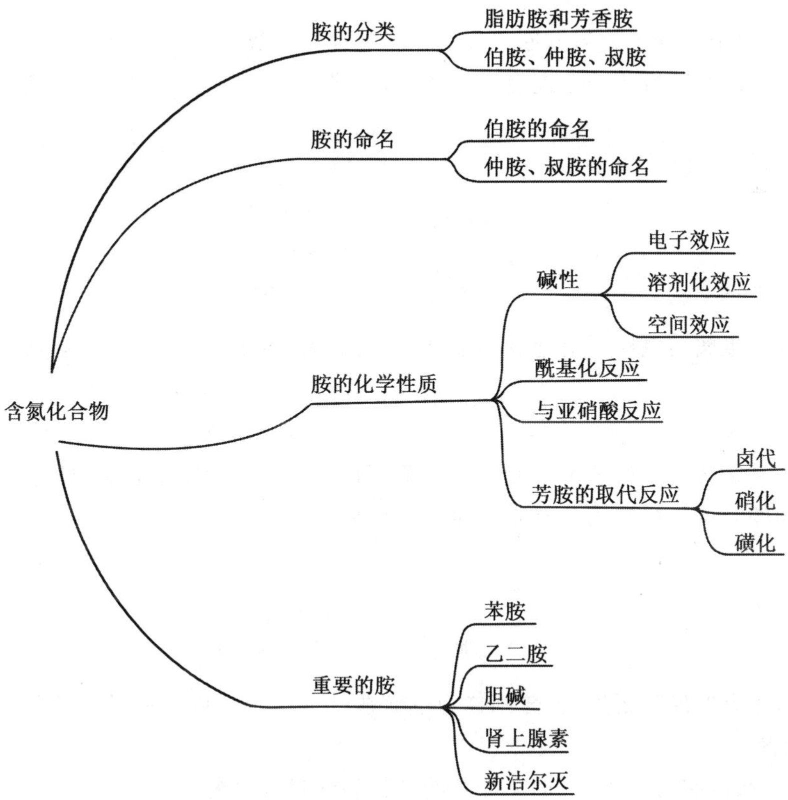

一、胺的分类和命名

［视频学习］
胺的命名

1. 胺的分类

胺可以看作氨的烃基衍生物。根据胺分子中氮原子所连烃基种类的不同，可把胺分为脂肪胺和芳香胺。例如：

脂肪胺：

CH_3NH_2	$(CH_3)_2NH$	$CH_3NHCH_2CH_3$	$(CH_3CH_2)_3N$
甲胺	二甲胺	甲乙胺	三乙胺

芳香胺：

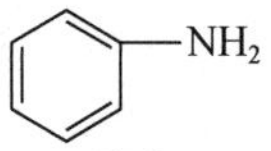

苯胺

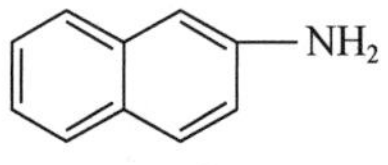

β-萘胺

胺还可以根据分子中与氮原子直接相连的烃基的数目不同而分为3类：

伯胺（一级胺）：氮原子上连有一个烃基，通式为 $R—NH_2$，官能团是氨基（$—NH_2$）。例如：

$CH_3CH_2NH_2$	$(CH_3)_2CHNH_2$	$C_6H_5CH_2NH_2$
乙胺	异丙胺	苯甲胺（苄胺）

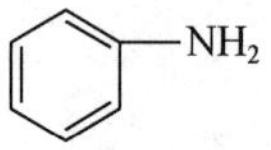

苯胺

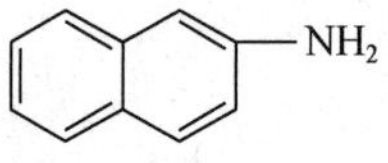

β-萘胺

仲胺（二级胺）：氮原子上连有两个烃基，通式为 NHRR′，官能团是亚氨基（NH）。例如：

CH_3NHCH_3	$C_6H_5NHCH_3$
二甲胺	N-甲基苯胺

叔胺（三级胺）：氮原子上连有三个烃基，通式为 NRR′R″，分子中的烃基可以相同，也可以不同，它们的结构特征是均含有叔氮原子，例如：

$(CH_3CH_2)_3N$

三乙胺

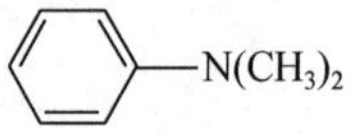

N,N-二甲基苯胺

此外，还有四烃基衍生物，分别称为季铵盐（$R_4N^+X^-$）和季铵碱（$R_4N^+OH^-$）。

2. 胺的命名

简单的胺以胺为母体，再加上烃基的名称和数目来命名。

复杂的胺采用系统命名法命名，将氨基作为取代基，以烃作为母体，取代基按次序规则排列，较优基团后列出。例如：

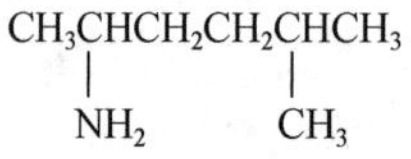

2-甲基-5-氨基己烷

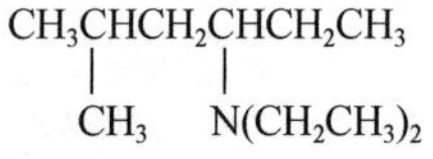

2-甲基-4-二乙氨基己烷

二、胺的物理性质

甲胺、二甲胺、三甲胺为气体，其他低级脂肪胺为液体，高级脂肪胺为固体；芳香胺为液体或固体，毒性很大。伯胺、仲胺分子间可以通过氢键(N—H…N)缔合，其沸点比相对分子质量相近的烷烃高，而比醇低，这说明伯胺、仲胺分子间的缔合能力比醇低。

胺有令人不愉快的或是很难闻的臭味，特别是低级脂肪胺，有臭鱼一样的气味。腌鱼的臭味就是由某些脂肪胺引起的。肉腐烂时能产生极臭而且剧毒的丁二胺及戊二胺。

$H_2NCH_2CH_2CH_2CH_2NH_2$　　$H_2NCH_2CH_2CH_2CH_2CH_2NH_2$

1,4-丁二胺(腐胺)　　1,5-戊二胺(尸胺)

芳香胺的气味不像脂肪胺这样大，但芳香胺的毒性较大而且容易渗入皮肤。因此无论吸入它们的蒸气，或皮肤与之接触都能引起中毒。某些芳香胺有致癌作用，如联苯胺：

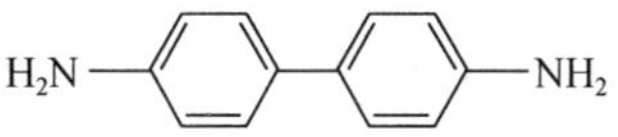

其固体及蒸气都很容易通过皮肤进入体内，引起接触性皮炎，刺激黏膜，损害肝和肾脏，且会造成膀胱癌和胰腺癌。某些胺的物理常数见表 16-1。

表 16-1　胺的物理常数

名称	结构式	熔点/℃	沸点/℃	溶解度/[g·(100 g H_2O)$^{-1}$]	pK_b
甲胺	CH_3NH_2	−93.5	−6.3	易溶	3.35
二甲胺	$(CH_3)_2NH$	−93	7.4	易溶	3.27
三甲胺	$(CH_3)_3N$	−117	3.0	91	4.19
乙胺	$C_2H_5NH_2$	−81	16.6	易溶	3.36
二乙胺	$(C_2H_5)_2NH$	−48	56.3	易溶	3.05
三乙胺	$(C_2H_5)_3N$	−114.7	89.3	14	3.25
乙二胺	$H_2N(CH_2)_2NH_2$	−8.5	117	易溶	4.0
苯胺	$C_6H_5NH_2$	−6.3	184	3.7	9.38
N-甲基苯胺	$C_6H_5NHCH_3$	−57	196	微溶	9.15
N,N-二甲基苯胺	$C_6H_5N(CH_3)_2$	2.45	194	1.4	8.85
对甲苯胺	p-$C_6H_4(CH_3)(NH_2)$	44	200	0.7	8.92
对硝基苯胺	p-$C_6H_4(NO_2)(NH_2)$	147.5	331.7	0.05	13.00

三、胺的化学性质

(一)碱性

胺与氨相似，氮原子上有孤对电子，能与水中质子相结合，存在下列平衡，使水中氢氧根离子相对增加，显示碱性。

$$NH_3 + H_2O \rightleftharpoons NH_4^+ + OH^-$$
$$RNH_2 + H_2O \rightleftharpoons RNH_3^+ + OH^-$$

氨、脂肪胺和芳香胺的碱性强弱顺序为：

脂肪胺＞氨＞芳香胺

[视频学习]
胺的酰基化反应

(二)酰基化反应

伯胺和仲胺能与酰化剂(如酰卤、酸酐)作用，氮上的氢原子被酰基取代，生成酰胺化合物，这种反应叫酰基化反应。叔胺氮上没有氢原子，所以不发生酰基化反应。

$$RNH_2 + CH_3COCl \rightarrow RNHCOCH_3 + HCl$$
$$R_2NH + CH_3COCl \rightarrow R_2NCOCH_3 + HCl$$
$$R_3N + CH_3COCl \rightarrow \text{不反应}$$

胺的酰基衍生物多数为结晶固体，具有一定的熔点，可用于鉴定伯胺和仲胺。

(三)与亚硝酸反应

伯、仲、叔胺与亚硝酸反应时，分别生成不同的产物。由于亚硝酸不稳定，常用亚硝酸钠与盐酸或硫酸作用得到。

脂肪族伯胺与亚硝酸反应，放出氮气，并生成醇、烯烃等混合物。

$$RNH_2 \xrightarrow{NaNO_2/HCl} ROH + N_2\uparrow$$

这个反应能定量地放出氮气，可用于伯胺的定量分析。

(四)芳胺的取代反应

氨基(—NH_2、—NHR、—NR_2)是强的邻、对位定位基，使苯环活化，易发生亲电取代反应。

(1)卤代　苯胺在水溶液中与卤素反应极快，例如，常温时在苯胺的水溶液中滴加溴水，立即生成2,4,6-三溴苯胺白色沉淀，反应很难停留在一元取代的阶段。

(2)硝化　苯胺易被氧化，故硝化前必须先把氨基保护起来(乙酰化或成盐)，乙酰苯胺经硝化，生成邻、对位硝基化合物，再经水解，脱去乙酰基。

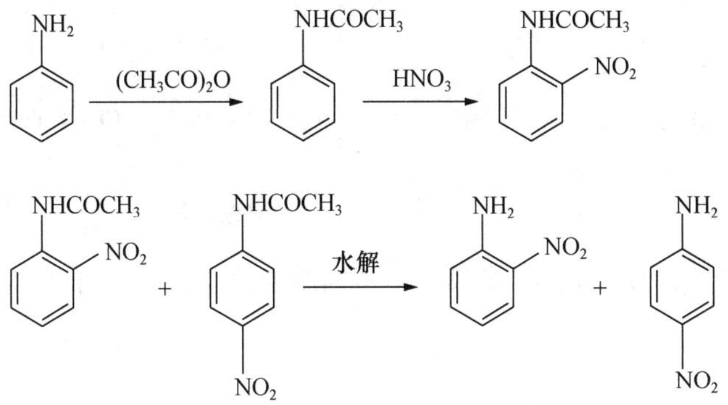

(3)磺化　苯胺在室温下用发烟硫酸磺化，可生成邻、间、对产物的混合物。如果先将苯胺和硫酸成盐，然后在 180～190℃条件下，可转化成对氨基苯磺酸。

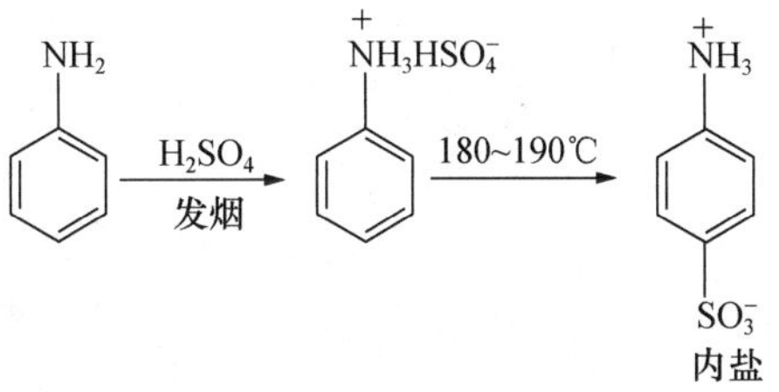

对氨基苯磺酸含有酸性的磺酸基和碱性的氨基，所以呈内盐形式存在，是重要的染料中间体。对氨基苯磺酸钠又名敌锈钠，可用于防治小麦锈病。

四、重要的胺及其衍生物

(一)苯胺

苯胺($C_6H_5NH_2$)存在于煤焦油中。苯胺是无色油状液体。熔点－6℃，沸点 184℃。微溶于水，可溶于苯、乙醇、乙醚等有机溶剂中。具有特殊气味。苯胺有毒，空气中最大允许质量浓度为 5 $mg \cdot cm^{-3}$。爆炸极限为 1.3%～11%(体积分数)。

工业上苯胺主要由硝基苯还原制得。

苯胺是重要的化工原料，主要用于制造染料中间体和染料、医药、农药、炸药和橡胶的硫化促进剂等。

(二)乙二胺

乙二胺($H_2NCH_2CH_2NH_2$)为二元胺类，无色碱性液体，有氨臭，能与水和乙醇混溶，微溶于乙醚，不溶于苯，易从空气中吸收二氧化碳。熔点－8.5℃，沸点 116～117℃。可用作环氧树脂的固化剂，也可用于制造药物、农药和乳化剂等。

(三)胆碱

胆碱广泛存在于生物体中，在脑组织和蛋黄中含量较多。它是白色结晶，吸湿性强，易溶于水和乙醇。胆碱最初在胆汁中发现且显碱性，故而得名。它的乙酰化物叫作乙酰胆碱，其结构为：

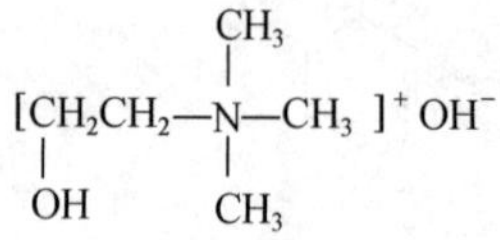

胆碱

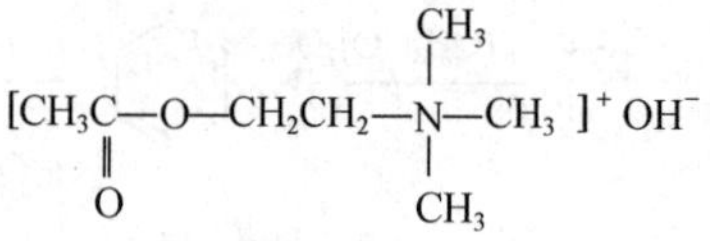

乙酰胆碱

乙酰胆碱具有重要的生理作用，它是相邻的神经细胞通过神经节传导神经刺激的介质。

(四)肾上腺素

肾上腺素因可从动物肾上腺中提取得到而得名，为白色或微黄色结晶性粉末，味苦，无臭，熔点205～212℃(分解)，微溶于水，难溶于乙醚等有机溶剂，易溶于氢氧化钠和盐酸溶液，有旋光性。肾上腺素有加速心脏跳动，提高血压，扩大支气管等生理作用。

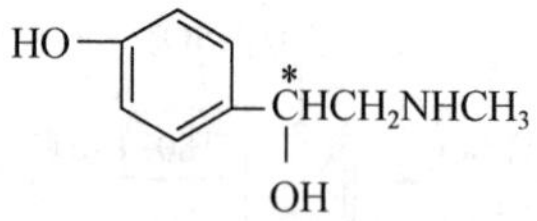

(五)新洁尔灭

新洁尔灭化学名称为溴化二甲基-十二烷基-苄基铵，简称溴烷铵，为淡黄色胶状体，易溶于水，能溶于乙醇，微溶于丙酮，不溶于乙醚和苯，吸湿性强，有芳香气味，味苦。它是一种较好的消毒防腐药，临床上用于皮肤、黏膜、器皿及手术前手的消毒。

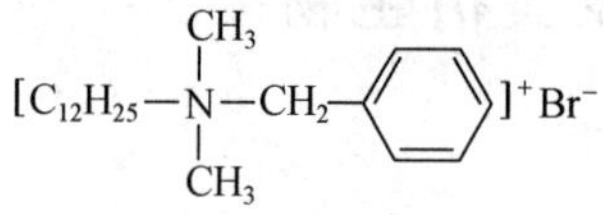

[扩展学习]
亚硝酸钠和癌症

本章小结

1. 胺是氨的烃基衍生物，根据胺分子中氮原子所连烃基的数目，可分为伯、仲、叔胺。它与伯、仲、叔醇的概念是不相同的，前者是指氮原子相连的烃基的数目，而后者是指与羟基相连的碳原子的级数。

2. 脂肪胺的碱性大于氨，芳香胺的碱性小于氨，而季铵碱的碱性与氢氧化钠相当。

3. 胺的主要化学性质有：

(1)伯胺、仲胺可发生酰基化反应，生成的酰胺在酸或碱的催化下可以水解而得到原来的胺，所以酰基化反应在有机合成上常用来保护氨基。

(2)胺与亚硝酸反应，可用于鉴别伯胺、仲胺、叔胺。

(3)芳胺易被氧化，而且芳胺的芳环被氨基活化更易进行亲电取代。

思考与练习

一、命名题

1. 命名下列化合物。

(1)$CH_3(CH_2)_2NH_2$　　(2)$(CH_3CH_2)_2NCH_3$

(3)$CH_3CH_2NHCH_2CH_2CH_3$　　(4)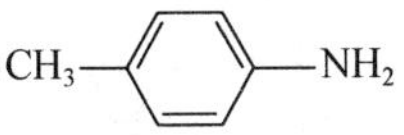

(5)$CH_3CH_2CH(NH_2)CH_2CH(CH_3)CH_3$　　(6)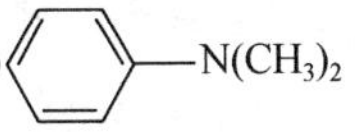

2. 写出下列化合物的结构式。

(1)二甲基异丙胺　　(2)乙酰苯胺

(3)α-萘胺　　(4)乙二胺

(5)仲丁胺　　(6)邻甲基苯胺

(7)2,4,6-三溴苯胺

二、思考题

1. 将下列各组化合物按碱性由强到弱排列。

(1)苯胺、对硝基苯胺、对甲基苯胺、对氯苯胺、2,4-二硝基苯胺

(2)甲胺、二甲胺、氨、苯胺、二苯胺、N-甲基苯胺

2. 完成下列反应。

(1)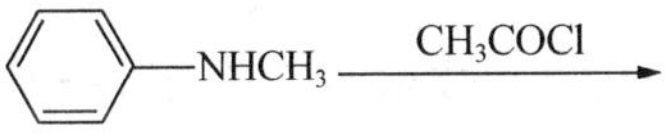

(2)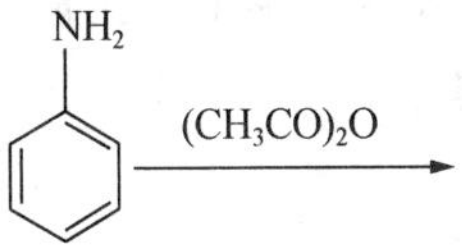

(3)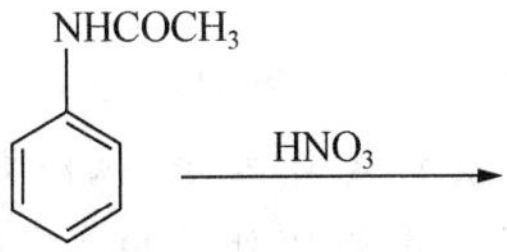

三、推导题

1. 分子式为 $C_6H_{15}N$ 的 A 能溶于稀盐酸。A 与亚硝酸在室温下作用放出氮气，并得到几种有机物，其中一种 B 能进行碘仿反应。B 和浓硫酸共热得到 C(C_6H_{12})，C 能使高锰酸钾褪色，且反应后的产物是乙酸和 2-甲基丙酸。推测 A 的结构式，并写出推断过程。（提示：具有 $CH_3CH(OH)—$ 结构的醇也能发生碘仿反应）

2. A、B、C 三个化合物的分子式均为 $C_4H_{11}N$，当它们分别与亚硝酸作用时，A 和 B 生成含有四个碳原子的醇，而 C 则生成盐。用高锰酸钾氧化 A、B 时分别得到异丁酸、丁酮。试写出 A、B、C 的结构式。

第十七章
糖类化合物

【本章引言】

糖类化合物也叫碳水化合物，是自然界存在较多、分布较广的一类有机物，广泛存在于动植物体内，同我们的日常生活有密切关系。糖类化合物都由碳、氢、氧三种元素组成，从其结构和性质上来看，糖类是多羟基醛、多羟基酮（包括开链和环状结构）或它们的缩水产物。

根据其能否水解及水解产物，糖类可分为单糖、低聚糖和多糖。

单糖是不能水解的糖，如葡萄糖、果糖等。

低聚糖能水解生成 2～10 个分子的单糖，如蔗糖、麦芽糖、乳糖可水解生成两分子单糖，故又称为双糖（或二糖），棉籽糖则水解生成三分子单糖，故又称为三糖。在低聚糖中以二糖最多见。

多糖又叫多聚糖，能水解生成许多分子单糖，如淀粉、纤维素等。

【科苑导读】

20 世纪 30 年代，季羡林先生在德国学习梵文的时候注意到一个有趣的现象，“糖”这个字，英文是 sugar、德文是 zucker、法文是 sucre、俄文是 caxap，这些都是外来语，根源就是梵文的 sarkara。根据语言流变的规律，一个国家没有某一件东西，这件东西从外国输入，常常连名字也带了进来，在这个国家成了音译字。实物同名字一起传进来，这就是文化交流的体现。季羡林意识到“糖”这个名词的演变实际反映的是文化交流的历史，后来他萌生了写一部《糖史》的念头。

他一直收集关于糖的历史资料，在查阅了包括正史、辞书、科技书、炼糖专著、僧传及音义在内的佛典、敦煌卷子、梵文、巴利文及大量西文著作。最终，历经时间和汗水的雕琢，一部七十多万字的鸿篇巨制《糖史》终于完成。

季先生的很多作品备受广大读者追捧，一方面是大家仰慕季老的学问；另一方面是折服于季老孜孜不倦、严谨求实的学术态度。虽然雪鬓霜鬓，季老依然保持着一颗安静平和的心，用“板凳甘坐十年冷”的精神，潜心研究学问，不骄不躁。我们应该从季老先生的身上汲取精神养分，以严谨求实的态度对待工作，以安然平和的内心审视自己。

【学习目标】

知识目标

- 掌握糖类化合物的分类、构型及命名。
- 掌握还原糖与非还原糖的概念以及单糖的反应。
- 了解重要的单糖、双糖和多糖。

能力目标

- 了解醛糖和酮糖在性质上的差异。
- 掌握单糖的环状结构，掌握 D-葡萄糖的构型、费歇尔投影式和哈沃斯式的写法。
- 了解区别还原糖和非还原糖的方法。

素质目标

- 学习中国学者的好奇心、责任心、自信心。

[课程学习]
第十七章课程 PPT

【知识导图】

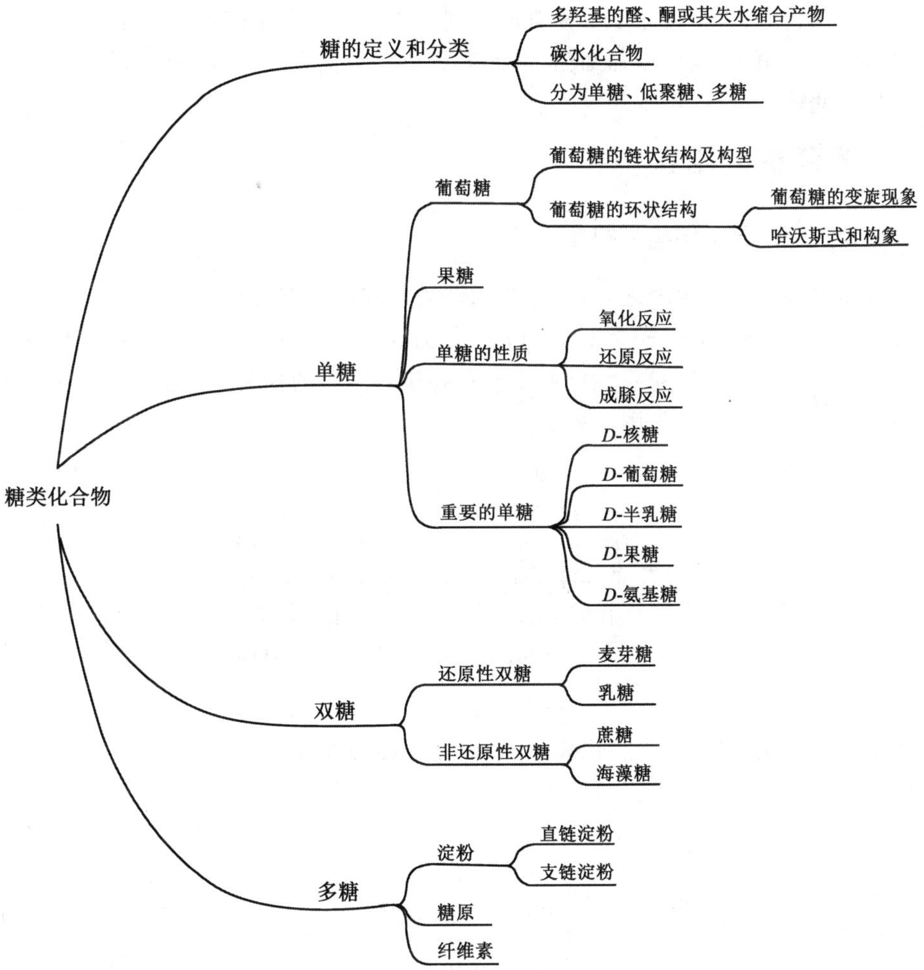

第一节 单 糖

根据单糖分子中所含羰基的结构可分为醛糖和酮糖。最简单的单糖是甘油醛和二羟基丙酮,它们分别是含有3个碳原子的多羟基醛和多羟基酮,称为丙糖。甘油醛中含有醛基,又称为丙醛糖,二羟基丙酮中含有酮基,又称为丙酮糖。

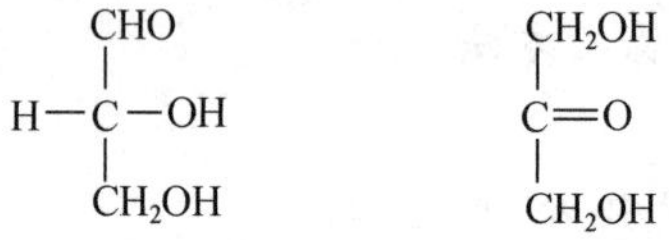

甘油醛 (2,3-二羟基丙醛)　　二羟基丙酮

随碳原子数目的增加,单糖还有丁醛糖、戊醛糖、己醛糖等,丁酮糖、戊酮糖、己酮糖等。自然界的单糖以含五、六个碳原子最为普遍。同碳数的醛糖和酮糖是同分异构体。

单糖的种类很多,其中以葡萄糖、果糖最重要。下面主要以葡萄糖、果糖为例讨论单糖的结构和化学性质。

一、葡萄糖的结构

(一)葡萄糖的开链结构和构型

葡萄糖是最重要的单糖之一,葡萄糖的性质与其结构有着密切关系。

葡萄糖是己醛糖,分子式为$C_6H_{12}O_6$。葡萄糖具有开链的2,3,4,5,6-五羟基己醛的基本结构,其中C2、C3、C4、C5是手性碳原子。存在于自然界的葡萄糖中4个手性碳上的原子或原子团空间排布可用费歇尔投影式表示:

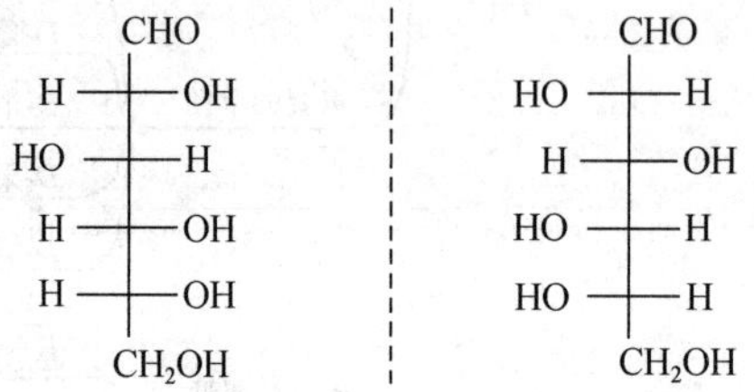

D-(+)葡萄糖　　*L*-(−)葡萄糖

为了简便起见,以三角(△)代表醛基,以竖线代表碳链,以横线代表羟基,而把氢原子的符号省略掉,即:

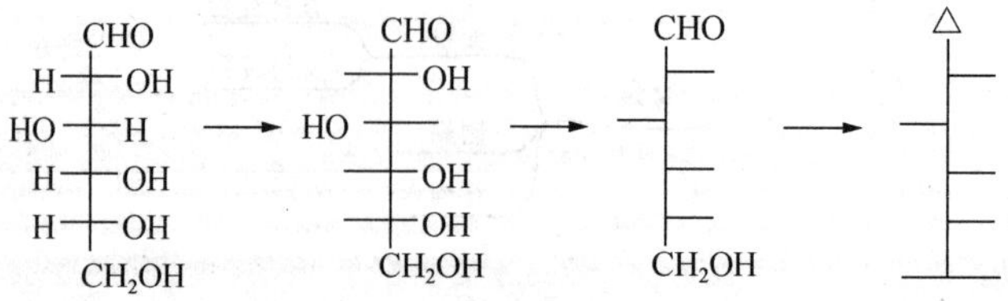

D-葡萄糖

糖类一般采用 D、L 来表示它们的不同构型，这是以甘油醛的构型作为比较而确定的。这种方法只考虑编号最大的一个手性碳原子的构型。—OH 在右边的为 D 型糖，—OH 在左边的为 L 型糖。自然界存在的单糖都属于 D 型糖。

知识窗

在有机化合物中，与 4 个不相同的原子或基团相连的碳原子称为不对称碳原子或手性碳原子，并用“*”号表示。例如：

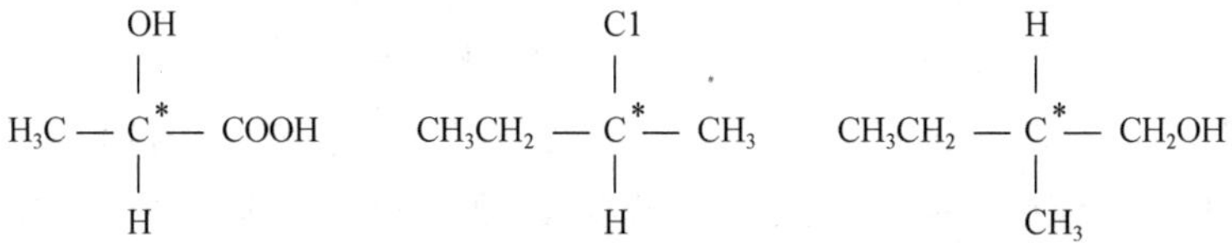

乳酸的 α-碳原子上连有 4 个不同的基团，分子模型的构型如下：

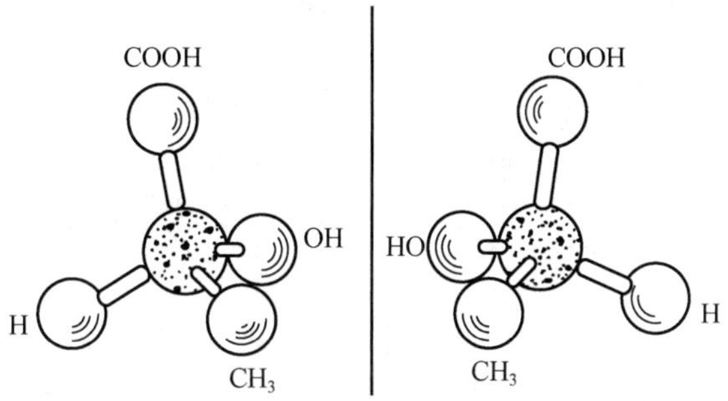

乳酸对映体的模型

乳酸的两种空间排列方式即两种构型之间的关系犹如左手和右手的关系一样，左手的镜像正好是右手，对映而不能重叠。两种构型互为对映体。一般来说凡具有手性的分子就有旋光活性。

旋光度是旋光活性物质的一项特征常数。通常用比旋光度 $[\alpha]_\lambda^t$ 表示：

$$[\alpha]_\lambda^t = \alpha / c \times L$$

式中：α 为由旋光仪测得的旋光度；λ 为测定时光源的波长；t 为测定时的温度；c 为溶液的质量浓度，$g \cdot mL^{-1}$；L 是盛液管的长度，dm。

实践证明，葡萄糖有两种不同的结晶。一种是从乙醇中结晶出来的，熔点 146℃，比旋光度 $[\alpha]_D^{20}$ 为 +112°。另一种是从吡啶中结晶出来的，熔点 150℃，比旋光度 $[\alpha]_D^{20}$ 为 +18.7°。两种此溶液放置后比旋光度都达到 +52.5°后不再改变。这种在溶液中自行改变比旋光度的现象叫作变旋现象。显然葡萄糖的开链结构不能完全表示这两种不同的葡萄糖，也无法解释其变旋现象。

(二)葡萄糖的环状结构

1. 葡萄糖的变旋现象和环状结构

葡萄糖的开链结构中既有醛基又有醇羟基，实验证明，葡萄糖分子中第 5 个碳原子上的羟基与羰基加成形成六元环半缩醛结构。

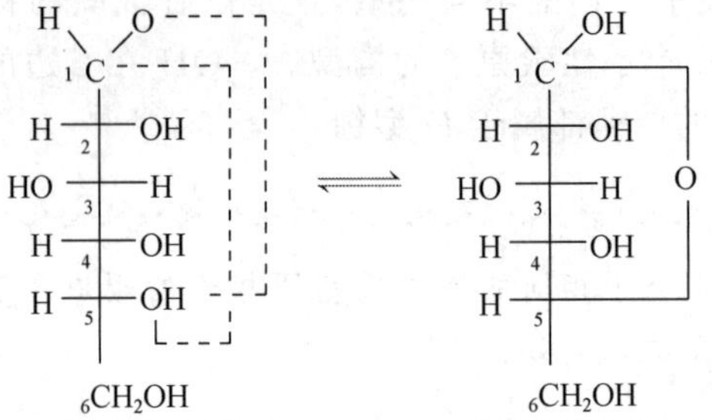

D-葡萄糖开链结构　　*D*-葡萄糖环状半缩醛结构

环状结构的形成，使醛基碳原子 C_1 成为手性碳原子，链端 C_1 就有两种不同构型。*D* 型糖中 C_1 的—OH(即半缩醛羟基)在右边的叫作 α 型，在左边的叫作 β 型。这样 *D*-葡萄糖就有 α 型和 β 型两种环状结构。α 型和 β 型两种葡萄糖仅链端 C_1 的构型不同，其他手性碳的构型完全相同。由于它们彼此不是镜像，所以是非对映旋光异构体。

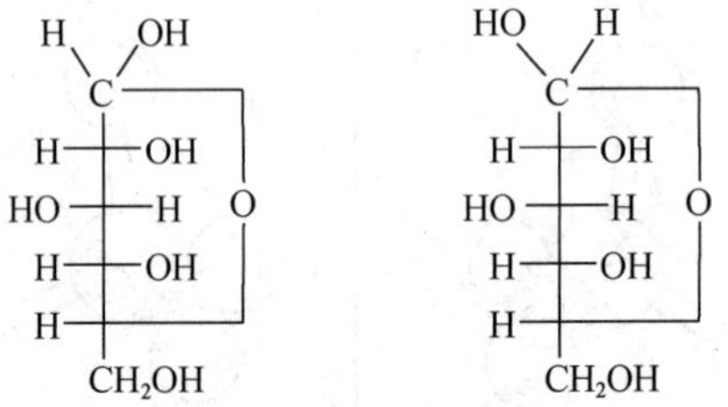

α-*D*-葡萄糖　　β-*D*-葡萄糖

熔点146℃　　熔点150℃

$[\alpha]_D^{20}=+112°$　　$[\alpha]_D^{20}=+18.7°$

当把这两种异构体分别溶于水中，它们可通过开链结构进行半缩醛形式的相互转化，最终达到平衡。平衡混合物中 β 型异构体约占 63%，α 型异构体约占 37%，开链结构占微量，该混合物的比旋光度即为＋52.5°。

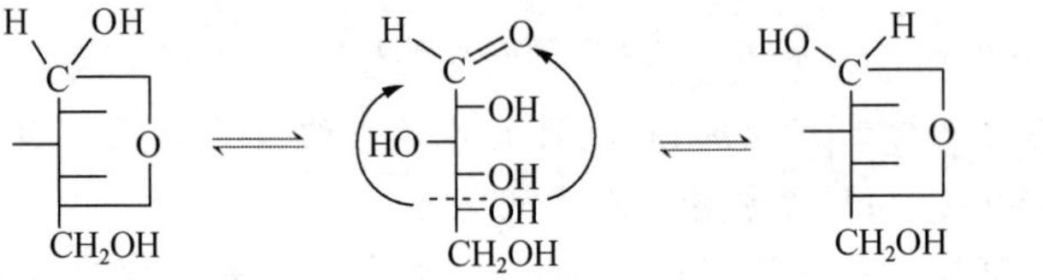

α-*D*-(+)-葡萄糖　　开链醛式 *D*-葡萄糖　　β-*D*-(+)-葡萄糖

$[\alpha]_D^{20}=+112°$　　$[\alpha]_D^{20}=+52.5°$　　$[\alpha]_D^{20}=+18.7°$

约37%　　微量　　约63%

可见环状结构和开链结构之间的互变是产生变旋现象的原因，因此，除了葡萄糖以外，凡有环状结构的单糖在溶液中都发生互变，也都具有变旋现象。

2. 哈沃斯式和构象

费歇尔投影式虽然能解释变旋现象，但不能解释单糖环的稳定性和空间构型。为了更接近真实和形象地表示糖的氧环结构，英国学者哈沃斯(Haworth)提出把直立的环状投影式改成平面环状来表示。

目前，最通用和习惯的表示糖的环状构型的写法是哈沃斯透视式。下面是 *D*-己醛糖的基本环式。

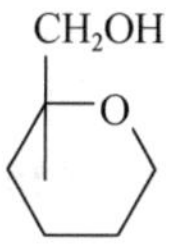

这种环的基本特点是：氧原子都在纸面后方，环上的碳原子都是顺时针方向排列。

以 *D*-己醛糖为例，说明将投影式转变为哈沃斯透视式的原则：

(1)写出基本环式。

(2)按照左上右下的原则，即投影式中羟基在右边（C_2、C_4、C_5）的，写在透视式环的下面；左边的羟基（C_3），写在环的上面。

(3)按照下 α，上 β 决定端基差向异构体。

有时为了需要，也可将环回旋和翻转，写成另一种形式。

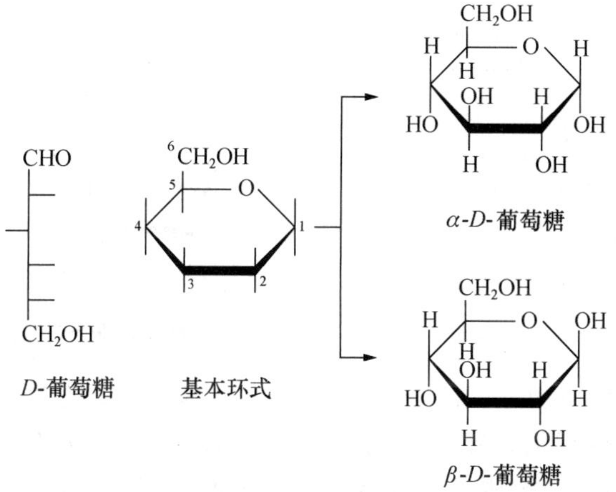

哈沃斯式比费歇尔投影式能更合理地表示葡萄糖的存在形式，但是，哈沃斯式把环当作平面，把原子和原子团垂直排布在环的上下方，仍然不能真实地反映出葡萄糖的立体结构。更符合实际情况的是：吡喃环应具有稳定的椅式构象，其他原子和原子团连接在椅式构象的竖键和横键上。α-*D*-吡喃葡萄糖和 β-*D*-吡喃葡萄糖的构象如下：

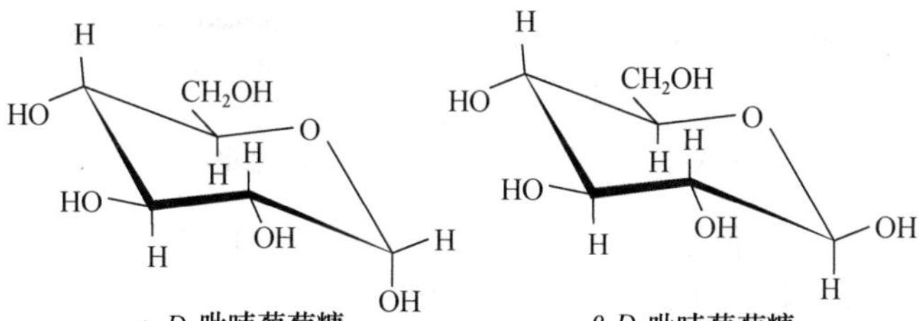

α-*D*-吡喃葡萄糖　　　　β-*D*-吡喃葡萄糖

分析上面两种构象，α-*D*-吡喃葡萄糖 C_1 上的—OH 连在竖键上，其他—OH 和—CH_2OH 等较大的原子团都在横键上，有空间排斥效应。而 β-*D*-吡喃葡萄糖 C_1 的—OH 连在横键上，而且环上所有比较大的原子团都在横键上，相互之间距离较远，空间排斥力较小，内能较低，因而 β 型的构象是最稳定的。这正符合前面讨论的葡萄糖在水溶液中达到平衡时的实验事实。同时自然界所以存在大量以 β-*D*-吡喃葡萄糖作为结构单位的物质，其原因也在于此。

二、果糖的结构

果糖和葡萄糖的组成相同，也是 $C_6H_{12}O_6$，它们是同分异构体。但果糖是酮糖，为多羟基酮，其酮基位于 C_2 上，从 C_3 到 C_6 碳原子的构型和葡萄糖完全相同。果糖的开链结构如下：

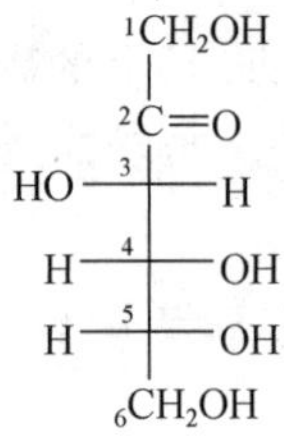

果糖开链结构中 C_6 上的羟基可与羰基形成环状半缩酮结构，因而果糖 C_2 上也有 α 和 β 两种构型，且两者也是非对映旋光异构体。自然界游离状态的果糖是 β-D(－)-吡喃果糖。

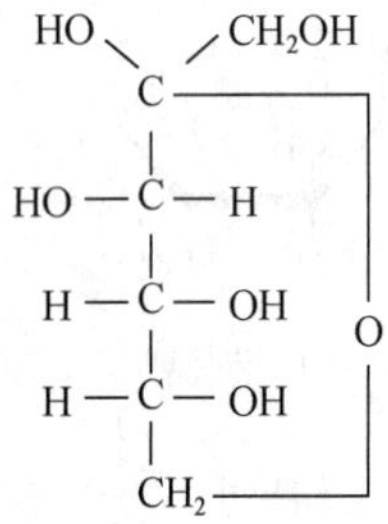

β-D-吡喃果糖

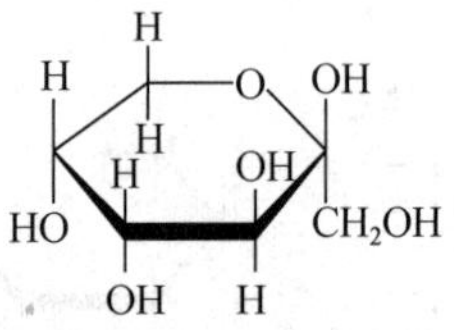

β-D-吡喃果糖(哈沃斯式)

果糖的环状结构也可在 C_5 上的羟基与 C_2 羰基之间形成，此时环由 4 个碳原子和一个氧原子组成五元环，与杂环化合物的呋喃环结构相似，具有呋喃环结构的糖，叫作呋喃糖。呋喃果糖也有 α 和 β 两种异构体。自然界结合状态的果糖主要以 β-D-(－)-呋喃果糖的形式存在。

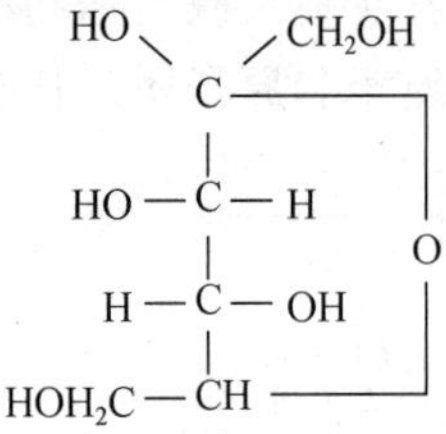

β-D-(－)-呋喃果糖

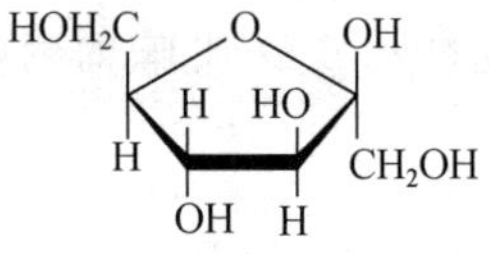

β-D-(－)-呋喃果糖(哈沃斯式)

果糖的环状结构，在溶液中也可以通过开链结构互变而形成互变异构平衡体系，所以果糖也有变旋现象，达到互变平衡时的比旋光度为－92°。

想一想

人生病不能正常饮食时，医生一般会注射葡萄糖水溶液，这是为什么？

三、单糖的性质

单糖是无色晶体，具有吸湿性，极易溶于水，难溶于乙醇，不溶于乙醚。单糖有光学活性，具有变旋现象。有相当一部分单糖具有甜味，并以蔗糖为标准，其甜度定为 100。自然界广泛存在的 4 种己糖（*D*-葡萄糖、*D*-半乳糖、*D*-甘露糖、*D*-果糖）都是有甜味的营养物质，其中果糖最甜，甜度为 176。

单糖是多羟基醛或多羟基酮，因此它既具有醇羟基的性质，也具有羰基的性质。在水溶液中是以链式和环式平衡体系存在的。在水溶液中单糖可以与托伦试剂、苯肼等作用，其中链式异构体参与反应，而环式异构体就继续不断地变为链式，最后全部生成链式异构体的衍生物 。

（一）氧化反应

醛糖或是酮糖都能被碱性弱氧化剂托伦试剂和斐林试剂氧化，生成金属或金属的低价氧化物。单糖易被弱氧化剂氧化，说明单糖具有还原性。具有还原性的糖叫还原糖。单糖都是还原糖。利用单糖的还原性可进行单糖的定性定量测定。

糖除了碱性条件下的氧化，还有酸性条件下的氧化。溴水是酸性试剂，可选择性地氧化醛糖的醛基成羧基而不影响羟基。

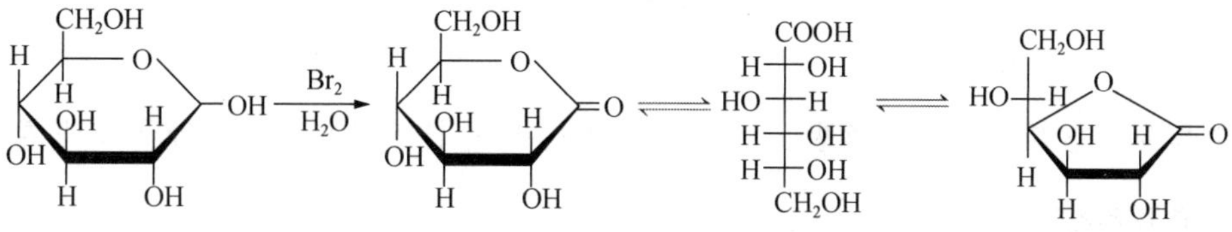

D-葡萄糖　　*D*-葡萄糖酸-δ-内酯　　*D*-葡萄糖酸-γ-内酯

同样条件下，酮糖与溴水不起反应，因此利用溴水可鉴别醛糖和酮糖。

稀硝酸是较强的氧化剂，当醛糖与稀硝酸作用时，不仅醛基被氧化成羧基，而且碳链另一端的伯醇基也被氧化成羧基，生成糖二酸。例如：

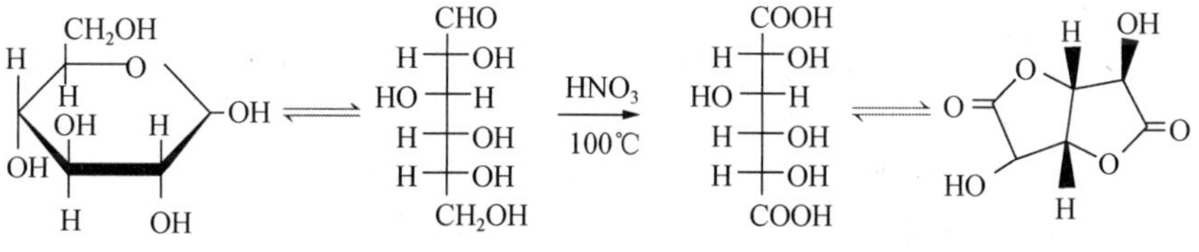

D-葡萄糖　　*D*-葡萄糖二酸　　内酯

酮糖用稀硝酸氧化时，则碳链断裂，生成含碳原子数较少的各种羧酸的混合物。

植物体内，有些醛糖在酶的作用下也可以使羟甲基氧化成羧基，结果形成醛酸，例如：

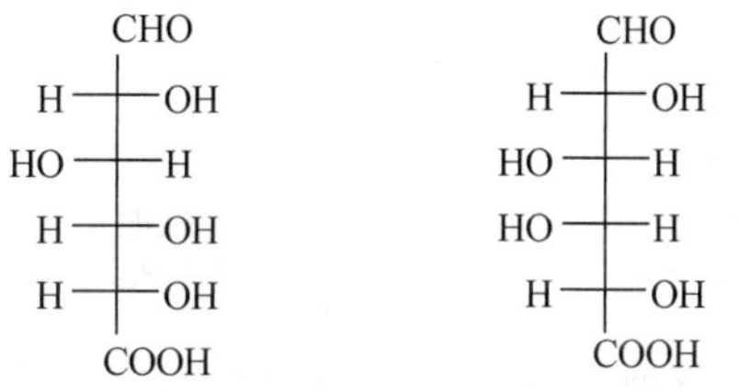

D-葡萄糖醛酸　　*D*-半乳糖醛酸

这些糖酸是后面将要提到的半纤维素和果胶质的组成成分。

(二)还原反应

单糖分子中的羰基，和醛酮分子中的羰基一样，可以被许多还原剂还原生成相应的糖醇。例如，葡萄糖还原生成山梨醇，甘露糖还原后生成甘露醇，果糖还原后由于 C_2 变为手性碳原子，因此得到山梨醇和甘露醇。

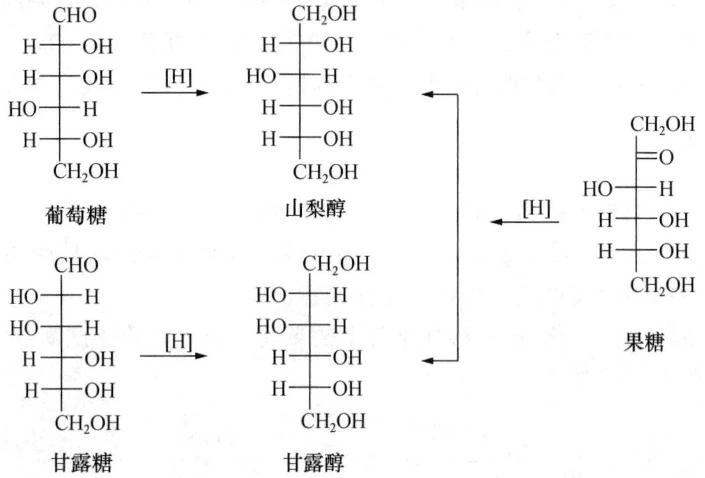

山梨醇广泛存在于桃、梨、苹果、李子、樱桃等水果中，甘露醇则存在于柿子和胡萝卜中。

(三)成脎反应

醛糖与苯肼作用，首先生成苯腙，在过量苯肼存在下，醛糖再继续与两分子苯肼作用，生成含有两个苯腙基团的化合物，这种化合物叫糖脎。例如：

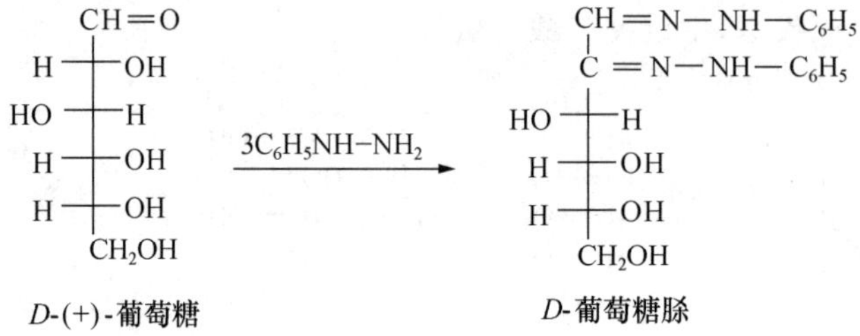

果糖也能与苯肼作用生成脎：

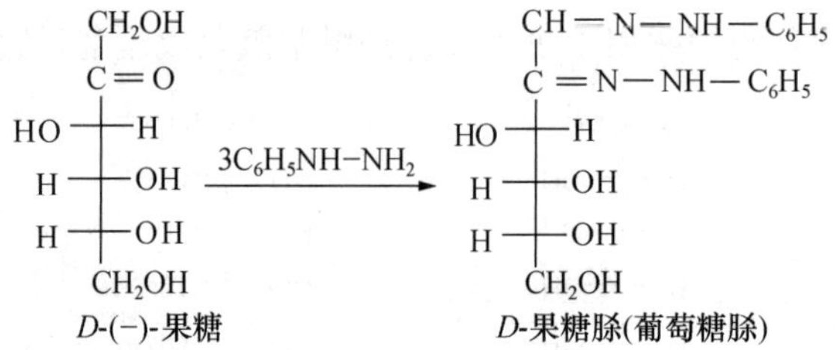

从以上反应可以看出无论醛糖或酮糖，反应都发生在 C_1 和 C_2 上，其他碳原子不参与反

应。因此含碳原子数相同的单糖，如果只是 C_1、C_2 的羰基位置或构型不同，而其他碳原子构型相同时，它们与苯肼反应都生成相同的糖脎。例如，葡萄糖、甘露糖及果糖的糖脎，实际上是同一物质，即葡萄糖脎。

糖脎都是不溶于水的黄色结晶，不同的糖脎结晶形状不同，熔点各异，且成脎所需时间不同，所以成脎反应可用于糖的定性鉴定。

练一练

写出 *D*-葡萄糖与下列试剂反应的主要产物。

(1)溴水　(2)托伦试剂　(3)硝酸　(4)苯肼

四、重要的单糖及其衍生物

(一)*D*-(－)-核糖及 *D*-(－)-2-脱氧核糖

D-(－)-核糖和 *D*-(－)-2-脱氧核糖是极为重要的戊糖，常与磷酸及嘌呤碱或嘧啶碱结合成核苷酸而存在于核蛋白中，是核糖核酸和脱氧核糖核酸以及某些酶和维生素的重要组成成分。

D-(－)-核糖为晶体，熔点 95℃，$[\alpha]_D^{20}=-21.5°$，*D*-(－)-2-脱氧核糖习惯上称脱氧核糖，$[\alpha]_D^{20}=-60°$。核糖和脱氧核糖都是醛糖，都有呋喃糖的环状结构，有还原性和变旋现象。

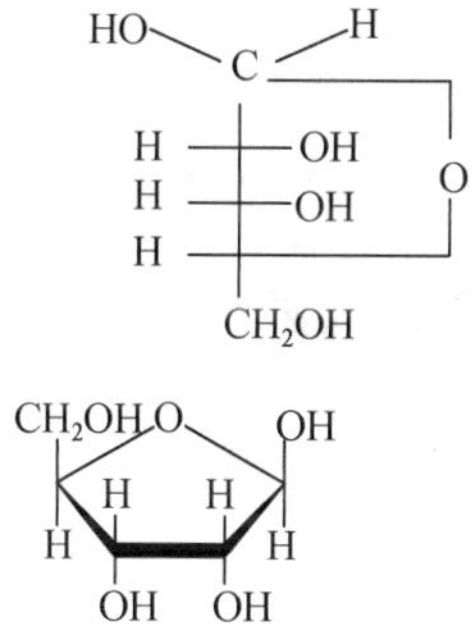

β-*D*-(－)-呋喃核糖

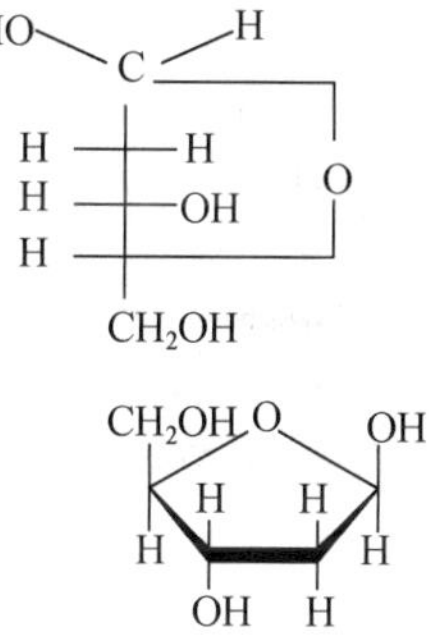

β-*D*-(－)-脱氧呋喃核糖

(二)*D*-(＋)-葡萄糖

D-(＋)-葡萄糖是自然界分布最广的己醛糖，存在于葡萄等水果和动物的血液、淋巴液、脊髓液等中，为无色晶体，甜度为 74。易溶于水，稍溶于乙醇中，不溶于乙醚和烃类。

D-(＋)-葡萄糖在医学上用作营养剂，并有强心、利尿、解毒等作用，在食品工业中用于制糖浆、糖果等，在印染工业中用作还原剂。

(三)*D*-(＋)-半乳糖

D-(＋)-半乳糖与葡萄糖结合成乳糖，存在于哺乳动物的乳汁中；脑髓中有一些结构复杂的脑磷脂也含有半乳糖。半乳糖为无色结晶，熔点 165～166℃，有甜味，其甜度为 27，从水溶液中结晶时含有一分子结晶水，能溶于水及乙醇，具有还原性和变旋现象，可用于有机合成及

医药上。

半乳糖也有环状结构，C_1 上也有 α 和 β 两种构型。

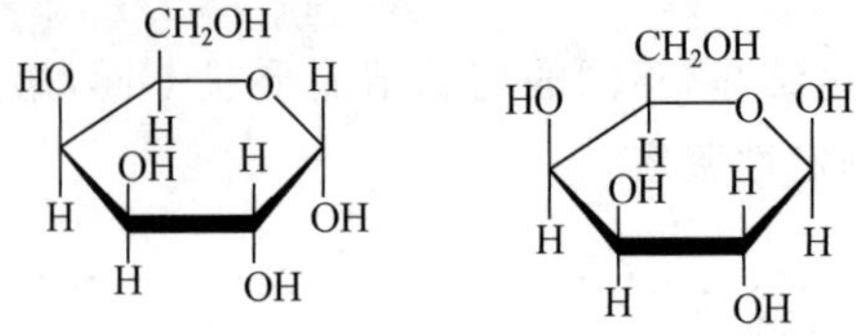

α-D-吡喃半乳糖　　β-D-吡喃半乳糖

(四)D-(－)-果糖

D-(－)-果糖是无色结晶，熔点 105℃，味很甜，是最甜的一种糖，甜度为蔗糖的 170%，易溶于水，可溶于乙醇与乙醚中。其水溶液有变旋现象，达到平衡时，$[\alpha]_D^{20}=-92°$，故又称左旋糖。

D-(－)-果糖以游离状态存在于水果和蜂蜜中，蜂蜜的甜度主要是因为果糖的存在。它是蔗糖和菊糖的组成成分，普通的果糖是 β-吡喃果糖，组成蔗糖和菊糖的果糖则是 β-呋喃果糖。

(五)D-氨基糖

单糖分子中醇羟基被氨基取代后的化合物叫氨基糖。氨基糖以结合成黏蛋白和糖蛋白的状态存在于动植物组织中，链霉素分子中有 α-甲氨基-L-葡萄糖。氨基葡萄糖和氨基半乳糖是两个典型的氨基糖。

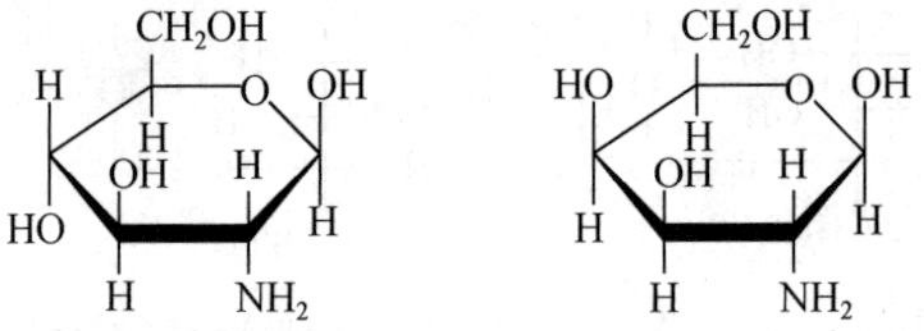

β-D-氨基葡萄糖　　β-D-氨基半乳糖

第二节　双　　糖

双糖是最简单的低聚糖，可看作一分子单糖的半缩醛羟基与另一分子单糖的羟基脱水形成的糖苷，它可水解生成两分子单糖。双糖的物理性质类似于单糖，如能生成结晶，易溶于水，有甜味，有旋光性等。自然界存在的双糖可分为还原性双糖和非还原性双糖两类。双糖中重要的有蔗糖、麦芽糖和乳糖等。

一、还原性双糖

(一)麦芽糖

麦芽糖是由两分子葡萄糖彼此以 α-1,4-糖苷键相连而成的还原糖。它存在于麦芽中，麦芽中的淀粉酶将淀粉水解而生成麦芽糖。人体中淀粉被淀粉酶水解生成麦芽糖，再经麦芽糖酶水解生成 *D*-葡萄糖，所以麦芽糖是淀粉水解过程的中间产物。麦芽糖是无色晶体，通常含一分子结晶水，熔点 102℃，易溶于水，$[\alpha]_D^{20}=+126°$。麦芽糖是饴糖的主要成分，甜度约为蔗糖的 70%，可作营养品和配制微生物培养基的原料。

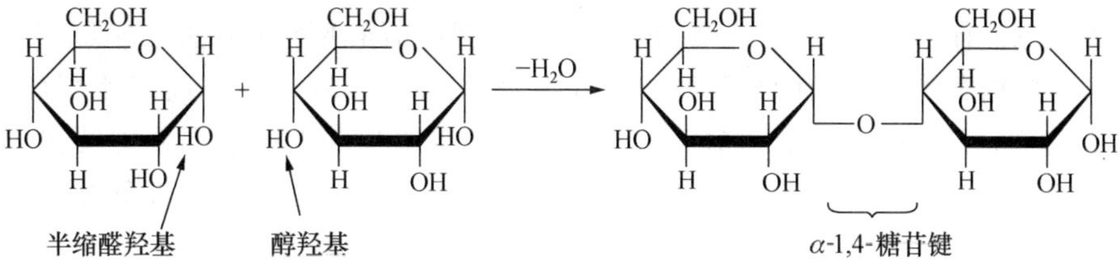

(二)乳糖

乳糖存在于哺乳动物的乳汁中，牛乳中含 4%～5%，人乳中含 5%～8%，有些水果中也含有乳糖。乳糖被人体小肠中乳糖酶(能水解 β-乳糖苷的酶)水解生成 *D*-半乳糖和 *D*-葡萄糖。乳糖有还原性和变旋现象，表明其结构中有半缩醛羟基。当用溴水氧化后再水解得到半乳糖和葡萄糖酸，可知乳糖中葡萄糖部分有半缩醛。乳糖不能被麦芽糖酶水解但可被 β-半乳糖酶水解，说明乳糖分子结构中有 β-半乳糖苷键，已经证明是 β-1，4-糖苷键。

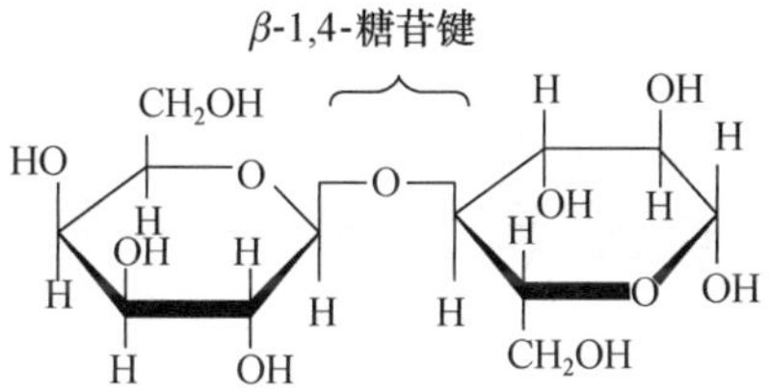

乳糖是白色结晶性粉末，含有一分子结晶水($C_{12}H_{22}O_4 \cdot H_2O$)，熔点 202℃，能溶于水，比旋光度$[\alpha]_D^{20}=+52.5°$。乳糖来源较少且甜味小，平时极少用作营养品，医药上常利用其吸湿性小，作为药物的稀释剂以配制散剂和片剂。

二、非还原性双糖

非还原性双糖是由两分子单糖都各以其半缩醛羟基脱水而成的糖苷。这类双糖的分子中已经没有半缩醛羟基，所以在水溶液中不能通过互变生成醛基，也就没有还原性和变旋现象，故称为非还原性双糖。主要有以下几种：

(一)蔗糖

蔗糖是在自然界中分布最广、最重要的非还原性双糖。蔗糖即普通食糖，其甜味仅次于果糖。甘蔗中含蔗糖 26%，甜菜中含 20%，各种植物的果实中几乎都含有蔗糖。蔗糖是由 α-*D*-葡萄糖的 C_1 和 β-*D*-果糖的 C_2 通过 1，2-糖苷键连接而成的双糖，分子中不再含有半缩醛羟基，所以没有还原性和变旋现象。

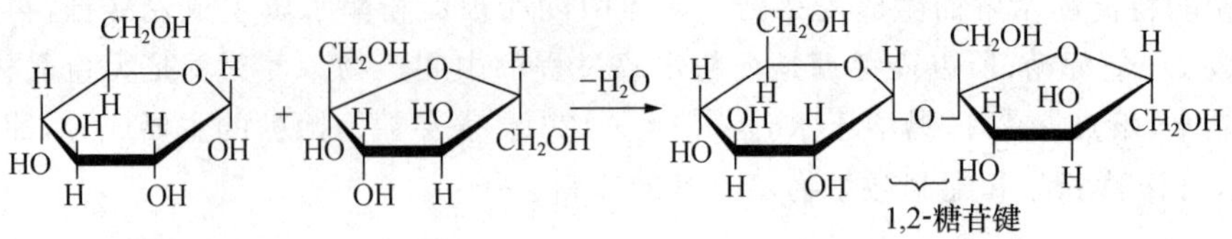

蔗糖为无色晶体，熔点 186℃，易溶于水，其水溶液具有右旋性，$[\alpha]_D^{20}=+66.5°$。蔗糖被酸水解生成葡萄糖和果糖。蔗糖水解后的混合物，其比旋光度为$-19.75°$，与水解前旋光方向相反。这是果糖的左旋程度大于葡萄糖的右旋所致。因而把蔗糖的水解称为转化，水解后的混合物称为转化糖，促使蔗糖水解的酶也可称为转化酶。蜂蜜的主要成分是转化糖，转化糖甜度为 127。

$$\underset{[\alpha]_D^{20}=66.5°}{\text{蔗糖}} \xrightleftharpoons{H_3O^+} \underbrace{\underset{+52.5°}{\text{葡萄糖}} + \underset{-92°}{\text{果糖}}}_{[\alpha]_D^{20}=-19.75°}$$

(二)海藻糖

海藻糖也是自然界分布较广的一种非还原性双糖，存在于藻类、细菌、真菌、酵母、地衣及某些昆虫中。它是由两个 *α-D*-葡萄糖的 C_1 通过氧原子连接成的双糖，分子中没有半缩醛羟基，所以没有还原性。

第三节 多　糖

多糖是由几百个乃至数千个单糖以糖苷键相连形成的天然高聚物。自然界组成多糖的单糖有戊糖或己糖，醛糖或酮糖，或是一些单糖的衍生物，如糖醛酸、氨基糖等。组成多糖的单糖可以相同，也可以不同，以相同为常见，称为匀多糖(或均多糖)，例如淀粉、纤维素、糖原等都由葡萄糖组成，以不同单糖组成的多糖称杂多糖，例如半纤维素、果胶质、黏多糖等。

由于单糖在连接过程中失去了大部分半缩醛羟基，所以多糖的性质与低聚糖、单糖有极大的差别。多糖没有还原性和变旋现象，也不能生成糖脎，但在酸或酶的催化作用下能够水解。在水解过程中往往生成一系列复杂的中间产物，从相对分子质量较小的多糖直到二糖，水解最终产物为单糖，多糖大部分为无定形粉末，没有甜味，无一定熔点，大多数不易溶于水，难溶于醇、醚、氯仿、苯等有机溶剂。

一、淀粉

淀粉是一种最重要的多糖，是人类的重要食物。淀粉是植物体中储存的养料，多存在于种子或块茎中。大米含淀粉 75%，玉米含 50%，大麦和小麦含 60%～65%，马铃薯约含 20%，此外，甘薯、芋头中含量亦甚丰富。淀粉为白色无定形粉末，无臭无味，不溶于冷水和乙醇、乙醚等有机溶剂，在沸水中变成黏稠状液体。淀粉是由 *α-D*-葡萄糖失水缩合生成的多糖。根据结构不同，淀粉可分为直链淀粉和支链淀粉。直链淀粉(约占淀粉的 20%)可溶解于热水而不呈糊状，称为糖淀粉。支链淀粉(约占 80%)在热水中膨胀而呈糊状，称为胶淀粉。因此淀粉是由直链淀粉和支链淀粉两部分组成的混合物。

直链淀粉是由葡萄糖以 α-1,4-糖苷键结合的链状化合物。它所含的葡萄糖单位比支链淀粉要少，一般在 250 个葡萄糖单位以上。但直链淀粉的结构并非直线形，而是分子内氢键使链卷曲成螺旋状，每一个螺圈约有 6 个葡萄糖结构单位。

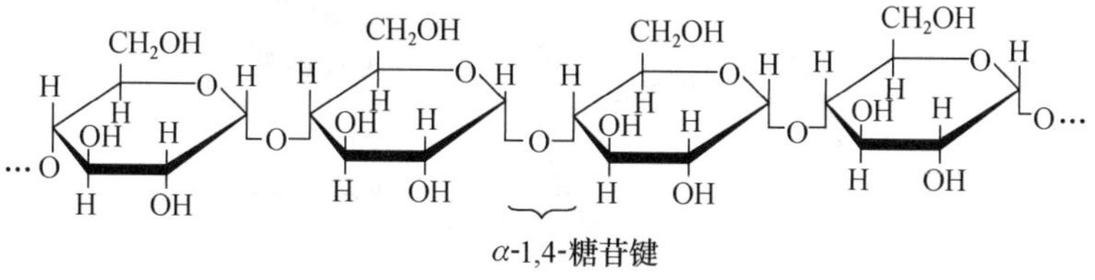

直链淀粉

淀粉遇碘显蓝色，反应非常灵敏。淀粉遇碘之所以显蓝色，并不是形成化学键，而是由于直链淀粉螺旋结构的中空部分，其大小正好适合碘分子进入(实际上碘以配离子 I_3^- 存在)，碘与淀粉间借助范德华引力松弛地结合起来形成一种蓝色配合物(图 18-1)。

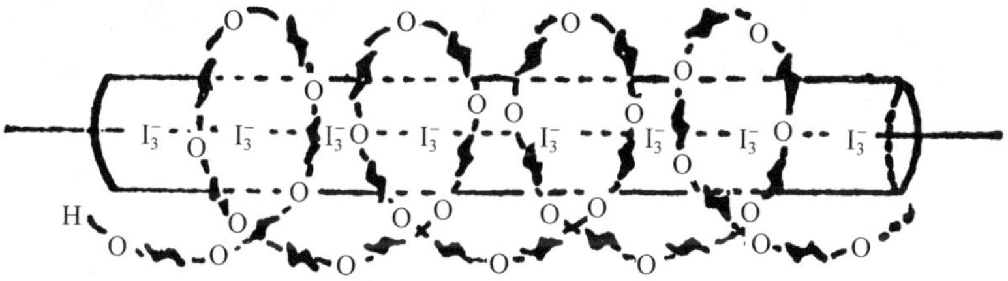

图 18-1　碘进入直链淀粉螺旋结构示意图

支链淀粉所含葡萄糖单位比直链淀粉多，一般在 1 000 个以上。各葡萄糖单位连接方式除 α-1,4-糖苷键外，还存在 α-1,6-糖苷键。实验证明，支链淀粉由几百条短链所组成，有一个高度分支化的结构。每条短链由 20～25 个 α-*D*-葡萄糖分子以 α-1,4-糖苷键连接而成，短链与短链之间以 α-1,6-糖苷键连接起来。

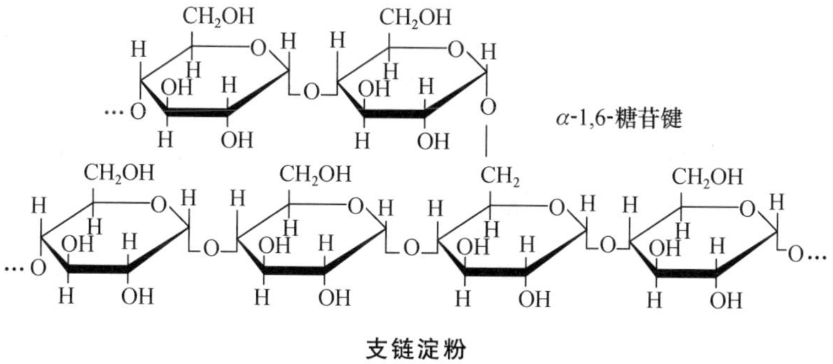

支链淀粉

这些众多的短链纵横交错，所以支链淀粉要比直链淀粉结构复杂且大得多(图 18-2)。

淀粉在酶或稀酸作用下，逐步水解生成一系列产物，最后得到葡萄糖，其水解过程如下：

$$(C_6H_{10}O_5)_n \rightarrow (C_6H_{10}O_5)_{n-x} \rightarrow C_{12}H_{22}O_{11} \rightarrow C_6H_{12}O_6$$

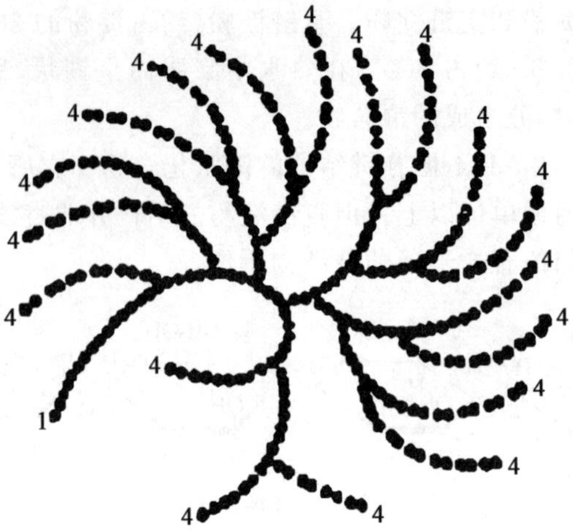

图 18-2 支链淀粉结构示意图

水解：淀粉→紫色糊精→红糊精→无色糊精→麦芽糖→葡萄糖

遇碘：蓝色　　紫红色　红色　　无色　　无色　　无色

淀粉和糊精遇碘溶液可产生不同颜色，此种颜色加热时消失，放冷又重新出现。

淀粉主要用作食物，也可作制葡萄糖、酿酒的原料，医药上用作配制散剂和片剂的原料。糊精能溶于冷水，水溶液有黏性，可作黏合剂及纤维的上胶剂。糊精比淀粉易于消化，为优良的幼儿食物。

二、糖原

糖原又叫动物淀粉，食物中的淀粉经消化所得的葡萄糖以糖原的形式贮存于肝脏和肌肉中，因此有肝糖原和肌糖原之分，人体中肝糖原约 400 g，肝糖原用以保持血液中葡萄糖一定的含量。糖原是动物体能量的主要来源。葡萄糖在血液中含量较高时，它就结合成糖原贮存在肝脏中，当血液中葡萄糖含量较低时，糖原就立即分解释出葡萄糖，葡萄糖再分解释放能量以供机体需要。糖原水解的最终产物是 *D*-葡萄糖，故其结构单位也是葡萄糖，相对分子质量高达 1×10^8。糖原的结构与支链淀粉相似，结构单位之间以 α-1，4-糖苷键结合，链与链之间以 α-1，6-糖苷键结合，但分支程度比支链淀粉更多、更复杂（图 18-3）。

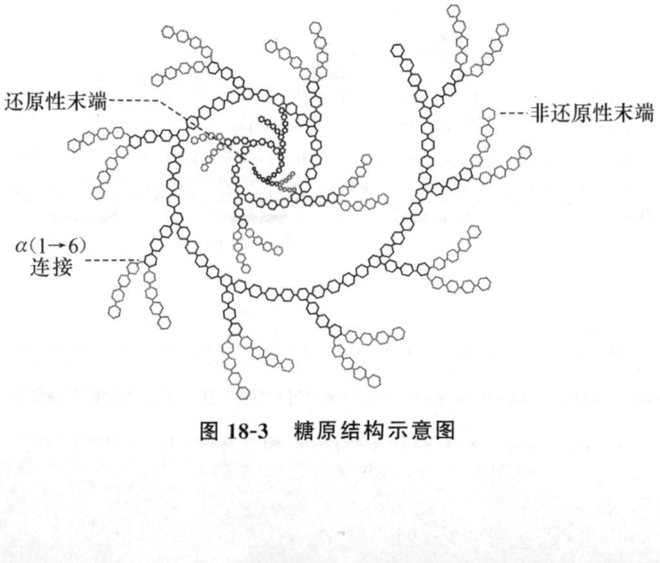

图 18-3 糖原结构示意图

糖原是无色粉末，不溶于冷水，加热不糊化，无还原性，与碘作用呈棕红色。

三、纤维素

纤维素是植物细胞壁的主要组分，是构成植物支持组织的基础，也是自然界分布最广的多糖，棉花中纤维素含量高达 98%，木材含纤维素 50%～70%，脱脂棉和滤纸几乎全部是纤维素，大麻的主要成分也是纤维素。此外，动物中也发现有动物纤维素。

纤维素的结构单位也是 *D*-葡萄糖，其分子式是$(C_6H_{10}O_5)_n$。一个纤维素分子由 1 800～3 000 个葡萄糖单位组成，其相对分子质量不易正确测定，估计可达 2 000 000。结构单位之间以 β-1，4-糖苷键结合成长链。这与淀粉以 α-1，4-糖苷键的连接方式不同。纤维素的长链之间绞成绳索状（图 18-4）。

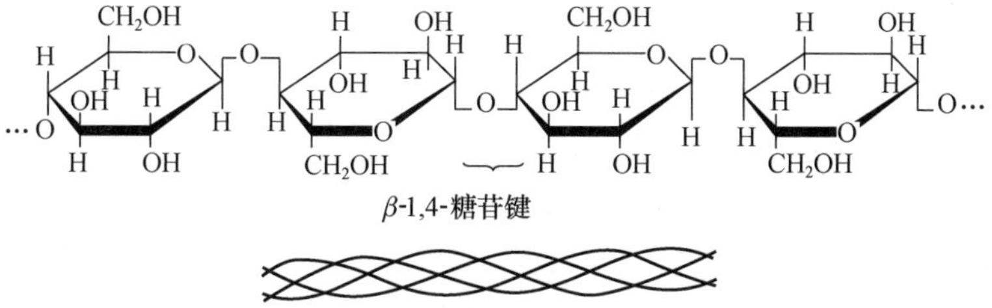

图 18-4　绞成绳索状的纤维素长链

纤维素水解的最终产物也是 *D*-葡萄糖，但不作为人的营养品，因为人体内淀粉酶不能水解 β-1，4-糖苷键，所以人体没有水解纤维素的能力，故纤维素没有营养价值。食草动物依靠肠道中微生物所分泌的酶能把纤维素变为葡萄糖，所以草（含纤维素）是这类动物的主要饲料。

纤维素为白色固体，韧性强，不溶于水、稀酸、稀碱中，但能溶于浓硫酸、二硫化碳、氢氧化钠溶液中。纤维素比淀粉难水解，需要在高温、高压下和无机酸共热，方能水解成葡萄糖。纤维素用途很广，除可用来制造各种纺织品和纸张外，还可制造各种人造丝、人造棉、无烟火药、火棉胶等。

想一想

纤维素不能作为人类的营养物质，为什么却可做食草动物的主要饲料？

本章小结

1. 糖类化合物是自然界存在较多、分布较广的一类有机物。根据其能否水解及水解产物，糖类可分为单糖、低聚糖和多糖。

2. 单糖，根据单糖分子中所含羰基的结构可分为醛糖和酮糖。重点介绍了葡萄糖的链状结构和环状结构，变旋现象，单糖的氧化反应、还原反应和成脎反应。

3. 双糖，双糖是最简单的低聚糖，可看作一分子单糖的半缩醛羟基与另一分子单糖的羟基脱水形成糖苷，它可水解生成两分子单糖。重点介绍了还原性双糖麦芽糖和乳糖以及非还原性双糖蔗糖。

4. 多糖，多糖是由几百个乃至数千个单糖以糖苷键相连形成的天然高聚物。重点介绍了淀粉的结构及性质。

思考与练习

一、填空题

1. 葡萄糖能和托伦试剂反应，说明葡萄糖分子中含有________基，1 mol 葡萄糖能跟5 mol乙酸发生酯化反应，说明葡萄糖分子中含有________个________基。

2. 在淀粉加稀硫酸水解后的溶液中，为证明淀粉已发生水解，可先加入一定量的________，然后再加入________加热，如有银镜出现说明已经水解。为证明淀粉并没有完全水解，可加入________，出现________现象则证明淀粉没有完全水解。

二、判断题

1. 葡萄糖、果糖与过量苯肼作用得到的糖脎不相同。

2. 果糖是酮糖，分子中不含有醛基，不能与托伦试剂反应，是非还原糖。

3. 单糖都是还原糖，二糖都是非还原糖。

三、思考题

1. 如何用简单的化学方法鉴别下列各组化合物。

(1)葡萄糖和果糖　(2)葡萄糖和蔗糖　(3)麦芽糖和蔗糖　(4)麦芽糖和淀粉

2. 写出 *D*-葡萄糖与下列物质的反应式，并命名产物。

(1)羟胺　(2)过量苯肼　(3)溴水　(4)硝酸　(5)加氢氰酸后水解

3. 有两种白色粉末状物质 A 和 B，都含 C、H、O 3 种元素。A 分子内各元素的原子数目之比 1∶2∶1，相对分子质量是 180，它易溶于水，其水溶液与新制的 $Cu(OH)_2$ 溶液共热时产生砖红色沉淀。B 分子的氢原子与氧原子之比是 2∶1，B 难溶于水，在热水中形成糊状物，滴入碘水生成蓝色，B 跟稀硫酸共煮后能与托伦试剂反应。试推断 A、B 是什么物质。

参考文献

[1] 冯丽珍.有机化学.郑州:河南科学技术出版社,2013.

[2] 陈虹锦.无机与分析化学.北京:科学出版社,2002.

[3] 徐英岚.无机及分析化学. 北京:中国农业出版社,2001.

[4] 北京师范大学、华中师范学院、南京师范学院无机化学教研室.无机化学. 北京:高等教育出版社,1984.

[5] 邵学俊,董平安,魏益海.无机化学. 武汉:武汉大学出版社,2002.

[6] 黄秀锦.无机及分析化学.北京:科学出版社, 2004.

[7] 姜有昌,于文惠,徐丽芳.农业基础应用化学. 北京:中国农业大学出版社,2007.

[8] 高琳.基础化学.北京:高等教育出版社,2006.

[9] 颜秀茹.无机及分析化学.天津:天津大学出版社,2004.

[10] 呼世斌,黄蔷蕾.无机及分析化学.北京:高等教育出版社,2005.

[11] 钟国清,赵明宪.大学基础化学.北京:科学出版社,2004.

[12] 吕全建,吴发远.有机化学. 北京:中国农业大学出版社,2011.

[13] 童岩,李京杰.无机及分析化学.北京:中国农业大学出版社,2008.

[14] 刘国琴,杨海莲.生物化学.3 版.北京:中国农业大学出版社,2019.

[15] 肖海峻,夏之云.食品生物化学.北京:中国农业大学出版社,2020.

附　录

附表 1　国际单位制(SI)的基本单位

量的名称	单位名称	单位符号	量的名称	单位名称	单位符号
长度	米	m	热力学温度	开[尔文]	K
质量	千克(公斤)	kg	物质的量	摩[尔]	mol
时间	秒	s	发光强度	坎[德拉]	cd
电流	安[培]	A			

附表 2　一些重要的物理常数

量的名称	量的符号及数值	量的名称	量的符号及数值
真空中的光速	$c=2.997\,924\,58\times10^{8}$ m·s^{-1}	理想气体摩尔体积	
电子的电荷	$e=1.602\,189\,2\times10^{-19}$ C	($T^{\ominus}=273.15$ K,	$V_m=22.413\,83\times10^{-3}$ m^3·mol^{-1}
原子质量单位	$u=1.660\,565\,5\times10^{-27}$ kg	$p^{\ominus}=101.325$ kPa)	
质子静质量	$m_p=1.672\,648\,5\times10^{-27}$ kg	里德堡常数	$R_{\infty}=1.097\,317\,7\times10^{7}$ m^{-1}
中子静质量	$m_n=1.674\,954\,3\times10^{-27}$ kg	普朗克常数	$h=6.626\,176\times10^{-34}$ J·s
电子静质量	$m_e=9.109\,534\times10^{-31}$ kg	法拉第常数	$F=9.648\,456\times10^{4}$ C·mol^{-1}
气体常数	$R=8.314\,41$ J·mol^{-1}·K^{-1}	玻尔兹曼常数	$k=1.380\,662\times10^{-23}$ J·K^{-1}
阿伏伽德罗常数	$N_A=6.022\,045\times10^{23}$ mol^{-1}		

附表 3　弱酸、弱碱在水中的电离常数(298.15 K)

名称	分子式	分步	$K_a(K_b)$	$pK_a(pK_b)$
砷酸	H_3AsO_4	1	6.3×10^{-3}	2.20
		2	1.0×10^{-7}	7.00
		3	3.2×10^{-12}	11.50
亚砷酸	$HAsO_2$		6.0×10^{-10}	9.22
硼酸	H_3BO_3	1	5.8×10^{-10}	9.24
		2	1.8×10^{-13}	12.74
		3	1.6×10^{-14}	13.80
碳酸	$H_2CO_3(CO_2+H_2O)$	1	4.2×10^{-7}	6.38
		2	5.6×10^{-11}	10.25
氢氰酸	HCN		7.2×10^{-10}	9.14
铬酸	H_2CrO_4	1	1.8×10^{-1}	0.74
		2	3.2×10^{-7}	6.50

续附表 3

名称	分子式	分步	$K_a(K_b)$	$pK_a(pK_b)$
氢氟酸	HF		3.53×10^{-4}	3.45
亚硝酸	HNO_2		5.1×10^{-4}	3.29
磷酸	H_3PO_4	1	7.52×10^{-3}	2.12
		2	6.3×10^{-8}	7.21
		3	4.4×10^{-13}	12.36
焦磷酸	$H_4P_2O_7$	1	3.0×10^{-2}	1.52
		2	4.4×10^{-3}	2.36
		3	2.5×10^{-7}	6.60
		4	5.6×10^{-10}	9.25
亚磷酸	H_3PO_3	1	5.0×10^{-2}	1.30
		2	2.5×10^{-7}	6.60
氢硫酸	H_2S	1	5.7×10^{-8}	7.24
		2	1.0×10^{-14}	14.00
硫酸	H_2SO_4	2	1.20×10^{-2}	1.92
亚硫酸	$H_2SO_3(SO_2+H_2O)$	1	1.3×10^{-2}	1.90
		2	5.6×10^{-8}	7.25
偏硅酸	H_2SiO_3	1	1.7×10^{-10}	9.77
		2	1.6×10^{-12}	11.8
甲酸	HCOOH		1.77×10^{-4}	3.76
乙酸	CH_3COOH		1.76×10^{-5}	4.75
丙酸	C_2H_5COOH		1.34×10^{-5}	4.87
一氯乙酸	$CH_2ClCOOH$		1.6×10^{-3}	2.86
二氯乙酸	$CHCl_2COOH$		5.0×10^{-2}	1.30
三氯乙酸	CCl_3COOH		2.3×10^{-1}	0.64
次溴酸	HBrO		2.06×10^{-9}	8.68
次氯酸	HClO		2.95×10^{-8}	7.53
次碘酸	HIO		2.3×10^{-11}	10.64
氨基乙酸盐	$^+NH_3CH_2COOH$	1	4.5×10^{-3}	2.35
	$^+NH_3CH_2COO^-$	2	2.5×10^{-10}	9.60
抗坏血酸	$C_6H_8O_6$	1	5.0×10^{-5}	4.30
		2	1.5×10^{-10}	9.82
乳酸	$CH_3CHOHCOOH$		1.4×10^{-4}	3.86
苯甲酸	C_6H_5COOH		6.2×10^{-5}	4.21

续附表 3

名称	分子式	分步	$K_a(K_b)$	$pK_a(pK_b)$
草酸	$H_2C_2O_4$	1	5.9×10^{-2}	1.22
		2	6.4×10^{-5}	4.19
D-酒石酸	CH(OH)COOH | CH(OH)COOH	1	9.1×10^{-4}	3.04
		2	4.3×10^{-5}	4.37
邻苯二甲酸	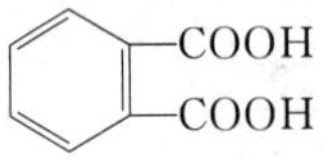	1	1.1×10^{-3}	2.95
		2	3.9×10^{-6}	5.41
柠檬酸	CH_2COOH | C(OH)COOH | CH_2COOH	1	7.4×10^{-4}	3.13
		2	1.7×10^{-5}	4.76
		3	4.0×10^{-7}	6.40
苯酚	C_6H_5OH		1.1×10^{-10}	9.95
乙二胺四乙酸	H_6Y^{2+}	1	1.26×10^{-1}	0.89
(EDTA)	H_5Y^{+}	2	3.0×10^{-2}	1.6
	H_4Y	3	1.0×10^{-2}	2.0
	H_3Y^{-}	4	2.1×10^{-3}	2.67
	H_2Y^{2-}	5	6.9×10^{-7}	6.16
	HY^{3-}	6	5.5×10^{-11}	10.26
氨水	NH_3		1.76×10^{-5}	4.75
肼	H_2NNH_2	1	3.0×10^{-6}	5.52
		2	7.6×10^{-15}	14.12
羟胺	NH_2OH		9.0×10^{-9}	8.04
甲胺	CH_3NH_2		4.2×10^{-4}	3.38
乙胺	$C_2H_5NH_2$		5.3×10^{-4}	3.25
二甲胺	$(CH_3)_2NH$		1.2×10^{-4}	3.93
二乙胺	$(C_2H_5)_2NH$		8.5×10^{-4}	3.07
乙醇胺	$HOCH_2CH_2NH_2$		3.2×10^{-5}	4.50
三乙醇胺	$(HOCH_2CH_2)_3N$		5.8×10^{-7}	6.24
六次甲基四胺	$(CH_2)_6N_4$		1.4×10^{-9}	8.85
乙二胺	$H_2NCH_2CH_2NH_2$	1	8.5×10^{-5}	4.07
		2	7.1×10^{-8}	7.15
吡啶	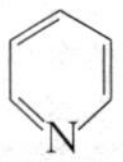		1.7×10^{-9}	8.77

附表 4 难溶化合物的溶度积(298.15 K)

难溶化合物	K_{sp}	pK_{sp}	难溶化合物	K_{sp}	pK_{sp}
$Al(OH)_3$(无定形)	1.3×10^{-33}	32.9	CdS	8×10^{-27}	26.1
Al-8-羟基喹啉	1.0×10^{-29}	29.0	$CoCO_3$	1.4×10^{-13}	12.84
Ag_3AsO_4	1×10^{-22}	22.0	$Co_2[Fe(CN)_6]$	1.8×10^{-15}	14.74
AgBr	5.0×10^{-13}	12.30	$Co[Hg(SCN)_4]$	1.5×10^{-6}	5.82
Ag_2CO_3	8.1×10^{-12}	11.09	$Co(OH)_2$(新析出)	2×10^{-15}	14.7
AgCl	1.8×10^{-10}	9.75	$Co(OH)_3$	2×10^{-44}	43.7
Ag_2CrO_4	1.1×10^{-12}	11.96	α-CoS	4×10^{-21}	20.4
AgCN	1.2×10^{-16}	15.92	β-CoS	2×10^{-25}	24.7
AgOH	2.0×10^{-8}	7.71	$Co_3(PO_4)_2$	2×10^{-35}	34.7
AgI	9.3×10^{-17}	16.03	$Cr(OH)_3$	6×10^{-31}	30.2
$Ag_2C_2O_4$	3.5×10^{-11}	10.46	CuBr	5.2×10^{-9}	8.28
Ag_3PO_4	1.4×10^{-16}	15.84	CuCl	1.2×10^{-6}	5.92
Ag_2SO_4	1.4×10^{-5}	4.84	CuCN	3.2×10^{-20}	19.49
Ag_2S	2.0×10^{-49}	48.7	CuI	1.1×10^{-12}	11.90
AgSCN	1.0×10^{-12}	12.00	CuOH	1×10^{-14}	14.0
Ag_2S_3	2.1×10^{-22}	21.68	Cu_2S	2×10^{-48}	47.7
$BaCO_3$	5.1×10^{-9}	8.29	CuSCN	4.8×10^{-15}	14.32
$BaCrO_4$	1.2×10^{-10}	9.93	$CuCO_3$	1.4×10^{-10}	9.86
BaF_2	1×10^{-6}	6.0	$Cu(OH)_2$	2.2×10^{-20}	19.66
$BaC_2O_4\cdot H_2O$	2.3×10^{-8}	7.64	CuS	6×10^{-36}	35.2
$BaSO_4$	1.1×10^{-10}	9.96	$FeCO_3$	3.2×10^{-11}	10.50
$Bi(OH)_3$	4×10^{-31}	30.4	$Fe(OH)_2$	8×10^{-16}	15.1
BiOOH*	4×10^{-10}	9.40	FeS	6×10^{-18}	17.2
BiI_3	8.1×10^{-19}	18.09	$Fe(OH)_3$	4×10^{-38}	37.4
$BiPO_4$	1.3×10^{-23}	22.89	$FePO_4$	1.3×10^{-22}	21.89
Bi_2S_3	1×10^{-97}	97.0	Hg_2Br_2**	5.8×10^{-23}	22.24
$CaCO_3$	2.9×10^{-9}	8.54	Hg_2CO_3	8.9×10^{-17}	16.05
CaF_2	2.7×10^{-11}	10.57	Hg_2Cl_2	1.3×10^{-18}	17.88
$CaC_2O_4\cdot H_2O$	2.0×10^{-29}	28.70	$Hg_2(OH)_2$	2×10^{-24}	23.7
$Ca_3(PO_4)_2$	2.0×10^{-29}	28.70	Hg_2I_2	4.5×10^{-29}	28.35
$CaSO_4$	9.1×10^{-6}	5.04	Hg_2SO_4	7.4×10^{-7}	6.13
$CdCO_3$	5.2×10^{-12}	11.28	HgS	1×10^{-47}	47.0
$Cd_2[Fe(CN)_6]$	3.2×10^{-17}	16.49	$Hg(OH)_2$	3.0×10^{-26}	25.52
$Cd(OH)_2$(新析出)	2.5×10^{-14}	13.66	HgS(红色)	4×10^{-53}	52.4
$CdC_2O_4\cdot 3H_2O$	9.1×10^{-8}	7.04	HgS(黑色)	2×10^{-52}	51.7

续附表 4

难溶化合物	K_{sp}	pK_{sp}	难溶化合物	K_{sp}	pK_{sp}
$MgNH_4PO_4$	2×10^{-13}	12.7	$Pb_3(PO_4)_2$	8.0×10^{-43}	42.10
$MgCO_3$	1.0×10^{-5}	5.00	$PbSO_4$	1.6×10^{-8}	7.79
MgF_2	6.4×10^{-9}	8.19	PbS	1×10^{-28}	27.9
$Mg(OH)_2$	1.8×10^{-11}	10.74	$Pb(OH)_4$	3×10^{-66}	65.5
$MnCO_3$	1.8×10^{-11}	10.74	$Sb(OH)_3$	4×10^{-42}	41.4
$Mn(OH)_2$	1.9×10^{-13}	12.72	Sb_2S_3	2×10^{-93}	92.8
MnS	2×10^{-10}	9.7	$Sn(OH)_2$	1.4×10^{-28}	27.85
MnS(晶形)	2×10^{-13}	12.7	SnS	1×10^{-25}	25.0
$NiCO_3$	6.6×10^{-9}	8.18	$Sn(OH)_4$	1×10^{-56}	56.0
$Ni(OH)_2$(新析出)	2×10^{-15}	14.7	SnS_2	2×10^{-27}	26.7
$Ni_3(PO_4)_2$	5×10^{-31}	30.3	$SrCO_3$	1.1×10^{-10}	9.96
α-NiS	3×10^{-19}	18.5	$SrCrO_4$	2.2×10^{-5}	4.65
β-NiS	1×10^{-24}	24.0	SrF_2	2.4×10^{-9}	8.61
γ-NiS	2×10^{-26}	25.7	$SrC_2O_4\cdot 2H_2O$	1.6×10^{-7}	6.80
$PbCO_3$	7.4×10^{-14}	13.13	$SrSO_4$	3.2×10^{-7}	6.49
$PbBr_2$	2.1×10^{-6}	5.68	$Ti(OH)_3$	1×10^{-40}	40.0
$PbCl_2$	1.6×10^{-5}	4.79	$TiO(OH)_2$***	1×10^{-29}	29.0
PbClF	2.4×10^{-9}	8.62	$ZnCO_3$	1.4×10^{-11}	10.48
$PbCrO_4$	2.8×10^{-13}	12.55	$Zn_2[Fe(CN)_6]$	4.1×10^{-16}	15.39
PbF_2	2.7×10^{-8}	7.57	$Zn(OH)_2$	1.2×10^{-17}	16.92
$Pb(OH)_2$	1.2×10^{-15}	14.93	$Zn_3(PO_4)_2$	9.1×10^{-33}	32.04
PbI_2	7.1×10^{-9}	8.15	α-ZnS	2×10^{-24}	23.7
$PbMoO_4$	1×10^{-13}	13.0	β-ZnS	2×10^{-22}	21.7

注：* BiOOH，$K_{sp}=[BiO^+][OH^-]$；** $(Hg_2)_mX_n$，$K_{sp}=[Hg_2^{2+}]^m[X^{-2m/n}]^n$；

*** $TiO(OH)_2$，$K_{sp}=[TiO^{2+}][OH^-]^2$。

附表 5 标准电极电势表(298.15 K)

(一)在酸性介质中

电对	电极反应	$E^\ominus$/V
Li^+/Li	$Li^+ + e^- \rightleftharpoons Li$	−3.045
Rb^+/Rb	$Rb^+ + e^- \rightleftharpoons Rb$	−2.925
K^+/K	$K^+ + e^- \rightleftharpoons K$	−2.924
Cs^+/Cs	$Cs^+ + e^- \rightleftharpoons Cs$	−2.923
Ba^{2+}/Ba	$Ba^{2+} + 2e^- \rightleftharpoons Ba$	−2.90
Ca^{2+}/Ca	$Ca^{2+} + 2e^- \rightleftharpoons Ca$	−2.87

续附表 5

电对	电极反应	$E^{\ominus}/V$
Na^+/Na	$Na^+ + e^- \rightleftharpoons Na$	−2.714
Mg^{2+}/Mg	$Mg^{2+} + 2e^- \rightleftharpoons Mg$	−2.375
$[AlF_6]^{3-}/Al$	$[AlF_6]^{3-} + 3e^- \rightleftharpoons Al + 6F^-$	−2.07
Al^{3+}/Al	$Al^{3+} + 3e^- \rightleftharpoons Al$	−1.66
Mn^{2+}/Mn	$Mn^{2+} + 2e^- \rightleftharpoons Mn$	−1.182
Zn^{2+}/Zn	$Zn^{2+} + 2e^- \rightleftharpoons Zn$	−0.763
Cr^{3+}/Cr	$Cr^{3+} + 3e^- \rightleftharpoons Cr$	−0.74
Ag_2S/Ag	$Ag_2S + 2e^- \rightleftharpoons 2Ag + S^{2-}$	−0.69
$CO_2/H_2C_2O_4$	$2CO_2 + 2H^+ + 2e^- \rightleftharpoons H_2C_2O_4$	−0.49
S/S^{2-}	$S + 2e^- \rightleftharpoons S^{2-}$	−0.48
Fe^{2+}/Fe	$Fe^{2+} + 2e^- \rightleftharpoons Fe$	−0.44
Co^{2+}/Co	$Co^{2+} + 2e^- \rightleftharpoons Co$	−0.277
Ni^{2+}/Ni	$Ni^{2+} + 2e^- \rightleftharpoons Ni$	−0.25
AgI/Ag	$AgI + e^- \rightleftharpoons Ag + I^-$	−0.152
Sn^{2+}/Sn	$Sn^{2+} + 2e^- \rightleftharpoons Sn$	−0.136
Pb^{2+}/Pb	$Pb^{2+} + 2e^- \rightleftharpoons Pb$	−0.126
Fe^{3+}/Fe	$Fe^{3+} + 3e^- \rightleftharpoons Fe$	−0.036
$AgCN/Ag$	$AgCN + e^- \rightleftharpoons Ag + CN^-$	−0.02
H^+/H_2	$2H^+ + 2e^- \rightleftharpoons H_2$	0
$AgBr/Ag$	$AgBr + e^- \rightleftharpoons Ag + Br^-$	+0.071
$S_4O_6^{2-}/S_2O_3^{2-}$	$S_4O_6^{2-} + 2e^- \rightleftharpoons 2S_2O_3^{2-}$	+0.08
S/H_2S	$S + 2H^+ + 2e^- \rightleftharpoons H_2S(aq)$	+0.141
Sn^{4+}/Sn^{2+}	$Sn^{4+} + 2e^- \rightleftharpoons Sn^{2+}$	+0.154
Cu^{2+}/Cu^+	$Cu^{2+} + e^- \rightleftharpoons Cu^+$	+0.159
SO_4^{2-}/SO_2	$SO_4^{2-} + 4H^+ + 2e^- \rightleftharpoons SO_2(aq) + 2H_2O$	+0.17
$AgCl/Ag$	$AgCl + e^- \rightleftharpoons Ag + Cl^-$	+0.222 3
Hg_2Cl_2/Hg	$Hg_2Cl_2 + 2e^- \rightleftharpoons 2Hg + 2Cl^-$	+0.267 6
Cu^{2+}/Cu	$Cu^{2+} + 2e^- \rightleftharpoons Cu$	+0.337
$[Fe(CN)_6]^{3-}/[Fe(CN)_6]^{4-}$	$[Fe(CN)_6]^{3-} + e^- \rightleftharpoons [Fe(CN)_6]^{4-}$	+0.36
$(CN)_2/HCN$	$(CN)_2 + 2H^+ + 2e^- \rightleftharpoons 2HCN$	+0.37
$[Ag(NH_3)_2]^+/Ag$	$[Ag(NH_3)_2]^+ + e^- \rightleftharpoons Ag + 2NH_3$	+0.373
$H_2SO_3/S_2O_3^{2-}$	$2H_2SO_3 + 2H^+ + 4e^- \rightleftharpoons S_2O_3^{2-} + 3H_2O$	+0.40
O_2/OH^-	$O_2 + 2H_2O + 4e^- \rightleftharpoons 4OH^-$	+0.41
H_2SO_3/S	$H_2SO_3 + 4H^+ + 4e^- \rightleftharpoons S + 3H_2O$	+0.45
Cu^+/Cu	$Cu^+ + e^- \rightleftharpoons Cu$	+0.52
I_2/I^-	$I_2 + 2e^- \rightleftharpoons 2I^-$	+0.534 5

续附表 5

电对	电极反应	$E^{\ominus}/V$
$H_3AsO_4/HAsO_2$	$H_3AsO_4+2H^++2e^- \rightleftharpoons HAsO_2+2H_2O$	+0.559
MnO_4^-/MnO_4^{2-}	$MnO_4^-+e^- \rightleftharpoons MnO_4^{2-}$	+0.564
O_2/H_2O_2	$O_2+2H^++2e^- \rightleftharpoons H_2O_2$	+0.682
$[PtCl_4]^{2-}/Pt$	$[PtCl_4]^{2-}+2e^- \rightleftharpoons Pt+4Cl^-$	+0.73
$(CNS)_2/CNS^-$	$(CNS)_2+2e^- \rightleftharpoons 2CNS^-$	+0.77
Fe^{3+}/Fe^{2+}	$Fe^{3+}+e^- \rightleftharpoons Fe^{2+}$	+0.771
Hg_2^{2+}/Hg	$Hg_2^{2+}+2e^- \rightleftharpoons 2Hg$	+0.793
Ag^+/Ag	$Ag^++e^- \rightleftharpoons Ag$	+0.799
Hg^{2+}/Hg	$Hg^{2+}+2e^- \rightleftharpoons Hg$	+0.854
Cu^{2+}/Cu_2I_2	$2Cu^{2+}+2I^-+2e^- \rightleftharpoons Cu_2I_2$	+0.86
Hg^{2+}/Hg_2^{2+}	$2Hg^{2+}+2e^- \rightleftharpoons Hg_2^{2+}$	+0.920
NO_3^-/NO	$NO_3^-+4H^++3e^- \rightleftharpoons NO+2H_2O$	+0.960
HNO_2/NO	$HNO_2+H^++e^- \rightleftharpoons NO+H_2O$	+0.99
NO_2/NO	$NO_2+2H^++2e^- \rightleftharpoons NO+H_2O$	+1.03
Br_2/Br^-	$Br_2(l)+2e^- \rightleftharpoons 2Br^-$	+1.065
Br_2/Br^-	$Br_2(aq)+2e^- \rightleftharpoons 2Br^-$	+1.087
$Cu^{2+}/[Cu(CN)_2]^-$	$Cu^{2+}+2CN^-+e^- \rightleftharpoons [Cu(CN)_2]^-$	+1.12
ClO_3^-/ClO_2	$ClO_3^-+2H^++e^- \rightleftharpoons ClO_2+H_2O$	+1.15
IO_3^-/I_2	$2IO_3^-+12H^++10e^- \rightleftharpoons I_2+6H_2O$	+1.20
MnO_2/Mn^{2+}	$MnO_2+4H^++2e^- \rightleftharpoons Mn^{2+}+2H_2O$	+1.208
$ClO_3^-/HClO_2$	$ClO_3^-+3H^++2e^- \rightleftharpoons HClO_2+H_2O$	+1.21
O_2/H_2O	$O_2+4H^++4e^- \rightleftharpoons 2H_2O$	+1.229
$Cr_2O_7^{2-}/Cr^{3+}$	$Cr_2O_7^{2-}+14H^++6e^- \rightleftharpoons 2Cr^{3+}+7H_2O$	+1.33
Cl_2/Cl^-	$Cl_2+2e^- \rightleftharpoons 2Cl^-$	+1.36
Au^{3+}/Au	$Au^{3+}+3e^- \rightleftharpoons Au$	+1.42
BrO_3^-/Br^-	$BrO_3^-+6H^++6e^- \rightleftharpoons Br^-+3H_2O$	+1.44
ClO_3^-/Cl^-	$ClO_3^-+6H^++6e^- \rightleftharpoons Cl^-+3H_2O$	+1.45
PbO_2/Pb^{2+}	$PbO_2+4H^++2e^- \rightleftharpoons Pb^{2+}+2H_2O$	+1.455
ClO_3^-/Cl_2	$2ClO_3^-+12H^++10e^- \rightleftharpoons Cl_2+6H_2O$	+1.47
MnO_4^-/Mn^{2+}	$MnO_4^-+8H^++5e^- \rightleftharpoons Mn^{2+}+4H_2O$	+1.51
Ce^{4+}/Ce^{3+}	$Ce^{4+}+e^- \rightleftharpoons Ce^{3+}$	+1.61
$PbO_2/PbSO_4$	$PbO_2+SO_4^{2-}+4H^++2e^- \rightleftharpoons PbSO_4+2H_2O$	+1.685
MnO_4^-/MnO_2	$MnO_4^-+4H^++3e^- \rightleftharpoons MnO_2+2H_2O$	+1.695
H_2O_2/H_2O	$H_2O_2+2H^++2e^- \rightleftharpoons 2H_2O$	+1.776
$S_2O_8^{2-}/SO_4^{2-}$	$S_2O_8^{2-}+2e^- \rightleftharpoons 2SO_4^{2-}$	+2.01
O_3/O_2	$O_3+2H^++2e^- \rightleftharpoons O_2+H_2O$	+2.07
F_2/F^-	$F_2+2e^- \rightleftharpoons 2F^-$	+2.87
F_2/HF	$F_2+2H^++2e^- \rightleftharpoons 2HF$	+3.06

（二）在碱性介质中

电对	电极反应	$E^{\ominus}$/V
$Mg(OH)_2/Mg$	$Mg(OH)_2+2e^- \rightleftharpoons Mg+2OH^-$	−2.69
$H_2AlO_3^-/Al$	$H_2AlO_3^-+H_2O+3e^- \rightleftharpoons Al+4OH^-$	−2.35
$Mn(OH)_2/Mn$	$Mn(OH)_2+2e^- \rightleftharpoons Mn+2OH^-$	−1.47
$[Zn(CN)_4]^{2-}/Zn$	$[Zn(CN)_4]^{2-}+2e^- \rightleftharpoons Zn+4CN^-$	−1.26
ZnO_2^{2-}/Zn	$ZnO_2^{2-}+2H_2O+2e^- \rightleftharpoons Zn+4OH^-$	−1.216
As/AsH_3	$As+3H_2O+3e^- \rightleftharpoons AsH_3+3OH^-$	−1.21
$[Zn(NH_3)_4]^{2+}/Zn$	$[Zn(NH_3)_4]^{2+}+2e^- \rightleftharpoons Zn+4NH_3$	−1.04
H_2O/H_2	$2H_2O+2e^- \rightleftharpoons H_2+2OH^-$	−0.827 7
Ag_2S/Ag	$Ag_2S+2e^- \rightleftharpoons 2Ag+S^{2-}$	−0.69
AsO_4^{3-}/AsO_2^-	$AsO_4^{3-}+2H_2O+2e^- \rightleftharpoons AsO_2^-+4OH^-$	−0.67
SO_3^{2-}/S	$SO_3^{2-}+3H_2O+4e^- \rightleftharpoons S+6OH^-$	−0.66
$Fe(OH)_3/Fe(OH)_2$	$Fe(OH)_3+e^- \rightleftharpoons Fe(OH)_2+OH^-$	−0.56
S/S^{2-}	$S+2e^- \rightleftharpoons S^{2-}$	−0.48
$Cu(OH)_2/Cu$	$Cu(OH)_2+2e^- \rightleftharpoons Cu+2OH^-$	−0.224
$Cu(OH)_2/Cu_2O$	$2Cu(OH)_2+2e^- \rightleftharpoons Cu_2O+2OH^-+H_2O$	−0.09
O_2/HO_2^-	$O_2+H_2O+2e^- \rightleftharpoons HO_2^-+OH^-$	−0.076
$MnO_2/Mn(OH)_2$	$MnO_2+2H_2O+2e^- \rightleftharpoons Mn(OH)_2+2OH^-$	−0.05
NO_3^-/NO_2^-	$NO_3^-+H_2O+2e^- \rightleftharpoons NO_2^-+2OH^-$	+0.01
$S_4O_6^{2-}/S_2O_3^{2-}$	$S_4O_6^{2-}+2e^- \rightleftharpoons 2S_2O_3^{2-}$	+0.08
$[Co(NH_3)_6]^{3+}/[Co(NH_3)_6]^{2+}$	$[Co(NH_3)_6]^{3+}+e^- \rightleftharpoons [Co(NH_3)_6]^{2+}$	+0.1
IO_3^-/I^-	$IO_3^-+3H_2O+6e^- \rightleftharpoons I^-+6OH^-$	+0.26
O_2/OH^-	$O_2+2H_2O+4e^- \rightleftharpoons 4OH^-$	+0.401
IO^-/I^-	$IO^-+H_2O+2e^- \rightleftharpoons I^-+2OH^-$	+0.49
BrO_3^-/BrO^-	$BrO_3^-+2H_2O+4e^- \rightleftharpoons BrO^-+4OH^-$	+0.54
IO_3^-/IO^-	$IO_3^-+2H_2O+4e^- \rightleftharpoons IO^-+4OH^-$	+0.56
MnO_4^-/MnO_4^{2-}	$MnO_4^-+e^- \rightleftharpoons MnO_4^{2-}$	+0.564
MnO_4^-/MnO_2	$MnO_4^-+2H_2O+3e^- \rightleftharpoons MnO_2+4OH^-$	+0.588
BrO_3^-/Br^-	$BrO_3^-+3H_2O+6e^- \rightleftharpoons Br^-+6OH^-$	+0.61
ClO_3^-/Cl^-	$ClO_3^-+3H_2O+6e^- \rightleftharpoons Cl^-+6OH^-$	+0.62
BrO^-/Br^-	$BrO^-+H_2O+2e^- \rightleftharpoons Br^-+2OH^-$	+0.76
HO_2^-/OH^-	$HO_2^-+H_2O+2e^- \rightleftharpoons 3OH^-$	+0.88
ClO^-/Cl^-	$ClO^-+H_2O+2e^- \rightleftharpoons Cl^-+2OH^-$	+0.90
O_3/OH^-	$O_3+H_2O+2e^- \rightleftharpoons O_2+2OH^-$	+1.24

附表 6　一些常见配离子的稳定常数(298.15 K)

配离子	$K_{稳}$	lg $K_{稳}$	配离子	$K_{稳}$	lg $K_{稳}$
$[Ag(NO_2)_2]^-$	6.7×10^5	5.24	$[Fe(SCN)_6]^{3-}$	1.3×10^9	9.11
$[AgCl_2]^-$	1.74×10^5	5.24	$[FeF_6]^{3-}$	2.0×10^{15}	15.3
$[Ag(NH_3)_2]^+$	1.62×10^7	7.21	FeY^-	1.26×10^{25}	25.1
AgY^{3-}	2.1×10^7	7.32	$[Fe(CN)_6]^{4-}$	1.0×10^{35}	35.0
$[Ag(en)_2]^+$	7.0×10^7	7.8	$[Fe(CN)_6]^{3-}$	1.0×10^{42}	42.0
$[Ag(SCN)_2]^-$	4.0×10^8	8.6	$[HgCl_4]^{2-}$	1.2×10^{15}	15.1
$[Ag(S_2O_3)_2]^{3-}$	2.9×10^{13}	13.5	HgY^{2-}	6.3×10^{21}	21.8
$[Ag(CN)_2]^-$	1.26×10^{21}	21.10	$[Hg(SCN)_4]^{2-}$	7.75×10^{21}	21.89
AlY^-	1.3×10^{16}	16.13	$[HgI_4]^{2-}$	6.8×10^{29}	29.83
$[AlF_6]^{3-}$	6.9×10^{19}	19.84	$[Hg(CN)_4]^{2-}$	1.0×10^{41}	41.0
BaY^{2-}	5.75×10^7	7.76	MgY^{2-}	4.9×10^8	8.69
BiY^-	8.7×10^{27}	27.94	MnY^{2-}	1.1×10^{14}	14.04
CaY^{2-}	4.9×10^{10}	10.69	NaY^{3-}	4.57×10	1.66
$[CdCl_4]^{2-}$	3.1×10^2	2.49	$[Ni(NH_3)_4]^{2+}$	9.1×10^7	7.96
$[Cd(SCN)_4]^{2-}$	3.8×10^2	2.58	$[Ni(NH_3)_6]^{2+}$	5.5×10^8	8.71
$[Cd(NH_3)_6]^{2+}$	1.4×10^5	5.15	NiY^{2-}	4.17×10^{18}	18.62
$[CdI_4]^{2-}$	3.0×10^6	6.48	$[Ni(CN)_4]^{2-}$	2.0×10^{31}	31.3
$[Cd(NH_3)_4]^{2+}$	1.0×10^7	7.0	$[Pb(Ac)_4]^{2-}$	3.0×10^8	8.48
$[Cd(CN)_4]^{2-}$	1.1×10^{16}	16.04	$[Pb(CN)_4]^{2-}$	1.0×10^{11}	11.0
CdY^{2-}	2.88×10^{16}	16.46	PbY^{2-}	1.1×10^{18}	18.04
$[Co(SCN)_4]^{2-}$	1.0×10^2	2.0	$[SnCl_4]^{2-}$	3.02×10	1.48
$[Co(NH_3)_6]^{2+}$	1.3×10^5	5.11	SnY^{2-}	1.26×10^{22}	22.1
CoY^{2-}	2.0×10^{16}	16.31	ThY	1.6×10^{23}	23.2
$[Co(NH_3)_6]^{3+}$	1.4×10^{35}	35.15	$[Zn(SCN)_4]^{2-}$	2.0×10	1.3
CrY^-	1.0×10^{23}	23.0	$[Zn(NH_3)_4]^{2+}$	2.9×10^9	9.46
$[Cu(NH_3)_2]^{2+}$	9.4×10^8	8.97	$[Zn(OH)_4]^{2-}$	1.4×10^{15}	15.15
$[Cu(NH_3)_4]^{2+}$	2.1×10^{13}	13.32	ZnY^{2-}	3.16×10^{16}	16.5
CuY^{2-}	6.33×10^{18}	18.8	$[Zn(CN)_4]^{2-}$	5.75×10^{16}	16.76
$[Cu(CN)_4]^{2-}$	2.0×10^{27}	27.83			

附表 7　化合物的摩尔质量　　　$g\cdot mol^{-1}$

化合物	摩尔质量	化合物	摩尔质量	化合物	摩尔质量
Ag_3AsO_4	462.52	AgI	234.77	$Al(NO_3)_3$	213.00
AgBr	187.77	$AgNO_3$	169.87	$Al(NO_3)_3\cdot9H_2O$	375.13
AgCl	143.32	AgSCN	165.95	Al_2O_3	101.96
AgCN	133.89	$AlCl_3$	133.34	$Al(OH)_3$	78.00
Ag_2CrO_4	331.73	$AlCl_3\cdot6H_2O$	241.43	$Al_2(SO_4)_3$	342.14

续附表 7

化合物	摩尔质量	化合物	摩尔质量	化合物	摩尔质量
$Al_2(SO_4)_3 \cdot 18H_2O$	666.41	CuI	190.45	H_3AsO_3	125.94
As_2O_3	197.84	$Cu(NO_3)_2$	187.56	H_3AsO_4	141.94
As_2O_5	229.84	$Cu(NO_3)_2 \cdot 3H_2O$	241.60	H_3BO_3	61.83
As_2S_3	246.02	CuO	79.55	HBr	80.91
$BaCl_2$	208.24	Cu_2O	143.09	HCl	36.46
$BaCl_2 \cdot 2H_2O$	244.27	CuS	95.61	HCN	27.03
$BaCO_3$	197.34	$CuSCN$	121.62	$HCOOH$	46.06
BaC_2O_4	225.35	$CuSO_4$	159.60	H_2CO_3	62.03
$BaCrO_4$	253.32	$CuSO_4 \cdot 5H_2O$	249.68	$H_2C_2O_4$	90.04
BaO	153.33	CdS	144.47	$H_2C_2O_4 \cdot 2H_2O$	126.07
$Ba(OH)_2$	171.34	$Ce(SO_4)_2$	332.24	HF	20.01
$BaSO_4$	233.39	$Ce(SO_4)_2 \cdot 4H_2O$	404.30	$HgCl_2$	271.50
$BiCl_3$	315.34	CH_3COOH	60.05	Hg_2Cl_2	472.09
$BiOCl$	260.43	CH_3COONa	82.03	$Hg(CN)_2$	252.63
$CaCl_2$	110.99	$CH_3COONa \cdot 3H_2O$	136.08	HgI_2	454.40
$CaCl_2 \cdot 6H_2O$	219.08	CH_3COONH_4	77.08	$Hg(NO_3)_2$	324.60
$CaCO_3$	100.09	$CoCl_2$	129.84	$Hg_2(NO_3)_2$	525.19
CaC_2O_4	128.10	$CoCl_2 \cdot 6H_2O$	237.93	$Hg_2(NO_3)_2 \cdot 2H_2O$	561.22
$Ca(NO_3)_2 \cdot 4H_2O$	236.15	$Co(NO_3)_2$	182.94	HgO	216.59
CaO	56.08	$Co(NO_3)_2 \cdot 6H_2O$	291.03	HgS	232.65
$Ca(OH)_2$	74.10	$FeCl_2$	126.75	$HgSO_4$	296.65
$Ca_3(PO_4)_2$	310.18	$FeCl_2 \cdot 4H_2O$	198.81	Hg_2SO_4	497.27
$CaSO_4$	136.14	$FeCl_3$	162.21	HI	127.91
$CdCl_2$	183.32	$FeCl_3 \cdot 6H_2O$	270.31	HIO_3	175.91
$CdCO_3$	172.42	$Fe(NO_3)_3$	241.86	HNO_2	47.01
CO_2	44.10	$Fe(NO_3)_3 \cdot 9H_2O$	404.33	HNO_3	63.01
CoS	90.99	FeO	71.85	H_2O	18.015
$CoSO_4$	154.99	Fe_2O_3	159.69	H_2O_2	34.015
$CoSO_4 \cdot 7H_2O$	281.10	Fe_3O_4	231.54	H_3PO_4	98.00
$CrCl_3$	158.36	$Fe(OH)_3$	106.87	H_2S	34.08
$CrCl_3 \cdot 6H_2O$	266.45	FeS	87.91	H_2SO_3	82.07
$Cr(NO_3)_3$	238.01	Fe_2S_3	207.87	H_2SO_4	98.07
Cr_2O_3	151.99	$FeSO_4$	151.91	$KAl(SO_4)_2 \cdot 12H_2O$	474.38
$CuCl$	99.00	$FeSO_4 \cdot 7H_2O$	278.01	KBr	119.00
$CuCl_2$	134.45	$FeSO_4 \cdot (NH_4)_2SO_4 \cdot 6H_2O$	392.13	$KBrO_3$	167.00
$CuCl_2 \cdot 2H_2O$	170.48	$FeNH_4(SO_4)_2 \cdot 12H_2O$	482.18	KCl	74.55

续附表 7

化合物	摩尔质量	化合物	摩尔质量	化合物	摩尔质量
$KClO_3$	122.55	$MnCl_2 \cdot 4H_2O$	197.92	$NaNO_3$	85.00
$KClO_4$	138.55	$MnCO_3$	114.95	Na_2O	61.98
KCN	65.12	$Mn(NO_3)_2 \cdot 6H_2O$	287.04	Na_2O_2	77.98
K_2CO_3	138.21	MnO	70.94	NaOH	40.00
K_2CrO_4	194.19	MnO_2	86.94	Na_3PO_4	163.94
$K_2Cr_2O_7$	294.18	MnS	87.00	Na_2S	78.04
$K_3Fe(CN)_6$	329.25	$MnSO_4$	151.00	$Na_2S \cdot 9H_2O$	240.18
$K_4Fe(CN)_6$	368.35	$MnSO_4 \cdot 4H_2O$	223.06	Na_2SO_3	126.04
$KFe(SO_4)_2 \cdot 12H_2O$	503.24	NH_3	17.03	Na_2SO_4	142.04
$KHC_2O_4 \cdot H_2O$	146.14	NH_4Cl	53.49	$Na_2S_2O_3$	158.10
$KHC_4O_4 \cdot H_2C_2O_4 \cdot 2H_2O$	254.19	$(NH_4)_2CO_3$	96.09	$Na_2S_2O_3 \cdot 5H_2O$	248.17
$KHC_4H_4O_6$	188.18	$(NH_4)_2C_2O_4$	124.10	$NiCl_2 \cdot 6H_2O$	237.70
$KHC_8H_4O_4$	204.23	$(NH_4)_2C_2O_4 \cdot H_2O$	142.11	NiO	74.70
KH_2PO_4	136.08	NH_4HCO_3	79.06	$Ni(NO_3)_2 \cdot 6H_2O$	290.80
$KHSO_4$	136.16	$(NH_4)_2HPO_4$	132.06	NiS	90.76
KI	166.00	$(NH_4)_2MoO_4$	196.01	$NiSO_4 \cdot 7H_2O$	280.86
KIO_3	214.00	NH_4NO_3	80.04	NO	30.01
$KIO_3 \cdot HIO_3$	389.91	$(NH_4)_2S$	68.14	NO_2	46.01
$KMnO_4$	158.03	NH_4SCN	76.12	$Pb(NO_3)_2$	331.21
$KNaC_4H_4O_6 \cdot 4H_2O$	282.22	$(NH_4)_2SO_4$	132.13	PbO	223.20
KNO_2	85.10	NH_4VO_3	116.98	PbO_2	239.20
KNO_3	101.10	Na_2AsO_3	191.89	$Pb_3(PO_4)_2$	811.54
K_2O	94.20	$Na_2B_4O_7$	201.22	PbS	239.26
KOH	56.11	$Na_2B_4O_7 \cdot 10H_2O$	381.37	$PbSO_4$	303.26
KSCN	97.18	$NaBiO_3$	279.97	$PbCO_3$	267.21
K_2SO_4	174.25	NaCN	49.01	PbC_2O_4	295.22
$MgCl_2$	95.21	NaSCN	81.07	$PbCl_2$	278.11
$MgCl_2 \cdot 6H_2O$	203.30	Na_2CO_3	105.99	$PbCrO_4$	323.19
$MgCO_3$	84.31	$Na_2CO_3 \cdot 10H_2O$	286.14	$Pb(CH_3COO)_2$	325.30
MgC_2O_4	112.33	$Na_2C_2O_4$	134.00	$Pb(CH_3COO)_2 \cdot 3H_2O$	379.34
$MgNH_4PO_4$	137.32	NaCl	58.44	PbI_2	461.01
$Mg(NO_3)_2 \cdot 6H_2O$	256.43	NaClO	74.44	P_2O_5	141.95
MgO	40.30	$NaHCO_3$	84.01	$SbCl_3$	228.11
$Mg(OH)_2$	58.32	$Na_2HPO_4 \cdot 12H_2O$	358.14	$SbCl_5$	299.02
$Mg_2P_2O_7$	222.55	$NaH_2Y \cdot 2H_2O$	372.24	Sb_2O_3	291.50
$MgSO_4 \cdot 7H_2O$	246.43	$NaNO_2$	69.00	Sb_2S_3	339.68

续附表 7

化合物	摩尔质量	化合物	摩尔质量	化合物	摩尔质量
SiF_4	104.08	SrC_2O_4	175.64	$ZnCl_2$	136.29
SiO_2	60.08	$SrCO_3$	147.63	$Zn(CH_3COO)_2$	183.74
$SnCl_2$	189.60	$SrCrO_4$	203.61	$Zn(CH_3COO)_2 \cdot 2H_2O$	219.50
$SnCl_2 \cdot 2H_2O$	225.63	$Sr(NO_3)_2$	211.63	$Zn(NO_3)_2$	189.39
$SnCl_4$	260.50	$Sr(NO_3)_2 \cdot 4H_2O$	283.69	$Zn(NO_3)_2 \cdot 6H_2O$	297.48
$SnCl_4 \cdot 5H_2O$	350.58	$SrSO_4$	183.68	ZnO	81.38
SnO_2	150.69	$UO_2(CH_3COO)_2 \cdot 2H_2O$	424.15	ZnS	97.44
SnS	150.77	$ZnCO_3$	125.39	$ZnSO_4$	161.44
SO_2	64.06	ZnC_2O_4	153.40	$ZnSO_4 \cdot 7H_2O$	287.54
SO_3	80.06				

元素周期表

氧化态（单质的氧化态为0，未列入；常见的为红色）

以$^{12}C=12$为基准的相对原子质量（注+的是半衰期最长同位素的相对原子质量）

图例：+2 +3 +4 +5 +6（氧化态）；95 —原子序数；Am —元素符号（红色的为放射性元素）；镅▲ —元素名称（注▲的是人造元素）；$5f^7 7s^2$ —价层电子构型；243.06+ —相对原子质量

s区元素　p区元素　d区元素　ds区元素　f区元素　稀有气体

族 / 周期	1 IA	2 ⅡA	3 ⅢB	4 ⅣB	5 ⅤB	6 ⅥB	7 ⅦB	8 Ⅷ	9 Ⅷ	10 Ⅷ	11 ⅠB	12 ⅡB	13 ⅢA	14 ⅣA	15 ⅤA	16 ⅥA	17 ⅦA	18 ⅧA	电子层
1	1 H 氢 $1s^1$ 1.00794(7) -1 +1																	2 He 氦 $1s^2$ 4.002602(2)	K
2	3 Li 锂 $2s^1$ 6.941(2) +1	4 Be 铍 $2s^2$ 9.012182(3) +2											5 B 硼 $2s^2 2p^1$ 10.811(7) +3	6 C 碳 $2s^2 2p^2$ 12.0107(8) -4 +2 +4	7 N 氮 $2s^2 2p^3$ 14.0067(2) -3 -2 -1 +1 +2 +3 +4 +5	8 O 氧 $2s^2 2p^4$ 15.9994(3) -2 -1	9 F 氟 $2s^2 2p^5$ 18.9984032(5) -1	10 Ne 氖 $2s^2 2p^6$ 20.1797(6)	L K
3	11 Na 钠 $3s^1$ 22.989770(2) +1	12 Mg 镁 $3s^2$ 24.3050(6) +2											13 Al 铝 $3s^2 3p^1$ 26.981538(2) +3	14 Si 硅 $3s^2 3p^2$ 28.0855(3) -4 +2 +4	15 P 磷 $3s^2 3p^3$ 30.973761(2) -3 +1 +3 +5	16 S 硫 $3s^2 3p^4$ 32.065(5) -2 +2 +4 +6	17 Cl 氯 $3s^2 3p^5$ 35.453(2) -1 +1 +3 +5 +7	18 Ar 氩 $3s^2 3p^6$ 39.948(1)	M L K
4	19 K 钾 $4s^1$ 39.0983(1) +1	20 Ca 钙 $4s^2$ 40.078(4) +2	21 Sc 钪 $3d^1 4s^2$ 44.955910(8) +3	22 Ti 钛 $3d^2 4s^2$ 47.867(1) -1 +2 +3 +4	23 V 钒 $3d^3 4s^2$ 50.9415 ±1 +2 +3 +4 +5	24 Cr 铬 $3d^5 4s^1$ 51.9961(6) -3 ±1 +2 +3 +4 +5 +6	25 Mn 锰 $3d^5 4s^2$ 54.938049(9) -2 ±1 +2 +3 +4 +5 +6 +7	26 Fe 铁 $3d^6 4s^2$ 55.845(2) -2 ±1 +2 +3 +4 +5 +6	27 Co 钴 $3d^7 4s^2$ 58.933200(9) ±1 +2 +3 +4 +5	28 Ni 镍 $3d^8 4s^2$ 58.6934(2) ±1 +2 +3 +4	29 Cu 铜 $3d^{10} 4s^1$ 63.546(3) +1 +2 +3 +4	30 Zn 锌 $3d^{10} 4s^2$ 65.409(4) +1 +2	31 Ga 镓 $4s^2 4p^1$ 69.723(1) +1 +3	32 Ge 锗 $4s^2 4p^2$ 72.64(1) +2 +4	33 As 砷 $4s^2 4p^3$ 74.92160(2) -3 +3 +5	34 Se 硒 $4s^2 4p^4$ 78.96(3) -2 +2 +4 +6	35 Br 溴 $4s^2 4p^5$ 79.904(1) -1 +1 +3 +5 +7	36 Kr 氪 $4s^2 4p^6$ 83.798(2) +2 +4	N M L K
5	37 Rb 铷 $5s^1$ 85.4678(3) +1	38 Sr 锶 $5s^2$ 87.62(1) +2	39 Y 钇 $4d^1 5s^2$ 88.90585(2) +3	40 Zr 锆 $4d^2 5s^2$ 91.224(2) +1 +2 +3 +4	41 Nb 铌 $4d^4 5s^1$ 92.90638(2) ±1 +2 +3 +4 +5	42 Mo 钼 $4d^5 5s^1$ 95.94(2) ±1 +2 +3 +4 +5 +6	43 Tc 锝▲ $4d^5 5s^2$ 97.907+ ±1 +2 +3 +4 +5 +6 +7	44 Ru 钌 $4d^7 5s^1$ 101.07(2) ±1 +2 +3 +4 +5 +6 +7 +8	45 Rh 铑 $4d^8 5s^1$ 102.90550(2) ±1 +2 +3 +4 +5 +6	46 Pd 钯 $4d^{10}$ 106.42(1) +1 +2 +3 +4	47 Ag 银 $4d^{10} 5s^1$ 107.8682(2) +1 +2 +3	48 Cd 镉 $4d^{10} 5s^2$ 112.411(8) +1 +2	49 In 铟 $5s^2 5p^1$ 114.818(3) +1 +3	50 Sn 锡 $5s^2 5p^2$ 118.710(7) +2 +4	51 Sb 锑 $5s^2 5p^3$ 121.760(1) -3 +3 +5	52 Te 碲 $5s^2 5p^4$ 127.60(3) -2 +2 +4 +6	53 I 碘 $5s^2 5p^5$ 126.90447(3) -1 +1 +3 +5 +7	54 Xe 氙 $5s^2 5p^6$ 131.293(6) +2 +4 +6 +8	O N M L K
6	55 Cs 铯 $6s^1$ 132.90545(2) +1	56 Ba 钡 $6s^2$ 137.327(7) +2	57~71 La~Lu 镧系	72 Hf 铪 $5d^2 6s^2$ 178.49(2) +1 +2 +3 +4	73 Ta 钽 $5d^3 6s^2$ 180.9479(1) ±1 +2 +3 +4 +5	74 W 钨 $5d^4 6s^2$ 183.84(1) ±1 +2 +3 +4 +5 +6	75 Re 铼 $5d^5 6s^2$ 186.207(1) ±1 +2 +3 +4 +5 +6 +7	76 Os 锇 $5d^6 6s^2$ 190.23(3) ±1 +2 +3 +4 +5 +6 +7 +8	77 Ir 铱 $5d^7 6s^2$ 192.217(3) ±1 +2 +3 +4 +5 +6	78 Pt 铂 $5d^9 6s^1$ 195.078(2) +2 +3 +4 +5 +6	79 Au 金 $5d^{10} 6s^1$ 196.96655(2) +1 +2 +3 +5	80 Hg 汞 $5d^{10} 6s^2$ 200.59(2) +1 +2 +3	81 Tl 铊 $6s^2 6p^1$ 204.3833(2) +1 +3	82 Pb 铅 $6s^2 6p^2$ 207.2(1) +2 +4	83 Bi 铋 $6s^2 6p^3$ 208.98038(2) -3 +3 +5	84 Po 钋 $6s^2 6p^4$ (208.98)+ -2 +2 +3 +4 +6	85 At 砹 $6s^2 6p^5$ (209.99)+ ±1 +5 +7	86 Rn 氡 $6s^2 6p^6$ (222.02)+ +2	P O N M L K
7	87 Fr 钫▲ $7s^1$ (223.02)+ +1	88 Ra 镭 $7s^2$ (226.03)+ +2	89~103 Ac~Lr 锕系	104 Rf 𬬻▲ $6d^2 7s^2$ (261.11)+	105 Db 𬭊▲ $6d^3 7s^2$ (262.11)+	106 Sg 𬭳▲ $6d^4 7s^2$ (263.12)+	107 Bh 𬭛▲ $6d^5 7s^2$ (264.12)+	108 Hs 𬭶▲ $6d^6 7s^2$ (265.13)+	109 Mt 鿏▲ $6d^7 7s^2$ (266.13)+	110 Ds 𫟼▲ (281)+	111 Rg 𬬭▲ (281)+	112 Cn 鿔▲ (285)+	113 Nh 鿭▲ (284)+	114 Fl 𫓧▲ (289)+	115 Mc 镆▲ (289)+	116 Lv 𫟷▲ (293)+	117 Ts 鿬▲ (294)+	118 Og 鿫▲ (294)+	Q P O N M L K

★ 镧系	57 La★ 镧 $5d^1 6s^2$ 138.9055(2) +3	58 Ce 铈 $4f^1 5d^1 6s^2$ 140.116(1) +2 +3 +4	59 Pr 镨 $4f^3 6s^2$ 140.90765(2) +3 +4	60 Nd 钕 $4f^4 6s^2$ 144.24(3) +2 +3 +4	61 Pm 钷▲ $4f^5 6s^2$ 144.91+ +3	62 Sm 钐 $4f^6 6s^2$ 150.36(3) +2 +3	63 Eu 铕 $4f^7 6s^2$ 151.964(1) +2 +3	64 Gd 钆 $4f^7 5d^1 6s^2$ 157.25(3) +3	65 Tb 铽 $4f^9 6s^2$ 158.92534(2) +3 +4	66 Dy 镝 $4f^{10} 6s^2$ 162.500(1) +3 +4	67 Ho 钬 $4f^{11} 6s^2$ 164.93032(2) +3	68 Er 铒 $4f^{12} 6s^2$ 167.259(3) +3	69 Tm 铥 $4f^{13} 6s^2$ 168.93421(2) +2 +3	70 Yb 镱 $4f^{14} 6s^2$ 173.04(3) +2 +3	71 Lu 镥 $4f^{14} 5d^1 6s^2$ 174.967(1) +3
★ 锕系	89 Ac★ 锕 $6d^1 7s^2$ (227.03)+ +3	90 Th 钍 $6d^2 7s^2$ 232.0381(1) +3 +4	91 Pa 镤 $5f^2 6d^1 7s^2$ 231.03588(2) +3 +4 +5	92 U 铀 $5f^3 6d^1 7s^2$ 238.02891(3) +2 +3 +4 +5 +6	93 Np 镎 $5f^4 6d^1 7s^2$ (237.05)+ +3 +4 +5 +6 +7	94 Pu 钚 $5f^6 7s^2$ (244.06)+ +3 +4 +5 +6 +7	95 Am 镅▲ $5f^7 7s^2$ (243.06)+ +2 +3 +4 +5 +6	96 Cm 锔▲ $5f^7 6d^1 7s^2$ (247.07)+ +3 +4	97 Bk 锫▲ $5f^9 7s^2$ (247.07)+ +3 +4	98 Cf 锎▲ $5f^{10} 7s^2$ (251.08)+ +2 +3 +4	99 Es 锿▲ $5f^{11} 7s^2$ (252.08)+ +2 +3	100 Fm 镄▲ $5f^{12} 7s^2$ (257.10)+ +2 +3	101 Md 钔▲ $5f^{13} 7s^2$ (258.10)+ +2 +3	102 No 锘▲ $5f^{14} 7s^2$ (259.10)+ +2 +3	103 Lr 铹▲ $5f^{14} 6d^1 7s^2$ (260.11)+ +3